# Inverse Probleme mit stochastisch modellierten Messdaten

Mathias Richter · Stefan Schäffler

# Inverse Probleme mit stochastisch modellierten Messdaten

## Stochastische und numerische Methoden der Diskretisierung und Optimierung

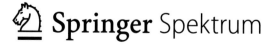

Springer Spektrum

Mathias Richter
Fakultät für Elektro- und
Informationstechnik (EIT)
Universität der Bundeswehr München
Neubiberg, Deutschland

Stefan Schäffler
Fakultät für Elektro- und
Informationstechnik (EIT)
Universität der Bundeswehr München
Neubiberg, Deutschland

ISBN 978-3-662-66342-4 ISBN 978-3-662-66343-1 (eBook)
https://doi.org/10.1007/978-3-662-66343-1

Die Deutsche Nationalbibliothek verzeichnet diese Publikation in der Deutschen Nationalbibliografie; detaillierte bibliografische Daten sind im Internet über http://dnb.d-nb.de abrufbar.



Planung/Lektorat: Nikoo Azarm
Springer Spektrum ist ein Imprint der eingetragenen Gesellschaft Springer-Verlag GmbH, DE und ist ein Teil von Springer Nature.
Die Anschrift der Gesellschaft ist: Heidelberger Platz 3, 14197 Berlin, Germany

# Vorwort

In vielen wissenschaftlichen Teildisziplinen sowie in vielen technisch-industriellen Fragestellungen spielen inverse Probleme eine zentrale Rolle; dabei ist man vor die Entscheidungssituation gestellt, aus einer (im Allgemeinen durch Messungen) beobachteten Wirkung auf die entsprechende Ursache zurückschließen zu müssen. Das klassische Beispiel in diesem Zusammenhang ist sicher die Computertomographie, bei der die Wirkung aus der Ablenkung und veränderten Intensität von Strahlen besteht, die zum Beispiel durch spezielles Gewebe im Körper verursacht werden. Ziel ist es, dieses Gewebe im Körper zu identifizieren und durch bildgebende Verfahren zu visualisieren. Jedes Handy, das ein durch die Übertragung gestörtes Signal empfängt (Wirkung), benötigt Methoden, um das ursprünglich gesendete Signal (Ursache) zu rekonstruieren, um die vom Sender gewünschte Information an den Empfänger weitergeben zu können. In der Volkswirtschaft ist es von großer Bedeutung, aus der Beobachtung gewisser Kenngrößen auf ihre Ursachen schließen zu können, um so rechtzeitig Fehlentwicklungen vorbeugen zu können. Das mathematische Teilgebiet der „inversen Probleme" gehört somit zu den für die Anwendungen wichtigsten mathematischen Disziplinen.
Obwohl sich zufällig gestörte Messungen als Beobachtung einer Wirkung in den Anwendungen nicht vermeiden lassen, finden sie in den mathematischen Abhandlungen bisher praktisch keine Beachtung. Das vorliegende Buch bindet zum ersten Mal die stochastische Modellierung von Messdaten in alle Aspekte der Analyse inverser Probleme mit ein; dies erfordert natürlich eine wesentliche Erweiterung der benötigten mathematischen Grundlagen. Dem wurde auch im Hinblick darauf, dass dieses Buch zum Selbststudium für theoretisch Interessierte und für Anwender geeignet sein soll, entsprechend Rechnung getragen.

München, im September 2022 *Mathias Richter, Stefan Schäffler*

# Einleitung

Der Begriff „inverses Problem“ basiert nicht auf einem mathematischen, sondern auf einem physikalisch-technischen Hintergrund. Ein inverses Problem liegt immer dann vor,

- wenn durch eine gegebene Abbildung $F : \mathcal{U} \to \mathcal{W}$ etwa im Sinne der Physik der Kausalzusammenhang zwischen einer Ursache $u \in \mathcal{U}$ und der entsprechenden Wirkung $F(u) \in \mathcal{W}$ modelliert wird
- und wenn die mathematische Aufgabe darin besteht, aus einer (gemessenen oder gewünschten) Wirkung $w \in \mathcal{W}$ auf die entsprechende Ursache $\hat{u} \in \mathcal{U}$ zu schließen.

Die Berechnung der Wirkung $F(u)$ einer gegebenen Ursache heißt „direktes Problem“. Inverse Probleme lassen sich in zwei Gruppen gliedern:

- Identifikationsprobleme: Die beobachtete Wirkung $w$ wurde durch Messungen gewonnen (z.B. medizinische Diagnostik: Computertomographie).
- Steuerungsprobleme: Die Wirkung $w$ ist gewünscht (z.B. optimale Flugbahn einer Raumsonde) und es stellt sich die Frage, ob und welche Ursachen diese Wirkung erzielen.

Da für die Untersuchung inverser Probleme bei stochastisch modellierten Daten nur Messdaten in Frage kommen, werden im Folgenden nur Identifikationsprobleme behandelt. Betrachten wir dazu ein Beispiel.

*Bei der Übertragung eines analogen Signals*

$$u : [t_1, t_2] \to \mathbb{R}$$

*von einem Sender zu einem Empfänger kommt es dort abhängig von den Eigenschaften des Übertragungskanals zum Empfang zeitlich verzögerter Kopien des Signals $u$ zum Beispiel durch Reflexion an Gebäuden. Verwendet man eine Funktion $g : \mathbb{R} \to \mathbb{R}$ als Modell für den Übertragungskanal, so wird das empfangene Signal $w$ durch*

$$w : \mathbb{R} \to \mathbb{R}, \quad s \mapsto \int_{t_1}^{t_2} g(s-t)u(t)dt$$

*beschrieben. Somit läßt sich das direkte Problem folgendermaßen formulieren:*

- *Ursache: Das zu übertragende Signal u*
- *Wirkung: Das empfangene Signal w*
- *Modellierung:*

$$w(s) = F(u)(s) = \int_{t_1}^{t_2} g(s-t)u(t)dt, \quad s \in \mathbb{R},$$

*unter Verwendung des Übertragungskanals g.*

*Das inverse Problem besteht nun darin, aus den zu verschiedenen Zeitpunkten gemessenen Amplituden des empfangenen Signals w das gesendete Signal u zu rekonstruieren. Betrachtet man etwa das Signal*

$$u : [-0.5, 0.5] \to \mathbb{R}, \quad t \mapsto 0.25 - t^2,$$

*und als Modell für den Übertragungskanal die Funktion*

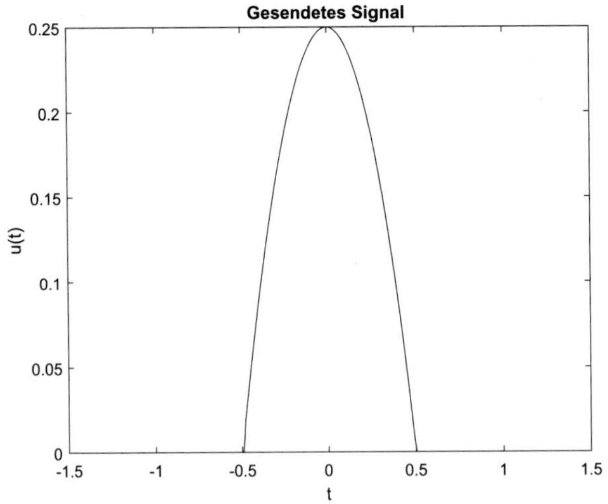


**Abb. 0.1** *Gesendetes Signal*

$$g : \mathbb{R} \to \mathbb{R}, \quad t \mapsto e^{-10t^2},$$

*so ergeben sich die verschiedenen Amplituden von w durch*

$$w(t_i) = \int_{-0.5}^{0.5} e^{-10(t_i - t)^2}(0.25 - t^2)dt, \quad t_1 < \ldots < t_n.$$

*Seien nun Messwerte*

$$w(t_1), \ldots, w(t_{257})$$

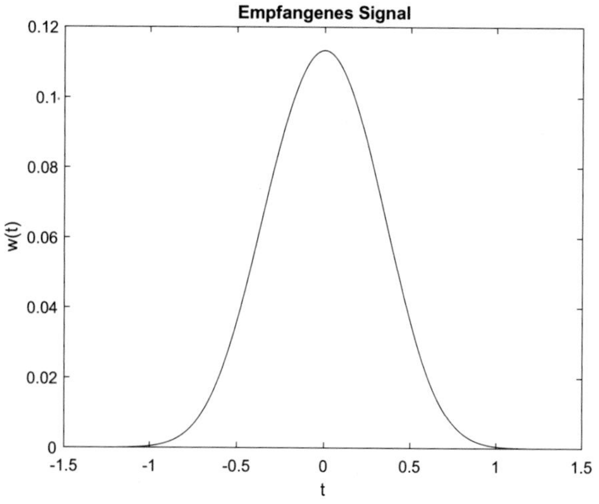


**Abb. 0.2** *Empfangenes Signal*

*zu äquidistanten Zeitpunkten*

$$-1.5 = t_1 < \ldots < t_{257} = 1.5$$

*des Signals w gegeben. Da die Signaldauer von u nicht a priori bekannt sein muss und da die Messwerte von w zu Zeitpunkten* $t_i \in [-1.5, 1.5]$ *zur Verfügung stehen, bietet es sich an, das unbekannte Signal u im Intervall* $[-1.5, 1.5]$ *zu rekonstruieren und dafür eine Fourier-Entwicklung*

$$\hat{u} : \mathbb{R} \to \mathbb{R}, \quad t \mapsto \frac{a_0}{2} + \sum_{j=1}^{n} \left( a_j \cos\left(\frac{2\pi j}{3} t\right) + b_j \sin\left(\frac{2\pi j}{3} t\right) \right)$$

*zu verwenden. Die Fourier-Koeffizienten werden durch die numerische Behandlung des resultierenden linearen Ausgleichsproblems bestimmt (siehe Abb. 0.3 für* $n = 8$*).*

In diesem Beispiel ist die rechte Seite $w$ der Gleichung

$$F(u) = w$$

mit $F : \mathcal{U} \to \mathcal{W}$ nicht vollständig gegeben, sondern nur partiell; im Falle eines Funktionenraumes $\mathcal{W}$ sind zum Beispiel häufig nur Funktionswerte $w(t_i)$ an gewissen Argumenten $t_1, \ldots, t_n$ gemessen worden. Formal wird deshalb ein Beobachtungsoperator

$$\Psi : \mathcal{W} \to \mathcal{M}$$

eingeführt, der jeder möglichen Wirkung $w$ die entsprechende Beobachtung/Messung $\Psi(w) \in \mathcal{M}$ zuordnet.

Bei der Verwendung von Messdaten ist neben der Tatsache, dass im Allgemeinen die Wirkung nur partiell beobachtet werden kann, auch die Frage nach Rauscheffekten in den Messungen von zentraler Bedeutung. Betrachtet man die Messungen

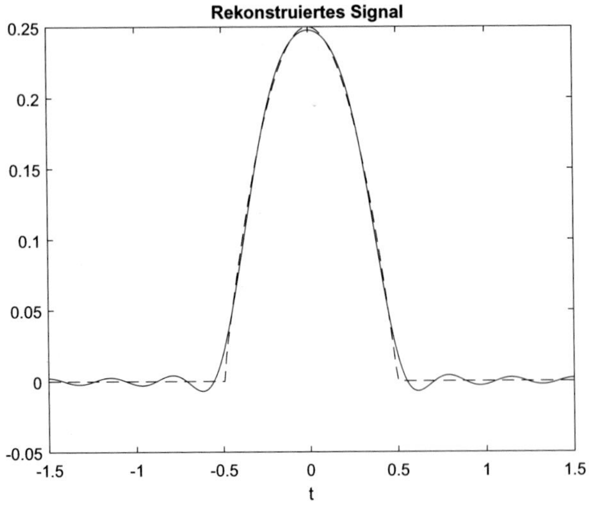


**Abb. 0.3** *Rekonstruiertes Signal*

als exakt ohne Modellierung der Messfehler, so kann dies zu unbefriedigenden Ergebnissen führen.

*Führen wir das obige Beispiel weiter und nehmen nun an, dass die 257 Messwerte von w wie in Abbildung 0.4 vorliegen. Verwendet man erneut den Ansatz*

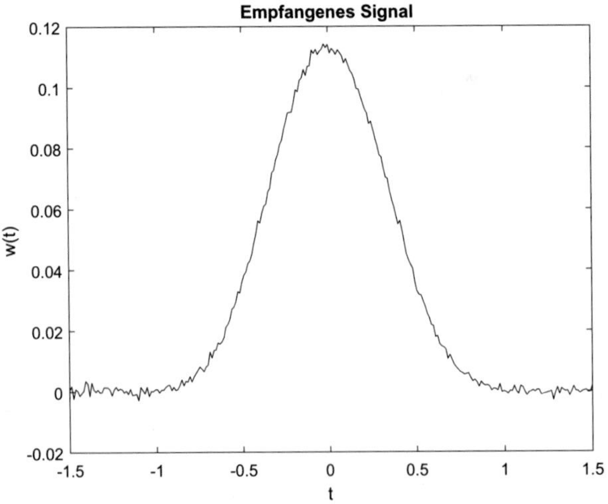


**Abb. 0.4** *Empfangenes Signal*

$$\hat{u}: \mathbb{R} \to \mathbb{R}, \quad t \mapsto \frac{a_0}{2} + \sum_{j=1}^{8} \left( a_j \cos\left(\frac{2\pi j}{3} t\right) + b_j \sin\left(\frac{2\pi j}{3} t\right) \right)$$

*und löst das resultierende lineare Ausgleichsproblem, so erhält man eine unbrauchbare Rekonstruktion von u (siehe Abb. 0.5). Dies resultiert aus der Tatsache, dass bei dieser Vorgehensweise unterstellt wird, dass û die Messfehler verursacht hat.*

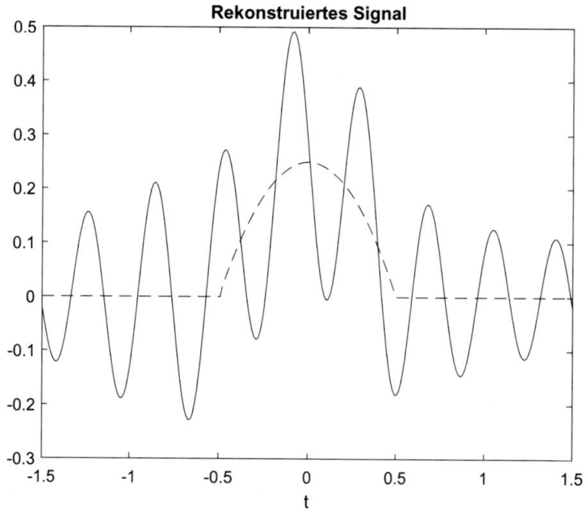


**Abb. 0.5** *Rekonstruiertes Signal*

Wie dieses Beispiel zeigt, können Messfehler bei der Rekonstruktion einer Ursache $u$ zu einer gemessenen Wirkung $\Psi(w)$ zu einem völlig unbrauchbaren Ergebnis führen. In diesem Buch werden daher die Messfehler stochastisch durch ein additives Rauschen modelliert; dies hat den Vorteil, dass man bei der Rekonstruktion der Ursache $u$ die Varianz des Rauschens verwenden kann, um den Einfluss der Messfehler zu minimieren, was einerseits zu einer Glättung der Messdaten führt, andererseits eine problemadäquate Regularisierung des inversen Problems ergibt.

*In unserem Beispiel modellieren wir die Messfehler additiv durch normalverteilte Zufallsvariablen mit Erwartungswert null und gleicher, aber unbekannter Varianz. Für die Rekonstruktion des Signals u verwenden wir wieder den Ansatz*

$$\hat{u}: \mathbb{R} \to \mathbb{R}, \quad t \mapsto \frac{a_0}{2} + \sum_{j=1}^{8} \left( a_j \cos\left(\frac{2\pi j}{3} t\right) + b_j \sin\left(\frac{2\pi j}{3} t\right) \right).$$

*Da wir nun zur Berechnung der Koeffizienten die Varianz des Rauschens zugrunde legen, können wir durch geeignete Tests entscheiden, welche Koeffizienten gleich null sind. Geht man vom empfangenen Signal Abb. 0.4 aus, so können die Koeffizienten*

$$b_1, \ldots, b_8 \quad \textit{und} \quad a_6, a_7, a_8$$

*gleich null gesetzt werden. Es sind also nur die Koeffizienten $a_0, \ldots, a_5$ durch das entsprechende lineare Ausgleichsproblem zu berechnen. Das unbekannte Signal $u$ wird also in einem sechsdimensionalen Unterraum rekonstruiert. Das so rekonstruierte Signal $\hat{u}$ ist in Abbildung 0.6 dargestellt.*

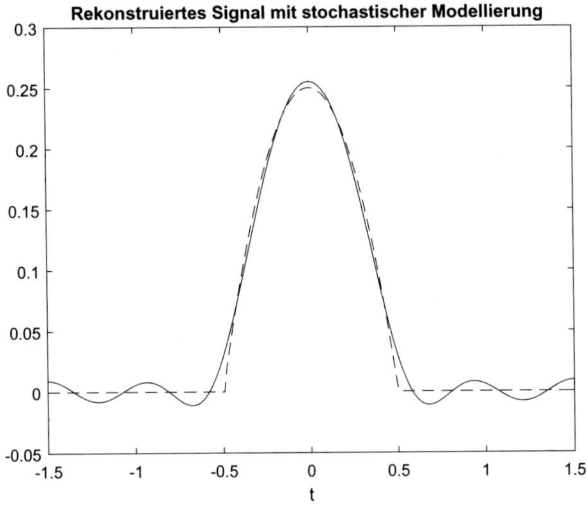


**Abb. 0.6** *Rekonstruiertes Signal bei stochastischer Modellierung*

Dieses Beispiel zeigt den enormen Nutzen einer stochastischen Modellierung von Messdaten.
Um ein inverses Problem bearbeiten zu können, sind im Wesentlichen drei Schritte erforderlich. Zunächst muss das direkte Problem, also die Frage, welche Wirkung eine gegebene Ursache nach sich zieht, modelliert werden. Dies geschieht mit Methoden der **Funktionalanalysis** durch die Anwendung entsprechender problemrelevanter Gesetzmäßigkeiten (z. B. Naturgesetze, wirtschaftswissenschaftliche Axiome). Da die beobachtete Wirkung im Allgemeinen nur partiell durch Messungen zugänglich ist und da Messungen stets fehlerbehaftet sind, besteht der zweite Schritt in einer **stochastischen** Modellierung der gegebenen Messungen. Dieser Schritt bildet einen wichtigen Schwerpunkt des vorliegenden Buches, da die stochastische Modellierung von Messdaten im Rahmen der inversen Probleme und die daraus resultierenden Konsequenzen für die Rekonstruktion der Ursache bis jetzt weitestgehend vernachlässigt wird. Der dritte Schritt besteht schließlich darin, geeignete Verfahren der **numerischen Mathematik** zur computergestützten Approximation der gesuchten Ursache zu entwickeln und anzuwenden.
Da einerseits die zu behandelnde Problemstellung äußerst komplex ist und da andererseits das vorliegende Buch auch und gerade für Anwender hilfreich sein soll, ist ein großes einführendes Kapitel über Grundlagen zur linearen Algebra, zur Funktionalanalysis, zur Numerik und zur Stochastik unabdingbar. Das zweite Kapitel ist

der Analyse inverser Probleme gewidmet. Während man die Charakterisierung inverser Probleme, Fragen der Diskretisierung und Fragen der Regularisierung in der ein oder anderen Form auch in anderen Lehrbüchern zu diesem Thema finden wird, werden diese Fragen nun unter dem Gesichtspunkt stochastisch modellierter Messungen untersucht. Das dritte Kapitel dokumentiert in ausgewählten anwendungsrelevanten Beispielen die Notwendigkeit, verschiedenste Methoden der numerischen Mathematik problemadäquat anwenden zu können.

# Inhaltsverzeichnis

# Kapitel 1
# Grundlagen

## 1.1 Lineare Algebra

Grundkenntnisse der linearen Algebra werden vorausgesetzt. Insbesondere wird vorausgesetzt, dass das Konzept des Vektorraums (linearen Raums) über dem Körper der reellen oder der komplexen Zahlen bekannt ist, ebenso die Begriffe Linearkombination, lineare Abhängigkeit und Unabhängigkeit, Untervektorraum (Teilraum), Basis. Bekannt sein sollten auch die Begriffe der Abbildung und ihrer Injektivität, Surjektivität, Bijektivität und Inversen (Umkehrabbildung) sowie insbesondere der linearen Abbildung, ihres Bildraums und Nullraums (Kerns). Die folgende Zusammenstellung von Begriffen und Resultaten dient der Festlegung von Schreibweisen und dem Überblick über die im Weiteren benötigten Ergebnisse.

Wir benutzen die Bezeichnung $\mathbb{K}$ stellvertretend sowohl für den Körper $\mathbb{R}$ der reellen Zahlen als auch für den Körper $\mathbb{C}$ der komplexen Zahlen, wenn wir uns nicht genauer festlegen wollen.

#### Der $n$-dimensionale Euklidische Raum

Für jede natürliche Zahl $n \in \mathbb{N}$ bezeichnen wir mit $\mathbb{R}^n$ den **$n$-dimensionalen, reellen Euklidischen Raum** und mit $\mathbb{C}^n$ den **$n$-dimensionalen, komplexen Euklidischen Raum**, $\mathbb{K}^n$ steht stellvertretend für beide. Die Elemente dieser Räume notieren wir wie folgt:

$$x \in \mathbb{K}^n \quad \Longleftrightarrow \quad x = \begin{pmatrix} x_1 \\ \vdots \\ x_n \end{pmatrix}, \quad \text{alle } x_i \in \mathbb{K}.$$

Wir schreiben auch $x = (x_1, \ldots, x_n)^\top$. Der Hochindex $\top$ bedeutet **transponiert** und macht eine Spalte aus einer Zeile und umgekehrt. Die Elemente $x \in \mathbb{R}^n$ (oder $\mathbb{C}^n$)


M. Richter und S. Schäffler, *Inverse Probleme mit stochastisch modellierten Messdaten*, https://doi.org/10.1007/978-3-662-66343-1_1

nennen wir **Spaltenvektoren** oder kurz **Vektoren**. Ihre Addition und Skalarmultiplikation ist komponentenweise definiert. Der von Vektoren $x^1,\dots,x^k \in \mathbb{K}^n$ aufgespannte Untervektorraum wird mit

$$\langle x^1,\dots,x^k\rangle \quad \text{oder} \quad \operatorname{span}\{x^1,\dots,x^k\}$$

bezeichnet.

Jeder $n$-dimensionale Vektorraum $V$ über dem Körper $\mathbb{K}$ ist isomorph zu $\mathbb{K}^n$, das heißt es gibt eine lineare, bijektive Abbildung $\phi : V \to \mathbb{K}^n$ (einen **Isomorphismus**). In diesem Sinn kann $V$ mit $\mathbb{K}^n$ identifiziert werden.

Eine **Matrix** $A$ ist ein rechteckiges Schema reeller oder komplexer Zahlen. Hat sie $m$ Zeilen und $n$ Spalten ($m,n \in \mathbb{N}$), dann schreibt man $A \in \mathbb{K}^{m,n}$ und definiert $A$ durch ihre Komponenten

$$A \in \mathbb{K}^{m,n} \quad \Longleftrightarrow \quad A = \begin{pmatrix} a_{11} & a_{12} & \cdots & a_{1n} \\ a_{21} & a_{22} & \cdots & a_{2n} \\ \vdots & \vdots & & \vdots \\ a_{m1} & a_{m2} & \cdots & a_{mn} \end{pmatrix}, \quad \text{alle } a_{ij} \in \mathbb{K}$$

oder gleichermaßen durch ihre Spalten

$$A \in \mathbb{K}^{m,n} \quad \Longleftrightarrow \quad A = \left( \begin{array}{c|c|c|c} & & & \\ a^1 & a^2 & \cdots & a^n \\ & & & \end{array} \right), \quad \text{alle } a^j \in \mathbb{K}^m.$$

Im Sonderfall $m = n$ nennt man eine Matrix **quadratisch** und $n$ heißt ihre **Ordnung**. Die Dimension des **Spaltenraums** $\langle a^1,\dots,a^n\rangle$ heißt **Rang** der Matrix und wird mit $\mathrm{Rg}(A)$ bezeichnet. Die Regeln der Matrizenrechnung (Addition, Skalarmultiplikation und Multiplikation) werden als bekannt vorausgesetzt ebenso wie die Tatsache, dass Matrizen der Beschreibung linearer Abbildungen $f : \mathbb{K}^n \to \mathbb{K}^m$ dienen. Wir identifizieren eine Matrix $A \in \mathbb{K}^{m,n}$ mit der linearen Abbildung $f : \mathbb{K}^m \to \mathbb{K}^n$, $x \mapsto Ax$, und benutzen dann auch die gleiche Bezeichnung für beide: $A = f$. Spezielle Matrizen sind die **Nullmatrix**, deren sämtliche Komponenten null sind und die (für jedes $m,n \in \mathbb{N}$) mit 0 bezeichnet wird. Eine quadratische Matrix heißt **Diagonalmatrix**, wenn alle Außerdiagonalelemente gleich null sind. Eine $n \times n$-Diagonalmatrix, auf deren Diagonale nur Einsen stehen, heißt **Einheitsmatrix** und wird mit $I_n$ bezeichnet, ihre Spalten

$$e^1 = \begin{pmatrix} 1 \\ 0 \\ \vdots \\ 0 \end{pmatrix}, \dots, e^n = \begin{pmatrix} 0 \\ \vdots \\ 0 \\ 1 \end{pmatrix}$$

heißen **kanonische Einheitsvektoren**. Eine Matrix $T \in \mathbb{K}^{n,n}$ heißt **tridiagonal**, wenn $t_{ij} = 0$ für $|i-j| > 1$. Eine Matrix $L \in \mathbb{K}^{n,n}$ heißt **untere Dreiecksmatrix**, wenn

$$l_{ij} = 0 \quad \text{für} \quad i < j,$$

das heißt wenn oberhalb der Diagonale nur Nullen stehen. Gilt zudem $l_{ii} = 1$ für $i = 1,\ldots,n$, dann heißt $L$ **normierte untere Dreiecksmatrix**. Analog nennt man $R \in \mathbb{K}^{n,n}$ eine **(normierte) obere Dreiecksmatrix**, wenn alle Elemente unterhalb der Diagonalen gleich null sind (und auf der Diagonale nur Einsen stehen).

Die **Determinante** einer quadratischen Matrix $A$ der Ordnung $n$ wird mit $\det(A)$ bezeichnet und durch

$$\det(A) := \sum_P (-)^P a_{1P(1)} \cdots a_{nP(n)}$$

definiert. Die Summe geht über alle $n!$ Permutationen $P$ der Zahlen $1,\ldots,n$ – dies sind gerade die bijektiven Abbildungen der Menge $\{1,\ldots,n\}$ auf sich selbst. Der Ausdruck $(-)^P$ ist $\pm 1$, je nachdem, ob die Permutation durch eine gerade oder eine ungerade Anzahl von paarweisen Vertauschungen der Zahlen $1,\ldots,n$ zustande kommt. Es gilt der **Determinantenmultiplikationssatz**

$$\det(AB) = \det(A) \cdot \det(B) \quad \text{für alle} \quad A,B \in \mathbb{K}^{n,n}.$$

Falls $A = L$ eine untere Dreiecksmatrix ist, dann ist $\det(L) = l_{11} \cdot \ldots \cdot l_{nn}$ und ebenso ist $\det(R) = r_{11} \cdot \ldots \cdot r_{nn}$ für eine obere Dreeicksmatrix $R$. Falls $\det(A) \neq 0$, heißt die Matrix $A \in \mathbb{K}^{n,n}$ **invertierbar** oder **nichtsingulär**. Es gibt dann eine Matrix $B \in \mathbb{K}^{n,n}$ mit $AB = BA = I_n$. $B$ nennt man dann die **Inverse** von $A$ und schreibt $B =: A^{-1}$.

Für $A \in \mathbb{K}^{m,n}$ ist die **transponierte Matrix** $A^\top \in \mathbb{K}^{n,m}$ durch Umstellen der Zeilen zu Spalten gegeben, also durch

$$(A^\top)_{ij} := a_{ji}, \quad i = 1,\ldots,n \text{ und } j = 1,\ldots,m.$$

Werden die Komponenten von $A$ zusätzlich konjugiert, so erhält man die **adjungierte Matrix** oder **hermitisch konjugierte Matrix** $A^* \in \mathbb{K}^{n,m}$ mit Komponenten

$$(A^*)_{ij} := \overline{a_{ji}}, \quad i = 1,\ldots,n \text{ und } j = 1,\ldots,m,$$

wobei $\bar{z}$ die zu $z \in \mathbb{C}$ konjugiert komplexe Zahl ist. (Für reelle Matrizen stimmt die adjungierte mit der transponierten Matrix überein.) Es gelten die Rechenregeln $\det(A^\top) = \det(A)$, $(AB)^\top = B^\top A^\top$ und $(AB)^* = B^* A^*$, sofern das Matrixprodukt $AB$ definiert ist. Ist $A$ invertiertbar, dann gilt $(A^{-1})^* = (A^*)^{-1} =: A^{-*}$. Eine Matrix mit der Eigenschaft $A = A^\top$ heißt **symmetrisch** und eine Matrix mit der Eigenschaft $A = A^*$ heißt **hermitisch** oder **selbstadjungiert**.

**Orthogonalität**

Für $x, y \in \mathbb{K}^n$ definieren wird das **Euklidische Skalarprodukt** durch

$$\langle x|y\rangle := \overline{x^*y} = \sum_{i=1}^{n} x_i\overline{y_i}.$$

Hier ist der Zeilenvektor $x^* = (\overline{x_1}, \ldots, \overline{x_n})$ adjungiert zum Spaltenvektor $x$ und $x^*y$ ist ein Matrixprodukt. Im reellen Fall vereinfacht sich das Euklidische Skalarprodukt zu $\langle x|y\rangle = \sum_{i=1}^{n} x_i y_i$ für $x, y \in \mathbb{R}^n$. Vektoren $x, y \in \mathbb{K}^n$ heißen **orthogonal**, falls $\langle x|y\rangle = 0$. In diesem Fall schreiben wir $x \perp y$. Vektoren $b^1, \ldots, b^k \in \mathbb{K}^n$ heißen **orthonormal**, falls $\langle b^i|b^j\rangle = 0$ für $i \neq j$ und $\langle b^i|b^i\rangle = 1$ für alle $i$. Gilt zusätzlich $k = n$, dann heißt $\{b^1, \ldots, b^n\}$ eine **Orthonormalbasis (ONB)** des Euklidischen Raums $\mathbb{K}^n$. Jeder nicht nur aus dem Nullvektor bestehende Unterraum $U \subseteq \mathbb{K}^n$ besitzt eine Orthonormalbasis. Eine Matrix $V \in \mathbb{K}^{n,n}$ wird **unitär** und im Spezialfall $V \in \mathbb{R}^{n,n}$ auch **orthogonal** genannt, falls ihre Spalten eine ONB des Euklidischen Raums $\mathbb{K}^n$ sind. Dies ist äquivalent zu den Matrixidentitäten

$$V^*V = I_n \quad \text{bzw.} \quad V^{-1} = V^*.$$

Falls $A \in \mathbb{K}^{m,n}$ mit $m \geq n$ und $\mathrm{Rg}(A) = n$, dann sind alle Spalten $a^1, \ldots, a^n$ von $A$ linear unabhängig und überdies haben die linearen Räume

$$\langle a^1, \ldots, a^i\rangle \subseteq \mathbb{K}^m, \quad i = 1, \ldots, n,$$

die Dimension $i$ und die Basis $\{a^1, \ldots, a^i\}$. Es können (konstruktiv mit dem sogenannten **Orthonormalisierungsverfahren von Gram-Schmidt**) $n$ orthonormale Vektoren $q^1, \ldots, q^n \in \mathbb{K}^m$ so gefunden werden, dass

$$\langle a^1, \ldots, a^i\rangle = \langle q^1, \ldots, q^i\rangle, \quad i = 1, \ldots, n,$$

insbesondere kann jeder Vektor $a^i$ als Linearkombination

$$a^i = r_{1i} \cdot q^1 + \ldots + r_{ii} \cdot q^i, \quad i = 1, \ldots, n,$$

geschrieben werden. Diese $n$ Vektorgleichungen lassen sich zu einer einzigen Matrixgleichung zusammenfassen:

$$\left(\begin{array}{c|c|c|c} & & & \\ a^1 & a^2 & \cdots & a^n \\ & & & \end{array}\right) = \underbrace{\left(\begin{array}{c|c|c|c} & & & \\ q^1 & q^2 & \cdots & q^n \\ & & & \end{array}\right)}_{=:\hat{Q}} \underbrace{\begin{pmatrix} r_{11} & r_{12} & \cdots & r_{1n} \\ & r_{22} & & \\ & & \ddots & \vdots \\ & & & r_{nn} \end{pmatrix}}_{=:\hat{R}}, \tag{1.1}$$

wobei die Diagonalelemente $r_{ii}$ ungleich null sind und $\hat{Q}$ orthonormale Spalten hat. Die Identität (1.1) heißt **reduzierte QR-Zerlegung** der Matrix $A$. Stets kann man $q^1,\dots,q^n$ so um $m-n$ Vektoren $q^{n+1},\dots,q^m \in \mathbb{K}^m$ ergänzen, dass eine Orthonormalbasis des $\mathbb{K}^m$ entsteht (die $q^{n+1},\dots,q^m$ dürfen ansonsten beliebig sein). Die Vektoren $q^1,\dots,q^m$ sind Spalten der unitären Matrix $Q = (q^1|\cdots|q^n|q^{n+1}|\cdots|q^m) \in \mathbb{K}^{m,m}$. Ergänzt man weiterhin $\hat{R} \in \mathbb{K}^{n,n}$ um $m-n$ Nullzeilen zu einer Matrix $R \in \mathbb{K}^{m,n}$, dann erhält man die Faktorisierung

$$A = QR,$$

die sogenannte **QR-Zerlegung** von $A$.

## Eigenwerte

Eine Matrix $A \in \mathbb{K}^{n,n}$ hat einen **Eigenwert** $\lambda \in \mathbb{C}$ und zugehörigen **Eigenvektor** $v \in \mathbb{C}^n$, falls

$$Av = \lambda v \quad \text{und} \quad v \neq 0. \tag{1.2}$$

Die Gleichung $Av = \lambda v$ besitzt genau dann eine Lösung $v \neq 0$, wenn die Matrix $A - \lambda I_n$ linear abhängige Spalten hat, also singulär ist. Ohne Kenntnis der Eigenvektoren lassen sich deswegen die Eigenwerte bestimmen als diejenigen komplexen Zahlen $\lambda$, für welche $\chi_A(\lambda) := \det(A - \lambda I_n) = 0$ gilt. Die (auf ganz $\mathbb{C}$ definierte) Funktion $\chi_A$ nennt man das **charakteristische Polynom** von $A$. Dieses hat den Grad $n$ und deswegen genau $n$ Nullstellen in $\mathbb{C}$. Somit besitzt jede quadratische Matrix $A$ der Ordnung $n$ genau $n$ Eigenwerte. Dabei gelten Mehrfachnullstellen von $\chi_A$ als Mehrfacheigenwerte von $A$. Die zugehörigen Eigenvektoren sind – mit Ausnahme des Nullvektors – die Elemente des Lösungsraums des linearen Gleichungssystems $(A - \lambda I_n)x = 0$, den wir mit $\mathcal{N}_{A-\lambda I_n}$ bezeichnen[1]. Aus dem Gesagten ergibt sich, dass Eigenwerte und Eigenvektoren im Allgemeinen komplexwertig sein können selbst dann, wenn $A$ eine reelle Matrix ist. Ferner kann für einen $k$-fachen Eigenwert $\lambda$ die Dimension des Vektorraums $\mathcal{N}_{A-\lambda I_n}$ kleiner als $k$ sein, so dass eine quadratische Matrix der Ordnung $n$ weniger als $n$ linear unabhängige Eigenvektoren besitzen kann. Ist jedoch $A \in \mathbb{K}^{n,n}$ eine selbstadjungierte Matrix, dann lässt sich zeigen, dass alle Eigenwerte reell sind. Außerdem existiert in diesem Fall eine Orthonormalbasis $\{v^1,\dots,v^n\} \subset \mathbb{C}^n$ aus Eigenvektoren. Somit gilt

$$Av^i = \lambda_i v^i,\ i = 1,\dots,n \quad \Longleftrightarrow \quad AV = V\Lambda \quad \Longleftrightarrow \quad V^*AV = \Lambda, \tag{1.3}$$

wobei $V = (v^1|\cdots|v^n) \in \mathbb{C}^{n,n}$ (Spalten sind Eigenvektoren) und $\Lambda = \operatorname{diag}(\lambda_1,\dots,\lambda_n)$ (Diagonalelemente sind Eigenwerte). Falls $A$ reellwertig ist, dann ist auch $V$ reellwertig. Die Matrixidentität (1.3) nennt man **unitäre Diagonalisierung** der Matrix $A$. Eine quadratische Matrix $A$ lässt sich genau dann unitär diagonalisieren, wenn

[1] Es handelt sich um den Nullraum der Matrix $A - \lambda I_n$

$AA^* = A^*A$ gilt. Matrizen mit dieser Eigenschaft nennt man **normal**.

Eine Matrix $A \in \mathbb{K}^{n,n}$ heißt **positiv definit**, wenn sie selbstadjungiert ist *und* wenn $x^*Ax > 0$ für alle $x \in \mathbb{K}^n \setminus \{0\}$ gilt. Sie heißt **positiv semidefinit**, wenn sie selbstadjungiert ist *und* wenn $x^*Ax \geq 0$ für alle $x \in \mathbb{K}^n$ gilt. Eine Matrix $A \in \mathbb{K}^{n,n}$ ist genau dann positiv definit, wenn sie selbstadjungiert ist und alle ihre Eigenwerte positiv sind. Sie ist genau dann positiv semidefinit, wenn sie selbstadjungiert ist und keinen negativen Eigenwert hat. Die Anzahl positiver Eigenwerte einer positiv semidefiniten Matrix ist gleich dem Rang der Matrix. Weiterhin ist $A$ genau dann positiv definit, wenn es eine invertierbare obere Dreiecksmatrix $R \in \mathbb{K}^{n,n}$ so gibt, dass

$$A = R^*R. \tag{1.4}$$

Dies nennt man die **Cholesky-Zerlegung** von $A$. Die Matrix $R$ kann reellwertig gewählt werden, falls $A$ reellwertig ist.

Zwei quadratische Matrizen $A, B \in \mathbb{K}^{n,n}$ besitzen den **verallgemeinerten Eigenwert** $\lambda \in \mathbb{C}$ und dazu den **verallgemeinerten Eigenvektor** $v \in \mathbb{C}^n$, falls

$$Av = \lambda Bv \quad \text{und} \quad v \neq 0.$$

Sei nun insbesondere $A$ positiv semidefinit und $B$ positiv definit. Unter Benutzung der Cholesky-Zerlegung $B = R^*R$ und der Transformation $Rv = w$ kann das Problem der Bestimmung verallgemeinerter Eigenwerte und Eigenvektoren in ein äquivalentes gewöhnliches Eigenwertproblem umformuliert werden:

$$R^{-*}AR^{-1}w = \lambda w, \quad w \neq 0.$$

Hier ist $R^{-*}AR^{-1}$ eine positiv semidefinite Matrix und folglich existiert eine ONB $\{w^1, \ldots, w^n\}$ von Eigenvektoren zu Eigenwerten $\lambda_1, \ldots, \lambda_n \geq 0$ von $R^{-*}AR^{-1}$. Mit der orthogonalen Matrix $W := (w^1|\cdots|w^n)$ und der nicht-singulären Matrix $V := R^{-1}W$ erhält man

$$V^*BV = W^*R^{-*}R^*RR^{-1}W = W^*W = I_n$$

und außerdem

$$V^*AV = W^*(R^{-*}AR^{-1})W = W^*W\operatorname{diag}(\lambda_1, \ldots, \lambda_n) = \operatorname{diag}(\lambda_1, \ldots, \lambda_n),$$

wobei $\operatorname{diag}(\lambda_1, \ldots, \lambda_n)$ die Diagonalmatrix der Ordnung $n$ mit Diagonalelementen $\lambda_1, \ldots, \lambda_n$ ist. Zusammenfassend ergibt sich: Falls $A \in \mathbb{K}^{n,n}$ positiv semidefinit und $B \in \mathbb{K}^{n,n}$ is positiv definit ist, dann gibt es eine nicht-singuläre Matrix $V \in \mathbb{K}^{n,n}$ so, dass

$$V^*AV = \operatorname{diag}(\lambda_1, \ldots, \lambda_n),\ \lambda_1, \ldots, \lambda_n \geq 0, \quad \text{und} \quad V^*BV = I_n. \tag{1.5}$$

## Normen für Vektoren und Matrizen

Für Vektoren $x \in \mathbb{K}^n$ definiert man die **Summennorm**

$$\|x\|_1 := \sum_{j=1}^{n} |x_j|,$$

die **Euklidische Norm**

$$\|x\|_2 := \sqrt{\sum_{j=1}^{n} |x_j|^2}$$

und die **Maximumsnorm**

$$\|x\|_\infty := \max\left\{|x_j|;\ j = 1,\dots,n\right\}.$$

Allgemein nennt man **Norm** auf $\mathbb{K}^n$ eine Abbildung $\|\bullet\| : \mathbb{K}^n \to [0,\infty)$, welche die drei Eigenschaften

(1) **Definitheit**, das heißt $x \neq 0 \Longrightarrow \|x\| > 0$,
(2) **Homogenität**, das heißt $\|\lambda x\| = |\lambda|\|x\|$ für alle $\lambda \in \mathbb{K}$ und
(3) **Subadditivität**, das heißt $\|x+y\| \leq \|x\| + \|y\|$ für alle $x, y \in \mathbb{K}^n$

besitzt. Die Schreibweise $\|\bullet\|$ bedeutet, dass es sich um eine Funktion handelt, in welche an Stelle des Symbols $\bullet$ das Argument einzusetzen ist: $\|x\| = \|\bullet\|(x)$. Die bei der Subadditivität angegebene Ungleichung heißt **Dreiecksungleichung**. Die **Cauchy-Schwarzsche Ungleichung**

$$|\langle x|y\rangle| \leq \|x\|_2\|y\|_2$$

gilt für alle $x, y \in \mathbb{K}^n$. In der Ungleichung von Cauchy-Schwarz gilt Gleichheit genau dann, wenn $x$ und $y$ linear abhängig sind, wenn also $x = 0$ oder $y = \lambda x$ mit einem $\lambda \in \mathbb{K}$. Der **Satz des Pythagoras** besagt

$$\|b^1 + \ldots + b^k\|_2^2 = \|b^1\|_2^2 + \ldots + \|b^k\|_2^2,$$

wenn $b^1, \ldots, b^k \in \mathbb{K}^n$ paarweise orthogonale Vektoren sind.

Alle möglichen Normen auf $\mathbb{K}^n$ sind **äquivalent**, das heißt zu jeder Norm $\|\bullet\|$ auf $\mathbb{K}^n$ gibt es zwei positive Konstanten $\alpha$ und $\beta$ so, dass

$$\alpha\|x\|_\infty \leq \|x\| \leq \beta\|x\|_\infty \quad \text{für alle} \quad x \in \mathbb{K}^n. \tag{1.6}$$

Eine Möglichkeit, Normen für Matrizen einzuführen besteht darin, die Matrix-Elemente als Komponenten eines Vektors aufzufassen. Entsprechend der Euklidischen Norm von Vektoren erhält man so die **Frobenius-Norm**:

$$\|A\|_F = \sqrt{\sum_{i=1}^{m}\sum_{j=1}^{n} |a_{ij}|^2}, \quad A \in \mathbb{K}^{m,n}.$$

Passender zur Auffassung von Matrizen als lineare Abbildungen ist jedoch das folgende Konzept. Die **Operatornorm** $\|\bullet\| : \mathbb{K}^{m,n} \to [0,\infty)$ einer Matrix $A \in \mathbb{K}^{m,n}$ wird definiert durch

$$\|A\| := \max\left\{\frac{\|Ax\|}{\|x\|};\, x \in \mathbb{K}^n \setminus \{0\}\right\} = \max\{\|Ax\|;\, x \in \mathbb{K}^n,\ \|x\| = 1\}$$

wobei für $\|Ax\|$ und $\|x\|$ Vektornormen auf $\mathbb{K}^m$ beziehungsweise $\mathbb{K}^n$ benutzt werden – dies könnten grundsätzlich unterschiedliche Normen sein. Verwendet man jeweils die gleiche Vektornorm $\|\bullet\|_p$, $p \in \{1,2,\infty\}$, dann bezeichnet man die entsprechende Operatornorm ebenfalls mit $\|\bullet\|_p$. In diesen Fällen gelten folgende Berechnungsformeln:

$$\|\bullet\|_1 \rightsquigarrow \|A\|_1 = \max_j \sum_i |a_{ij}|, \text{ größte Spaltenbetragssumme,}$$

$$\|\bullet\|_\infty \rightsquigarrow \|A\|_\infty = \max_i \sum_j |a_{ij}|, \text{ größte Zeilenbetragssumme,}$$

$$\|\bullet\|_2 \rightsquigarrow \|A\|_2 = \sqrt{\lambda_1},$$

wobei $\lambda_1 \geq \lambda_2 \geq \ldots \geq 0$ die absteigend geordneten Eigenwerte der positiv semidefiniten Matrix $A^\top A$ sind. $\|\cdot\|_2$ heißt **Spektralnorm**.

Operatornormen zeichnen sich durch die folgenden fünf Eigenschaften aus, von denen die ersten drei gelten müssen, damit die Bezeichnung als Norm überhaupt gerechtfertigt ist:

| | |
|---|---|
| **Definitheit:** | $A \neq 0 \implies \|A\| > 0$, |
| **Homogenität:** | $\|\lambda A\| = |\lambda|\|A\|, \quad \forall \lambda \in \mathbb{R}$, |
| **Subadditivität:** | $\|A+B\| \leq \|A\| + \|B\|$, |
| **Submultiplikativität:** | $\|AB\| \leq \|A\| \cdot \|B\|$ und |
| **Konsistenz:** | $\|Ax\| \leq \|A\| \cdot \|x\|$. |

**Die Singulärwertzerlegung (SVD)**

Es sei $m \geq n$ und $A \in \mathbb{K}^{m,n}$ mit $\text{Rg}(A) = r$. Dann ist die Matrix $A^*A \in \mathbb{K}^{n,n}$ positiv semidefinit und hat ebenfalls Rang $r$ (wie auch die Matrizen $A^*$ und $AA^*$). Ihre Eigenwerte seien $\sigma_1^2 \geq \ldots \geq \sigma_r^2 > 0$ und $\sigma_{r+1}^2 = \ldots = \sigma_n^2 = 0$ mit zugehörigen orthonormalen Eigenvektoren $v_1, \ldots, v_n \in \mathbb{K}^n$, so dass

$$A^*Av_k = \sigma_k^2 v_k, \quad k = 1, \ldots, n,$$

entsprechend (1.3). Dann sind $u_k := Av_k/\sigma_k \in \mathbb{K}^m$, $k = 1,\dots,r$, Eigenvektoren von $AA^*$, da $AA^*u_k = AA^*Av_k/\sigma_k = A\sigma_k v_k = \sigma_k^2 u_k$. Die Vektoren $u_k$ sind ebenfalls orthonormal:

$$u_i^* u_k = v_i^* A^* A v_k/(\sigma_i \sigma_k) = v_i^* v_k \sigma_k/\sigma_i = \delta_{i,k}.$$

Hier wurde das sogenannte **Kronecker-Symbol** benutzt, welches durch $\delta_{i,k} := 0$ für $i \neq k$ und $\delta_{i,i} := 1$ definiert ist. Die Menge $\{u_1,\dots,u_r\}$ wird durch $m-r$ orthonormale Vektoren $u_{r+1},\dots,u_m \in \mathbb{K}^m$ ergänzt, welche den $(m-r)$-dimensionalen[2] Nullraum $\mathcal{N}_{A^*}$ aufspannen:

$$A^* u_k = 0, \quad k = r+1,\dots,m,$$

und welche die verbleibenden Eigenvektoren von $AA^*$ sind. Für $i \leq r < k$ erhalten wir $u_i^* u_k = v_i^* A^* u_k/\sigma_i = v_i^* 0/\sigma_i = 0$, so dass $U := (u_1|\cdots|u_m) \in \mathbb{K}^{m,m}$ ebenso eine unitäre Matrix ist wie $V := (v_1|\cdots|v_n) \in \mathbb{K}^{n,n}$. Aus den Definitionen von $u_k$ und $v_k$ bekommen wir $Av_k = \sigma_k u_k$ für $k = 1,\dots,r$ und $Av_k = 0$ für $k = r+1,\dots,n$. Zusammen ergibt das

$$AV = U\Sigma \iff A = U\Sigma V^* \quad \text{mit} \quad \Sigma_{i,j} = \sigma_i \delta_{i,j}. \tag{1.7}$$

Lässt man die letzten $m-n$ Spalten der Matrix $U$ weg und die letzten $m-n$ Zeilen von $\Sigma$, dann ergibt sich

$$A = \hat{U}\hat{\Sigma}V^*, \quad \hat{U} := (u_1|\cdots|u_n) \in \mathbb{C}^{m,n}, \quad \hat{\Sigma} = \operatorname{diag}(\sigma_1,\dots,\sigma_n) \in \mathbb{R}^{n,n} \tag{1.8}$$

anstelle von (1.7). Im Fall $m < n$ kann man eine Faktorisierung (1.7) von $A^*$ wie oben berechnen. Danach geht man auf beiden Seiten von (1.7) beziehungsweise (1.8) zu den hermitisch konjugierten Matrizen über. Damit ist der folgende Satz gezeigt.

**Satz und Definition 1.1 (Singulärwertzerlegung (SVD)).** *Es habe $A \in \mathbb{K}^{m,n}$ den Rang $r$. Dann gibt es unitäre Matrizen $U \in \mathbb{K}^{m,m}$ und $V \in \mathbb{K}^{n,n}$ sowie eine Matrix $\Sigma \in \mathbb{R}^{m,n}$ mit Komponenten $\Sigma_{i,j} = \sigma_i \delta_{i,j}$ und*

$$\sigma_1 \geq \ldots \geq \sigma_r > 0, \quad \sigma_{r+1} = \ldots = \sigma_{\min\{m,n\}} = 0$$

*derart dass*

$$A = U\Sigma V^*.$$

*Diese Faktorisierung heißt* ***Singulärwertzerlegung*** *(singular value decomposition — SVD) und die Zahlen $\sigma_1 \geq \ldots \geq \sigma_{\min\{m,n\}} \geq 0$ heißen* ***Singulärwerte*** *von $A$. Im Detail ist*

[2] Für jede Matrix $A \in \mathbb{K}^{m,n}$ mit Nullraum $\mathcal{N}_A$ gilt $\dim(\mathcal{N}_A) + \operatorname{Rg}(A) = n$.

$$A = U\Sigma V^* = (\underbrace{U_1}_{r}\ \underbrace{U_2}_{m-r}) \underbrace{\begin{pmatrix} \Sigma_1 & 0 \\ 0 & 0 \end{pmatrix}}_{r \quad n-r} \begin{matrix} \}r \\ \}m\text{-}r \end{matrix} \ (\underbrace{V_1}_{r}\ \underbrace{V_2}_{n-r})^* \tag{1.9}$$
$$= U_1\Sigma_1 V_1^*$$

*und die Faktorisierung $A = U_1\Sigma_1 V_1{}^*$ wird **reduzierte SVD** genannt.* ◁

Aus der reduzierten SVD leitet sich unmittelbar folgende Interpretation der Matrizen $U$ und $V$ ab:

- Die Spalten von $U_1$ sind eine ONB des Spaltenraums $\mathcal{R}_A$ der Matrix $A$. Die Spalten von $U_2$ sind eine ONB des orthogonalen Komplements $\mathcal{R}_A^\perp = \{y \in \mathbb{K}^m;\ \langle y|z\rangle = 0$ für alle $z \in \mathcal{R}_A\}$ von $\mathcal{R}_A$ in $\mathbb{K}^m$.
- Die Spalten von $V_2$ sind eine ONB des Kerns $\mathcal{N}_A$ der Matrix $A$. Die Spalten von $V_1$ sind eine ONB des orthogonalen Komplements $\mathcal{N}_A^\perp = \{x \in \mathbb{K}^n;\ \langle x|z\rangle = 0$ für alle $z \in \mathcal{N}_A\}$ von $\mathcal{N}_A$ in $\mathbb{K}^n$.

Weiterhin lässt sich feststellen, dass die Matrix $V_1V_1{}^*$ (interpretiert als Abbildung von $\mathbb{K}^n$ nach $\mathbb{K}^n$) alle Spalten von $V_1$ auf sich selbst und alle Spalten von $V_2$ auf 0 abbildet, diese Matrix ist deswegen gleich dem orthogonalen Projektor $P_{\mathcal{N}_A^\perp}$ von $\mathbb{K}^n$ auf $\mathcal{N}_A^\perp$. Analog ist $U_1U_1{}^*$ der orthogonale Projektor $P_{\mathcal{R}_A}$ von $\mathbb{K}^m$ auf $\mathcal{R}_A$.

**Definition 1.2 (Pseudoinverse Matrix).** *$A \in \mathbb{K}^{m,n}$ habe den Rang $r$ und die reduzierte SVD $A = U_1\Sigma_1 V_1^*$ wie in Satz und Definition 1.1. Dann wird*

$$A^+ := V_1{\Sigma_1}^{-1}U_1^* \in \mathbb{K}^{n,m}$$

*die zu $A$ pseudoinverse Matrix genannt.* ◁

Der Name „Pseudoinverse“ erklärt sich folgendermaßen. Die durch die Matrix $A$ repräsentierte lineare Abbildung $A : \mathcal{N}_A^\perp \to \mathcal{R}_A$, $x \mapsto Ax$, ist bijektiv mit inverser Abbildung $B : \mathcal{R}_A \to \mathcal{N}_A^\perp$. Dann kann $B \circ P_{\mathcal{R}_A} : \mathbb{K}^m \to \mathbb{K}^n$ als eine zu $A : \mathbb{K}^n \to \mathbb{K}^m$ pseudoinverse Abbildung aufgefasst werden und es gilt

$$A^+ = B \circ P_{\mathcal{R}_A}. \tag{1.10}$$

Um diese Identität einzusehen, schreiben wir ein beliebiges $y \in \mathbb{K}^m$ in der Form $y = U_1z_1 + U_2z_2$ mit $z_1 \in \mathbb{K}^r$ und $z_2 \in \mathbb{K}^{m-r}$. Damit erhält man einerseits $A^+y = V_1{\Sigma_1}^{-1}z_1$. Andererseits erhält man

$$B \circ P_{\mathcal{R}_A} y = BU_1z_1 = V_1{\Sigma_1}^{-1}z_1,$$

denn $V_1{\Sigma_1}^{-1}z_1 \in \mathcal{N}_A^\perp$ und $AV_1{\Sigma_1}^{-1}z_1 = U_1\Sigma_1V_1{}^*V_1{\Sigma_1}^{-1}z_1 = U_1z_1$. Folglich ist $A^+y = B \circ P_{\mathcal{R}_A}y$ für alle $y \in \mathbb{K}^m$, also stimmt (1.10).

Unter Benutzung der SVD ist leicht nachzuweisen, dass

$$A \text{ invertierbar} \quad \Longrightarrow \quad A^+ = A^{-1} \text{ und}$$

$$\operatorname{Rg}(A) = n \quad \Longrightarrow \quad A^+ = (A^*A)^{-1}A^*$$

gilt.

Mittels SVD und pseudoinverser Matrix lässt sich eine Lösung des **linearen Ausgleichsproblems** angeben. Dieses lautet für $A \in \mathbb{K}^{m,n}$ und $b \in \mathbb{K}^m$:

$$\text{Finde } \hat{x} \text{ so, dass } \|A\hat{x} - b\|_2 \leq \|Ax - b\|_2 \text{ für alle } x \in \mathbb{K}^n. \tag{1.11}$$

Bezeichnet man mit

$$M := \arg\min\{\|Ax - b\|_2\}$$

die Menge der Lösungen von (1.11) dann heißt

$$\hat{x} \in M \text{ mit } \|\hat{x}\|_2 \leq \|x\|_2 \text{ für alle } x \in M \tag{1.12}$$

eine **Minimum-Norm-Lösung** des linearen Ausgleichsproblems (1.11). Falls (1.11) eine eindeutige Lösung besitzt, dann ist diese trivialerweise auch die Minimum-Norm-Lösung. Falls die Lösung von (1.11) nicht eindeutig ist, dann ist die Minimum-Norm-Lösung dennoch eindeutig:

**Satz 1.3 (Lösung des linearen Ausgleichsproblems).** *$A \in \mathbb{K}^{m,n}$ habe den Rang $r$ und die reduzierte SVD (1.9).*

*(a) Jede Lösung $x$ von (1.11) hat die Form*

$$x = V_1 \Sigma_1^{-1} U_1^* b + V_2 z, \quad z \in \mathbb{K}^{n-r}. \tag{1.13}$$

*(b) Stets existiert eine eindeutige Lösung von (1.12), also eine eindeutige Minimum-Norm-Lösung. Diese ist gegeben durch*

$$x = V_1 \Sigma_1^{-1} U_1^* b = A^+ b.$$

*Ihre Norm ist durch $\|x\|_2 \leq \|b\|_2 / \sigma_r$ beschränkt.*

*(c) Ersetzt man $b$ durch einen Vektor $b + \delta b \in \mathbb{K}^m$, dann erhält man eine eindeutige Minimum-Norm-Lösung $x + \delta x$. Die Differenz der beiden Lösungen ist durch*

$$\|\delta x\|_2 \leq \frac{\|\delta b\|_2}{\sigma_r}$$

*beschränkt.*

*Insbesondere ist die Lösung des linearen Ausgleichsproblems (1.11) genau dann eindeutig bestimmt, wenn $A$ den Rang $n$ hat und in diesem Fall durch*

$$\hat{x} = A^+ b = (A^*A)^{-1} A^* b$$

*gegeben – entsprechend der Lösung der Normalengleichungen des Ausgleichsproblems.* ◁

*Beweis.* Teil (a):

$$\begin{aligned}\|b-Ax\|_2^2 &= \left\| U^*b - \begin{pmatrix} U_1^* \\ U_2^* \end{pmatrix} U_1\Sigma_1 V_1^* x \right\|_2^2 = \left\| \begin{pmatrix} U_1^*b - \Sigma_1 V_1^* x \\ U_2^* b \end{pmatrix} \right\|_2^2 \\ &= \|U_1^*b - \Sigma_1 V_1^* x\|_2^2 + \|U_2^* b\|_2^2\end{aligned}$$

wird genau dann minimal, wenn

$$\Sigma_1 V_1^* x = U_1^* b \quad \Longleftrightarrow \quad x = V_1 \Sigma_1^{-1} U_1^* b + V_2 z$$

für beliebiges $z \in \mathbb{R}^{n-r}$, denn

$$\mathcal{N}_{V_1^*} = \mathcal{R}_{V_1}^{\perp} = \{V_2 z;\, z \in \mathbb{K}^{n-r}\}.$$

Teil (b): Da die Spalten von $V_1$ und $V_2$ orthogonal sind, erhält man aus (1.13) und dem Satz des Pythagoras

$$\|x\|_2^2 = \|V_1\Sigma_1^{-1}U_1^*b\|_2^2 + \|V_2 z\|_2^2.$$

Die rechte Seite wird genau dann minimal, wenn $V_2 z = 0$, das heißt genau dann, wenn $z = 0$. Für $z = 0$ erhalten wir

$$\|x\|_2^2 = \|V_1\Sigma_1^{-1}U_1^*b\|_2^2 = \left\| \begin{pmatrix} u_1^*b/\sigma_1 \\ \vdots \\ u_r^*b/\sigma_r \end{pmatrix} \right\|_2^2 \le \frac{1}{\sigma_r^2} \sum_{j=1}^{r} |u_j^* b|^2 \le \frac{\|b\|_2^2}{\sigma_r^2}.$$

Teil (c): Ersetzt man in Teil (b) den Vektor $b$ durch $b + \delta b$, dann ergibt sich die Minimum-Norm-Lösung $x + \delta x = V_1\Sigma_1^{-1}U_1^*(b + \delta b)$. Für die Differenz der Lösungen erhält man $\delta x = V_1 \Sigma_1{}^{-1} U_1^* \delta b$ und die Normabschätzung folgt dann direkt aus Teil (b). □

Es gibt eine enge Verbindung zwischen den singulären Werten einer Matrix und ihrer Spektralnorm. Der nachfolgende Satz wird beispielsweise in Lecture 5 des Lehrbuchs [TB97] behandelt.

**Satz 1.4.** *Die Matrix* $A \in \mathbb{K}^{m,n}$ *habe Singulärwerte* $\sigma_1 \ge \ldots \ge \sigma_{\min\{m,n\}} \ge 0$. *Dann ist*

$$\|A\|_2 = \sigma_1.$$

*Im Fall* $m = n$ *ist* $A$ *genau dann invertierbar, wenn* $\sigma_n > 0$. *In diesem Fall ist*

$$\|A^{-1}\|_2 = \frac{1}{\sigma_n}.$$

*Es sei $\mathbb{M}_k$ die Menge aller Matrizen in $\mathbb{K}^{m,n}$, deren Rang kleiner als k ist (insbesondere enthält $\mathbb{M}_1$ nur die Nullmatrix). Dann gilt für $k = 1,\ldots,\min\{m,n\}$*

$$\min\{\|A - X\|_2;\ X \in \mathbb{M}_k\} \quad = \quad \sigma_k. \tag{1.14}$$

*A hat also den Abstand $\sigma_k$ von den Matrizen vom Rang kleiner als k.* ◁

Aus der Gleichung (1.14) lässt sich folgern: Im Fall $\sigma_{\min\{m,n\}} \leq \varepsilon$ liegt in einer Entfernung $\varepsilon$ von $A$ eine Matrix, deren Rang kleiner als $\min\{m,n\}$ ist. Da der Rang einer Matrix eine unstetige Funktion der Matrixkomponenten ist, kann er zumindest dann numerisch nicht zuverlässig berechnet werden, wenn er kleiner als $\min\{m,n\}$ ist und wenn die Komponenten der Matrix mit Unsicherheiten behaftet sind. Letzteres ist in der Praxis der Regelfall, siehe hierzu die Ausführungen in Abschnitt 1.4. Im Gegensatz dazu können singuläre Werte prinzipiell zuverlässig numerisch berechnet werden. Dies wird durch den nachfolgenden Satz 1.5 ausgesagt, der die „gute Kondition" der singulären Werte einer Matrix formuliert – siehe den nachfolgenden Abschnitt 1.4. Die Berechnung des kleinsten singulären Wertes einer Matrix beantwortet deswegen am besten die Frage nach ihrem Rang.

**Satz 1.5 (Sensitivität singulärer Werte).** *Es sei $A, \delta A \in \mathbb{K}^{m,n}$. Es seien $\sigma_1 \geq \ldots \geq \sigma_{\min\{m,n\}} \geq 0$ die singulären Werte von A und es seien $\tilde{\sigma}_1 \geq \ldots \geq \tilde{\sigma}_{\min\{m,n\}} \geq 0$ die singulären Werte der Matrix $A + \delta A$. Dann gilt*

$$|\sigma_i - \tilde{\sigma}_i| \leq \|\delta A\|_2, \quad i = 1,\ldots,\min\{m,n\},$$

*und diese obere Schranke ist scharf, das heißt es lässt sich jeweils ein $\delta A \in \mathbb{K}^{m,n}$ so finden, dass sie erreicht wird.* ◁

Dieser Satz wird beispielsweise auf Seite 198 des Lehrbuchs [Dem97] bewiesen.

## 1.2 Funktionalanalysis

Inverse Probleme treten in Form von Gleichungen – etwa Integralgleichungen – auf, bei denen die gesuchte Lösung eine Funktion ist. Eine prägnante Beschreibung inverser Probleme und der mit ihrer Lösung verbundenen Schwierigkeiten erfordert deswegen die Betrachtung von Funktionenräumen, wie dies in der Funktionalanalysis geschieht. Der folgende Abschnitt ersetzt kein Lehrbuch der Funktionalanalysis, sondern gibt einen Überblick über die benötigten Definitionen und Sätze. Für eine Einführung in die Funktionalanalysis empfehlen wir das Lehrbuch [Wer10]. Wir stützen uns auch auf [Alt11], [Kir11] und [Ric20]. Auch in diesem Abschnitt benutzen wir das Symbol $\mathbb{K}$ wahlweise für $\mathbb{R}$ und $\mathbb{C}$, wenn wir uns nicht genauer festlegen wollen.

### Vektorräume und Operatoren

Von besonderer Bedeutung für inverse Probleme sind Vektorräume, deren Elemente Funktionen sind.

*Beispiel 1.6 (Allgemeiner Funktionenraum).* Es seien $\varnothing \neq \Omega \subseteq \mathbb{R}^s$ und

$$\mathscr{F}(\Omega,\mathbb{K}) := \{f : \Omega \to \mathbb{K}\}$$

die Menge aller auf $\Omega$ definierten $\mathbb{K}$-wertigen Funktionen. Eine Addition („Superposition") $f+g$ zweier Funktionen $f,g \in \mathscr{F}(\Omega,\mathbb{K})$ lässt sich punktweise definieren durch $(f+g)(t) := f(t)+g(t)$ für alle $t \in \Omega$. Zu unterscheiden ist hier zwischen der Addition $f+g$ von Funktionen und der Addition $f(t)+g(t)$ der beiden Zahlen $f(t), g(t) \in \mathbb{K}$. Gleichermaßen lässt sich eine Skalarmultiplikation $\lambda f$ für $f \in \mathscr{F}(\Omega,\mathbb{K})$ und $\lambda \in \mathbb{K}$ punktweise durch $(\lambda f)(t) := \lambda f(t)$ definieren. Der Nullvektor ist gegeben durch die Nullfunktion

$$0 : \Omega \to \mathbb{K}, \quad t \mapsto 0(t) := 0,$$

die notationell nicht von der Zahl $0 \in \mathbb{K}$ unterschieden wird. Der negative Vektor zu einer Funktion $f \in \mathscr{F}(\Omega,\mathbb{K})$ ist durch die Funktion $-f$ gegeben, welche durch die Skalarmultiplikation $-f := (-1)f$ erklärt wird. Das Kommutativgesetz $f+g = g+f$ gilt für alle $f,g \in \mathscr{F}(\Omega,\mathbb{K})$, da $f(t)+g(t) = g(t)+f(t) \in \mathbb{K}$ für alle $t \in \Omega$ gilt. In gleicher Weise lässt sich die Gültigkeit aller Assoziativ-, Kommutativ- und Distributivgesetze in $\mathscr{F}(\Omega,\mathbb{K})$ überprüfen. Folglich ist $\mathscr{F}(\Omega,\mathbb{K})$ ein linearer Raum, die Vektoren sind Funktionen, die Vektoraddition ist als Überlagerung von Funktionen erklärt und die Skalarmultiplikation als Skalierung von Funktionen. Die Cosinusfunktion $\cos : \mathbb{R} \to \mathbb{R}$ ist ein Element (ein „Punkt") des Raums $\mathscr{F}(\mathbb{R},\mathbb{R})$. Wir schreiben $\cos \in \mathscr{F}(\mathbb{R},\mathbb{R})$ genau so, wie wir $(1,0)^\top \in \mathbb{R}^2$ schreiben. ◁

Untervektorräume von $\mathscr{F}(\Omega,\mathbb{K})$ sind beispielsweise durch Mengen stetig differenzierbarer Funktionen gegeben. Dazu vorab ein paar Festlegungen. Für $\varepsilon > 0$ und

$x \in \mathbb{R}^s$ sei

$$K(x,\varepsilon) := \{y \in \mathbb{R}^s;\ \|x-y\|_2 < \varepsilon\}.$$

Wir nennen eine Teilmenge

$$\Omega \subseteq \mathbb{R}^s \textbf{ offen } :\Longleftrightarrow \text{ für jedes } x \in \Omega \text{ existiert ein } \varepsilon > 0 \text{ mit } K(x,\varepsilon) \subseteq \Omega. \quad (1.15)$$

Eine Menge $\Omega \subseteq \mathbb{R}^s$ heißt **zusammenhängend**, wenn es *nicht* möglich ist, zwei disjunkte, nicht leere offene Mengen $\Omega_1, \Omega_2 \subseteq \mathbb{R}^s$ so zu finden, dass $\Omega \subseteq \Omega_1 \cup \Omega_2$ gilt. Eine offene, zusammenhängende Menge $\Omega$ nennt man **Gebiet**. Mit $\Omega^c := \mathbb{R}^s \setminus \Omega$ wird das **Komplement** von $\Omega$ in $\mathbb{R}^s$ bezeichnet. Man nennt

$$\Omega \subseteq \mathbb{R}^s \textbf{ abgeschlossen } :\Longleftrightarrow \Omega^c \text{ offen.}$$

Eine Menge $\varnothing \neq \Omega \subseteq \mathbb{R}^s$ heißt **beschränkt**, wenn es eine Konstante $N > 0$ gibt, so dass für ein $x \in \Omega$

$$\Omega \subseteq K(x,N).$$

Eine Menge $\Omega \subseteq \mathbb{R}^s$ heißt **kompakt**, wenn jede Folge $(x_n)_{n\in\mathbb{N}} \subseteq \Omega$ eine (in $\Omega$) konvergente Teilfolge hat. Für $\Omega \subseteq \mathbb{R}^s$ ist das genau dann der Fall, wenn $\Omega$ abgeschlossen und beschränkt ist. Der **Rand** einer Menge $\Omega \subseteq \mathbb{R}^s$ ist definiert durch

$$\partial\Omega := \{x \in \mathbb{R}^s;\ K(x,\varepsilon) \cap \Omega \neq \varnothing \text{ und } K(x,\varepsilon) \cap \Omega^c \neq \varnothing \text{ für alle } \varepsilon > 0\}$$

und jedes Element $x \in \partial\Omega$ heißt **Randpunkt** von $\Omega$. Die Vereinigung

$$\overline{\Omega} := \Omega \cup \partial\Omega, \quad \Omega \subseteq \mathbb{R}^s,$$

nennt man den **Abschluss** von $\Omega$ in $\mathbb{R}^s$. Ein Vektor

$$\alpha = (\alpha_1, \ldots, \alpha_s)^\top \in \mathbb{N}_0^s, \quad s \in \mathbb{N},$$

heißt **Multiindex**. Wir definieren $|\alpha| = \sum_{i=1}^s \alpha_i$. Die partiellen Ableitungen der Ordnung $|\alpha|$ einer Funktion $f : \mathbb{R}^s \to \mathbb{R}$ in einem Punkt $x \in \mathbb{R}^s$ werden in der Form

$$D^\alpha f(x) = \frac{\partial^{|\alpha|} f}{\partial x_1^{\alpha_1} \cdots \partial x_s^{\alpha_s}}(x)$$

geschrieben.

*Beispiel 1.7 (Vektorraum stetig differenzierbarer Funktionen).* Es sei $\varnothing \neq \Omega \subseteq \mathbb{R}^s$ eine beliebige Teilmenge des Euklidischen Raums $\mathbb{R}^s$. Durch

$$C(\Omega) := \{f : \Omega \to \mathbb{R};\ f \text{ stetig}\}$$

wird die Teilmenge $C(\Omega) \subset \mathscr{F}(\Omega,\mathbb{R})$ aller stetigen, reellwertigen Funktionen auf $\Omega$ erklärt. Da die Summe zweier stetiger Funktionen wieder eine stetige Funktion ist und ebenso das skalare Vielfache einer stetigen Funktion wieder eine stetige Funktion ist, handelt es sich bei $C(\Omega)$ um einen Untervektorraum von $\mathscr{F}(\Omega,\mathbb{R})$.

Nun sei $\Omega \subseteq \mathbb{R}^s$ eine *offene* Teilmenge des $\mathbb{R}^s$. Für $k \in \mathbb{N}_0$ sei

$$C^k(\Omega) := \{f : \Omega \to \mathbb{R};\ D^\alpha f \in C(\Omega) \text{ für } \alpha \in \mathbb{N}_0^s,\ |\alpha| \leq k\}, \tag{1.16}$$

wobei $C^0(\Omega) := C(\Omega)$. Die Menge $C^k(\Omega)$ heißt **Menge der $k$-mal stetig differenzierbaren reellwertigen Funktionen auf $\Omega$**. Auch $C^k(\Omega)$ ist ein Untervektorraum von $\mathscr{F}(\Omega,\mathbb{R})$. Da die Menge $\Omega$ als offen vorausgesetzt wurde, enthält sie keine Randpunkte und es entstehen keine Schwierigkeiten bei der Definition der Differentialquotienten $D^\alpha f(x)$. Im eindimensionalen Fall jedoch können Ableitungen von auf abgeschlossenen Intervallen $[a,b] \subset \mathbb{R}$, $a < b$, definierten Funktionen auch in den Randpunkten $a$ und $b$ als einseitige Differentialquotienten definiert werden. Es ist dann sinnvoll, von $k$-mal stetig differenzierbaren Funktionen $f : [a,b] \to \mathbb{R}$ zu sprechen. Wir benutzen die abkürzenden Bezeichnungen

$$C^k(a,b) := C^k((a,b)) \quad \text{und} \quad C^k[a,b] := C^k([a,b]), \qquad k \in \mathbb{N}_0,$$

für die Räume der $k$-mal stetig differenzierbaren Funktionen $f : (a,b) \to \mathbb{R}$ beziehungsweise $f : [a,b] \to \mathbb{R}$.

Für komplexwertige, $k$-mal stetig differenzierbare Funktionen benutzen wir die Schreibweise $C^k(\Omega,\mathbb{C})$ anstelle von (1.16). ◁

**Definition 1.8 (Operator, Nullraum, Bildraum).** *Ein* ***Operator*** *ist eine Abbildung $T : D \to Y$, wobei $D \subseteq X$ und $X$ und $Y$ Vektorräume sind. Ein Operator $T : D \to Y$ heißt* ***linear****, wenn $D$ ein linearer Raum ist und wenn die Identitäten*

$$T(x+y) = T(x) + T(x) \quad \textit{und} \quad T(\lambda x) = \lambda T(x),$$

*genannt* ***Additivität*** *und* ***Homogenität****, für alle $x, y \in D$ und alle $\lambda \in \mathbb{K}$ gelten. Bei linearen Operatoren schreibt man meist abkürzend $Tx$ statt $T(x)$. Die Menge*

$$\mathscr{N}(T) := \{x \in D;\ T(x) = 0\}$$

*ist ein linearer Raum, der sogenannte* ***Nullraum*** *von $T$, wenn $T$ linear ist. Auch*

$$\mathscr{R}(T) := \{y = T(x);\ x \in D\}$$

*ist ein linearer Raum, der sogenannte* ***Bildraum*** *von $T$, wenn $T$ linear ist.* ◁

*Beispiel 1.9 (Lineare Operatoren).* Der **Integraloperator**

$$I : C[a,b] \to C^1[a,b], \quad x \mapsto y, \quad y(s) = \int_a^s x(t)\,dt, \quad a \leq s \leq b,$$

der jeder Funktion $x \in C[a,b]$ eine Stammfunktion zuordnet, ist linear.

Es sei $\emptyset \neq \Omega \subseteq \mathbb{R}^s$ offen und $\alpha \in \mathbb{N}_0^s$ ein Multiindex der Länge $|\alpha| \leq k \in \mathbb{N}$. Dann ist durch

$$D : C^k(\Omega) \to C(\Omega), \quad f \mapsto D^\alpha f,$$

ein linearer Operator, ein sogenannter **Differentialoperator**, definiert. Ein allgemeinerer Differentialoperator ist durch

$$T : C^k(\Omega) \to C(\Omega), \quad u \mapsto \sum_{|\alpha| \leq k} c_\alpha D^\alpha u,$$

gegeben, wobei die Koeffizienten $c_\alpha \in C(\Omega)$ stetige Funktionen sind. Mithilfe des Operators $T$ kann die lineare partielle Differentialgleichung

$$\sum_{|\alpha| \leq k} c_\alpha(x) D^\alpha u(x) = w(x), \quad x \in \Omega,$$

prägnant in der Form $Tu = w$ notiert werden. ◁

**Definition 1.10 (Urbild, Injektivität, Surjektivität, Bijektivität).** *Gegeben sei ein Operator $T : D \to Y$ mit $\emptyset \neq D \subseteq X$. Wenn $\mathscr{R}(T) = Y$, dann heißt $T$* ***surjektiv****. Ein $x \in D$ mit der Eigenschaft $T(x) = y \in T(D)$ bezeichnet man als* ***Urbild*** *von $y$. Hat der Operator $T$ die Eigenschaft*

$$T(x_1) = T(x_2) \quad \Longrightarrow \quad x_1 = x_2,$$

*dann bedeutet dies, dass es zu jedem $y \in \mathscr{R}(T)$ genau ein Urbild gibt. Der Operator heißt dann* ***injektiv****. Ein Operator heißt* ***bijektiv****, wenn er injektiv und surjektiv gleichzeitig ist.* ◁

Ein *linearer* Operator ist genau dann injektiv, wenn $\mathscr{N}(T) = \{0\}$. Ist $T : D \to Y$ bijektiv, dann gibt es einen **inversen Operator**

$$T^{-1} : Y \to D$$

mit den Eigenschaften

$$T^{-1}(T(x)) = x \text{ für alle } x \in D \quad \text{und} \quad T(T^{-1}(y)) = y \text{ für alle } y \in Y.$$

Für gegebenes $y \in T(D)$ bezeichnen wir die Menge aller Urbilder mit

$$T^{-1}(y) := \{x \in D;\ T(x) = y\}.$$

Die Verwendung dieser Schreibweise macht keine Aussage darüber, ob ein inverser Operator existiert oder nicht.

*Beispiel 1.11 (Inverser Operator).* Der lineare Differentialoperator $T : C^1[a,b] \to C[a,b]$, $f \mapsto f'$, ist surjektiv, denn zu jedem $u \in C[a,b]$ gibt es ein $f \in C^1[a,b]$ mit der Eigenschaft $u = T(f)$, gegeben durch die Stammfunktion

$$f(x) := \int_a^x u(t)\,dt, \quad x \in [a,b].$$

Der Operator ist jedoch nicht injektiv, denn $T(f) = T(f+c)$ für jedes $f \in C^1[a,b]$ und jede Konstante $c \in \mathbb{R}$. Aus diesem Grund gibt es keinen zu $T$ inversen Operator. Wählt man jedoch die Teilmenge

$$X_0 := \{f \in C^1[a,b];\ f(a) = 0\} \subset C^1[a,b]$$

von $C^1[a,b]$ und definiert man den Operator

$$T|_{X_0} : X_0 \to C[a,b], \quad f \mapsto f',$$

die sogenannte **Einschränkung** von $T$ auf $X_0$, so ist $T|_{X_0}$ bijektiv und somit invertierbar. Der inverse Operator ist durch

$$(T|_{X_0})^{-1} : C[a,b] \to X_0, \quad u \mapsto f \text{ mit } f(x) = \int_a^x u(t)\,dt, \quad x \in [a,b],$$

gegeben. ◁

*Beispiel 1.12 (Nichtlinearer Operator).* Wir betrachten das Anfangswertproblem

$$w'(x) = u(x) \cdot w(x), \quad a \le x \le b, \quad w(a) = w_0 > 0.$$

Hier sei $u \in C[a,b]$ eine gegebene Funktion, gesucht ist eine Funktion $w \in C^1[a,b]$, welche die beiden obigen Gleichungen erfüllt. Aus der Theorie der Differentialgleichungen ist bekannt, dass es eine eindeutig bestimmte Lösung $w \in C^1[a,b]$ des Anfangswertproblems gibt. Diese ist gegeben durch die Abbildungsvorschrift

$$w(x) = w_0 \cdot \mathrm{e}^{U(x)} \quad \text{mit} \quad U(x) = \int_a^x u(t)\,dt, \quad x \in [a,b].$$

Somit existiert ein „Lösungsoperator"

$$T : C[a,b] \to C^1[a,b], \quad u \mapsto w,$$

der jedem $u \in C[a,b]$ die eindeutig bestimmte Lösung $w$ des Anfangswertproblems zuordnet. Obwohl die Differentialgleichung linear ist, ist der Lösungsoperator nicht linear, denn $T(u+v) \neq T(u) + T(v)$ (es gilt ja nicht einmal $T(u) + T(v) \in T(C[a,b])$, weil $T(u) + T(v)$ nicht den geforderten Anfangswert hat). Der Lösungsoperator ist injektiv und es kann die explizite Formel

$$T^{-1}(w) = \frac{w'}{w} = \frac{d}{dx}(\ln(w))$$

für das Urbild von $w \in T(C[a,b])$ angegeben werden. Der Lösungsoperator ist jedoch nicht surjektiv, da $T(u)$ für jedes $u \in C[a,b]$ eine positive Funktion ist. ◁

## Normen und Normierte Räume

Die folgenden Definitionen sind unmittelbare Verallgemeinerungen des Normbegriffs auf $\mathbb{K}^n$.

**Definition 1.13 (Norm, Normierter Raum).** *Es sei $X$ ein Vektorraum über $\mathbb{K}$. Eine Abbildung*

$$\|\bullet\| : X \to [0,\infty), \quad x \mapsto \|x\|,$$

*heißt* ***Norm*** *auf $X$, wenn sie die folgenden Eigenschaften hat:*

*(1)* $\|x\| = 0 \iff x = 0,$

*(2)* $\|\lambda x\| = |\lambda|\|x\|$ *für alle* $\lambda \in \mathbb{K}$ *und* $x \in X$, *und*

*(3)* $\|x+y\| \leq \|x\| + \|y\|$ *für alle* $x,y \in X$ *(**Dreiecksungleichung**).*

*Wenn $\|\bullet\|$ eine Norm auf $X$ ist, dann heißt das Tupel $(X, \|\bullet\|)$ ein* ***normierter Raum****. Gilt statt (1) lediglich*

$$\|x\| = 0 \Longleftarrow x = 0,$$

*dann heißt $\|\bullet\|$ eine* ***Seminorm****. In diesem Fall ist es möglich, dass $\|x\| = 0$, obwohl $x \neq 0$.* ◁

Ist $(X, \|\bullet\|)$ ein normierter Raum, $\varepsilon > 0$ und $x \in X$, dann wird ganz analog wie im $\mathbb{R}^s$ die Kugel

$$K(x,\varepsilon) := \{y \in X;\ \|x-y\| < \varepsilon\} \subseteq X$$

definiert. Ausgehend hiervon werden dann analog wie im $\mathbb{R}^s$ offene, abgeschlossene, zusammenhängende, beschränkte Mengen und der Abschluss und die Randpunkte einer Menge definiert. Eine Teilmenge $\Omega \subseteq X$ heißt kompakt, wenn jede Folge $(x_n)_{n\in\mathbb{N}} \subseteq \Omega$ eine in $\Omega$ konvergente Teilfolge besitzt – auch dies wie im Fall $X = \mathbb{R}^s$. Im Unterschied zum Vektorraum $\mathbb{R}^s$ gilt in allgemeinen normierten Räumen jedoch *nicht* mehr, dass jede abgeschlossene, beschränkte Teilmenge kompakt ist.

*Beispiel 1.14.* Im Raum der quadratisch summierbaren Folgen

$$\ell^2 := \left\{ (x_n)_{n\in\mathbb{N}} \subset \mathbb{R};\ \sum_{n=1}^{\infty} x_n^2 < \infty \right\}$$

ist durch

$$\|x\|_{\ell^2} := \sqrt{\sum_{n=1}^{\infty} |x_n|^2}, \quad x = (x_n)_{n\in\mathbb{N}},$$

eine Norm gegeben. Die Menge $K := \{x \in \ell^2;\ \|x\|_{\ell^2} \leq 1\}$ ist abgeschlossen und beschränkt. Durch

$$x^1 = (1,0,0,\ldots), \quad x^2 = (0,1,0,0,\ldots), \quad x^3 = (0,0,1,0,0,\ldots), \quad \ldots$$

wird eine Folge $(x^n)_{n\in\mathbb{N}} \subseteq K$ definiert, die keine konvergente Teilfolge besitzt. ◁

*Beispiel 1.15 (Maximumsnorm).* Es sei $\varnothing \neq \Omega \subseteq \mathbb{R}^s$ kompakt. Da stetige Funktionen auf kompakten Mengen ihr Maximum und ihr Minimum annehmen, ist die Definition

$$\|f\|_{C(\Omega)} := \max\{|f(x)|;\ x \in \Omega\} \quad \text{für alle} \quad f \in C(\Omega) \tag{1.17}$$

sinnvoll. Durch (1.17) wird eine Norm $\|\bullet\|_{C(\Omega)}$ auf $C(\Omega)$ definiert, die sogenannte **Maximumsnorm**. ◁

Der Raum $C^k(\Omega)$ war im Allgemeinen nur für offene Mengen $\Omega \subseteq \mathbb{R}^s$ definiert. Ist $\Omega$ offen und $f \in C(\Omega)$, dann sagt man, dass $f$ eine **stetige Fortsetzung** auf den Abschluss $\overline{\Omega} = \Omega \cup \partial\Omega$ von $\Omega$ besitzt, wenn es eine stetige Funktion $g : \overline{\Omega} \to \mathbb{R}$ so gibt, dass $f(x) = g(x)$ für alle $x \in \Omega$. Wenn eine stetige Fortsetzung existiert, dann ist sie eindeutig bestimmt. Wir schreiben dann kurz $f \in C(\overline{\Omega})$, das heißt wir identifizieren $f : \Omega \to \mathbb{R}$ mit seiner stetigen Fortsetzung $g : \overline{\Omega} \to \mathbb{R}$, die wir – nicht ganz exakt, aber praktisch – ebenfalls mit $f$ bezeichnen.

*Beispiel 1.16 (Stetige Fortsetzung).* Die Funktion

$$f : \mathbb{R} \setminus \{0\} \to \mathbb{R}, \quad x \mapsto \frac{\sin(x)}{x},$$

lässt sich stetig auf $\mathbb{R}$ fortsetzen. Die stetige Fortsetzung wird wiederum mit $f$ bezeichnet und hat den Funktionswert $f(0) = 1$. ◁

*Beispiel 1.17 (Verallgemeinerung der Maximumsnorm).* Es sei $\Omega \subset \mathbb{R}^s$ offen und beschränkt. Dann ist der Abschluss $\overline{\Omega}$ kompakt. Der Raum

$$C^k(\overline{\Omega}) := \left\{f \in C^k(\Omega);\ D^\alpha f \in C(\overline{\Omega}) \text{ für alle } \alpha \in \mathbb{N}_0^s,\ |\alpha| \leq k\right\} \tag{1.18}$$

enthält Funktionen, deren Ableitungen $D^\alpha f$ stetige Fortsetzungen auf $\overline{\Omega}$ haben, mit denen sie identifiziert werden. Wegen der Kompaktheit von $\overline{\Omega}$ nehmen alle $D^\alpha f$ auf $\overline{\Omega}$ ihre Maxima und Minima an und die Definition

$$\|f\|_{C^k(\overline{\Omega})} := \sum_{|\alpha|\leq k} \|D^\alpha f\|_{C(\overline{\Omega})}, \quad f \in C^k(\overline{\Omega}), \tag{1.19}$$

ist sinnvoll. Durch (1.19) wird eine Norm auf dem Raum $C^k(\overline{\Omega})$ definiert. ◁

Für $f \in \mathscr{F}(\Omega,\mathbb{R})$ mit $\varnothing \neq \Omega \subseteq \mathbb{R}^s$ heißt die abgeschlossene Menge

$$\operatorname{supp}(f) := \overline{\{x \in \Omega;\ f(x) \neq 0\}} \subseteq \overline{\Omega}$$

der **Träger** (*support*) der Funktion $f$. Ist $\operatorname{supp}(f)$ beschränkt, dann sagt man, $f$ habe **kompakten Träger**. Für eine offene Teilmenge $\varnothing \neq \Omega \subseteq \mathbb{R}^s$ verwenden wir die Bezeichnung

$$C_0^k(\Omega) := \Big\{ f \in C^k(\Omega);\ \operatorname{supp}(f) \subset \Omega,\ \operatorname{supp}(f) \text{ ist kompakt} \Big\}. \tag{1.20}$$

Wenn der Träger von $f \in C_0^k(\Omega)$ durch die kompakte Teilmenge $M = \operatorname{supp}(f) \subset \Omega$ gegeben ist, dann liegt auch der Träger aller Ableitungen $D^\alpha f$ von $f$ in $M$. Durch (1.19) wird deswegen auch auf $C_0^k(\Omega)$ eine Norm definiert. Wir führen schließlich noch die Mengen

$$C^\infty(\Omega) = \bigcap_{k \in \mathbb{N}_0} C^k(\Omega) \quad \text{und} \quad C_0^\infty(\Omega) = \{ f \in C^\infty(\Omega);\ \operatorname{supp}(f) \subset \Omega \text{ ist kompakt} \}$$

ein. Ihre Elemente heißen **beliebig oft stetig differenzierbare Funktion** auf $\Omega$ (**mit kompaktem Träger**).

Eine Folge $(x_n)_{n\in\mathbb{N}} \subset X$ in einem normierten Raum $(X, \|\bullet\|)$ heißt **konvergent** gegen $x \in X$, wenn $\lim_{n\to\infty} \|x_n - x\| = 0$. Oft schreibt man in diesem Fall kurz $x_n \to x$, doch ist hier Vorsicht geboten, denn anders als im Endlichdimensionalen, in dem alle Normen wegen (1.6) äquivalent sind, hängt die Konvergenz im Allgemeinen nicht nur von der Folge selbst, sondern auch von der verwendeten Norm ab, wie die nachfolgenden Beispiele zeigen werden. Eine Folge $(x_n)_{n\in\mathbb{N}} \subseteq X$ heißt eine **Cauchy-Folge**, wenn es für jedes $\varepsilon > 0$ einen Folgenindex $N \in \mathbb{N}$ so gibt, dass

$$\|x_n - x_m\| < \varepsilon \quad \text{für alle} \quad n, m \geq N.$$

Auch diese Definition hängt von der verwendeten Norm ab. Jede in $(X, \|\bullet\|)$ konvergente Folge ist eine Cauchy-Folge, die Umkehrung hiervon gilt im Allgemeinen nicht.

**Definition 1.18 (Banachraum, vollständige Teilmenge).** *Hat ein normierter Raum $(X, \|\bullet\|)$ die Eigenschaft, dass jede Cauchy-Folge konvergent ist, dann nennt man ihn* ***vollständig*** *oder einen* ***Banachraum****. Eine Teilmenge $U \subseteq X$ eines normierten Raums heißt* ***vollständig****, wenn jede Cauchyfolge $\subset U$ einen Grenzwert in $U$ besitzt.*
$\triangleleft$

*Beispiel 1.19.* Ist $\varnothing \neq \Omega \subset \mathbb{R}^s$ offen und beschränkt, dann ist der Raum $C^k(\overline{\Omega})$ mit der Norm (1.19) ein Banachraum. Bezüglich der gleichen Norm ist $C_0^k(\Omega)$ ein Banachraum. $\triangleleft$

Im folgenden Beispiel werden informell die sogenannten **Lebesgue-Räume** eingeführt, die wesentlich mehr Elemente enthalten als Räume stetig differenzierbarer

Funktionen. Eine mathematisch fundierte Einführung in die Lebesgue-Integration, die auf dem Maßbegriff fußt, folgt im Abschnitt 1.3.

*Beispiel 1.20 (Lebesgue-Räume $L_p(\Omega)$).* Es sei $\Omega \subseteq \mathbb{R}^s$ ein Gebiet. Für eine nicht negative, messbare Funktion $f : \Omega \to \mathbb{R}$ kann – wie in Definition 1.79 präzisiert – ein Integral

$$I(f) := \int_\Omega f(x)\,dx$$

definiert werden als sogenanntes **Lebesgue-Integral**[3]. Die Messbarkeit der Funktion $f : \Omega \to \mathbb{R}$ wird formal erst in Definition 1.70 erklärt. *Nicht* messbare Funktionen sind jedoch so exotisch, dass sie in der Praxis inverser Probleme nicht auftreten. Geometrisch lässt sich $I(f)$ als das Volumen des Körpers interpretieren, der im Raum $\mathbb{R}^{s+1}$ durch $\Omega \times \{0\}$ (als Bodenfläche) und den Graphen von $f$ (als Deckelfläche) berandet wird, wobei dieses Volumen unendlich groß sein kann: Das Integral $I(f)$ kann den Wert $\infty$ annehmen. Im Fall $I(f) < \infty$ nennt man die Funktion $f$ **integrierbar**. Eine allgemeine Funktion $f : \Omega \to \mathbb{R}$ heißt **integrierbar**, wenn sie messbar ist und $I(|f|) < \infty$ gilt. In diesem Fall definiert man zwei nichtnegative Funktionen $f^+ : \Omega \to \mathbb{R}$ und $f^- : \Omega \to \mathbb{R}$ durch

$$f^+(x) = \begin{cases} f(x), & \text{falls } f(x) \geq 0 \\ 0, & \text{sonst} \end{cases} \quad \text{und} \quad f^-(x) = \begin{cases} 0, & \text{falls } f(x) \geq 0 \\ -f(x), & \text{sonst} \end{cases}.$$

Offenbar gilt $f = f^+ - f^-$. Man nennt $f^+$ den **Positivteil** und $f^-$ den **Negativteil** von $f$ und setzt

$$I(f) := \int_\Omega f(x)\,dx := \int_\Omega f^+(x)\,dx - \int_\Omega f^-(x)\,dx,$$

vergleiche hierzu Definition 1.81. Die Berechnung des Integrals $I(f)$ wird praktisch immer auf eine iterierte eindimensionale Integration zurückgeführt. Dazu dienen Sätze der Analysis (Transformationssatz, Satz von Fubini, Integralsätze). Auch für komplexwertige Funktionen kann die Integration definiert werden. Jedes $f : \Omega \to \mathbb{C}$ lässt sich nämlich in der Form $f = u + \mathrm{i}v$ schreiben mit reellwertigen Funktionen $u, v : \Omega \to \mathbb{R}$ und der imaginären Einheit i. $f$ ist messbar, wenn $u$ und $v$ messbar sind und integrierbar, wenn $u$ und $v$ integrierbar sind. Als Wert des Integrals wird dann die komplexe Zahl

$$I(f) = I(u) + \mathrm{i}I(v)$$

gesetzt. Weiterhin ist $|f| = |u| + |v|$ eine nichtnegative Funktion. Unter alleiniger Voraussetzung der Messbarkeit ist $I(|f|) = I(|u|) + I(|v|)$ erklärt, womöglich als unendlich großer Wert.

[3] Anders als in Abschnitt 1.3 wird an dieser Stelle die Abhängigkeit des Integralbegriffs vom Maßbegriff noch nicht betont. Das in Abschnitt 1.3 definierte Integral $\int_\Omega f\,d\mu$ ist jedoch nichts anderes als $I(f)$.

Eine Teilmenge $N \subset \Omega$ heißt **Nullmenge**, wenn sie „das Volumen 0" hat.[4] Zwei Funktionen $f_1 : \Omega \to \mathbb{K}$ und $f_2 : \Omega \to \mathbb{K}$ heißen **fast überall gleich**, wenn es eine Nullmenge $N \subseteq \Omega$ so gibt, dass $f_1(x) = f_2(x)$ für alle $x \in \Omega \setminus N$. Man schreibt dann $f_1 \overset{\text{f.ü.}}{=} f_2$. Zwei fast überall gleiche, integrierbare Funktionen liefern den gleichen Integralwert:

$$f_1 \overset{\text{f.ü.}}{=} f_2 \quad \Longrightarrow \quad I(f_1) = I(f_2). \tag{1.21}$$

Für eine Zahl $p \in \mathbb{N}$ und eine messbare Funktion $f : \Omega \to \mathbb{K}$ definieren wir

$$\|f\|_{L_p(\Omega)} := \left( \int_\Omega |f(x)|^p \, dx \right)^{1/p} \tag{1.22}$$

(möglicherweise ist $\|f\|_{L_p(\Omega)} = \infty$) und setzen weiter, als eine *noch vorläufige Definition*:

$$L_p(\Omega) := \{f : \Omega \to \mathbb{K};\ \|f\|_{L_p(\Omega)} < \infty\}, \quad p \in \mathbb{N}. \tag{1.23}$$

Die Elemente von $L_1(\Omega)$ heißen **integrierbare Funktionen**, die Elemente von $L_2(\Omega)$ heißen **quadratintegrierbare Funktionen**. Wir treffen nun folgende Zusatzvereinbarung zur Definition (1.23): Zwei Funktionen $f, g \in L_p(\Omega)$ werden miteinander *identifiziert*, wenn sie fast überall gleich sind. Das bedeutet beispielsweise im Fall $\Omega = \mathbb{R}$, dass die beiden Funktionen $f : \mathbb{R} \to \mathbb{R}$ und $g : \mathbb{R} \to \mathbb{R}$ mit

$$f(x) = 0 \text{ für alle } x \in \mathbb{R} \quad \text{und} \quad g(x) = \begin{cases} 0, & x \in \mathbb{R} \setminus \mathbb{N}_0 \\ 1, & x \in \mathbb{N}_0 \end{cases}$$

als identisch angesehen werden.[5] Mit der Identifikation fast überall gleicher Funktionen wie im obigen Beispiel ist es nicht mehr sinnvoll, von Funktionswerten zu sprechen ($f(1) = 0$, aber $g(1) = 1$, obwohl beide Funktionen als Mitglieder von $L_p(\mathbb{R})$ als gleich angesehen werden sollen). Andererseits gilt nun: $\|g\|_{L_p(\Omega)} = 0 \Rightarrow g = 0$, da jede fast überall verschwindende Funktion mit der Nullfunktion identifiziert wird und deswegen die Nullfunktion „ist". Die Zusatzvereinbarung bewirkt, dass durch (1.22) eine Norm auf $L_p(\Omega)$ definiert wird (ohne die Zusatzvereinbarung würde es sich lediglich um eine Seminorm handeln). Man kann dann weiter zeigen,

---

[4] Eine Definition der genauer sogenannten **Lebesgue-Nullmengen** folgt nach Definition 1.69. Eine gleichwertige Definition dieses wichtigen Begriffs, die ohne Maßtheorie auskommt, lautet wie folgt. Setzt man $|I| := (b_1 - a_1) \cdot \ldots \cdot (b_s - a_s)$ als das Volumen eines $s$-dimensionalen Intervalls $I = (a_1, b_1) \times \ldots \times (a_s, b_s)$ mit $a_j \le b_j$ für alle $j$, dann ist $N \subseteq \Omega$ eine (Lebesgue-)Nullmenge, falls es zu jedem $\varepsilon > 0$ eine Folge $(I_j)_{j=1,2,\ldots}$ $s$-dimensionaler Intervalle gibt, so dass

$$N \subset \bigcup_{j=1}^{\infty} I_j \quad \text{und} \quad \sum_{j=1}^{\infty} |I_j| \le \varepsilon.$$

[5] Die Identifikation von Funktionen kann mathematisch präzise durch Einführung von Äquivalenzklassen von Funktionen erfasst werden, siehe etwa [MS05].

dass $(L_p(\Omega), \|\bullet\|_{L_p(\Omega)})$ sogar ein Banachraum ist.

Die Dreiecksungleichung für die Norm $\|\bullet\|_{L_p(\Omega)}$ heißt **Minkowski-Ungleichung**. Im eindimensionalen Fall mit $\Omega = (a,b)$ schreiben wir abkürzend $L_p(a,b)$ statt $L_p((a,b))$. ◁

**Definition 1.21 (Beschränkter Operator, Operatornorm).** *Es seien* $(X, \|\bullet\|_X)$ *und* $(Y, \|\bullet\|_Y)$ *zwei normierte Räume über* $\mathbb{K}$. *Ein linearer Operator* $T : X \to Y$ *heißt* ***beschränkt****, wenn es eine Konstante* $C > 0$ *so gibt, dass*

$$\|Tx\|_Y \leq C\|x\|_X \quad \textit{für alle} \quad x \in X.$$

*In diesem Fall definiert man durch*

$$\|T\| := \sup_{x \in X \setminus \{0\}} \frac{\|Tx\|_Y}{\|x\|_X},$$

*die sogenannte* ***Operatornorm*** *von* $T$. *Die Menge der linearen, beschränkten Operatoren* $T : X \to Y$ *bezeichnet man mit* $\mathscr{L}(X,Y)$. *Im Spezialfall* $Y = \mathbb{K}$ *mit dem Absolutbetrag* $|\bullet|$ *als Norm bezeichnet man*

$$X' := \mathscr{L}(X, \mathbb{K})$$

*als den* ***Dualraum*** *von* $X$. ◁

*Beispiel 1.22 (Fredholmscher Integraloperator; vgl. [Heu86], S. 433 f.).* Es seien $-\infty < a < b < \infty$, $-\infty < c < d < \infty$ und $\Omega := (a,b) \times (c,d)$. Es sei $k \in L_2(\Omega)$. Für eine Funktion $x \in L_2(a,b)$ lässt sich eine Funktion $y \in L_2(c,d)$ durch

$$y(t) := Tx(t) := \int_a^b k(s,t)x(s)\,ds, \quad t \in (c,d),$$

definieren und dadurch ein Operator $T : L_2(a,b) \to L_2(c,d)$. Der schon in Beispiel 1.9 betrachtete Integraloperator $I$ ist ein Spezialfall hiervon, der sich durch die Wahl $(a,b) = (c,d)$, $k(s,t) = 0$ für $s > t$ und $k(s,t) = 1$ für $s \leq t$ ergibt. $T$ ist offenbar linear. Außerdem ist $T$ beschränkt und es gilt

$$\|T\| \leq \left( \int_c^d \int_a^b |k(s,t)|^2\,ds\,dt \right)^{1/2}$$

Die Funktion $k$ heißt **Integralkern**.

Sei $\Omega \subset \mathbb{R}^d$, $d \in \mathbb{N}$, offen und beschränkt und $S := \{(x,x);\ x \in \overline{\Omega}\}$ (die Diagonale von $\overline{\Omega} \times \overline{\Omega}$). Es sei $k : \overline{\Omega} \times \overline{\Omega} \setminus S \to \mathbb{K}$ stetig und habe überdies die Eigenschaft

$$|k(x,y)| \leq \frac{C}{\|x-y\|_2^\alpha} \tag{1.24}$$

für eine Konstante $C$ und ein $\alpha < d$, dann heißt $k$ **schwach singulär**. Der Operator

$$T : C(\overline{\Omega}) \to C(\overline{\Omega}), \quad x \mapsto Tf =: g \text{ mit } g(y) = \int_\Omega k(x,y)f(x)\,dx$$

ist dann beschränkt. Gilt (1.24) mit $\alpha < d/2$, dann ist $T$ als Operator $T : L_2(\Omega) \to C(\overline{\Omega})$ beschränkt. Siehe hierzu [Alt11], Abschnitt 8.16. ◁

Die Operatornorm $\|T\|$ hängt sowohl von $\|\bullet\|_X$ als auch von $\|\bullet\|_Y$ ab, aber dies geht aus der Notation nicht hervor. Falls $T \in \mathscr{L}(X,Y)$, dann gilt offenbar

$$\|Tx\|_Y \leq \|T\| \cdot \|x\|_X \quad \text{für alle} \quad x \in X, \tag{1.25}$$

die sogenannte **Konsistenz** von Operator- und Vektornorm. Eine weitere Eigenschaft der Operatornorm ist ihre **Submultiplikativität**, das heißt für normierte Räume $X, Y$ und $Z$ gilt

$$T \in \mathscr{L}(X,Y),\ S \in \mathscr{L}(Y,Z) \quad \Longrightarrow \quad S \circ T \in \mathscr{L}(X,Z) \text{ und } \|S \circ T\| \leq \|S\| \cdot \|T\|. \tag{1.26}$$

Die analoge Eigenschaft haben Operatornormen für Matrizen – notwendigerweise, da Matrizen als lineare, beschränkte Operatoren interpretiert werden können.

**Definition 1.23 (Stetigkeit von Operatoren).** *Es seien $(X, \|\bullet\|_X)$ und $(Y, \|\bullet\|_Y)$ zwei normierte Räume über $\mathbb{K}$. Ein (nicht notwendig linearer) Operator $T : D \subseteq X \to Y$ heißt* ***stetig*** *in $x_0 \in D$, wenn für jede Folge $(x_n)_{n\in\mathbb{N}} \subseteq D$*

$$\lim_{n\to\infty} \|x_n - x_0\|_X = 0 \quad \Longrightarrow \quad \lim_{n\to\infty} \|T(x_n) - T(x_0)\|_Y = 0 \tag{1.27}$$

*gilt. Der Operator heißt* ***stetig auf*** *$D$, wenn er in jedem Punkt $x_0 \in D$ stetig ist.* ◁

Wie schon festgestellt, hängt die Konvergenz von Folgen von den gewählten Normen ab, dies gilt dann auch für die Stetigkeit eines Operators, siehe die nachfolgenden Beispiele. Es ist unmittelbar einsichtig, dass ein beschränkter linearer Operator stetig sein muss, hiervon gilt aber auch die Umkehrung:

**Satz 1.24 (Stetigkeit und Beschränktheit).** *Es seien $(X, \|\bullet\|_X)$ und $(Y, \|\bullet\|_Y)$ zwei normierte Räume über $\mathbb{K}$ und $T : X \to Y$ ein linearer Operator.*

*$T$ ist genau dann stetig, wenn $T$ beschränkt ist.*

*Wenn $T$ bijektiv ist, dann ist der inverse Operator $T^{-1} : Y \to X$ ebenfalls linear. Der inverse Operator ist genau dann stetig, wenn es eine Konstante $c > 0$ so gibt, dass*

$$c\|x\|_X \leq \|Tx\|_Y \quad \textit{für alle} \quad x \in X$$

*gilt.* ◁

*Beispiel 1.25 (Stetigkeit des Integraloperators).* Der lineare Raum $X := C[a,b]$ werde mit der Maximumsnorm $\|\bullet\|_X := \|\bullet\|_{C[a,b]}$ ausgestattet, der lineare Raum $Y := C^1[a,b]$ ebenso, also $\|\bullet\|_Y := \|\bullet\|_{C[a,b]}$. Der Integraloperator

$$I : X \to Y, \quad x \mapsto y \quad \text{mit} \quad y(t) = \int_a^t x(\tau)\, d\tau, \quad t \in [a,b]$$

ist linear und stetig, denn

$$\|Ix\|_{C[a,b]} = \max_{a \le s \le b} \left\{ \left| \int_a^s x(t)\, dt \right| \right\} \le (b-a) \max_{a \le s \le b} \{|x(t)|\} = (b-a)\|x\|_{C[a,b]},$$

und folglich ist $\|I\|_{C[a,b]} \le (b-a)$. Es gilt sogar $\|I\|_{C[a,b]} = (b-a)$. ◁

*Beispiel 1.26 (Normabhängigkeit der Stetigkeit).* Bezüglich der Normen $\|\bullet\|_X = \|\bullet\|_{C[a,b]}$ auf $X = C^1[a,b]$ und $\|\bullet\|_Y = \|\bullet\|_{C[a,b]}$ auf $Y = C[a,b]$ ist der Differentialoperator

$$D : C^1[a,b] \to C[a,b], \quad x \mapsto Dx := x',$$

*unstetig*. Zum Nachweis betrachte man die Folge $(x_n)_{n\in\mathbb{N}} \subset C^1[a,b]$ von Funktionen

$$x_n : [a,b] \to \mathbb{R}, \quad t \mapsto x_n(t) = \frac{1}{\sqrt{n}} \sin(nt),$$

mit Ableitungen $Dx_n(t) = (x_n)'(t) = \sqrt{n}\cos(nt)$. Bezüglich der Norm $\|\bullet\|_{C[a,b]}$ konvergiert die Funktionenfolge gegen die Nullfunktion $x = 0$, denn $\|x_n - 0\|_{C[a,b]} \le 1/\sqrt{n} \to 0$. Andererseits divergiert $\|Dx_n - Dx\|_{C[a,b]} = \sqrt{n} \to \infty$ für $n \to \infty$, also kann $D$ nicht beschränkt und damit nicht stetig bezüglich dieser Normen sein.

Gleichzeitig ist der obige Differentialoperator *stetig*, wenn man die Normen $\|\bullet\|_X = \|\bullet\|_{C^1[a,b]}$ auf $X$ und $\|\bullet\|_Y$ wie oben wählt. Gibt man sich nämlich irgendeine Folge $(x_n)_{n\in\mathbb{N}} \subset C^1[a,b]$ und eine Funktion $x_0 \in C^1[a,b]$ vor, so lässt sich

$$\begin{aligned} \|x_n - x_0\|_{C^1[a,b]} &= \|x_n - x_0\|_{C[a,b]} + \|Dx_n - Dx_0\|_{C[a,b]} \overset{n\to\infty}{\longrightarrow} 0 \\ &\Longrightarrow \|Dx_n - Dx_0\|_{C[a,b]} \overset{n\to\infty}{\longrightarrow} 0 \end{aligned}$$

schlussfolgern und dies zeigt direkt die Stetigkeit von $D$. ◁

Es gibt unterschiedliche Konvergenzbegriffe für Folgen von Operatoren.

**Definition 1.27 (Konvergenz von Operatorfolgen).** *Es sei $(T_n)_{n\in\mathbb{N}}$ eine Folge von Operatoren $T_n \in \mathscr{L}(X,Y)$ und es sei $T \in \mathscr{L}(X,Y)$.*

*Man sagt, die Folge $(T_n)_{n\in\mathbb{N}}$ **konvergiert punktweise** gegen $T$, wenn*

$$\|T_n x - Tx\|_Y \overset{n\to\infty}{\longrightarrow} 0 \quad \textit{für alle} \quad x \in X.$$

*Man sagt, die Folge* $(T_n)_{n\in\mathbb{N}}$ ***konvergiert gleichmäßig*** *gegen* $T$*, wenn*

$$\|T_n - T\| \overset{n\to\infty}{\longrightarrow} 0.$$

*In letzterem Fall spricht man auch von* ***Konvergenz in der Operatornorm****.* ◁

Aus der gleichmäßigen Konvergenz folgt die punktweise Konvergenz, denn es ist

$$\|T_n x - Tx\|_Y \le \|T_n - T\| \cdot \|x\|_X$$

wegen der Konsistenz (1.25). Dass nicht umgekehrt die gleichmäßige aus der punktweisen Konvergenz folgt, zeigt das Beispiel 3.6 (6) in [Alt11].

Wesentlich für die Analyse inverser Probleme ist die Frage der Stetigkeit inverser Operatoren. Im Fall linearer, stetiger Operatoren gibt Satz 1.24 bereits eine notwendige und hinreichende Bedingung für die Stetigkeit der Inversen an. Eine zweite Antwort ergibt sich aus dem folgenden

**Satz 1.28 (Satz von der offenen Abbildung, auch Satz von Banach-Schauder).** *Es seien* $X$ *und* $Y$ *Banachräume und* $A \in \mathscr{L}(X,Y)$ *sei surjektiv. Dann ist für jede offene Teilmenge* $U \subseteq X$ *das Bild* $T(U) := \{y = Tx;\ x \in U\}$ *eine offene Teilmenge von* $Y$*.* ◁

Da eine Abbildung genau dann stetig ist, wenn die Urbilder offener Menge offen ist, folgt aus Satz1.28 unmittelbar der weitere

**Satz 1.29 (Satz von der stetigen Inversen).** *Sind* $X$ *und* $Y$ *Banachräume und ist die Abbildung* $T \in \mathscr{L}(X,Y)$ *bijektiv, dann ist ihre Inverse* $T^{-1}$ *stetig.* ◁

Es seien nun $X$ und $Y$ Banachräume und $T \in \mathscr{L}(X,Y)$ ein *injektiver* Operator. Aufgrund der Injektivität von $T$ hat die Gleichung

$$Tx = y, \quad y \in \mathscr{R}(T), \tag{1.28}$$

genau eine Lösung $x \in X$. Interpretiert man den Operator $T$ als eine Abbildung von $X$ nach $\tilde{Y} := \mathscr{R}(T)$, dann ist $T \in \mathscr{L}(X,\tilde{Y})$.[6] Die eindeutige Lösbarkeit der Operatorgleichung bedeutet dann, dass ein inverser Operator $T^{-1} : \tilde{Y} \to X$ von $T$ existiert. Was die Stetigkeit dieses Operators betrifft, sind zwei Fälle zu unterscheiden. *Falls*

$$\mathscr{R}(T) = \overline{\mathscr{R}(T)},$$

dann ist der lineare Raum $\mathscr{R}(T)$ vollständig, also ebenfalls ein Banachraum. In diesem Fall ist $T^{-1} : \tilde{Y} \to X$ nach Satz 1.29 stetig. *Falls* jedoch

$$\mathscr{R}(T) \ne \overline{\mathscr{R}(T)},$$

[6] Streng genommen ist das ein anderer Operator, der eigens bezeichnet werden müsste, etwa mit $\tilde{T}$.

dann ist $T^{-1} : \tilde{Y} \to X$ *unstetig*. Andernfalls nämlich wäre $T^{-1}$ beschränkt. Wegen $\mathscr{R}(T) \neq \overline{\mathscr{R}(T)}$ gibt es ein $y \in \overline{\mathscr{R}(T)} \setminus \mathscr{R}(T)$ und eine Folge $(y_n)_{n\in\mathbb{N}} \subset \mathscr{R}(T)$ mit $\|y_n - y\|_Y \to 0$ für $n \to \infty$. Mit $x_n := T^{-1}y_n \in X$ ergäbe sich aus der Beschränktheit von $T^{-1}$

$$\|x_n - x_m\|_X \leq \|T^{-1}\| \cdot \|y_n - y_m\|_Y.$$

Da die Folge $(y_n)_{n\in\mathbb{N}}$ konvergiert, handelt es sich um eine Cauchy-Folge und die letzte Ungleichung zeigt, dass dann auch $(x_n)_{n\in\mathbb{N}}$ eine Cauchy-Folge wäre, wegen der Vollständigkeit von $X$ also gegen ein $x \in X$ konvergieren müsste. Wegen der Stetigkeit von $T$ würde daraus die Konvergenz von $(Tx_n)_{n\in\mathbb{N}}$ gegen $Tx$ folgen und hieraus wegen $Tx_n = y_n \to y$, dass $y = Tx$ im Widerspruch zur Annahme $y \notin \mathscr{R}(T)$. Dies zeigt die Richtigkeit des folgenden Satzes.

**Satz 1.30 (Stetigkeit der Inversen).** *Es seien $X$ und $Y$ Banachräume und es sei $T \in \mathscr{L}(X,Y)$ injektiv. Der Operator $T : X \to \mathscr{R}(T)$ besitzt genau dann eine stetige Inverse $T^{-1} : \mathscr{R}(T) \to X$, wenn $\mathscr{R}(T) = \overline{\mathscr{R}(T)}$.* ◁

## Skalarprodukte und Hilberträume

Die folgende Definition verallgemeinert das Euklidische Skalarprodukt.

**Definition 1.31 (Skalarprodukt, Prähilbertraum).** *Ein **Skalarprodukt** auf einem Vektorraum $X$ über $\mathbb{K}$ ist eine Abbildung*

$$\langle \bullet | \bullet \rangle : X \times X \to \mathbb{K}, \quad (x,y) \mapsto \langle x|y \rangle,$$

*welche die folgenden Bedingungen für alle $x,y,z \in X$ und alle $\lambda \in \mathbb{K}$ erfüllt:*

*(1)* $\langle x+y|z \rangle = \langle x|z \rangle + \langle y|z \rangle$,

*(2)* $\langle \lambda x|y \rangle = \lambda \langle x|y \rangle$,

*(3)* $\langle x|y \rangle = \overline{\langle y|x \rangle}$, *und*

*(4)* $\langle x|x \rangle > 0$ *für* $x \neq 0$.

*Mit $\overline{\langle y|x \rangle}$ ist die zu $\langle y|x \rangle \in \mathbb{K}$ konjugiert komplexe Zahl gemeint. Das Tupel $(X, \langle \bullet|\bullet \rangle)$ nennt man einen **Prähilbertraum**.* ◁

Im Fall $\mathbb{K} = \mathbb{R}$ ist $\bar{z} = z$ für alle $z \in \mathbb{R}$. In diesem Fall bedeutet (3) die Symmetrie des (reellen) Skalarprodukts und mit (1) und (2) folgt dann die Linearität in beiden Argumenten. Im Fall $\mathbb{K} = \mathbb{C}$ ist das Skalarprodukt im zweiten Argument keine lineare Abbildung mehr, weil dann $\langle x|\lambda y \rangle = \bar{\lambda} \langle x|y \rangle$.

In jedem Prähilbertraum $(X, \langle \bullet|\bullet \rangle)$ lässt sich durch

$$\|x\| := \sqrt{\langle x|x \rangle} \quad \text{für alle} \quad x \in X,$$

eine Norm definieren, die sogenannte **induzierte Norm**. Für die induzierte Norm gilt die **Cauchy-Schwarzsche Ungleichung**

$$|\langle x|y\rangle| \leq \|x\|\|y\| \quad \text{für alle} \quad x, y \in X.$$

**Definition 1.32 (Hilbertraum).** *Ist ein Prähilbertraum* $(X, \langle \bullet | \bullet \rangle)$ *bezüglich der induzierten Norm vollständig, dann heißt er ein* ***Hilbertraum***. ◁

In Beispiel 1.20 wurden die $L_p$-Räume eingeführt. Im Fall $p = 2$ sind dies Hilberträume.

*Beispiel 1.33 ($L_2$-Räume).* Es sei $\Omega \subseteq \mathbb{R}^s$ ein Gebiet. Auf dem Raum $L_2(\Omega)$ ist durch

$$\langle f|g\rangle_{L_2(\Omega)} := \int_\Omega f(x)\overline{g(x)}\,dx, \quad f, g \in L_2(\Omega) \tag{1.29}$$

ein Skalarprodukt definiert, das die Norm $\| \bullet \|_{L_2(\Omega)}$ aus (1.22) induziert. Mit dieser Norm ist $L_2(\Omega)$ vollständig, also ein Hilbertraum. Die Cauchy-Schwarzsche Ungleichung lautet hier

$$f, g \in L_2(\Omega) \quad \Longrightarrow \quad f \cdot g \in L_1(\Omega), \quad \|fg\|_{L_1(\Omega)} \leq \|f\|_{L_2(\Omega)}\|g\|_{L_2(\Omega)} \tag{1.30}$$

und heißt **Höldersche Ungleichung**. ◁

Viele inverse Probleme sind Identifikationsprobleme der Parameterfunktionen von Differentialgleichungen und deswegen formulierbar als Inversion von „Lösungsoperatoren" von (Anfangs- oder Randwertproblemen von) Differentialgleichungen. Das mathematische Studium der Lösung von Differentialgleichungen stützt sich auf sogenannte **Sobolevräume**. Wir betrachten hierzu nur einen Spezialfall.

*Beispiel 1.34 (Sobolevraum $H^k(\Omega)$).* Es sei $\Omega \subset \mathbb{R}^s$ ein beschränktes Gebiet, dessen Rand $\partial\Omega$ „regulär genug" ist, um eine Anwendung des Gaußschen Integralsatzes zu ermöglichen. Sei weiterhin $k \in \mathbb{N}_0$. Für $f \in C^1(\overline{\Omega})$ ergibt sich durch Anwendung des Gaußschen Integralsatzes

$$\int_\Omega \frac{\partial f}{\partial x_j}(x)\varphi(x)\,dx = -\int_\Omega f(x)\frac{\partial \varphi}{\partial x_j}(x)\,dx \quad \text{für alle} \quad \varphi \in C_0^\infty(\Omega).$$

Ist $f \in C^k(\overline{\Omega})$, dann kann der Gaußsche Integralsatz mehrfach angewendet werden und man erhält

$$\int_\Omega D^\alpha f(x)\varphi(x)\,dx = (-1)^{|\alpha|}\int_\Omega f(x)D^\alpha\varphi(x)\,dx \quad \text{für alle} \quad \varphi \in C_0^\infty(\Omega)$$

und für jeden Multiindex $\alpha \in \mathbb{N}_0^s$ mit $|\alpha| \leq k$. Für eine Funktion $f \in L_2(\Omega)$ existieren keine partielle Ableitungen $D^\alpha f$ als Differentialquotienten. Angesichts der zuletzt gewonnen Identität wird jedoch festgelegt: Falls eine Funktion $u \in L_2(\Omega)$ existiert, für welche

$$\int_\Omega u(x)\varphi(x)\,dx = (-1)^{|\alpha|}\int_\Omega f(x)D^\alpha\varphi(x)\,dx \quad \text{für alle} \quad \varphi \in C_0^\infty(\Omega), \tag{1.31}$$

dann nennt man $u$ eine **schwache Ableitung** von $f$ und schreibt $u = D^\alpha f \in L_2(\Omega)$. Auf die Beschränktheit von $\Omega$ kann in (1.31) verzichtet werden. Falls eine schwache Ableitung von $f$ existiert, dann ist sie durch (1.31) eindeutig festgelegt. Außerdem stimmt die schwache mit der gewöhnlichen Ableitung überein, wenn $u \in C^k(\overline{\Omega})$.[7] Beispielsweise ist die Funktion $f : (-1,1) \to \mathbb{R}$, $x \mapsto |x|$, nicht in gewöhnlichem Sinn differenzierbar, gehört aber zu $L_2(-1,1)$. Sie ist jedoch schwach differenzierbar. Ihre schwache Ableitung ist die (genauer: ist identifizierbar mit der) Heaviside-Funktion

$$u(x) = \begin{cases} 1, & \text{für } x \in (0,1), \\ 0, & \text{für } x = 0, \\ -1, & \text{für } x \in (-1,0). \end{cases}$$

Die Heaviside-Funktion selbst ist nicht einmal schwach differenzierbar, denn die schwache Ableitung müsste (fast überall) gleich der Nullfunktion sein. Dann aber wäre die linke Seite von (1.31) für jedes $\varphi \in C_0^\infty(\Omega)$ gleich null, nicht jedoch die rechte Seite.

Wir definieren nun den **Sobolevraum**

$$H^k(\Omega) := \{f \in L_2(\Omega);\ D^\alpha f \in L_2(\Omega) \text{ für } |\alpha| \leq k\}, \quad k \in \mathbb{N}. \tag{1.32}$$

Durch die Schreibweise $D^\alpha f \in L_2(\Omega)$ wird ausgedrückt, dass eine schwache Ableitung von $f$ als $L_2$-Funktion existieren soll. Auf $H^k(\Omega)$ ist durch

$$\langle f|g\rangle_{H^k(\Omega)} := \sum_{|\alpha|\leq k} \langle D^\alpha f|D^\alpha g\rangle_{L_2(\Omega)}, \quad f,g \in H^k(\Omega), \tag{1.33}$$

ein Skalarprodukt definiert, welches die **Sobolevnorm**

$$\|f\|_{H^k(\Omega)} = \sqrt{\sum_{|\alpha|\leq k} \|D^\alpha u\|^2_{L_2(\Omega)}}, \quad f \in H^k(\Omega)$$

induziert. Es kann gezeigt werden, dass $(H^k(\Omega), \langle\bullet|\bullet\rangle_{H^k(\Omega)})$ ein Hilbertraum ist. Im eindimensionalen Fall schreiben wir $H^k(a,b)$ anstelle von $H^k((a,b))$. ◁

**Definition 1.35 (Orthogonalität, Orthogonalraum).** *Es sei $(X, \langle\bullet|\bullet\rangle)$ ein Prähilbertraum. Zwei Vektoren $x,y \in X$ heißen* ***orthogonal*** *zueinander, falls $\langle x|y\rangle = 0$. Zwei Teilmengen $U,V \subseteq X$ heißen orthogonal zueinander, falls $\langle x|y\rangle = 0$ für alle $x \in U$, $y \in V$. Die Menge*

$$U^\perp := \{x \in X;\ \langle x|u\rangle = 0 \text{ für alle } u \in U\}$$

*heißt* ***Orthogonalraum*** *zu $U \subseteq X$.* ◁

[7] Übereinstimmung ist hier im Sinn einer Identität von Funktionen in $L_2(\Omega)$ zu verstehen, nicht als punktweise Identität.

Es ist nicht schwer zu zeigen, dass $U^\perp$ für jede Teilmenge $U \subseteq X$ von $X$ ein abgeschlossener, linearer Teilraum von $X$ ist. Außerdem gilt stets $U \subseteq (U^\perp)^\perp$ und im Fall $U \subseteq V \subseteq X$ ist $X^\perp = \{0\} \subseteq V^\perp \subseteq U^\perp$.

**Satz und Definition 1.36 (Projektionssatz für vollständige Teilräume).** *Es sei $(X, \langle\bullet|\bullet\rangle)$ ein Prähilbertraum und $U \subseteq X$ ein vollständiger linearer Teilraum. Dann gilt $U = (U^\perp)^\perp$. Für jedes $x \in X$ gibt es eindeutig bestimmte Vektoren $u \in U$ und $v \in U^\perp$ so, dass $x = u + v$. Dies wird durch die Schreibweise*

$$X = U \oplus U^\perp$$

*ausgedrückt. Der Operator $P : X \to U,\ x \mapsto u$, heißt **Orthogonalprojektor**. Er ist linear und hat die Eigenschaften*

*(1)* $Pu = u$ *für alle* $u \in U$, *das heißt* $P^2 = P$ *und*

*(2)* $\|x - Px\| \leq \|x - \tilde{u}\|$ *für alle* $\tilde{u} \in U$.

*Bei der zweiten Eigenschaft ist die induzierte Norm gemeint. Diese Aussage bedeutet, dass $Px$ die beste Approximation von $x$ in $U$ ist.* ◁

Die Voraussetzungen sind insbesondere erfüllt, wenn $X$ ein Hilbertraum und $U$ ein *abgeschlossener* Teilraum ist. Ein zweiter Projektionssatz bezieht sich auf konvexe Teilmengen.

**Satz 1.37 (Projektionssatz für konvexe Mengen).** *Es sei $(X, \langle\bullet|\bullet\rangle)$ ein Prähilbertraum über $\mathbb{K}$ mit induzierter Norm $\|\bullet\|$ und es sei $C \subset X$ eine nichtleere, vollständige und konvexe Teilmenge. Dann existiert für jedes $x \in X$ ein eindeutiges Element $y \in C$ so, dass*

$$\|x - y\| \leq \|x - z\| \quad \text{für alle} \quad z \in C.$$

*Der Vektor $y$ wird durch*

$$Re\left(\langle x - y | z - y\rangle\right) \leq 0 \quad \text{für alle} \quad z \in C. \tag{1.34}$$

*eindeutig charakterisiert.* ◁

In diesem Satz ist mit $\mathrm{Re}(z)$ der Realteil der komplexen Zahl $z \in \mathbb{C}$ gemeint. Im Fall $z \in \mathbb{R}$ ist $\mathrm{Re}(z) = z$. In reellen Hilberträumen bedeutet deswegen (1.34), dass der Winkel $\alpha$ zwischen $x - y$ und allen Vektoren $z - y$ größer oder gleich $\pi/2$ ist. Dieser Satz gilt insbesondere, wenn $X$ ein Hilbertraum und $C$ eine nicht leere, abgeschlossene und konvexe Teilmenge ist. Dies wird in Abb. 1.1 illustriert. Die Voraussetzungen des Satzes 1.37 sind für jeden endlichdimensionalen Teilraum $U \subseteq X$ eines Prähilbertraums erfüllt:

**Korollar 1.38 (Projektionssatz für endlich dimensionale Teilräume).** $(X, \langle\bullet|\bullet\rangle)$ *sei ein Prähilbertraum und $U \subseteq X$ ein endlich dimensionaler linearer Teilraum mit Basis $\{u_1, \ldots, u_n\}$. Dann gibt es zu jedem $x \in X$ ein eindeutig bestimmtes $u \in U$ mit der Eigenschaft*

$$\|x - u\| \leq \|x - v\| \quad \text{für alle} \quad v \in U.$$

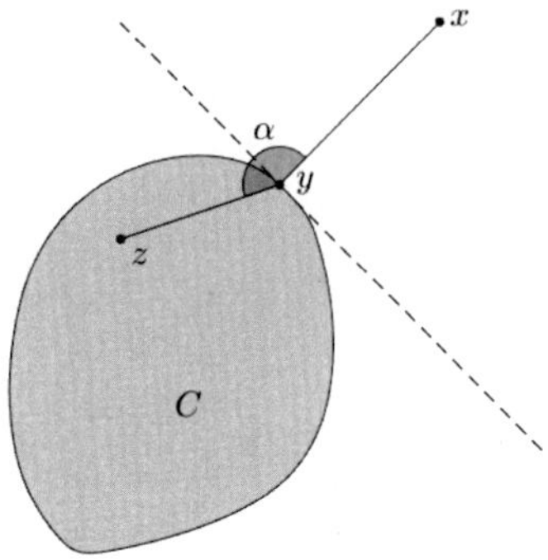


**Abb. 1.1** Geometrische Interpretation des Projektionssatzes

*Der Vektor u wird durch die Gleichungen*

$$\langle x-u|u_j\rangle = 0, \quad j = 1,\ldots,n$$

*eindeutig bestimmt.* ◁

*Beispiel 1.39 (Fourierpolynome).* Es sei $\mathbb{K} = \mathbb{C}$ und $X = C[0,1]$ der lineare Raum aller stetigen Funktionen $f : [0,1] \to \mathbb{C}$. Durch die Festlegung

$$\langle f|g\rangle := \int_0^1 f(t)\overline{g(t)}\,dt, \quad f,g \in X,$$

wird ein Skalarprodukt definiert, so dass $(X, \langle\bullet|\bullet\rangle)$ ein Prähilbertraum ist. Die Funktionen

$$e_k : [0,1] \to \mathbb{C}, \quad t \mapsto \mathrm{e}^{2\pi \mathrm{i} kt}, \quad k \in \mathbb{Z},$$

(mit der imaginären Einheit i) sind paarweise orthogonal und sogar **orthonormal**, da $\|e_k\| = \sqrt{\langle e_k|e_k\rangle} = 1$. Nach dem Projektionssatz 1.38 gibt es zu jedem $f \in X$ ein eindeutig bestimmtes

$$f_n \in \mathbb{T}_n := \left\{ p = \sum_{k=-n}^{n} c_k e_k;\ c_k \in \mathbb{C} \right\}$$

mit der Eigenschaft $\|f - f_n\| \le \|f - p\|$ für alle $p \in \mathbb{T}_n$. Zur Berechnung von $f_n$ macht man den Ansatz

$$f_n(t) = \sum_{k=-n}^{n} c_k(f) \mathrm{e}^{2\pi \mathrm{i} kt}$$

mit unbekannten, von $f$ abhängigen, Koeffizienten $c_k(f)$. Die Koeffizienten werden dann gemäß Korollar 1.38 durch die Gleichungen

$$\langle f_n | e_k \rangle = \sum_{j=-n}^{n} c_j(f) \langle e_j | e_k \rangle = c_k(f) = \langle f | e_k \rangle = \int_0^1 f(t) \mathrm{e}^{-2\pi \mathrm{i} kt}\, dt$$

bestimmt. Die Koeffizienten $c_k(f)$ heißen **Fourierkoeffizienten** von $f$ und $f_n$ heißt $n$-tes Fourierpolynom von $f$. ◁

**Definition 1.40 (Separable normierte Räume).** *Ein normierter Raum $(X, \| \bullet \|)$ heißt **separabel**, wenn es eine abzählbare, dicht in $X$ liegende Teilmenge $U$ gibt, das heißt, wenn es eine Teilmenge $U \subseteq X$ gibt mit $\overline{U} = X$ ($U$ liegt dicht in $X$) und eine surjektive Abbildung $\iota : \mathbb{N} \to U$ ($U$ ist abzählbar).* ◁

*Beispiel 1.41 (Separable normierte Räume).* Der Raum $\mathbb{R}^n$ ist separabel bezüglich der Euklidischen Norm, der Raum $\mathbb{Q}^n$ bildet eine dichte, abzählbare Teilmenge. Die Räume $L_2(a,b)$ und $C[a,b]$ sind bezüglich der Normen $\| \bullet \|_{L_2(a,b)}$ beziehungsweise $\| \bullet \|_{C[a,b]}$ separabel. In beiden Fällen bildet die Menge aller Polynome mit rationalen Koeffizienten eine dichte, abzählbare Teilmenge. ◁

**Satz und Definition 1.42 (Orthonormalsystem).** *Eine abzählbare Teilmenge $U = \{u_1, u_2, \ldots\}$ eines Hilbertraums heißt ein **Orthonormalsystem**, wenn*

$$\langle u_i | u_j \rangle = \begin{cases} 0, & i \neq j \\ 1, & i = j \end{cases}.$$

*Ein Orthonormalsystem heißt **vollständig**, wenn es nicht echte Teilmenge eines anderen Orthonormalsystems ist.*

*Jeder separable Hilbertraum besitzt ein vollständiges Orthonormalsystem.* ◁

Wir bezeichnen für eine beliebige Teilmenge $\varnothing \neq U \subseteq X$ mit

$$\langle U \rangle := \left\{ \sum_{i=1}^{n} \alpha_i u_i;\ \alpha_i \in \mathbb{K}, u_i \in U,\ i = 1 \ldots, n \right\}$$

den linearen Teilraum von $X$, der all jene Vektoren $x \in X$ enthält, die sich als Linearkombination endlich vieler Vektoren aus $U$ schreiben lassen.

**Satz 1.43 (Orthonormalsysteme in separablen Hilberträumen).** $(X, \langle \bullet | \bullet \rangle)$ *sei ein separabler Hilbertraum und $U = \{u_1, u_2, \ldots\} \subseteq X$ ein Orthonormalsystem.*

*(1) Jede endliche Teilmenge von $U$ ist linear unabhängig.*

*(2) Ist $U = \{u_1, \dots, u_n\}$ endlich, dann existieren zu jedem $x \in X$ eindeutig bestimmte Koeffizienten $\alpha_k \in \mathbb{K}$, $k = 1, \dots, n$, mit*

$$\left\| x - \sum_{k=1}^{n} \alpha_k u_k \right\| \leq \|x - u\| \quad \textit{für alle} \quad u \in \langle U \rangle.$$

*Die Koeffizienten sind explizit durch $\alpha_k = \langle x | u_k \rangle$, $k = 1, \dots, n$, gegeben.*

*(3) Für alle $x \in X$ gilt die* ***Besselsche Ungleichung***

$$\sum_{k=1}^{\infty} |\langle x | u_k \rangle|^2 \leq \|x\|^2.$$

*(4) Das Orthonormalsystem $U$ ist genau dann vollständig, wenn $\overline{\langle U \rangle} = X$.*

*(5) Das Orthonormalsystem $U$ ist genau dann vollständig, wenn die* ***Parsevalsche Identität***

$$\sum_{k=1}^{\infty} |\langle x | u_k \rangle|^2 = \|x\|^2$$

*für alle $x \in X$ gilt.*

*(6) Das Orthonormalsystem $U$ ist genau dann vollständig, wenn jedes $x \in X$ als (verallgemeinerte)* ***Fourierreihe*** *der Form*

$$x = \sum_{k=1}^{\infty} \langle x | u_k \rangle u_k$$

*geschrieben werden kann. Diese Identität ist als Konvergenz der rechts stehenden Reihe gegen $x \in X$ im Sinn der induzierten Norm zu verstehen.*

◁

Die Aussage (2) entspricht dem Korollar 1.38 und dem Beispiel 1.39. Dieses Beispiel wird nun fortgeführt.

*Beispiel 1.44 (Fourierreihe in $L_2(0,1)$).* Die Funktionen

$$e_k : [0,1] \to \mathbb{C}, \quad t \mapsto \mathrm{e}^{2\pi \mathrm{i} k t}, \quad k \in \mathbb{Z},$$

aus Beispiel 1.39 bilden ein vollständiges Orthonormalsystem in $L_2(0,1)$. Nach Satz 1.43, Aussage (6), besitzt dann jede Funktion $x \in L_2(0,1)$ eine Fourierreihe, so dass

$$x(t) = \sum_{k=-\infty}^{\infty} c_k(f) \mathrm{e}^{2\pi \mathrm{i} k t}, \quad c_k(f) := \int_0^1 x(t) \mathrm{e}^{-2\pi \mathrm{i} k t}\, dt.$$

Die Konvergenz der Reihe ist in dem Sinn zu verstehen, dass

$$\int_0^1 \left| x(t) - \sum_{k=-n}^{n} c_k(f) \mathrm{e}^{2\pi \mathrm{i} k t} \right|^2 dt \quad \overset{n \to \infty}{\longrightarrow} \quad 0$$

gilt. ◁

### Fouriertransformation

Der Operator

$$\hat{F} : L_1(\mathbb{R}^s) \to \mathscr{F}(\mathbb{R}^s, \mathbb{C}), \quad f \mapsto \hat{f}, \quad \hat{f}(y) := \int_{\mathbb{R}^s} f(x) \mathrm{e}^{-2\pi \mathrm{i} \langle x|y \rangle} \, dx, \quad y \in \mathbb{R}^s, \tag{1.35}$$

heißt **Fouriertransformation** und die Funktion $\hat{f}$ heißt **Fouriertransformierte** von $f$. Hier ist $\langle x|y \rangle = \sum_{j=1}^{s} x_j y_j$ das Euklidische Sakalarprodukt in $\mathbb{R}^n$ und i die imaginäre Einheit. Die Fouriertransformierte ist im Allgemeinen eine komplexwertige Funktion, auch wenn $f \in L_1(\mathbb{R}^s)$ reellwertig ist. Die **inverse Fouriertransformation** ist der Operator

$$\tilde{F} : L_1(\mathbb{R}^s) \to \mathscr{F}(\mathbb{R}^s, \mathbb{C}), \quad f \mapsto \tilde{f}, \quad \tilde{f}(x) := \int_{\mathbb{R}^s} f(y) \mathrm{e}^{+2\pi \mathrm{i} \langle x|y \rangle} \, dy, \quad x \in \mathbb{R}^s, \tag{1.36}$$

und die Funktion $\tilde{f}$ heißt **inverse Fouriertransformierte** von $f$. Wenn $f \in L_1(\mathbb{R}^s)$ *und* $\hat{f} \in L_1(\mathbb{R}^s)$, dann gilt die **Inversionsformel** $f \overset{\text{f.ü.}}{=} \tilde{F}(\hat{F} f) = \tilde{\hat{f}}$, das heißt

$$f(x) \overset{\text{f.ü.}}{=} \int_{\mathbb{R}^s} \hat{f}(y) \mathrm{e}^{2\pi \mathrm{i} \langle x|y \rangle} \, dy, \quad x \in \mathbb{R}^s. \tag{1.37}$$

Falls $f \in L_1(\mathbb{R}^s) \cap L_2(\mathbb{R}^s)$, dann lässt sich zeigen, dass

$$\hat{f} \in L_2(\mathbb{R}^s) \quad \text{und} \quad \|f\|_{L_2(\mathbb{R}^s)} = \|\hat{f}\|_{L_2(\mathbb{R}^s)} \tag{1.38}$$

Diese Identität kann benutzt werden, um die Fouriertransformation auf dem Raum $L_2(\mathbb{R}^s)$ zu definieren: Zu jeder Funktion $f \in L_2(\mathbb{R}^s)$ existiert eine Folge $(f_n)_{n \in \mathbb{N}} \subset C_0^\infty(\mathbb{R}^s) \subset L_1(\mathbb{R}^s) \cap L_2(\mathbb{R}^s)$ derart, dass $\|f_n - f\|_{L_2(\mathbb{R}^s)} \to 0$. Die Folge von deren Fouriertransformierten $(\hat{f}_n)_{n \in \mathbb{N}}$ ist dann wegen (1.38) eine Cauchy-Folge im Hilbertraum $L_2(\mathbb{R}^s)$ und konvergiert deswegen gegen eine Funktion $g \in L_2(\mathbb{R}^s)$. Wir setzen $\hat{f} := \hat{F} f := g$ und nennen $\hat{f} = g$ die Fouriertransformierte von $f$. Genau genommen wären jetzt *zwei* Fouriertransformationen $\hat{F}$ zu unterscheiden – eine durch (1.35) auf $L_1(\mathbb{R}^s)$ definierte und eine über die Bildung von $L_2$-Grenzwerten auf $L_2(\mathbb{R}^s)$ definierte. Dennoch werden beide Transformationen mit $\hat{F}$ bezeichnet, obwohl sie nur auf $L_1(\mathbb{R}^s) \cap L_2(\mathbb{R}^s)$ übereinstimmen. Gemäß Konstruktion ist $\hat{f} \in L_2(\mathbb{R}^s)$, falls $f \in L_2(\mathbb{R}^s)$. Somit kann die inverse Fouriertransformation $\tilde{F}$ aus (1.36) im gleichen Sinn auf $\hat{f}$ angewandt werden, wie $\hat{F}$ auf $f$ angewandt wurde. Darüberhinaus kann für die Folge der Funktionen $f_n \in C_0^\infty(\mathbb{R}^s)$ gezeigt werden, dass $\hat{f}_n$ integrierbar ist und dass $f_n = \tilde{F}\hat{f}_n$ für alle $n \in \mathbb{N}$ gilt. Bildet man Grenzübergänge bezüglich der $L_2$-Norm, dann ergibt sich, dass

$$\tilde{F}(\hat{F}f) = f \quad \text{für alle} \quad f \in L_2(\mathbb{R}^s).$$

Diese Identität wird häufig auch in der Form

$$f(x) \circ\!\!-\!\!\bullet\ \hat{f}(y),$$

geschrieben, obwohl $L_2$-Funktionen nicht punktweise definiert sind. Zusammenfassend lässt sich feststellen: Die Fouriertransformation $\hat{F} : L_2(\mathbb{R}^s) \to L_2(\mathbb{R}^s)$ ist linear, stetig und bijektiv. Es gilt die **Plancherel-Identität**

$$\|\hat{f}\|_{L_2(\mathbb{R}^s)} = \|f\|_{L_2(\mathbb{R}^s)} \quad \text{für} \quad f(x) \circ\!\!-\!\!\bullet\ \hat{f}(y), \tag{1.39}$$

so dass nach Satz 1.24 auch der inverse Operator $\hat{F}^{-1} = \tilde{F}$ stetig ist.

Die Fouriertranformation spielt eine wichtige Rolle in der Signalverarbeitung, etwa bei der Entzerrung von Interferenzen. Für eine Beschreibung dieser Aufgabenstellung definieren wir die **Faltung** zweier Funktionen $f, g \in L_2(\mathbb{R}^s)$ als jene Funktion $f * g$, die durch

$$(f * g)(x) := \int_{\mathbb{R}^s} f(x-y)g(y)\,dy, \quad x \in \mathbb{R}^s, \tag{1.40}$$

festgelegt wird. Im Allgemeinen ist nicht gesichert, dass $f * g \in L_2(\mathbb{R}^s)$ gilt. Falls jedoch $f, g \in L_2(\mathbb{R}^s)$ *und* $f * g \in L_2(\mathbb{R}^s)$, dann gilt die folgende Beziehung, welche die Grundlage effizienter Methoden zum Auflösen von Faltungsgleichungen ist.

$$(f * g)(x) \circ\!\!-\!\!\bullet\ \hat{f}(y)\hat{g}(y) \quad \text{für} \quad f(x) \circ\!\!-\!\!\bullet\ \hat{f}(y),\ g(x) \circ\!\!-\!\!\bullet\ \hat{g}(y). \tag{1.41}$$

*Beispiel 1.45 (Signalentzerrung bei Mehrwegeausbreitung).* Wird ein analoges Signal (das heißt eine zeitabhängige Funktion) $u \in C_0(\mathbb{R})$ übertragen, etwa im Mobilfunk, dann führt Mehrwegeausbreitung wegen unterschiedlicher Signallaufzeiten zu Interferenzen, da sich das Signal im Empfänger mit zeitlich verschobenen und unterschiedlich abgeschwächten Kopien seiner selbst überlagert. Mathematisch kann das empfangene Signal durch eine Faltung modelliert werden:

$$w(s) = \int_0^\ell g(t)u(s-t)\,dt. \tag{1.42}$$

Hier stehen

- $w$ für das empfangene Signal,
- $u(.-t)$ für das gesendete Signal, das auf dem Übertragungsweg zeitlich um $t$ Sekunden verzögert wurde,

- $g(t)$ für einen Dämpfungsfaktor, der einem Verlust an Signalstärke entspricht; die Funktion $g : [0,\ell] \to \mathbb{R}$ modelliert den Übertragungskanal.
- $\ell$ für die Kanallänge; Signale, die um mehr als $\ell$ Sekunden verzögert werden sind so schwach, dass sie vernachlässigbar sind.

Durch die Festlegung $g(t) := 0$ für $t \notin [0,\ell]$ wird $g$ so wie schon $u$ zu einer Funktion in $L_2(\mathbb{R})$. Die Gleichung (1.42) kann dann gleichwertig in der Form

$$w(s) = \int_{-\infty}^{\infty} g(t)u(s-t)\,dt,$$

als Faltungsgleichung wie in (1.40) geschrieben werden. Die Aufgabe eines **Entzerrers** ist es, bei bekannten Funktionen $w$ und $g$ das unbekannte Signal $u$ zu rekonstruieren. Dies kann dadurch erreicht werden, dass man entsprechend (1.41) zu den Fouriertransformierten übergeht und dann die Gleichung

$$\hat{w}(y) = \hat{g}(y)\hat{u}(y), \quad y \in \mathbb{R},$$

erhält. *Falls* $\hat{g}(y) \neq 0$ für alle $y \in \mathbb{R}$, dann erhält man $u$ durch Anwendung der inversen Fouriertransformation auf $\hat{u} = \hat{w}/\hat{g}$. In der Praxis ist das Verfahren in dieser Form noch ungeeignet, da Signalstörungen in $w$ verstärkt werden und das berechnete $u$ unbrauchbar machen. ◁

## Adjungierte Operatoren

Durch adjungierte Operatoren wird der Begriff der transponierten Matrix verallgemeinert.

**Satz und Definition 1.46 (Adjungierter Operator).** *$(X, \langle \bullet | \bullet \rangle_X)$ und $(Y, \langle \bullet | \bullet \rangle_Y)$ seien Hilberträume und $T \in \mathscr{L}(X,Y)$ ein stetiger, linearer Operator. Dann existiert genau ein linearer, stetiger Operator $T^* : Y \to X$ mit der Eigenschaft*

$$\langle Tx|y\rangle_Y = \langle x|T^*y\rangle_X \quad \textit{für alle} \quad x \in X,\ y \in Y.$$

*Der Operator $T^*$ heißt der zu $T$* ***adjungierte Operator****. Im Fall $X = Y$ und $T = T^*$ heißt der Operator* ***selbstadjungiert****.* ◁

*Beispiel 1.47 (Adjungierter Integraloperator).* Wir greifen Beispiel 1.22 auf, es seien also $a < b$, $c < d$, $\Omega := (a,b) \times (c,d)$, $k \in L_2(\Omega)$, $X = L_2(a,b)$ und $Y = L_2(c,d)$. Der Fredholmsche Integraloperator $T : X \to Y$, der durch

$$(Tx)(t) := \int_a^b k(s,t)x(s)\,ds, \quad t \in (c,d),$$

definiert wird, ist linear und beschränkt. Der adjungierte Operator $T^* \in \mathscr{L}(Y,X)$ ist durch

$$(T^*y)(t) = \int_c^d \overline{k(t,s)}y(s)\,ds, \quad t \in (a,b),$$

gegeben. ◁

**Satz 1.48 (Eigenschaften adjungierter Operatoren).** *$(X, \langle\bullet|\bullet\rangle_X)$, $(Y, \langle\bullet|\bullet\rangle_Y)$ und $(Z, \langle\bullet|\bullet\rangle_Z)$ seien Hilberträume. Für $T,S \in \mathscr{L}(X,Y)$ und $\alpha \in \mathbb{K}$ gilt*

$$(T+S)^* = T^* + S^* \quad \text{und} \quad (\alpha T)^* = \overline{\alpha}T^*.$$

*Für $T \in \mathscr{L}(X,Y)$ und $S \in \mathscr{L}(Y,Z)$ gilt*

$$(T \circ S)^* = S^* \circ T^*.$$

*Weiterhin gelten die Identitäten*

$$\begin{aligned} \mathscr{R}(T)^\perp &= \mathscr{N}(T^*), & \mathscr{R}(T^*)^\perp &= \mathscr{N}(T) \\ \overline{\mathscr{R}(T)} &= \mathscr{N}(T^*)^\perp, & \overline{\mathscr{R}(T^*)} &= \mathscr{N}(T)^\perp \end{aligned}$$

*für $T \in \mathscr{L}(X,Y)$.* ◁

## Kompakte Operatoren

Sehr viele lineare inverse Probleme lassen sich als Gleichungen mit linearen, kompakten Operatoren schreiben.

**Definition 1.49 (Kompakter Operator).** *$X$ und $Y$ seien normierte Räume. Ein linearer Operator $K : X \to Y$ heißt **kompakt**, falls das Bild $(Kx_n)_{n\in\mathbb{N}}$ einer beliebigen beschränkten Folge $(x_n)_{n\in\mathbb{N}}$ stets eine in $Y$ konvergente Teilfolge besitzt.* ◁

Die Namensgebung rührt daher, dass man eine Teilmenge $M \subseteq X$ eines normierten Raums $X$ **relativ kompakt** nennt, sofern jede Folge in $(x_n)_{n\in\mathbb{N}} \subseteq M$ einen Häufungspunkt in $\overline{M}$, also eine in $\overline{M}$ konvergente Teilfolge besitzt. Somit ist $K$ kompakt, wenn das Bild $K(M)$ beschränkter Teilmengen $M \subset X$ relativ kompakt ist oder gleichwertig, wenn dessen Abschluss $\overline{K(M)}$ kompakt ist.

Es ist nicht schwer zu zeigen, dass jeder kompakte Operator stetig, also beschränkt ist. Ebenso ist die Summe $K+L$ zweier kompakter Operatoren $K,L : X \to Y$ und das skalare Vielfache $\alpha K$, $\alpha \in \mathbb{K}$, eines kompakten Operators $K$ jeweils wieder ein kompakter Operator, die Menge der kompakten Operatoren $K : X \to Y$ bildet also einen Vektorraum $\mathscr{K}(X,Y)$.

*Beispiel 1.50 (Kompaktheit stetiger endlichdimensionaler Operatoren).* Der Operator $K : X \to Y$ sei *stetig* und das Bild $\mathscr{R}(K)$ sei endlichdimensional, das heißt es gebe eine endliche Basis $\{y_1,\dots,y_s\}$ von $\mathscr{R}(K)$. Dann ist

$$K : X \to Y, \quad x \mapsto Kx = \sum_{i=1}^{s} \lambda_i(x) u_i,$$

mit stetigen Koeffizientenfunktionen $\lambda_i : X \to \mathbb{K}$, zusammengefasst zu einer vektorwertigen Koeffizientenfunktion $\lambda = (\lambda_1,\dots,\lambda_s) : X \to \mathbb{K}^s$. Ist nun $(x_n)_{n\in\mathbb{N}}$ eine beschränkte Folge, dann ist wegen der Stetigkeit von $\lambda$ auch die Folge $(\lambda(x_n))_{n\in\mathbb{N}}$ eine beschränkte Folge im endlichdimensionalen Raum $\mathbb{K}^s$, in dem sie nach dem Satz von Bolzano-Weierstraß eine konvergente Teilfolge $\left(\lambda(x_{n_j})\right)_{j\in\mathbb{N}}$ besitzt. Dann ist

$$\left(\sum_{i=1}^{s} \lambda_i(x_{n_j}) u_i\right)_{j\in\mathbb{N}} \quad \text{konvergente Teilfolge von} \quad (Kx_n)_{n\in\mathbb{N}},$$

somit ist $K$ kompakt. ◁

*Beispiel 1.51 (Kompaktheit von Integraloperatoren; vgl [Alt11], 8.15 und 8.16).* Die Integraloperatoren aus Beispiel 1.22 sind linear und kompakt, auch in den beiden Fällen mit schwach singulärem Integralkern. ◁

Da viele inverse Probleme als Integralgleichungen geschrieben werden können zeigt Beispiel 1.51 die Relevanz kompakter Operatoren bei der Untersuchung inverser Probleme. Aus dem folgenden Satz, einer Variante des Satzes 1.30, lässt sich die grundlegende Schwierigkeit beim Lösen von Gleichungen mit kompaktem Operator ersehen.

**Satz 1.52 (Unstetigkeit der Inversen eines kompakten Operators).** *Es seien $X$ und $Y$ Banachräume und es sei $T \in \mathscr{K}(X,Y)$ injektiv. Der Operator $T : X \to \mathscr{R}(T)$ besitzt genau dann eine stetige Inverse $T^{-1} : \mathscr{R}(T) \to X$, wenn $X$ endlichdimensional ist.* ◁

*Beweis.* Ist $X$ endlichdimensional, dann wegen der Injektivität auch $\mathscr{R}(T)$. Als endlichdimensionaler Raum ist $\mathscr{R}(T)$ abgeschlossen und die Stetigkeit der Inversen folgt aus Satz 1.30. Ist $X$ hingegen unendlichdimensional, dann gibt es eine beschränkte Folge $(x_n)_{n\in\mathbb{N}}$ in $X$, die keine konvergente Teilfolge hat. Wegen der Kompaktheit von $T$ hat $(Tx_n)_{n\in\mathbb{N}}$ eine konvergente Teilfolge $\left(Tx_{n_j}\right)_{j\in\mathbb{N}}$. Angenommen, es gäbe eine stetige Inverse $T^{-1} : \mathscr{R}(T) \to X$, dann wäre nach Satz 1.30 $\mathscr{R}(T)$ abgeschlossen, so dass $\left(Tx_{n_j}\right)_{j\in\mathbb{N}}$ in $\mathscr{R}(T)$ gegen ein $y = Tx$ konvergieren würde. Wegen der Stetigkeit der Inversen müsste dann aber auch $\left(x_{n_j}\right)_{j\in\mathbb{N}}$ gegen $x$ konvergieren im Widerspruch zur Annahme, dass $(x_n)_{n\in\mathbb{N}}$ keine konvergente Teilfolge besitzt. □

## Spektraltheorie kompakter Operatoren

Die Singulärwertzerlegung von Matrizen besitzt eine Verallgemeinerung für kompakte Operatoren.

**Definition 1.53 (Spektrum, Eigenwerte und Eigenvektoren linearer Operatoren).** *Es sei $X$ ein normierter Raum und $T \in \mathscr{L}(X,X)$. $I : X \to X$, $x \mapsto x$, heißt* ***identische Abbildung****. Das* ***Spektrum*** *$\sigma(T)$ von $T$ ist die Menge der Zahlen $\lambda \in \mathbb{C}$, für welche der Operator $T - \lambda I$ keine beschränkte Inverse besitzt. Ein $\lambda \in \sigma(T)$ heißt* ***Eigenwert****, wenn $T - \lambda I$ nicht injektiv ist oder gleichwertig, wenn $\mathscr{N}(T - \lambda I) \neq \{0\}$. Jeder Vektor $0 \neq x \in \mathscr{N}(T - \lambda I)$ heißt* ***Eigenvektor*** *von $T$.* ◁

Anders als im Endlichdimensionalen ist das Spektrum nicht mit der Menge der Eigenwerte identisch, denn es gibt beschränkte, injektive Abbildungen $T : X \to X$, die nicht bijektiv sind.

*Beispiel 1.54.* Der schon betrachtete Raum der quadratisch summierbaren Folgen

$$\ell^2 := \left\{ (x_n)_{n\in\mathbb{N}} \subset \mathbb{R};\ \sum_{n=1}^{\infty} x_n^2 < \infty \right\}$$

ist mit dem durch

$$\langle x|y\rangle := \sum_{n=1}^{\infty} x_n y_n, \qquad x = (x_n)_{n\in\mathbb{N}},\ y = (y_n)_{n\in\mathbb{N}},$$

definierten Skalarprodukt ein Hilbertraum. Der „Shift-Operator"

$$S : \ell^2 \to \ell^2, \quad x = (x_n)_{n\in\mathbb{N}} \mapsto y = (y_n)_{n\in\mathbb{N}} \quad \text{mit} \quad y_n := \begin{cases} 0, & n = 1 \\ x_{n-1}, & n \geq 2 \end{cases}$$

gehört zu $\mathscr{L}(\ell^2,\ell^2)$. Der Operator $S - I$ bildet dann $x = (x_n)_{n\in\mathbb{N}}$ auf die Folge $(-x_1, x_1 - x_2, x_2 - x_3, \ldots)$ ab und ist injektiv, folglich ist 1 *kein Eigenwert* von $S$. Aus $(S - I)x = y$ folgt jedoch $x_n = -\sum_{k=1}^{n} y_k$, $n \in \mathbb{N}$, also hat etwa die Folge $(1/n)_{n\in\mathbb{N}} \in \ell^2$ kein Urbild in $\ell^2$ unter $S - I$. Folglich ist $S - I$ nicht bijektiv und deswegen $1 \in \sigma(S)$. ◁

Der folgende Satz verallgemeinert die Aussage, dass symmetrische Matrizen reelle Eigenwerte besitzen und dass aus ihren Eigenvektoren eine Orthonormalbasis gebildet werden kann.

**Satz 1.55 (Spektralsatz für kompakte, selbstadjungierte Operatoren).** *Es sei $(X, \langle\bullet|\bullet\rangle_X)$ ein Hilbertraum und $K : X \to X$ sei linear, kompakt, selbstadjungiert und nicht die Nullabbildung. Dann gilt Folgendes*

*(1)* $\sigma(K) \subset \mathbb{R}$. *Jedes* $\lambda \in \sigma(K) \setminus \{0\}$ *ist ein Eigenwert.* $\sigma(K) \setminus \{0\}$ *enthält keinen Häufungspunkt, ist abzählbar und nicht leer.*

*(2) Zu jedem Eigenwert* $\lambda \neq 0$ *existieren nur endlich viele linear unabhängige Eigenvektoren, das heißt der Raum* $\mathcal{N}(K - \lambda I)$ *hat eine endliche Dimension* $\mu(\lambda)$. *Eigenvektoren zu unterschiedlichen Eigenwerte sind orthogonal.*

*(3) Es seien* $\lambda_j$, $j \in J \subseteq \mathbb{N}$, *die nicht verschwindenden Eigenwerte von K mit*

$$|\lambda_1| \geq |\lambda_2| \geq |\lambda_3| \geq \ldots > 0,$$

*wobei in dieser Aufzählung jeder Eigenwert* $\mu(\lambda)$*-fach gezählt wird. Zu jedem* $\lambda_j$ *existiert dann ein Eigenvektor* $x_j$ *so, dass* $\{x_j;\ j \in J\}$ *ein Orthonormalsystem ist. Weiterhin besitzt dann jeder Vektor* $x \in X$ *eine Fourierentwicklung*

$$x = x_0 + \sum_{j \in J} \langle x | x_j \rangle_X \, x_j, \quad x_0 \in \mathcal{N}(K),$$

*und es gilt*

$$Kx = \sum_{j \in J} \lambda_j \, \langle x | x_j \rangle_X \, x_j.$$

*Ist K injektiv, dann ist das Orthonormalsystem* $\{x_j;\ j \in J\}$ *vollständig in X.*

*Die Aussagen unter (1) gelten auch für allgemeine normierte Räume X. Die Menge J aus (3) hat entweder die Form* $J = \{1, \ldots, n\}$ *oder* $J = \mathbb{N}$, *je nachdem, ob K endlich oder abzählbar unendliche viele Eigenwerte* $\lambda_j \neq 0$ *besitzt.* ◁

Wenn $K$ nicht mehr selbstadjungiert ist, dann gilt Satz 1.55 nicht mehr, es gibt dann im Allgemeinen kein Orthonormalsystem aus Eigenvektoren mehr. Wie im Endlichdimensionalen lässt sich jedoch noch immer eine Singulärwertzerlegung angeben. Dazu betrachtet man für Hilberträume $X$ und $Y$ und für einen kompakten Operator $K : X \to Y$ zunächst den selbstadjungierten Operator $K^*K : X \to X$, der dann ebenfalls kompakt ist und auf den sich Satz 1.55 anwenden lässt. Es seien $\lambda_j$, $j \in J \subseteq \mathbb{N}$, dessen nicht verschwindende Eigenwerte, unter Mehrfachzählung absteigend angeordnet nach ihrer Betragsgröße, und $\{v_j;\ j \in J\}$ das zugehörige Orthonormalsystem von Eigenvektoren. Dann gilt

$$\lambda_j \, \|v_j\|_X^2 = \langle \lambda_j v_j | v_j \rangle_X = \langle K^*K v_j | v_j \rangle_X = \|K v_j\|_Y^2 > 0,$$

folglich müssen alle $\lambda_j$ positiv sein. Wir definieren die sogenannten **Singulärwerte**

$$\sigma_j := \sqrt{\lambda_j}, \quad j \in J, \tag{1.43}$$

und dazu die Vektoren

$$u_j := \sigma_j^{-1} K v_j, \quad j \in J.$$

Es gelten dann per Konstruktion die Beziehungen

$$K v_j = \sigma_j u_j \quad \text{und} \quad K^* u_j = \sigma_j v_j, \quad j \in J. \tag{1.44}$$

Auch die Menge $\{u_j;\ j \in J\}$ ist ein Orthonormalsystem, denn für $j,k \in J$ gilt

$$\langle u_j | u_k \rangle_Y = \frac{1}{\sigma_j \sigma_k} \langle K v_j | K v_k \rangle_Y = \frac{1}{\sigma_j \sigma_k} \langle K^* K v_j | v_k \rangle_X = \frac{\sigma_j}{\sigma_k} \langle v_j | v_k \rangle_X .$$

**Satz 1.56 (Singulärwertzerlegung kompakter Operatoren).** *Es seien* $(X, \langle \bullet | \bullet \rangle_X)$ *und* $(Y, \langle \bullet | \bullet \rangle_Y)$ *Hilberträume,* $K : X \to Y$ *sei ein linearer, kompakter Operator. Zu den singulären Werten* $\sigma_j$*,* $j \in J$*, die wie in (1.43) definiert und der Größe nach angeordnet werden gemäß* $\sigma_1 \geq \sigma_2 \geq \sigma_3 \geq \ldots > 0$ *existieren Orthonormalsysteme* $\{v_j;\ j \in J\}$ *in* $X$ *und* $\{u_j;\ j \in J\}$ *in* $Y$ *so, dass jedes* $x \in X$ *die Darstellung*

$$x = x_0 + \sum_{j \in J} \langle x | v_j \rangle_X v_j \quad \textit{für ein} \quad x_0 \in \mathscr{N}(K)$$

*besitzt und*

$$Kx = \sum_{j \in J} \sigma_j \langle x | v_j \rangle_X u_j$$

*gilt. Die letztgenannte Identität heißt* ***Singulärwertzerlegung*** *von* $K$*. Die Menge* $\{(\sigma_j, v_j, u_j);\ j \in J\}$ *heißt* ***singuläres System*** *für* $K$*.* ◁

Mithilfe der Singulärwertzerlegung lässt sich ein Kriterium dafür angeben, ob eine Operatorgleichung $Kx = y$ mit einem kompakten Operator eine Lösung besitzt, wenn nicht $y \in \mathscr{R}(K)$, sondern lediglich $y \in \overline{\mathscr{R}(K)}$ bekannt ist.

**Satz 1.57 (Picard-Bedingung).** $(X, \langle \bullet | \bullet \rangle_X)$ *und* $(Y, \langle \bullet | \bullet \rangle_Y)$ *seien Hilberträume,* $K : X \to Y$ *sei ein linearer, kompakter Operator und* $\{(\sigma_j, v_j, u_j);\ j \in J\}$ *sei ein singuläres System für* $K$*. Dann hat die Gleichung*

$$Kx = y$$

*genau dann eine Lösung, wenn*

$$y \in \overline{\mathscr{R}(K)} \quad \textit{und} \quad \sum_{j \in J} \frac{1}{\sigma_j^2} \left| \langle y | u_j \rangle_Y \right|^2 < \infty. \tag{1.45}$$

*In diesem Fall ist*

$$x = \sum_{j \in J} \frac{1}{\sigma_j} \langle y | u_j \rangle_Y v_j$$

*eine Lösung der Gleichung* $Kx = y$*.* ◁

Die Konvergenzbedingung in (1.45) hat nur dann Bedeutung, wenn es unendlich viele singuläre Werte gibt. Sie kann dann interpretiert werden als eine Abklingbedingung an die Fourierkoeffizienten $\langle y | u_j \rangle_Y$ von $y$.

*Beispiel 1.58.* Wir betrachten den Integraloperator

$$K : L_2(0,1) \to L_2(0,1), \quad x \mapsto y, \quad y(t) = \int_0^t x(s)\, ds, \quad 0 < t < 1,$$

einen Spezialfall des Fredholmschen Integraloperators aus Beispiel 1.22 und deswegen kompakt, vergleiche Beispiel 1.51. Man rechnet nach, dass

$$K^*y(t) = \int_t^1 y(s)\,ds \quad \text{und} \quad K^*Kx(t) = \int_t^1 \left( \int_0^s x(\tau)\,d\tau \right) ds.$$

Positive Eigenwerte von $K^*K$ ergeben sich aus der Gleichung $K^*Kx = \lambda x$, $\lambda > 0$, also

$$\lambda x(t) = \int_t^1 \left( \int_0^s x(\tau)\,d\tau \right) ds, \quad 0 < t < 1.$$

Für zweimal stetig differenzierbare Funktionen ergibt sich $x(1) = 0$ und $\lambda x'(t) = -\int_0^t x(s)\,ds$. Daraus ergibt sich $x'(0) = 0$ und $\lambda x''(t) = -x(t)$. Man erhält in diesem Fall die Äquivalenz des Eigenwertproblems zum Anfangswertproblem

$$\lambda x'' + x = 0, \quad t \in (0,1), \qquad x(1) = x'(0) = 0.$$

Für $\lambda > 0$ lautet die allgemeine Lösung der Differentialgleichung

$$x(t) = c_1 \cos\left(t/\sqrt{\lambda}\right) + c_2 \sin\left(t/\sqrt{\lambda}\right), \quad c_1, c_2 \in \mathbb{R}.$$

Einsetzen von $x(1) = 0$ und $x'(0) = 0$ führt auf

$$c_1 \cos\left(1/\sqrt{\lambda}\right) + c_2 \sin\left(1/\sqrt{\lambda}\right) = 0 \quad \text{und} \quad c_2/\sqrt{\lambda} = 0.$$

Da $\lambda > 0$, muss $c_2 = 0$ gelten. Wäre auch $c_1 = 0$, dann gäbe es nur die triviale Lösung. Um nichttriviale Lösungen zu erhalten, muss $\cos(1/\sqrt{\lambda}) = 0$ gelten, also $1/\sqrt{\lambda} = (j - 1/2)\pi$. Wir erhalten die folgenden positiven Eigenwerte und orthonormierten Eigenvektoren

$$\lambda_j = \frac{4}{(2j-1)^2\pi^2}, \quad x_j(\bullet) = \sqrt{2}\cos\left(\frac{2j-1}{2}\pi \cdot \bullet\right), \quad j \in \mathbb{N}.$$

Damit ergeben sich die singulären Werte

$$\sigma_j = \frac{2}{(2j-1)\pi}, \quad j \in \mathbb{N}$$

und die Orthonormalsysteme $\{v_j;\ j \in \mathbb{N}\}$ mit $v_j = x_j$, $j \in \mathbb{N}$ sowie $\{u_j;\ j \in \mathbb{N}\}$ mit $u_j = Kv_j/\sigma_j$, $j \in \mathbb{N}$, also

$$u_j(\bullet) = \sqrt{2}\sin\left(\frac{2j-1}{2}\pi \cdot \bullet\right), \quad j \in \mathbb{N}.$$

Man kann zeigen, dass $\{u_j;\ j \in \mathbb{N}\}$ ein vollständiges Orthonomalsystem in $L_2(0,1)$ darstellt, nach Satz 1.43 liegt es also dicht in $L_2(0,1)$. Die Operatorgleichung $Kx = y$ besitzt somit für $y \in L_2(0,1)$ nach dem Satz 1.57 genau dann eine Lösung, wenn die Reihe

$$\sum_{j=1}^{\infty} \frac{4\pi^2}{(2j-1)^2} |c_j|^2 \quad \text{mit} \quad c_j = \int_0^1 y(t) u_j(t)\, dt$$

konvergiert. ◁

## Differenzierbare Operatoren

Bei der Untersuchung nichtlinearer Operatorgleichungen spielt die „Linearisierung“, das heißt die Approximation eines Operators durch einen linearen Operator eine große Rolle. Die Linearisierung beruht auf dem Differenzieren von Operatoren.

**Definition 1.59 (Fréchet-Differenzierbarkeit von Operatoren).** *$X$ und $Y$ seien normierte Räume über $\mathbb{K}$, es sei $D \subseteq X$ eine offene Menge, $F : D \to Y$ eine Abbildung und $x_0 \in D$.*

*(a) Die Abbildung $F$ heißt **Fréchet-differenzierbar** in $x_0$, wenn es einen beschränkten linearen Operator $A : X \to Y$ gibt, so dass*

$$\frac{\|F(x_0+h) - F(x_0) - Ah\|_Y}{\|h\|_X} \xrightarrow{h \to 0} 0 \tag{1.46}$$

*Man schreibt dann $F'(x_0) := A \in \mathscr{L}(X,Y)$ und nennt diesen Operator die **Fréchet-Ableitung** von $F$ in $x_0$.*

*(b) Die Abbildung $F$ heißt **stetig Fréchet-differenzierbar** in $x_0$, wenn es eine Umgebung $U \subseteq D$ von $x_0$ so gibt, dass $F$ in jedem $x \in U$ Fréchet-differenzierbar ist und die Abbildung $F' : U \to \mathscr{L}(X,Y)$, $x \mapsto F'(x)$ stetig ist.*

◁

**Bemerkungen.**

(1) Die Formel (1.46) wird häufig in der Form

$$F(x_0+h) \overset{\bullet}{=} F(x_0) + F'(x_0)h \tag{1.47}$$

geschrieben. Dies soll bedeuten, dass $F(x_0 + \bullet)$ „in erster Näherung gleich“ der linearen, beschränkten Funktion $L : X \to Y$, $h \mapsto F(x_0) + F'(x_0)h$ ist und durch diese approximiert wird. Die eigentliche Aussage ist, dass der Approximationsfehler für $h \to 0$ schneller gegen 0 geht als $\|h\|_X$.

(2) Wenn ein Operator $A \in \mathscr{L}(X,Y)$ wie in (1.46) existiert, dann ist er eindeutig bestimmt. Für Operatoren $F : \mathbb{K}^n \to \mathbb{K}^m$ entspricht er gerade der durch die Funktionalmatrix (Jacobimatrix) definierten linearen Abbildung.
(3) Die Differenzierbarkeitseigenschaft hängt ab von den verwendeten Normen. Anders als im Endlichdimensionalen kann ein und dieselbe Abbildung $F : X \to Y$ je nach verwendeter Norm also differenzierbar oder nicht differenzierbar sein.
(4) Wenn $F$ in $x_0$ differenzierbar ist, dann ist $F$ in $x_0$ auch stetig (bezüglich der gleichen Norm).
(5) Die Abbildung $F'$ aus (b) bildet Vektoren $x \in U$ auf Operatoren $F'(x)$ ab. Man kann zeigen, dass der Vektorraum $\mathscr{L}(X,Y)$ der linearen, beschränkten Operatoren von $X$ nach $Y$ zusammen mit der Operatornorm $\|\bullet\|$ aus Definition 1.21 selbst ein normierter Vektorraum ist. Die Stetigkeit der Abbildung $F'$ in $\hat{x} \in U$ bedeutet, dass es zu jedem $\varepsilon > 0$ ein $\delta > 0$ so gibt, dass

$$\|F'(x) - F'(\hat{x})\| \leq \varepsilon \quad \text{für alle } x \in U \text{ mit } \quad \|x - \hat{x}\|_X \leq \delta.$$

In der linken Ungleichung wird die Operatornorm auf $\mathscr{L}(X,Y)$ benutzt.

*Beispiel 1.60.* Es sei $k : [a,b] \times [c,d] \times \mathbb{R} \to \mathbb{R}$ eine stetige und bezüglich der dritten Variable stetig differenzierbare Funktion. Dann ist der nichtlineare Integraloperator

$$F : C[a,b] \to C[c,d], \quad x \mapsto y, \quad y(t) := \int_a^b k(s,t,x(s))\, ds, \quad t \in [c,d]$$

stetig Fréchet-differenzierbar. Die Fréchet-Ableitung in $x \in C[a,b]$ ist durch

$$(F'(x)z)(t) = \int_a^b D^{(0,0,1)} k(s,t,x(s)) \cdot z(s)\, ds, \quad z \in C[a,b], \quad t \in [c,d]$$

gegeben. Mit $D^{(0,0,1)}k$ ist die Ableitung von $k$ nach der dritten Variable gemeint. ◁

**Satz 1.61 (Eigenschaften der Fréchet-Ableitung).** *$X$ und $Y$ seien normierte Räume über $\mathbb{K}$, es sei $D \subseteq X$ eine offene Menge, $F, G : D \to Y$ seien Fréchet-differenzierbar in $x_0 \in D$ und es sei $\lambda \in \mathbb{K}$. Dann sind die Abbildungen $F + G$ und $\lambda F$ ebenfalls Fréchet-differenzierbar in $x_0$ und es gilt*

$$(F+G)'(x_0) = F'(x_0) + G'(x_0) \quad \text{und} \quad (\lambda F)'(x_0) = \lambda F'(x_0).$$

*Sind $X, Y$ und $Z$ normierte Räume, seien $D \subseteq X$ und $E \subseteq Y$ offene Teilmengen und seien $F : D \to E$ Fréchet-differenzierbar in $x_0 \in D$ und $G : E \to Z$ Fréchet-differenzierbar in $F(x_0)$, dann ist $G \circ F$ ebenfalls Fréchet-differenzierbar in $x_0$ und es gilt*

$$(G \circ F)'(x_0) = G'(F(x_0)) \circ F'(x_0), \tag{1.48}$$

*die sogenannte **Kettenregel**.* ◁

Da $G'(F(x_0)) \in \mathscr{L}(Y,Z)$ und $F'(x_0) \in \mathscr{L}(X,Y)$ gilt $(G \circ F)'(x_0) \in \mathscr{L}(X,Z)$.

Die Richtungsableitung von Funktionen $f : \mathbb{R}^n \to \mathbb{R}^m$ besitzt folgende Verallgemeinerung für Funktionale auf Vektorräumen.

**Definition 1.62 (Gâteaux-Ableitung, 1. Variation).** *$X$ und $Y$ seien reelle Vektorräume, $Y$ sei normiert und es sei $D \subseteq X$. Weiterhin seien $J : D \to Y$, $y \in D$ und $v \in X$ mit $y + \varepsilon v \in D$ für alle $\varepsilon \in (-\varepsilon_v, \varepsilon_v)$ für ein $\varepsilon_v > 0$. Dann heißt*

$$J'(y;v) := \lim_{\varepsilon \to 0} \frac{1}{\varepsilon} [J(y+\varepsilon v) - J(y)] = \frac{d}{d\varepsilon} J(y+\varepsilon v)\bigg|_{\varepsilon=0}$$

*die* **1. Variation** *oder* **Gâteaux-Ableitung** *von $J$ bei $y$ in Richtung $v$, sofern der Grenzwert bezüglich der Norm auf $Y$ existiert. Existiert in $y$ die Gâteaux-Ableitung in alle Richtungen $v \in X$, dann heißt $J$* **Gâteaux-differenzierbar** *in $y$.* ◁

Zur Untersuchung von Minima, die auf dem Rand des Definitionsgebiets eines Funktionals liegen, benötigen wir auch einseitige Gâteaux-Ableitungen. In der folgenden Definition wird für einen linearen Raum $X$ und $u, v \in X$ durch

$$[u,v] := \{w = (1-t)u + tv;\ 0 \le t \le 1\}$$

das Geradensegment von $u$ nach $v$ bezeichnet.

**Definition 1.63 (Einseitige Gâteaux-Ableitungen).** *$X$ und $Y$ seien Vektorräume über $\mathbb{R}$, $Y$ sei normiert und es seien $D \subseteq X$ und $J : D \to Y$. Es sei $y \in D$ und $v \in X$. Dann heißt $J$* **rechtsseitig Gâteaux-differenzierbar** *in $y$ in Richtung $v$, wenn $[y, y+\varepsilon v] \subseteq D$ für ein $\varepsilon > 0$ und wenn der Grenzwert*

$$J'_+(y;v) = \lim_{t \overset{>}{\to} 0} \frac{J(y+tv) - J(y)}{t}$$

*existiert – dieser heißt dann* **rechtsseitige Richtungsableitung** *oder rechtseitige Gâteaux-Ableitung von $J$ in $y$ in Richtung $v$. Analog definiert man die* **linksseitige Richtungsableitung***, wenn $[y - \varepsilon v, y] \subseteq D$ für ein $\varepsilon > 0$ und*

$$J'_-(y;v) = \lim_{t \overset{<}{\to} 0} \frac{J(y+tv) - J(y)}{t},$$

*existiert. Wenn $(J(y+tv) - J(y))/t$ für $t \downarrow 0$ bestimmt gegen $+\infty$ oder gegen $-\infty$ divergiert, schreiben wir $J'_+(y;v) = +\infty$ oder $J'_+(y;v) = -\infty$. Wir wollen auch in diesen Grenzfällen von rechtsseitiger Richtungsableitung sprechen.* ◁

**Satz 1.64 (Charakterisierungssatz der konvexen Optimierung).** *Es sei $V$ ein reeller Vektorraum und $K \subseteq V$ konvex. Für alle $y, \hat{y} \in K$ existiere die rechtsseitige Ableitung $J'_+(\hat{y}; y - \hat{y})$ des Funktionals $J : K \to \mathbb{R}$. Nimmt $J$ in $\hat{y} \in K$ ein lokales Minimum an, dann gilt*

$$J'_+(\hat{y}; y - \hat{y}) \ge 0 \quad \textit{für alle } y \in K. \tag{1.49}$$

*Ist J sogar konvex, dann existiert* $J'_+(\hat{y}; y-\hat{y})$ *stets und die Bedingung (1.49) ist dann nicht nur notwendig, sondern auch hinreichend dafür, dass J ein globales Minimum in* $\hat{y}$ *annimmt.* ◁

Man beachte, dass (1.49) auch dann erfüllt sein muss, wenn die Minimalstelle $\hat{y}$ am Rand von $K$ liegt. Sollte für ein $\varepsilon > 0$ die Strecke $(\hat{y}-\varepsilon y, \hat{y}+\varepsilon y)$ in $K$ enthalten sein und die Gâteaux-Ableitung $J'(\hat{y}; y)$ von $J$ in $\hat{y}$ in Richtung $y$ existieren, dann muss

$$J'(\hat{y}; y) = 0$$

gelten.

## 1.3 Stochastik

Diese Zusammenfassung stützt sich auf [Geo15] und [MS05].

Wir betrachten eine beliebige nichtleere Basismenge $\Omega$. Eine Menge $\mathscr{F} \subseteq \mathscr{P}(\Omega)$ wird als **Mengensystem** (über $\Omega$) bezeichnet, wobei $\mathscr{P}(\Omega)$ die **Potenzmenge** (Menge aller Teilmengen) von $\Omega$ darstellt. Die Menge $\overline{\mathbb{R}} := \mathbb{R} \cup \{-\infty, +\infty\}$ definiert eine Erweiterung der Menge aller reellen Zahlen. Die algebraische Struktur von $\mathbb{R}$ wird folgendermaßen auf $\overline{\mathbb{R}}$ erweitert: Für alle $a \in \mathbb{R}$ gilt:

$$a + (\pm\infty) = (\pm\infty) + a = (\pm\infty) + (\pm\infty) = (\pm\infty), \quad +\infty - (-\infty) = +\infty,$$

$$a \cdot (\pm\infty) = (\pm\infty) \cdot a = \begin{cases} (\pm\infty), & \text{für } a > 0, \\ 0, & \text{für } a = 0, \\ (\mp\infty), & \text{für } a < 0, \end{cases}$$

$$(\pm\infty) \cdot (\pm\infty) = +\infty, \quad (\pm\infty) \cdot (\mp\infty) = -\infty, \quad \frac{a}{\pm\infty} = 0.$$

$\overline{\mathbb{R}}$ ist also kein Körper. Die Vorzeichen bei $\pm\infty$ dürfen bei den obigen Formeln nicht kombiniert werden, denn der Ausdruck $+\infty - (+\infty)$ ist nicht definiert. Die Bedeutung der Festlegung $0 \cdot (\pm\infty) = (\pm\infty) \cdot 0 = 0$ wird später deutlich. Vorsicht ist allerdings bei den Grenzwertsätzen geboten:

$$\lim_{x \to +\infty} \left( x \cdot \frac{1}{x} \right) \neq (+\infty) \cdot 0 = 0.$$

Ergänzt man die Ordnungsstruktur von $\mathbb{R}$ durch $-\infty < a$, $a < +\infty$ für alle $a \in \mathbb{R}$ und $-\infty < +\infty$, dann ist $(\overline{\mathbb{R}}, \leq)$ eine geordnete Menge. Wir vereinbaren unter Verzicht auf die entsprechenden Grenzwertsätze, dass die Folge $\{n\}$, $n \in \mathbb{N}$, den Grenzwert $+\infty \in \overline{\mathbb{R}}$ besitzt. Für „$+\infty$“ schreiben wir oft „$\infty$“.

Analog zur Berechnung von Volumina in der Geometrie versucht man, Mengen aus einem Mengensystem $\mathscr{F}$ über $\Omega$ Maße (Volumina) zuzuordnen. Zu diesem Zweck zeichnet man spezielle Funktionen aus.

**Definition 1.65 (($\sigma$-endliches) Maß).** *Sei $\mathscr{F} \subseteq \mathscr{P}(\Omega)$, $\varnothing \in \mathscr{F}$. Eine Funktion*

$$\mu : \mathscr{F} \to \overline{\mathbb{R}}$$

*heißt **Maß** auf $\mathscr{F}$, falls die folgenden Bedingungen erfüllt sind:*

*(M1)* $\mu(A) \geq 0$ *für alle* $A \in \mathscr{F}$,
*(M2)* $\mu(\varnothing) = 0$,
*(M3)* *Für jede Folge* $\{A_i\}, i \in \mathbb{N}$, *paarweise disjunkter Mengen mit* $A_i \in \mathscr{F}$, $i \in \mathbb{N}$, *und* $\bigcup_{i=1}^{\infty} A_i \in \mathscr{F}$ *gilt:*

$$\mu\left(\bigcup_{i=1}^{\infty} A_i\right) = \sum_{i=1}^{\infty} \mu(A_i) \quad (\sigma\text{-Additivität}).$$

*Besitzen für eine Folge* $\{B_i\}$, $i \in \mathbb{N}$, *mit* $B_i \subseteq B_{i+1}$, $B_i \in \mathscr{F}$ *und* $\bigcup_{i=1}^{\infty} B_i = \Omega$ *alle Mengen* $B_i$ *ein endliches Maß, so wird* $\mu$ *als* ***σ-endlich*** *bezeichnet.* ◁

Natürlich möchte man Maße auf der Potenzmenge von $\Omega$ betrachten; allerdings führt diese Vorgehensweise zu Schwierigkeiten, da es zum Beispiel nicht möglich ist, ein Maß $\mu$ auf der Potenzmenge des $\mathbb{R}^3$ mit $\mu([0,1)^3) = 1$ zu finden, das nur von der Struktur der jeweiligen Menge abhängt und nicht von Drehungen oder Verschiebungen. Daher muss man sich im Allgemeinen mit speziellen Mengensystemen über $\Omega$ (Teilmengen der Potenzmenge) begnügen. Dies führt auf den Begriff der $\sigma$-Algebra.

**Definition 1.66 ($\sigma$-Algebra).** *Ein Mengensystem* $\mathscr{S} \subseteq \mathscr{P}(\Omega)$ *heißt* ***σ-Algebra*** *über* $\Omega$*, falls die Axiome*

*(S1)* $\Omega \in \mathscr{S}$,

*(S2)* aus $A \in \mathscr{S}$ folgt $A^c := \Omega \setminus A \in \mathscr{S}$,

*(S3)* aus $A_i \in \mathscr{S}$, $i \in \mathbb{N}$, folgt $\bigcup_{i=1}^{\infty} A_i \in \mathscr{S}$,

*erfüllt sind.* ◁

Die folgende Eigenschaft von $\sigma$-Algebren ist entscheidend.

**Satz und Definition 1.67 (Durchschnittsstabilität von $\sigma$-Algebren).** *Sei* $I$ *eine beliebige nichtleere Menge und* $\mathscr{S}_i$ *für jedes* $i \in I$ *eine* $\sigma$*-Algebra über* $\Omega$*, so ist auch* $\bigcap_{i \in I} \mathscr{S}_i$ *eine* $\sigma$*-Algebra über* $\Omega$*. Diese Eigenschaft wird* ***Durchschnittsstabilität*** *von* $\sigma$*-Algebren genannt.* ◁

Wir können also von **erzeugten** $\sigma$-Algebren sprechen.

**Definition 1.68 (erzeugte $\sigma$-Algebra).** *Sei* $\mathscr{F} \subseteq \mathscr{P}(\Omega)$ *und sei* $\Sigma$ *die Menge aller* $\sigma$*-Algebren über* $\Omega$*, die* $\mathscr{F}$ *enthalten, dann wird die* $\sigma$*-Algebra* $\sigma(\mathscr{F}) := \bigcap_{\mathscr{S} \in \Sigma} \mathscr{S}$ *als die von* $\mathscr{F}$ ***erzeugte σ-Algebra*** *bezeichnet.* ◁

Für $\Omega = \mathbb{R}^n$, $n \in \mathbb{N}$, betrachten wir die $\sigma$-Algebra

$$\mathscr{B}^n = \sigma(\{B \subseteq \mathbb{R}^n,\ B \text{ offen}\}).$$

$\mathscr{B}^n$ wird als **Borelsche $\sigma$-Algebra** bezeichnet. Alle für die Praxis relevanten Teilmengen des $\mathbb{R}^n$ (neben den offenen auch alle abgeschlossenen und kompakten Teilmengen) sind in $\mathscr{B}^n$ enthalten. Auf dieser $\sigma$-Algebra läßt sich nun ein spezielles Maß $\lambda^n$ festlegen, das unter allen Maßen $\mu$ auf $\mathscr{B}^n$ das einzige Maß mit $\mu\left([0,1) \times \ldots \times [0,1)\right) = 1$ ist, dessen Wert nicht von Drehungen oder Verschiebungen der Mengen abhängt. Dieses Maß wird als **Lebesgue-Borel-Maß** bezeichnet.
Sei nun $\mu$ ein Maß auf einer $\sigma$-Algebra $\mathscr{S}$ über $\Omega$, so heißt jede Menge $A \in \mathscr{S}$

mit $\mu(A) = 0$ eine **$\mu$-Nullmenge**. Es ist sinnvoll, jeder Teilmenge $B \subseteq A$ einer $\mu$-Nullmenge ebenfalls das Maß $\mu(B) = 0$ zuzuordnen. Allerdings ist nicht gewährleistet, dass für jedes $B \subseteq A$ auch $B \in \mathscr{S}$ gilt. Das führt zum Begriff der **Vervollständigung** und des **vollständigen Maßes**.

**Definition 1.69 (vollständiges Maß, Vervollständigung).** *Ein Maß $\mu$ auf einer $\sigma$-Algebra $\mathscr{S}$ über $\Omega$ heißt* ***vollständig****, falls jede Teilmenge einer $\mu$-Nullmenge zu $\mathscr{S}$ gehört und damit eine $\mu$-Nullmenge ist. Die $\sigma$-Algebra*

$$\mathscr{S}_0 := \{A \cup N; A \in \mathscr{S}, N \text{ Teilmenge einer } \mu\text{-Nullmenge}\}$$

*heißt* ***$\mu$-Vervollständigung*** *von $\mathscr{S}$. Mit $\mu_0(A \cup N) := \mu(A)$ ist $\mu_0$ ein* ***vollständiges Maß*** *auf $\mathscr{S}_0$.* ◁

Die Mengen der $\sigma$-Algebra $\mathscr{B}_0^n$ heißen **Lebesgue-messbare Mengen**. Das Maß $\lambda_0^n$ auf $\mathscr{B}_0^n$ heißt **Lebesgue-Maß**. Die zugehörigen Nullmengen heißen **Lebesguesche Nullmengen**.

Ist $\mathscr{S}$ eine $\sigma$-Algebra über $\Omega$, so bezeichnen wir das Paar $(\Omega, \mathscr{S})$ als **Messraum**. Ist $\mu$ ein Maß auf $\mathscr{S}$, so heißt das Tripel $(\Omega, \mathscr{S}, \mu)$ **Maßraum**.
Im Folgenden untersuchen wir spezielle Funktionen zwischen zwei Grundmengen $\Omega_1, \Omega_2 \neq \emptyset$.

**Definition 1.70 (messbare Abbildung).** *Seien $(\Omega_1, \mathscr{S}_1)$ und $(\Omega_2, \mathscr{S}_2)$ zwei Messräume. Eine Abbildung*

$$T : \Omega_1 \to \Omega_2 \quad \text{mit} \quad T^{-1}(A') := \{x \in \Omega_1;\, T(x) \in A'\} \in \mathscr{S}_1 \quad \text{für alle} \quad A' \in \mathscr{S}_2$$

*heißt* ***$\mathscr{S}_1$-$\mathscr{S}_2$-messbar****.* ◁

Messbare Abbildungen spielen in der Wahrscheinlichkeitstheorie bei der Definition von Zufallsvariablen eine wichtige Rolle. Der folgende Satz zeigt, dass für den Nachweis der Messbarkeit einer Abbildung nicht immer das Urbild $T^{-1}(A')$ für alle Mengen $A' \in \mathscr{S}_2$ betrachtet werden muss.

**Satz 1.71 (Messbarkeit bei einer erzeugten $\sigma$-Algebra $\mathscr{S}_2$).** *Seien $(\Omega_1, \mathscr{S}_1)$ und $(\Omega_2, \mathscr{S}_2)$ zwei Messräume, wobei $\mathscr{S}_2 = \sigma(\mathscr{F})$ von einem Mengensystem $\mathscr{F}$ erzeugt ist. Die Abbildung $T : \Omega_1 \to \Omega_2$ ist genau dann $\mathscr{S}_1$-$\mathscr{S}_2$-messbar, falls $T^{-1}(A') \in \mathscr{S}_1$ für alle $A' \in \mathscr{F}$.* ◁

Sind drei Messräume $(\Omega_1, \mathscr{S}_1)$, $(\Omega_2, \mathscr{S}_2)$, $(\Omega_3, \mathscr{S}_3)$ und zwei Abbildungen

- $T_1 : \Omega_1 \to \Omega_2$, $\mathscr{S}_1$-$\mathscr{S}_2$-messbar,
- $T_2 : \Omega_2 \to \Omega_3$, $\mathscr{S}_2$-$\mathscr{S}_3$-messbar,

gegeben, so ist die Abbildung $T_2 \circ T_1 : \Omega_1 \to \Omega_3$, $\omega \mapsto T_2(T_1(\omega))$, $\mathscr{S}_1$-$\mathscr{S}_3$-messbar.

**Satz und Definition 1.72 (Bildmaß).** *Seien $(\Omega_1, \mathscr{S}_1, \mu_1)$ ein Maßraum, $(\Omega_2, \mathscr{S}_2)$ ein Messraum und $T : \Omega_1 \to \Omega_2$ $\mathscr{S}_1$-$\mathscr{S}_2$-messbar, so ist durch*

$$\mu_2(A') := \mu_1\left(T^{-1}(A')\right), \quad A' \in \mathscr{S}_2,$$

*ein Maß $\mu_2$ auf $\mathscr{S}_2$ definiert. Das Maß $\mu_2$ wird als **Bildmaß** von $\mu_1$ bezeichnet (Schreibweise: $\mu_2 = T(\mu_1)$).* ◁

Zur Analyse von Zufallsexperimenten benötigt man einen Integralbegriff; daher wird im Folgenden kurz die Integrationstheorie für messbare Abbildungen zusammengefasst. Zunächst betrachten wir die Integration einer speziellen Klasse von Funktionen.

**Definition 1.73 (elementare Funktion).** *Sei $(\Omega, \mathscr{S})$ ein Messraum. Eine $\mathscr{S}$-$\mathscr{B}$-messbare Funktion $e: \Omega \to \mathbb{R}$ heißt **elementare Funktion**, falls sie nur endlich viele verschiedene Funktionswerte annimmt.* ◁

Eine besonders wichtige elementare Funktion ist die **Indikatorfunktion**

$$I_A : \Omega \to \mathbb{R}, \quad \omega \mapsto \begin{cases} 1, \text{ falls } \omega \in A \\ 0, \text{ sonst} \end{cases},$$

die anzeigt, ob $\omega$ Element einer Menge $A \in \mathscr{S}$ ist. Mit Hilfe von Indikatorfunktionen lassen sich die elementaren Funktionen darstellen.

**Satz 1.74 (Darstellung elementarer Funktionen).** *Sei $(\Omega, \mathscr{S})$ ein Messraum. Ist $e: \Omega \to \mathbb{R}$ eine elementare Funktion, dann existieren ein $n \in \mathbb{N}$, paarweise disjunkte Mengen $A_1, \ldots, A_n \in \mathscr{S}$ mit $\cup_{i=1}^n A_i = \Omega$ und reelle Zahlen $\alpha_1, \ldots, \alpha_n$ so, dass sich $e$ in der Form*

$$e = \sum_{i=1}^{n} \alpha_i I_{A_i}$$

*darstellen lässt.* ◁

Die eben betrachtete Darstellung von $e$ wird als **Normaldarstellung** von $e$ bezeichnet. Sind alle $\alpha_i$ paarweise verschieden und alle $A_i \neq \emptyset$, so spricht man von einer kürzesten Normaldarstellung von $e$. Kürzeste Normaldarstellungen sind stets eindeutig. Aus der Normaldarstellung elementarer Funktionen folgt sofort: Summe, Differenz und Produkt elementarer Funktionen sind elementare Funktionen. Für alle $c \in \mathbb{R}$ ist auch $c \cdot e$ eine elementare Funktion, wenn $e$ eine elementare Funktion ist.

Nun betrachten wir auf einem Maßraum $(\Omega, \mathscr{S}, \mu)$ nichtnegative elementare Funktionen und definieren dafür das $(\mu$-)Integral.

**Definition 1.75 (($\mu$-)Integral nichtnegativer elementarer Funktionen).** *Sei $(\Omega, \mathscr{S}, \mu)$ ein Maßraum und $e: \Omega \to \mathbb{R}_0^+$, $e = \sum_{i=1}^{n} \alpha_i I_{A_i}$, $\alpha_i \geq 0$, $i = 1, \ldots, n$, eine nichtnegative elementare Funktion in Normaldarstellung, so wird*

$$\int e \, d\mu := \int_{\Omega} e \, d\mu := \sum_{i=1}^{n} \alpha_i \cdot \mu(A_i)$$

*als $(\mu$-)**Integral** von $e$ über $\Omega$ bezeichnet.* ◁

Sei nun $E$ die Menge aller nichtnegativen elementaren Funktionen auf $(\Omega,\mathscr{S},\mu)$, so erhalten wir die folgenden Eigenschaften:

- $\int I_A\,d\mu = \mu(A)$ für alle $A \in \mathscr{S}$.
- $\int(\alpha e)d\mu = \alpha\int e\,d\mu$ für alle $e \in E$, $\alpha \in \mathbb{R}_0^+$.
- $\int(u+v)d\mu = \int u\,d\mu + \int v\,d\mu$ für alle $u,v \in E$.
- Ist $u(\omega) \le v(\omega)$ für alle $\omega \in \Omega$, so ist $\int u\,d\mu \le \int v\,d\mu$ für alle $u,v \in E$.

Mit $\Omega = \mathbb{R}^n$, $\mathscr{S} = \mathscr{B}^n$, $\mu = \lambda^n$ und $f : \Omega \to \mathbb{R}_0^+$, $x \mapsto 0$ ergibt sich

$$\int f\,d\lambda^n = \int 0\,d\lambda^n = 0\cdot\lambda^n(\mathbb{R}^n) = 0\cdot\infty = 0.$$

Unsere Vereinbarung $0\cdot\infty = 0$ erlaubt uns somit, das ($\lambda^n$-)Integral über die Nullfunktion zu berechnen.

Betrachtet man die Menge $\overline{\mathbb{R}}$ der um $\{\pm\infty\}$ erweiterten reellen Zahlen, so bildet die Menge $\overline{\mathscr{B}} := \{A \in \mathscr{P}(\overline{\mathbb{R}}); A\cap\mathbb{R} \in \mathscr{B}\}$ eine $\sigma$-Algebra über $\overline{\mathbb{R}}$. Um nun den Integralbegriff auf eine größere Klasse von Funktionen fortzusetzen, benötigen wir die folgende Definition.

**Definition 1.76 (numerische Funktion).** *Eine auf einer nichtleeren Menge $A \subseteq \Omega$ definierte Funktion $f : A \to \overline{\mathbb{R}}$ heißt* ***numerische Funktion****.* ◁

Jetzt untersuchen wir nichtnegative numerische Funktionen, die als Grenzwert einer Folge elementarer Funktionen gegeben sind.

**Satz 1.77 (Grenzwerte spezieller Folgen elementarer Funktionen).** *Seien $(\Omega,\mathscr{S})$ ein Messraum und $f : \Omega \to \overline{\mathbb{R}}_0^+$ eine nichtnegative, $\mathscr{S}$-$\overline{\mathscr{B}}$-messbare numerische Funktion, so gibt es eine monoton steigende Folge $\{e_n\}$, $n \in \mathbb{N}$, von nichtnegativen elementaren Funktionen $e_n : \Omega \to \mathbb{R}_0^+$, $n \in \mathbb{N}$, die punktweise gegen $f$ konvergiert. Wir schreiben dafür: $e_n \uparrow f$.* ◁

*Beispiel 1.78.* Es seien $\Omega = \mathbb{R}$ und $f : \mathbb{R} \to \mathbb{R}$, $x \mapsto e^x$. Die Folge der Elementarfunktionen

$$e_n : \mathbb{R} \to \mathbb{R}, \quad x \mapsto 0\cdot I_{(-\infty,\ln(\frac{1}{2^n}))}(x) + \sum_{k=2}^{n2^n} \frac{k-1}{2^n} I_{[\ln(\frac{k-1}{2^n}),\ln(\frac{k}{2^n}))}(x) + \\ + nI_{[\ln(n),\infty)}(x).$$

konvergiert wie gewünscht gegen $f$. ◁

Nun sind wir in der Lage, die ($\mu$-)Integration auf eine spezielle Klasse von Funktionen in naheliegender Weise fortzusetzen.

**Definition 1.79 (($\mu$-)Integrale).** *Seien $(\Omega,\mathscr{S},\mu)$ ein Maßraum und $f : \Omega \to \overline{\mathbb{R}}_0^+$ eine $\mathscr{S}$-$\overline{\mathscr{B}}$-messbare, nichtnegative numerische Funktion. Sei ferner $\{e_n\}$, $n \in \mathbb{N}$, eine monoton steigende Folge nichtnegativer elementarer Funktionen $e_n : \Omega \to \mathbb{R}_0^+$, $n \in \mathbb{N}$, mit $e_n \uparrow f$, so definieren wir durch*

$$\int f\,d\mu := \int\limits_{\Omega} f\,d\mu := \lim_{n\to\infty} \int e_n\,d\mu$$

*das* ($\mu$-)***Integral*** *von* $f$ *über* $\Omega$. ◁

Die folgende Definition dient dazu, in einem letzten Schritt die Klasse der integrierbaren Funktionen zu erweitern.

**Definition 1.80 (Positivteil, Negativteil einer numerischen Funktion).** *Seien* $(\Omega,\mathscr{S})$ *ein Messraum und* $f : \Omega \to \overline{\mathbb{R}}$ *eine* $\mathscr{S}$-$\overline{\mathscr{B}}$*-messbare numerische Funktion, so wird die Funktion*

$$f^+ : \Omega \to \overline{\mathbb{R}}_0^+,\ \omega \mapsto \begin{cases} f(\omega), \textit{ falls } f(\omega) \geq 0 \\ 0, \quad \textit{sonst} \end{cases}$$

***Positivteil*** *von* $f$ *und die Funktion*

$$f^- : \Omega \to \overline{\mathbb{R}}_0^+,\ \omega \mapsto \begin{cases} -f(\omega), \textit{ falls } f(\omega) \leq 0 \\ 0, \quad \textit{sonst} \end{cases}$$

***Negativteil*** *von* $f$ *genannt.* ◁

Die folgenden Eigenschaften von $f^+$ und $f^-$ sind entscheidend:

- $f^+(\omega) \geq 0$, $f^-(\omega) \geq 0$ für alle $\omega \in \Omega$.
- $f^+$ und $f^-$ sind $\mathscr{S}$-$\overline{\mathscr{B}}$-messbare numerische Funktionen.
- $f = f^+ - f^-$.

Mit Hilfe des Positiv- und Negativteils einer messbaren numerischen Funktion $f : \Omega \to \overline{\mathbb{R}}$ können wir das ($\mu$-)Integral auf messbare numerische Funktionen erweitern.

**Definition 1.81 (($\mu$-)integrierbar, ($\mu$-)quasiintegrierbar, ($\mu$-)Integral).**
*Seien* $(\Omega,\mathscr{S},\mu)$ *ein Maßraum und* $f : \Omega \to \overline{\mathbb{R}}$ *eine* $\mathscr{S}$-$\overline{\mathscr{B}}$*-messbare numerische Funktion.*
$f$ *heißt* ($\mu$-)***integrierbar****, falls* $\int f^+\,d\mu < \infty$ *und* $\int f^-\,d\mu < \infty$.
$f$ *heißt* ($\mu$-)***quasiintegrierbar****, falls* $\int f^+\,d\mu < \infty$ *oder* $\int f^-\,d\mu < \infty$.
*Ist* $f$ ($\mu$-)*quasiintegrierbar, so ist durch*

$$\int f\,d\mu := \int\limits_{\Omega} f\,d\mu := \int f^+\,d\mu - \int f^-\,d\mu$$

*das* ($\mu$-)***Integral*** *von* $f$ *über* $\Omega$ *definiert.* ◁

Als ($\mu$-)Integral über einer Menge $A \in \mathscr{S}$ definieren wir für ($\mu$-)quasiintegrierbares $f \cdot I_A$:

$$\int\limits_A f\,d\mu := \int f \cdot I_A\,d\mu.$$

Betrachtet man speziell den Maßraum $(\mathbb{R}^n, \mathscr{B}^n, \lambda^n)$, so wird das $(\lambda^n\text{-})$Integral als **Lebesgue-Integral** bezeichnet. Ist $f$ $(\lambda^n\text{-})$integrierbar, so heißt $f$ **Lebesgue-integrierbar**.
Eigenschaften der $(\mu\text{-})$Integration:
Sind $f$ und $g$ $(\mu\text{-})$integrierbar, so gilt für alle $A \in \mathscr{S}$:

$$\int_A (f+g)\,d\mu = \int_A f\,d\mu + \int_A g\,d\mu.$$

Ist $f$ $(\mu\text{-})$quasiintegrierbar, so gilt für alle $c \in \mathbb{R}$ und alle $A \in \mathscr{S}$:

$$\int_A (c \cdot f)\,d\mu = c \int_A f\,d\mu.$$

In der Wahrscheinlichkeitstheorie werden Methoden zur Beschreibung und Analyse von Zufallsexperimenten (Experimente mit nicht vorhersehbarem Ausgang) bereitgestellt. Der umgangssprachliche Begriff **Zufallsexperiment** wird durch einen Maßraum $(\Omega, \mathscr{S}, P)$ mit der Eigenschaft $P(\Omega) = 1$ mathematisch gefasst:

**Definition 1.82 (Wahrscheinlichkeitsraum).** *Ein Maßraum $(\Omega, \mathscr{S}, P)$ mit*

$$P(\Omega) = 1$$

*wird als **Wahrscheinlichkeitsraum** bezeichnet. Die Punkte $\omega \in \Omega$ heißen **Ergebnisse**, die Mengen $A \in \mathscr{S}$ **Ereignisse**. Das Maß $P$ wird als **Wahrscheinlichkeitsmaß** bezeichnet. Für alle Ereignisse $A$ heißt $P(A)$ die **Wahrscheinlichkeit** von $A$.* ◁

Es ist in der Praxis häufig nicht leicht, ein verbal formuliertes Zufallsexperiment durch einen Wahrscheinlichkeitsraum zu modellieren. Die Elemente der Menge $\Omega$ stellen die möglichen Ergebnisse des Zufallsexperimentes dar.

*Beispiel 1.83.* Beim Roulette ist $\Omega = \{0, \ldots, 36\}$. Häufig interessiert man sich weniger für die Frage, mit welcher Wahrscheinlichkeit ein spezielles Ergebnis eines Zufallsexperimentes eintrifft, sondern dafür, mit welcher Wahrscheinlichkeit das Ergebnis Element einer speziellen Teilmenge von $\Omega$ ist. Die in Frage kommenden Teilmengen werden Ereignisse genannt und in der $\sigma$-Algebra $\mathscr{S}$ zusammengefasst. Die Wahrscheinlichkeit, dass das Ergebnis eines durch $(\Omega, \mathscr{S}, P)$ gegebenen Zufallsexperiments Element der Menge $A \in \mathscr{S}$ ist, ist durch $P(A) \in [0,1]$ festgelegt. Einen Roulettespieler, der auf 'ungerade Zahl' setzt, interessiert es zum Beispiel nicht, mit welcher Wahrscheinlichkeit ein Ergebnis eintrifft, sondern mit welcher Wahrscheinlichkeit das Ergebnis Element der Menge $\{1, 3, 5, \ldots, 35\}$ ist. Gilt für ein $\omega \in \Omega$ auch $\{\omega\} \in \mathscr{S}$, so spricht man von einem **Elementarereignis**. Das Ereignis $\varnothing$ heißt **unmögliches Ereignis**, das Ereignis $\Omega$ heißt **sicheres Ereignis**. Da $P(\varnothing) = 0$ und $P(\Omega) = 1$, bezeichnet man eine Menge $A \in \mathscr{S}$, für die $P(A) = 0$ gilt (also eine $P$-Nullmenge) als ($P$-)**fast unmögliches Ereignis**, eine Menge $B \in \mathscr{S}$, für die $P(B) = 1$ gilt, als ($P$-)**fast sicheres Ereignis**. Es ist wichtig festzuhalten, dass die definierenden Eigenschaften eines Maßes mit den intuitiv einsichtigen Eigenschaften von Wahrscheinlichkeiten übereinstimmen. Für das Roulette ist es sicher sinnvoll, den Wahrscheinlichkeitsraum $(\Omega, \mathscr{S}, P)$ mit $\Omega = \{0,1,2,\ldots,36\}$, $\mathscr{S} = \mathscr{P}(\Omega)$ und $P : \mathscr{P}(\Omega) \to [0,1]$, $A \mapsto |A|/37$ zu betrachten, wobei $|A|$ die Anzahl der Elemente von $A$ bezeichnet. ◁

*Beispiel 1.84.* Nun untersuchen wir das Schießen mit einem Gewehr auf eine kreisförmige Schießscheibe mit Radius $r = \frac{1}{\sqrt{\pi}}$ und dem Mittelpunkt $\mathbf{m} = (0,0)^\top$. Wir nehmen an, dass bei jedem Schuss die Scheibe getroffen wird. Als Ergebnis eines Schusses ergibt sich ein Punkt

$$\omega = (\omega_1, \omega_2)^\top \in \Omega := K_{\frac{1}{\sqrt{\pi}},0} := \{\mathbf{x} \in \mathbb{R}^2;\ \|\mathbf{x}\|_2 \leq 1/\sqrt{\pi}\}.$$

Wir wählen $\mathscr{S} := \{A \cap K_{\frac{1}{\sqrt{\pi}},0};\ A \in \mathscr{B}^2\}$ als $\sigma$-Algebra und $P = \lambda^2|_{\mathscr{S}}$ als Wahrscheinlichkeitsmaß auf $\mathscr{S}$. Da der Schütze bei jedem Schuss umso mehr Punkte (Ringe) erhält, je kleiner der Abstand seines Schusses zum Mittelpunkt der Schießscheibe ist, interessiert man sich als Ergebnis in erster Linie für diesen Abstand zum Mittelpunkt.
Man betrachtet also eine Funktion

$$d : \Omega \to [0, 1/\sqrt{\pi}] =: \Omega',\ \omega \mapsto \|\omega\|_2.$$

Kann man nun mittels der Funktion $d$ und des Wahrscheinlichkeitsraumes $(\Omega, \mathscr{S}, P)$ jeder Menge $A \in \mathscr{S}' := \{B \cap [0, 1/\sqrt{\pi}];\ B \in \mathscr{B}\}$ eine Wahrscheinlichkeit zuordnen? Dies ist genau dann möglich, wenn $d$ $\mathscr{S}$-$\mathscr{S}'$-messbar ist. ◁

**Definition 1.85 (($n$-dimensionale reelle, numerische) Zufallsvariable).** *Es seien $(\Omega, \mathscr{S}, P)$ ein Wahrscheinlichkeitsraum und $(\Omega', \mathscr{S}')$ ein Messraum, dann heißt eine $\mathscr{S}$-$\mathscr{S}'$-messbare Funktion $X : \Omega \to \Omega'$* ***Zufallsvariable****.*
*Ist $\Omega' = \mathbb{R}^n$, $n \in \mathbb{N}$, und $\mathscr{S}' = \mathscr{B}^n$, so wird $X$ als* ***$n$-dimensionale reelle Zufallsvariable*** *bezeichnet. Ist $\Omega' = \overline{\mathbb{R}}$ und $\mathscr{S}' = \overline{\mathscr{B}}$, so wird $X$ als* ***numerische Zufallsvariable*** *bezeichnet. Eine eindimensionale reelle Zufallsvariable wird* ***reelle Zufallsvariable*** *genannt.* ◁

Als geeignetes Wahrscheinlichkeitsmaß $P'$ auf $\mathscr{S}'$ ergibt sich das Bildmaß von $X$. Somit erhalten wir für unser obiges Beispiel $P'(A') = P(d^{-1}(A'))$ für alle $A' \in \mathscr{S}'$. Die Tatsache, dass $\lambda^2(\{\omega\}) = 0$ für alle $\omega \in K_{\frac{1}{\sqrt{\pi}},0}$ verdeutlicht den Sinn der Verwendung von Ereignissen $A \in \mathscr{S}$.

**Definition 1.86 (Verteilung einer Zufallsvariablen).** *Seien $(\Omega, \mathscr{S}, P)$ ein Wahrscheinlichkeitsraum, $(\Omega', \mathscr{S}')$ ein Messraum und $X : \Omega \to \Omega'$ eine Zufallsvariable, dann wird das Bildmaß $P_X$ von $X$* ***Verteilung*** *von $X$ genannt.* ◁

Wichtig ist die Frage, welcher Wert von $X$ „zu erwarten" ist.

**Definition 1.87 (Erwartungswert einer numerischen Zufallsvariablen).** *Seien $(\Omega, \mathscr{S}, P)$ ein Wahrscheinlichkeitsraum und $X$ eine $(P$-$)$quasiintegrierbare numerische Zufallsvariable $X : \Omega \to \overline{\mathbb{R}}$, dann wird durch*

$$E(X) := \int X \, dP$$

*der **Erwartungswert** von X definiert.* ◁

*Beispiel 1.88.* Um eine Vorstellung vom Begriff des Erwartungswertes zu bekommen, betrachten wir die folgende reelle Zufallsvariable auf $(\Omega, \mathscr{S}, P)$: Es seien $A_1, \ldots, A_n$ paarweise disjunkte Mengen aus $\mathscr{S}$ mit

$$\bigcup_{i=1}^{n} A_i = \Omega$$

und $\alpha_1, \ldots, \alpha_n$ nichtnegative reelle Zahlen, dann ist

$$X : \Omega \to \mathbb{R}, \, \omega \mapsto \sum_{i=1}^{n} \alpha_i I_{A_i}(\omega)$$

eine reelle Zufallsvariable. Für den Erwartungswert von $X$ erhalten wir

$$E(X) = \sum_{i=1}^{n} \alpha_i P(A_i).$$

Der Erwartungswert ist in diesem Fall also eine gewichtete Summe der möglichen Werte von $X$, wobei die Gewichte gerade die Wahrscheinlichkeiten für das Auftreten dieser Werte sind. Gilt $P(A_i) = \frac{1}{n}$ für alle $i = 1, \ldots, n$, so erhalten wir als Erwartungswert das arithmetische Mittel der Werte von $X$. ◁

**Satz 1.89 ($\mathscr{S}$-$\mathscr{B}$-Messbarkeit stetiger Funktionen reeller Zufallsvariablen).** *Seien X eine auf dem Wahrscheinlichkeitsraum $(\Omega, \mathscr{S}, P)$ definierte reelle Zufallsvariable und $g : \mathbb{R} \to \mathbb{R}$ eine stetige Funktion, dann ist $g \circ X : \Omega \to \mathbb{R}, \, \omega \to g(X(\omega))$ eine reelle Zufallsvariable auf $(\Omega, \mathscr{S}, P)$. Der Erwartungswert kann, falls er existiert, durch*

$$E(g(X)) = \int g dP_X$$

*berechnet werden.* ◁

Es folgt, dass für eine reelle Zufallsvariable $X$ auf $(\Omega, \mathscr{S}, P)$ und für jedes $k \in \mathbb{N}$ und jedes $\alpha \in \mathbb{R}$ auch $(X - \alpha)^k$ und $|X - \alpha|^k$ reelle Zufallsvariablen auf $(\Omega, \mathscr{S}, P)$ sind. Dies ermöglicht die folgenden Definitionen.

**Definition 1.90 (zentrierte (absolute) Momente $k$-ter Ordnung).** *Sei X eine auf dem Wahrscheinlichkeitsraum $(\Omega, \mathscr{S}, P)$ definierte reelle Zufallsvariable, dann heißt $E(|X - \alpha|^k)$, $k \in \mathbb{N}$, das in $\alpha$ **zentrierte absolute Moment k-ter Ordnung** von X. Ist $(X - \alpha)^k$ (P-)quasiintegrierbar, so heißt $E((X - \alpha)^k)$ das in $\alpha$ **zentrierte Moment k-ter Ordnung**. Ist $\alpha = 0$, so spricht man nur von **absoluten Momenten** bzw. **Momenten** k-ter Ordnung.* ◁

Besonders wichtig ist der Fall $k = 2$.

**Definition 1.91 (Varianz einer reellen Zufallsvariablen).** *Sei $X$ eine auf dem Wahrscheinlichkeitsraum $(\Omega, \mathscr{S}, P)$ definierte, ($P$-)integrierbare reelle Zufallsvariable, dann heißt*

$$V(X) := \int (X - E(X))^2 \, dP$$

*die* ***Varianz*** *von $X$. Die Zahl $\sigma = \sqrt{V(X)}$ wird als* ***Streuung*** *oder* ***Standardabweichung*** *von $X$ bezeichnet. Oft schreibt man daher $\sigma^2$ für $V(X)$.* ◁

Die Varianz ist ein Maß für die zu erwartende Abweichung von $X$ und $E(X)$. Für eine reelle Zufallsvariable $X$ mit Streuung $0 < \sigma < \infty$ ergibt sich, dass die reelle Zufallsvariable

$$Y := \frac{X - E(X)}{\sigma}$$

den Erwartungswert $E(Y) = 0$ und die Varianz $V(Y) = 1$ besitzt. Den Übergang von $X$ zu $Y$ bezeichnet man als **Standardisierung** von $X$. Den Erwartungswert einer $n$-dimensionalen reellen Zufallsvariablen definiert man durch komponentenweise Bildung des Erwartungswertes.

Im Folgenden untersuchen wir einige wichtige Begriffe der elementaren Wahrscheinlichkeitstheorie. Ausgangspunkt ist ein Wahrscheinlichkeitsraum $(\Omega, \mathscr{S}, P)$ und zwei Mengen $A, B \in \mathscr{S}$ mit $P(B) > 0$. Auf $\mathscr{S}$ definiert man nun ein Wahrscheinlichkeitsmaß $P^B : \mathscr{S} \to [0,1]$ durch $A \mapsto \frac{P(A \cap B)}{P(B)}$. Durch den Übergang von $P$ zu $P^B$ erhält die Menge $B$ das Wahrscheinlichkeitsmaß 1. Wir interpretieren $P^B(A)$ als die Wahrscheinlichkeit von $A$ unter der Bedingung, dass das Ereignis $B$ eintrifft.

Betrachtet man nun eine Partition $\{D_i \subset \Omega; i \in \mathbb{N}\}$ von $\Omega$, so dass für alle $i \in \mathbb{N}$ $D_i \in \mathscr{S}$ und $P(D_i) > 0$ gilt, so lässt sich sehr leicht die folgende **Formel von der totalen Wahrscheinlichkeit** nachweisen:

$$P(A) = \sum_{i=1}^{\infty} P(D_i) \cdot P^{D_i}(A) \quad \text{für alle } A \in \mathscr{S}.$$

Gilt zusätzlich $P(A) > 0$, so folgt aus

$$P^A(D_i) = \frac{P(D_i \cap A)}{P(A)} = \frac{P^{D_i}(A) \cdot P(D_i)}{P(A)}, \; i \in \mathbb{N},$$

der **Satz von Bayes**:

$$P^A(D_i) = \frac{P^{D_i}(A) \cdot P(D_i)}{\sum\limits_{j=1}^{\infty} P(D_j) \cdot P^{D_j}(A)} \quad \text{für alle } i \in \mathbb{N}.$$

Analoge Formeln ergeben sich natürlich für eine endliche Partition

$$\{D_i \subset \Omega; i = 1, \ldots, n\}$$

von $\Omega$.

Seien nun $(\Omega, \mathscr{S})$ ein Messraum, $P$ ein Wahrscheinlichkeitsmaß auf $\mathscr{S}$ und $\mu$ ein Maß auf $\mathscr{S}$. Es soll die Frage untersucht werden, unter welchen Voraussetzungen das Wahrscheinlichkeitsmaß $P$ in der folgenden Art und Weise durch das Maß $\mu$ dargestellt werden kann:
Es existiert eine nichtnegative, $\mathscr{S}$-$\overline{\mathscr{B}}$-messbare numerische Funktion $f : \Omega \to \overline{\mathbb{R}}$ mit

$$P(A) = \int_A f \, d\mu \text{ für alle } A \in \mathscr{S}.$$

Eine nichtnegative, $\mathscr{S}$-$\overline{\mathscr{B}}$-messbare numerische Funktion $f$, die die obige Bedingung erfüllt, wird **Dichte(funktion)** des Wahrscheinlichkeitsmaßes $P$ bezüglich $\mu$ genannt. Man sagt auch, dass $P$ bezüglich $\mu$ eine Dichte $f$ besitzt.

**Satz 1.92 (Beziehung zwischen $(P$-$)$ und $(\mu$-$)$Nullmengen).** *Seien $(\Omega, \mathscr{S}, P)$ ein Wahrscheinlichkeitsraum, $\mu$ ein Maß auf $\mathscr{S}$ und $f$ eine Dichte von $P$ bezüglich $\mu$, dann gilt für alle $A \in \mathscr{S}$ mit $\mu(A) = 0 : \; P(A) = 0$.* ◁

Die folgende Definition ergibt sich aus dem eben betrachteten Satz.

**Definition 1.93 (absolute Stetigkeit von $P$ bez. $\mu$).** *Seien $(\Omega, \mathscr{S}, P)$ ein Wahrscheinlichkeitsraum und $\mu$ ein Maß auf $\mathscr{S}$. $P$ heißt **absolutstetig** bezüglich $\mu$, falls für alle $A \in \mathscr{S}$ mit $\mu(A) = 0$ gilt: $P(A) = 0$.* ◁

Wie der folgende Satz zeigt, ist die absolute Stetigkeit bezüglich eines $\sigma$-endlichen Maßes $\mu$ das entscheidende Kriterium für die Existenz einer Dichte.

**Satz 1.94 (Radon-Nikodym).** *Seien $(\Omega, \mathscr{S}, P)$ ein Wahrscheinlichkeitsraum und $\mu$ ein $\sigma$-endliches Maß auf $\mathscr{S}$, dann besitzt $P$ genau dann eine Dichte bezüglich $\mu$, wenn $P$ absolutstetig bezüglich $\mu$ ist.* ◁

Eine $n$-dimensionale reelle Zufallsvariable $X$ heißt **Lebesgue-stetig**, falls das Bildmaß $P_X$ absolutstetig bezüglich $\lambda^n$ ist. In diesem Falle besitzt $X$ eine Lebesgue-Dichte $f : \mathbb{R}^n \to \mathbb{R}_0^+$ und für jede $\mathscr{B}^n$-$\mathscr{B}$-messbare Funktion $g : \mathbb{R}^n \to \mathbb{R}$ gilt - Existenz vorausgesetzt -:

$$E(g(X)) = \int g f d\lambda^n$$

Nun untersuchen wir eine spezielle Klasse von Wahrscheinlichkeitsmaßen. Mit $|A|$ wird die Anzahl der Elemente (Mächtigkeit) von $A$ bezeichnet.

**Definition 1.95 (diskretes Wahrscheinlichkeitsmaß, diskrete Zufallsvariable).** *Sei $(\Omega, \mathscr{S}, P)$ ein Wahrscheinlichkeitsraum. Das Wahrscheinlichkeitsmaß $P$ heißt **diskret**, falls eine abzählbare Menge $B \in \mathscr{S}$ mit $P(B) = 1$ existiert. Eine $m$-dimensionale reelle Zufallsvariable $X$ definiert auf $(\Omega, \mathscr{S}, P)$ heißt **diskret**, falls das Bildmaß $P_X$ von $X$ ein diskretes Wahrscheinlichkeitsmaß auf $(\mathbb{R}^m, \mathscr{B}^m)$ ist.* ◁

Da für $m = n$ das Bildmaß $P_X$ der Zufallsvariable $X : \mathbb{R}^n \to \mathbb{R}^n$, $x \mapsto x$, gleich $P$ ist, wird oft der Begriff Verteilung statt Wahrscheinlichkeitsmaß verwendet. Um nun mit Hilfe des Satzes von Radon-Nikodym diskrete Verteilungen (Wahrscheinlichkeitsmaße) durch Dichtefunktionen darstellen zu können, benötigt man ein spezielles Maß.

**Definition 1.96 (Zählmaß).** *Das auf einer $\sigma$-Algebra $\mathscr{S}$ über $\Omega$ definierte Maß*

$$\zeta : \mathscr{S} \to \overline{\mathbb{R}}, \quad A \mapsto \begin{cases} |A|, \textit{falls } |A| \textit{ endlich ist} \\ \infty, \textit{ sonst} \end{cases}$$

*wird als das* ***Zählmaß*** *auf $\mathscr{S}$ bezeichnet.* ◁

Sei nun $(\Omega, \mathscr{S}, P)$ ein Wahrscheinlichkeitsraum und $P$ eine diskrete Verteilung auf $\mathscr{S}$ mit $P(B) = 1$ für eine abzählbare Menge $B \in \mathscr{S}$, dann gilt für alle $C \in \mathscr{S}$:

$$P(C) = P(C \cap B) + P(C \cap B^c) = P(C \cap B).$$

Somit genügt es, den Wahrscheinlichkeitsraum $(B, \mathscr{S}_B, P)$ mit

$$\mathscr{S}_B := \{C \cap B;\ C \in \mathscr{S}\}$$

zu betrachten. Da $\zeta$ ein $\sigma$-endliches Maß auf $\mathscr{S}_B$ ist und $\zeta(A) = 0$ genau dann gilt, wenn $A = \varnothing$, ist jedes Wahrscheinlichkeitsmaß auf $\mathscr{S}_B$ absolutstetig bezüglich $\zeta$. Somit existiert zu jedem Wahrscheinlichkeitsmaß $P$ auf $\mathscr{S}_B$ eine Dichte $f : B \to \mathbb{R}_0^+$ mit

$$P(A) = \int_A f\, d\zeta = \sum_{\omega \in A} f(\omega) = \sum_{\omega \in A} P(\{\omega\}) \text{ für alle } A \in \mathscr{S}_B.$$

Es lässt sich also jede diskrete Verteilung auf $\mathscr{S}$ durch eine Folge $\{p_j\}$, $j \in \mathbb{N}_0$, nichtnegativer reeller Zahlen mit $\sum\limits_{j=0}^{\infty} p_j = 1$ darstellen.

*Beispiel 1.97.* Ist $B = \mathbb{N}_0$ und

$$p_j = e^{-\lambda} \frac{\lambda^j}{j!}, \quad j \in \mathbb{N}_0, \quad \lambda > 0,$$

so spricht man von einer **Poisson-Verteilung** mit Parameter $\lambda$. ◁

*Beispiel 1.98.* Ist $B = \{b_1, \ldots, b_k\}$ und

$$p_j = \frac{1}{k}, \text{ für } j = 1, \ldots, k,$$

so wird diese Verteilung **Gleichverteilung** genannt. Ein Zufallsexperiment, das durch einen Wahrscheinlichkeitsraum mit Gleichverteilung repräsentiert wird, heißt **Laplace-Experiment**. ◁

*Beispiel 1.99.* Wählt man $p \in \mathbb{R}$, $0 < p < 1$, und $B = \{0, 1, 2, \ldots, s\}$, $s \in \mathbb{N}$, so wird (mit $\binom{s}{j} := \frac{s!}{(s-j)!j!}$) die durch

$$p_j = \binom{s}{j} p^j (1-p)^{s-j} \text{ für } j = 0, \ldots, s$$

gegebene Verteilung **Binomial-Verteilung** $B(s,p)$ mit Parametern $s,p$ genannt. Die Binomialverteilung kann folgendermaßen interpretiert werden: Man betrachtet ein Zufallsexperiment, bei dem es nur zwei mögliche Ergebnisse gibt, nämlich mit Wahrscheinlichkeit $p$ das Ergebnis 'T' (Treffer) und mit Wahrscheinlichkeit $(1-p)$ das Ergebnis 'N' (Niete) (ein **Bernoulli-Experiment**). Dieses Experiment führt man $s$-mal durch, ohne dass sich die Ergebnisse gegenseitig beeinflussen. Die Wahrscheinlichkeit, dass nach diesen $s$ Versuchen genau $j$ Treffer auftreten, ist gegeben durch

$$\binom{s}{j} p^j (1-p)^{s-j}, \quad 0 \le j \le s, \quad s \in \mathbb{N}.$$

Somit wird die $s$-malige Durchführung des Bernoulli-Experimentes durch eine Binomial-Verteilung beschrieben, falls die Ergebnisse sich nicht gegenseitig beeinflussen. Für sehr große $s$ und sehr kleine $p$ ist es möglich, eine Binomial-Verteilung durch die wesentlich einfacher zu berechnende Poisson-Verteilung mit Parameter $\lambda = s \cdot p$ zu approximieren. ◁

*Beispiel 1.100.* Sei $f : \mathbb{R}^n \to \mathbb{R}$, $n \in \mathbb{N}$, eine stetige Funktion mit folgenden Eigenschaften:

- $f(x) \ge 0$ für alle $x \in \mathbb{R}^n$,
- $\int\limits_{-\infty}^{\infty} \ldots \int\limits_{-\infty}^{\infty} f(x)\, dx = 1$,

dann ist auch $\int f \, d\lambda^n = 1$ und wir können die Funktion $f$ als Dichte eines Wahrscheinlichkeitsmaßes bezüglich $\lambda^n$ auffassen. Nun betrachten wir für jeden Vektor $\mu \in \mathbb{R}^n$ und für jede positiv definite Matrix $\Sigma \in \mathbb{R}^{n,n}$ die Funktion

$$\nu_{\mu,\Sigma} : \mathbb{R}^n \to \mathbb{R}, x \mapsto \frac{1}{\sqrt{(2\pi)^n \det(\Sigma)}} \cdot \exp\left( -\frac{(x-\mu)^\top \Sigma^{-1} (x-\mu)}{2} \right).$$

Offensichtlich ist $\nu_{\mu,\Sigma}(x) > 0$ für alle $\mu, x \in \mathbb{R}^n$, $\Sigma \in \mathbb{R}^{n,n}$, $\Sigma$ positiv definit. Aus der Analysis (Substitutionsregel, Satz von Fubini) ist das Folgende bekannt:

$$\int\limits_{\mathbb{R}^n} \exp\left( -\frac{(x-\mu)^\top \Sigma^{-1} (x-\mu)}{2} \right) dx = \sqrt{(2\pi)^n \det(\Sigma)}$$

für alle $\mu \in \mathbb{R}^n$, $\Sigma \in \mathbb{R}^{n,n}$, $\Sigma$ positiv definit. Somit können wir $\nu_{\mu,\Sigma}$ als Dichte eines Wahrscheinlichkeitsmaßes bezüglich $\lambda^n$ auffassen. ◁

**Definition 1.101 (Normalverteilung).** *Seien $(\Omega, \mathscr{S}, P)$ ein Wahrscheinlichkeitsraum, $\mu \in \mathbb{R}^n$, $n \in \mathbb{N}$, und $\Sigma \in \mathbb{R}^{n,n}$, $\Sigma$ positiv definit. Die Zufallsvariable $X_{\mu,\Sigma} : \Omega \to \mathbb{R}^n$ heißt $\mathscr{N}(\mu, \Sigma)$* ***normalverteilt****, falls ihr Bildmaß $P_{X_{\mu,\Sigma}}$ bezüglich $\lambda^n$ die folgende Dichte besitzt:*

$$\nu_{\mu,\Sigma} : \mathbb{R}^n \to \mathbb{R}, x \mapsto \frac{1}{\sqrt{(2\pi)^n \det(\Sigma)}} \cdot \exp\left(-\frac{(x-\mu)^\top \Sigma^{-1}(x-\mu)}{2}\right).$$

*Wir schreiben auch $X \sim \mathcal{N}(\mu,\Sigma)$, wenn $X$ eine $n$-dimensionale reelle $\mathcal{N}(\mu,\Sigma)$ normalverteilte Zufallsvariable ist.* ◁

Häufig wird ein Wahrscheinlichkeitsmaß durch folgende Funktion dargestellt.

**Definition 1.102 (Verteilungsfunktion).** *Seien $n \in \mathbb{N}$ und $P$ ein Wahrscheinlichkeitsmaß auf $(\mathbb{R}^n, \mathscr{B}^n)$. Die Funktion*

$$F : \mathbb{R}^n \to [0,1], (x_1,\ldots,x_n)^\top \mapsto P((-\infty,x_1) \times \ldots \times (-\infty,x_n))$$

*wird als **Verteilungsfunktion** von $P$ bezeichnet. Die Verteilungsfunktion des Bildmaßes $P_X$ einer $n$-dimensionalen reellen Zufallsvariable $X : \Omega \to \mathbb{R}^n$, $n \in \mathbb{N}$, wird auch **Verteilungsfunktion von** $X$ genannt.* ◁

Um die Parameter $\mu$ und $\Sigma$ einer Normalverteilung interpretieren zu können, benötigen wir die folgende Definition.

**Definition 1.103 (Kovarianz, unkorreliert).** *Seien $(\Omega,\mathscr{S},P)$ ein Wahrscheinlichkeitsraum und*

$$X : \Omega \to \mathbb{R}, \quad Y : \Omega \to \mathbb{R}$$

*zwei reelle, $(P$-$)$integrierbare Zufallsvariable mit $(P$-$)$integrierbarem Produkt $X \cdot Y$, dann heißt*

$$K(X,Y) := E((X-E(X)) \cdot (Y-E(Y))) = E(X \cdot Y) - E(X) \cdot E(Y)$$

*die **Kovarianz** von $X$ und $Y$. $X$ und $Y$ heißen **unkorreliert**, falls $K(X,Y) = 0$.* ◁

Besitzen die Zufallsvariablen $X$ bzw. $Y$ zudem endliche Varianzen $V(X) \neq 0$ und $V(Y) \neq 0$, so wird die Größe

$$\rho(X,Y) := \frac{K(X,Y)}{\sqrt{V(X) \cdot V(Y)}}$$

**Korrelationskoeffizient** von $X$ und $Y$ genannt.

Normalverteilte Zufallsvariablen spielen in der Wahrscheinlichkeitstheorie eine bedeutende Rolle, auf die wir im Zusammenhang mit dem zentralen Grenzwertsatz noch zu sprechen kommen. Zunächst fassen wir einige Eigenschaften einer $\mathcal{N}(\mu,\Sigma)$ normalverteilten Zufallsvariablen $X_{\mu,\Sigma}$ zusammen. Dazu fassen wir die Funktion $X_{\mu,\Sigma} : \Omega \to \mathbb{R}^n$ als Abbildung

$$\omega \mapsto \left(X^1_{\mu,\Sigma}(\omega),\ldots,X^n_{\mu,\Sigma}(\omega)\right)^\top$$

auf. Jede Funktion $X^i_{\mu,\Sigma} : \Omega \to \mathbb{R}$, $i = 1,\ldots,n$, ist eine reelle Zufallsvariable. Definiert man

$$E(X_{\mu,\Sigma}) := \left(E(X^1_{\mu,\Sigma}),\ldots,E(X^n_{\mu,\Sigma})\right)^\top,$$

so erhält man

$$E(X_{\mu,\Sigma}) = \mu.$$

Ferner gilt mit $\Sigma = (\sigma_{i,j})_{i,j=1,\ldots,n}$:

$$K(X^i_{\mu,\Sigma}, X^j_{\mu,\Sigma}) = \sigma_{i,j}, \quad i,j = 1,\ldots,n.$$

Daher heißt $\Sigma$ die **Kovarianzmatrix** von $X_{\mu,\Sigma}$.

Auf der Basis eines Wahrscheinlichkeitsraumes $(\Omega,\mathscr{S},P)$ haben wir für $A,B \in \mathscr{S}$ und $P(B) > 0$ durch $P^B(A) = \frac{P(A\cap B)}{P(B)}$ ein Wahrscheinlichkeitsmaß auf $\mathscr{S}$ eingeführt. Wir interpretierten $P^B(A)$ als die Wahrscheinlichkeit von $A$ unter der Bedingung, dass $B$ eintrifft. Nun stellt sich die Frage, wann diese Bedingung die Wahrscheinlichkeit für $A$ nicht ändert, wann also $P^B(A) = P(A)$ gilt. Wir erhalten:

$$P^B(A) = P(A) \iff P(A\cap B) = P(A)\cdot P(B).$$

**Definition 1.104 (stochastisch unabhängige Ereignisse).** *Seien $(\Omega,\mathscr{S},P)$ ein Wahrscheinlichkeitsraum und $A_1,\ldots,A_n \in \mathscr{S}$, $n \in \mathbb{N}$, dann heißen die Ereignisse $A_1,\ldots,A_n$* ***stochastisch unabhängige Ereignisse****, falls für alle $k \in \mathbb{N}$, $k \leq n$, und für alle $i_j \in \mathbb{N}$, $1 \leq j \leq k$, mit $1 \leq i_1 < \ldots < i_k \leq n$*

$$P\left(\bigcap_{j=1}^k A_{i_j}\right) = \prod_{j=1}^k P(A_{i_j})$$

*gilt.* ◁

Um stochastisch unabhängige Zufallsvariable definieren zu können, wird zunächst die stochastische Unabhängigkeit von Mengensystemen betrachtet.

**Definition 1.105 (stochastische Unabhängigkeit von Mengensystemen).** *Es seien $(\Omega,\mathscr{S},P)$ ein Wahrscheinlichkeitsraum und $\{\mathscr{F}_i \subseteq \mathscr{S}; i \in I\}$, $I \neq \emptyset$, eine Menge von Mengensystemen über $\Omega$, dann heißen diese Mengensysteme* ***stochastisch unabhängig****, falls für jede endliche Teilmenge $\{i_1,\ldots,i_n\} \subseteq I$, $n \in \mathbb{N}$, die $n$ Ereignisse $A_{i_1},\ldots,A_{i_n}$ für beliebige $A_{i_k} \in \mathscr{F}_{i_k}$, $k = 1,\ldots,n$, stochastisch unabhängig sind.* ◁

Nun untersuchen wir einen Wahrscheinlichkeitsraum $(\Omega,\mathscr{S},P)$, einen Messraum $(\Omega',\mathscr{S}')$ und eine Zufallsvariable $X : \Omega \to \Omega'$. Mit $\mathscr{F}$ bezeichnen wir die Menge aller $\sigma$-Algebren $\mathscr{C}$ über $\Omega$, für die $X$ $\mathscr{C}$-$\mathscr{S}'$-messbar ist. Die Menge

$$\sigma(X) := \bigcap_{\mathscr{C}\in\mathscr{F}} \mathscr{C} = \{X^{-1}(A'); A' \in \mathscr{S}'\}$$

ist ebenfalls eine $\sigma$-Algebra und wird die von $X$ **erzeugte** $\sigma$-Algebra genannt. Unter allen $\sigma$-Algebren $\mathscr{A}$ über $\Omega$ ist $\sigma(X)$ die kleinste, für die $X$ $\mathscr{A}$-$\mathscr{S}'$-messbar ist. Daher ist es möglich, die stochastische Unabhängigkeit von Zufallsvariablen in naheliegender Weise durch die stochastische Unabhängigkeit von speziellen Mengensystemen zu definieren.

**Definition 1.106 (stochastische Unabhängigkeit von Zufallsvariablen).** *Es seien* $(\Omega, \mathscr{S}, P)$ *ein Wahrscheinlichkeitsraum,* $(\Omega', \mathscr{S}')$ *ein Messraum und, für* $I \neq \varnothing$, $\{X_i : \Omega \to \Omega'; i \in I\}$ *eine Menge von Zufallsvariablen, dann heißen diese Zufallsvariablen* ***stochastisch unabhängig****, falls die Mengensysteme* $\{\sigma(X_i); i \in I\}$ *stochastisch unabhängig sind.* ◁

Die stochastische Unabhängigkeit von Zufallsvariablen ist ein zentraler Begriff der Wahrscheinlichkeitstheorie und im Wesentlichen Bestandteil der Modellierung zu untersuchender Vorgänge. Für reelle, gemeinsam *normalverteilte* Zufallsvariablen sind die Begriffe „unkorreliert" und „stochastisch unabhängig" äquivalent. Ansonsten sind stochastisch unabhängige, integrierbare Zufallsvariablen immer paarweise unkorreliert.

*Beispiel 1.107.* Seien $(\Omega, \mathscr{S}, P)$ ein Wahrscheinlichkeitsraum, seien $(\Omega_1, \mathscr{S}_1)$ und $(\Omega_2, \mathscr{S}_2)$ Messräume und seien $X_1 : \Omega \to \Omega_1$ und $X_2 : \Omega \to \Omega_2$ zwei stochastisch unabhängige Zufallsvariablen, so gilt

$$P(X_1^{-1}(A_1) \cap X_2^{-1}(A_2)) = P_{X_1}(A_1) \cdot P_{X_2}(A_2).$$

für alle $A_1 \in \mathscr{S}_1$ und alle $A_2 \in \mathscr{S}_2$. ◁

*Beispiel 1.108.* Betrachtet man die $\lambda^n$-Dichte

$$\nu_{\mu,\Sigma} : \mathbb{R}^n \to \mathbb{R}, x \mapsto \frac{1}{\sqrt{(2\pi)^n \det(\Sigma)}} \cdot \exp\left(-\frac{(x-\mu)^\top \Sigma^{-1}(x-\mu)}{2}\right)$$

der $n$-dim. Normalverteilung und setzt man voraus, dass je zwei Komponenten des zugrundegelegten n-dim. Zufallsvektors unkorreliert sind, so erhält man mit $\Sigma = (\sigma_{i,j})_{i,j=1,\ldots,n}$:

$$\sigma_{i,j} = \begin{cases} \sigma_i^2 & \text{falls } i = j \\ 0 & \text{sonst} \end{cases}.$$

Die Dichte ergibt sich dann zu

$$\begin{aligned} \nu_{\mu,\Sigma}(x_1, \ldots, x_n) &= \frac{1}{\sqrt{(2\pi)^n \sigma_1^2 \cdot \ldots \cdot \sigma_n^2}} \cdot \exp\left(-\sum_{i=1}^n \frac{(x_i - \mu_i)^2}{2\sigma_i^2}\right) \\ &= \prod_{i=1}^n \frac{1}{\sqrt{(2\pi)\sigma_i^2}} \cdot \exp\left(-\frac{(x_i - \mu_i)^2}{2\sigma_i^2}\right). \\ &= \prod_{i=1}^n f_i(x_i), \end{aligned}$$

wobei $f_i$ die $\lambda$-Dichte einer eindimensionalen Normalverteilung mit Erwartungswert $\mu_i$ und Varianz $\sigma_i^2$ darstellt (abgekürzt: $\mathscr{N}(\mu_i, \sigma_i^2)$) und die Verteilung der $i$-ten

Komponente des betrachteten Zufallsvektors repräsentiert. Diese Produktformel für Dichten ist charakteristisch für stochastische Unabhängigkeit. ◁

Nun untersuchen wir Folgen reeller Zufallsvariablen und verschiedene Konvergenzbegriffe.

**Definition 1.109 (Konvergenzbegriffe für Folgen reeller Zufallsvariable).** *Seien* $(\Omega, \mathscr{S}, P)$ *ein Wahrscheinlichkeitsraum,* $\{X_i\}, i \in \mathbb{N}$, *eine Folge reeller Zufallsvariablen* $X_i : \Omega \to \mathbb{R}$, *und* $X : \Omega \to \mathbb{R}$ *ebenfalls eine reelle Zufallsvariable, dann konvergiert* $\{X_i\}, i \in \mathbb{N}$, *definitionsgemäß*

- ***stochastisch*** *gegen* $X$ *genau dann, wenn für alle* $\varepsilon > 0$

$$\lim_{i \to \infty} P(\{\omega \in \Omega;\, |X_i(\omega) - X(\omega)| < \varepsilon\}) = 1,$$

- ***mit Wahrscheinlichkeit*** 1 *gegen* $X$ *genau dann, wenn*

$$P\left(\left\{\omega \in \Omega;\, \lim_{i \to \infty} X_i(\omega) = X(\omega)\right\}\right) = 1,$$

- ***in Verteilung*** *gegen* $X$ *genau dann, wenn die Folge der Verteilungsfunktionen* $\{F_{X_i}\}$ *von* $\{X_i\}$ *an jeder Stelle* $x \in \mathbb{R}$, *an der die Verteilungsfunktion* $F_X$ *von* $X$ *stetig ist, gegen* $F_X$ *an der Stelle* $x$ *konvergiert:*

$$\lim_{i \to \infty} F_{X_i}(x) = F_X(x).$$

*Die stochastische Konvergenz von* $\{X_i\}, i \in \mathbb{N}$, *gegen* $X$ *wird in der Form*

$$(P\text{-}) \lim_{i \to \infty} X_i = X,\ st\text{-} \lim_{i \to \infty} X_i = X \text{ oder } X_i \to X \text{ nach Wahrscheinlichkeit}$$

*notiert. Die Konvergenz mit Wahrscheinlichkeit* 1 *von* $\{X_i\}, i \in \mathbb{N}$, *gegen* $X$ *heißt auch* $(P\text{-})$***fast sichere Konvergenz*** *und wird in der Form* $X_i \to X$ $(P\text{-})$*f.s. notiert. Die Konvergenz nach Verteilung wird auch als* ***schwache Konvergenz*** *bezeichnet.* ◁

Bezüglich der verschiedenen Konvergenzarten gelten die folgenden Implikationen.

| schwache Konvergenz | $\Leftarrow$ | stochastische Konvergenz | $\Leftarrow$ | Konvergenz mit Wahrscheinlichkeit 1 |
|---|---|---|---|---|

Ausgehend von einem Wahrscheinlichkeitsraum $(\Omega, \mathscr{S}, P)$ betrachten wir spezielle Folgen $\{X_i\}, i \in \mathbb{N}$, von reellen Zufallsvariablen $X_i : \Omega \to \mathbb{R}, i \in \mathbb{N}$, deren Quadrate $X_i^2 : \Omega \to \mathbb{R}, \omega \mapsto X_i^2(\omega)$ für alle $i \in \mathbb{N}$ $(P\text{-})$integrierbar sind. Wegen

$$\int_{\Omega} |X_i|\, dP = \int_{\{\omega \in \Omega;\, |X_i(\omega)| \leq 1\}} |X_i|\, dP + \int_{\{\omega \in \Omega;\, |X_i(\omega)| > 1\}} |X_i|\, dP$$

$$\leq 1 + \int\limits_{\{\omega\in\Omega;\,|X_i(\omega)|>1\}} |X_i|\,dP \;\leq\; 1 + \int\limits_{\Omega} X_i^2\,dP \quad \text{für alle } i \in \mathbb{N}$$

besitzen die Zufallsvariablen $X_i$, $i \in \mathbb{N}$, endliche Erwartungswerte.

Der nun folgende Satz stellt ein sehr hilfreiches Resultat zur Abschätzung von Wahrscheinlichkeiten dar.

**Satz 1.110 (Ungleichung von Chebyschev-Markov).** *Seien $(\Omega, \mathscr{S}, P)$ ein Wahrscheinlichkeitsraum und $X : \Omega \to \mathbb{R}$ eine reelle Zufallsvariable, dann gilt für jedes Paar reeller Zahlen $\varepsilon > 0$, $\kappa > 0$ die folgende* ***Ungleichung von Chebyschev-Markov***

$$P(\{\omega \in \Omega;\, |X(\omega)| < \varepsilon\}) \geq 1 - \frac{1}{\varepsilon^{\kappa}} \int |X|^{\kappa}\,dP.$$

*Wenn $X^2$ $(P\text{-})$integrierbar ist, dann gilt insbesondere*

$$P(\{\omega \in \Omega;\, |X(\omega) - E(X)| < \varepsilon\}) \geq 1 - \frac{1}{\varepsilon^2} V(X),$$

*die* ***Ungleichung von Chebyschev.*** ◁

*Beispiel 1.111.* Seien $(\Omega, \mathscr{S}, P)$ ein Wahrscheinlichkeitsraum und $\{X_i\}$, $i \in \mathbb{N}$, eine Folge stochastisch unabhängiger, identisch verteilter (d.h. $P_{X_i} = P_{X_j}$ für alle $i, j \in \mathbb{N}$) ($P$-)integrierbarer Zufallsvariablen für alle $i \in \mathbb{N}$, so gilt mit dem obigen Satz angewendet auf $Y = \sum\limits_{i=1}^{n} \frac{X_i}{n} - \mu$ mit $\mu = E(X_i)$ und $\kappa = 2$:

$$P\left(\left\{\omega \in \Omega;\, \left|\sum_{i=1}^{n} \frac{X_i(\omega)}{n} - \mu\right| < \varepsilon\right\}\right) \geq 1 - \frac{1}{\varepsilon^2} \frac{V(X_i)}{n}.$$

Also gilt für endliche Varianz:

$$st\text{-}\lim_{n\to\infty} \sum_{i=1}^{n} \frac{X_i}{n} = \mu.$$

Dieser Sachverhalt ist bekannt als das sogenannte **schwache Gesetz der großen Zahl**. ◁

**Satz 1.112 (Ein zentraler Grenzwertsatz).** *Seien $(\Omega, \mathscr{S}, P)$ ein Wahrscheinlichkeitsraum und $\{X_i\}$, $i \in \mathbb{N}$, eine Folge stochastisch unabhängiger, identisch verteilter (d.h. $P_{X_i} = P_{X_j}$ für alle $i, j \in \mathbb{N}$) reeller Zufallsvariablen $X_i : \Omega \to \mathbb{R}$ mit $0 < V(X_i) < \infty$ für alle $i \in \mathbb{N}$. Dann konvergiert die Folge $\{T_i\}$, $i \in \mathbb{N}$, standardisierter reeller Zufallsvariablen*

$$T_i : \Omega \to \mathbb{R}, \omega \mapsto \frac{\sum_{j=1}^{i} (X_j - E(X_j))}{\sqrt{V\left(\sum_{j=1}^{i} X_j\right)}}, \quad i \in \mathbb{N},$$

*in Verteilung gegen eine* $\mathcal{N}(0,1)$ *normalverteilte Zufallsvariable.* ◁

Stochastische Unabhängigkeit und endliche Varianz sind unverzichtbar in Satz 1.112, die Voraussetzung der identischen Verteilung aller $X_i$ kann jedoch durch folgende Bedingung ersetzt werden – wir stützen uns hier auf [Kle13]. Mit $\sigma_i := V(X_i)$, $i \in \mathbb{N}$, seien

$$s_n := \sqrt{\sum_{i=1}^{n} \sigma_i^2} \quad \text{und} \quad \mu_n := E(X_n), \qquad n \in \mathbb{N}.$$

Die standardisierte Summen aus Satz 1.112 haben dann die Form

$$T_n = \frac{1}{s_n} \sum_{i=1}^{n} (X_i - \mu_i), \qquad n \in \mathbb{N}.$$

Die Folge der Zufallsvariablen $\{X_i\}$, $i \in \mathbb{N}$, erfüllt die **Lindeberg-Bedingung**, wenn

$$L_n(\varepsilon) := \sum_{i=1}^{n} E\left(\frac{(X_i - \mu_i)^2}{s_n^2} \cdot I_{\{\omega \in \Omega;\, |X_i(\omega) - \mu_i| > \varepsilon s_n\}}\right) \overset{n\to\infty}{\longrightarrow} 0 \quad \text{für alle} \quad \varepsilon > 0 \quad (1.50)$$

gilt. Unter den Voraussetzungen des Satzes 1.112 ist die Lindeberg-Bedingung jedenfalls erfüllt, denn dann ist mit $E(X_n) = \mu$, $0 < V(X_n) = \sigma^2 < \infty$ und $s_n = \sqrt{n}\sigma$

$$\begin{aligned} L_n(\varepsilon) &= \sum_{i=1}^{n} E\left(\frac{(X_i - \mu)^2}{n\sigma^2} \cdot I_{\{\omega \in \Omega;\, |X_i(\omega) - \mu| > \varepsilon\sigma\sqrt{n}\}}\right) \\ &= \frac{1}{\sigma^2} E\left((X_1 - \mu)^2 \cdot I_{\{\omega \in \Omega;\, |X_1(\omega) - \mu| > \varepsilon\sigma\sqrt{n}\}}\right) \overset{n\to\infty}{\longrightarrow} 0, \end{aligned}$$

da $X_1^2$ ($P$-)integrierbar ist. Für eine Interpretation der Lindeberg-Bedingung im allgemeinen Fall berechnen wir unter Benutzung abkürzender Schreibweisen wie zum Beispiel $\{|X| > \varepsilon\}$ anstelle von $\{\omega \in \Omega;\ |X(\omega)| > \varepsilon\}$:

$$\begin{aligned} \sigma_i^2 &= s_n^2 \cdot E\left(\left(\frac{X_i - \mu_i}{s_n}\right)^2\right) = s_n^2 \int_\Omega \left(\frac{X_i - \mu_i}{s_n}\right)^2 dP \\ &= s_n^2 \left[\int_{\{|X_i - \mu_i| \le \varepsilon s_n\}} \left(\frac{X_i - \mu_i}{s_n}\right)^2 dP + \int_{\{|X_i - \mu_i| > \varepsilon s_n\}} \left(\frac{X_i - \mu_i}{s_n}\right)^2 dP\right] \\ &\le s_n^2 \left[\varepsilon^2 + E\left(\frac{(X_i - \mu_i)^2}{s_n^2} \cdot I_{\{|X_i - \mu_i| > \varepsilon s_n\}}\right)\right] \quad \text{für} \quad i = 1, \ldots, n. \end{aligned}$$

Wir erhalten die Abschätzung

$$\max\left\{\frac{\sigma_i^2}{s_n^2};\ i=1,\ldots,n\right\} \leq \varepsilon^2 + L_n(\varepsilon)$$

die für alle $\varepsilon > 0$ gilt, so dass aus (1.50) $\max\left\{\sigma_i^2/s_n^2;\ i=1,\ldots,n\right\} \to 0$ für $n \to \infty$ folgt. Weiter folgt dann aus der Ungleichung von Chebyschev:

$$\max_{1\leq i\leq n}\left\{P\left(\left\{\frac{|X_i-\mu_i|}{s_n} > \varepsilon\right\}\right)\right\} \leq \max_{1\leq i\leq n}\left\{\frac{\sigma_i^2}{s_n^2\varepsilon^2}\right\} \overset{n\to\infty}{\longrightarrow} 0.$$

Die letztgenannte Aussage heißt **asymptotische Vernachlässigbarkeit** der Folge der $X_i$. Die Lindeberg-Bedingung kann also dahingehend interpretiert werden, dass die einzelnen Summanden der standardisierte Summen $T_n$ nur kleine Beiträge liefern dürfen.

**Satz 1.113 (Zentraler Grenzwertsatz von Lindeberg).** *Seien $(\Omega, \mathscr{S}, P)$ ein Wahrscheinlichkeitsraum und $\{X_i\}$, $i \in \mathbb{N}$, eine Folge stochastisch unabhängiger, reeller Zufallsvariablen $X_i : \Omega \to \mathbb{R}$ mit $0 < V(X_i) < \infty$ für alle $i \in \mathbb{N}$, welche (1.50) erfüllen. Dann konvergiert die Folge $\{T_n\}$, $n \in \mathbb{N}$, der standardisierten Summen in Verteilung gegen eine $\mathscr{N}(0,1)$ normalverteilte Zufallsvariable.* ◁

Satz 1.113 liefert die Begründung, warum zufällige Abweichungen in Messwerten häufig als normalverteilt angenommen werden.

Ist ein Zufallsexperiment durch einen Wahrscheinlichkeitsraum modelliert, so stellt die Wahrscheinlichkeitstheorie Hilfsmittel bereit, um bei bekanntem Wahrscheinlichkeitsraum Aussagen über den Ablauf des zugrundeliegenden Zufallsexperimentes machen zu können.

Die mathematische Statistik behandelt die folgende Problemstellung: Das zu modellierende Zufallsexperiment wird aus Mangel an genaueren Informationen durch einen unvollständigen Wahrscheinlichkeitsraum beschrieben. Bei dieser Beschreibung werden die Grundmenge $\Omega$, die $\sigma-$Algebra $\mathscr{S}$ und eine Menge von Wahrscheinlichkeitsmaßen auf $\mathscr{S}$ festgelegt. Dabei wird diese Menge häufig durch einen Parameter $\theta$ aus einem Parameterraum $\Theta$ dargestellt. Die Menge aller eindimensionalen Normalverteilungen kann zum Beispiel durch den Parameterraum

$$\theta = (\mu, \sigma^2) \in \mathbb{R} \times \mathbb{R}^+ = \Theta$$

dargestellt werden. Um nun zu einer vollständigen mathematischen Beschreibung des zu untersuchenden Zufallsexperimentes zu kommen, muss man sich für ein Wahrscheinlichkeitsmaß $P$ aus der Menge der in Frage kommenden Wahrscheinlichkeitsmaße entscheiden. Ein wesentliches Kriterium der mathematischen Statistik besteht nun darin, dass eine Entscheidung über die Wahl des Wahrscheinlichkeitsmaßes beziehungsweise über die Verkleinerung der Menge aller in Frage kommenden Wahrscheinlichkeitsmaße von Ergebnissen des Zufallsexperimentes abhängt. Dabei werden die Ergebnisse des Zufallsexperimentes häufig nicht unmittelbar für die zu treffende Entscheidung verwendet, sondern die von diesen Ergebnissen abhängigen Werte einer Zufallsvariablen $X$ definiert auf $\Omega$. Es ergibt sich

somit die folgende Ausgangssituation:
Gegeben ist ein Tripel $(\Omega, \mathscr{S},)$ bestehend aus einer Grundmenge $\Omega$, einer $\sigma$−Algebra $\mathscr{S}$ und einer Menge $\mathscr{W}$ von Wahrscheinlichkeitsmaßen auf $\mathscr{S}$. Ist diese Menge $\mathscr{W}$ durch einen Parameter $\theta \in \Theta$ beschrieben, so schreiben wir $(\Omega, \mathscr{S}, \mathscr{W}_{\theta\in\Theta})$. Ferner sind ein Messraum $(\Psi, \mathscr{G})$, eine Zufallsvariable $X : \Omega \to \Psi$ und der Funktionswert $X(\hat{\omega})$ der Zufallsvariable $X$ für mindestens ein beobachtetes Ergebnis $\hat{\omega} \in \Omega$ des zugrundegelegten Zufallsexperimentes gegeben. Basierend auf $X(\hat{\omega})$ soll nun unter verschiedenen weiteren Vorgaben eine Entscheidung für die Wahl des Wahrscheinlichkeitsmaßes $P \in \mathscr{W}$ auf $\mathscr{S}$ ermöglicht oder zumindest vereinfacht werden. Folgende Fragestellungen werden untersucht:

*Beispiel 1.114 (Punktschätzung).* Unter der Annahme, dass die Menge $\mathscr{W}$ von Wahrscheinlichkeismaßen durch einen Parameter $\theta \in \Theta$ dargestellt ist, soll für eine nichtleere Menge $\Gamma$ und eine vorgegebene Funktion $\gamma : \Theta \to \Gamma$ ein Funktionswert $\hat{\gamma}$ von $\gamma$ ermittelt werden. Durch die Wahl von $\hat{\gamma}$ wird $\mathscr{W}_{\theta\in\Theta}$ auf $\mathscr{W}_{\theta\in\{\tau\in\Theta;\gamma(\tau)=\hat{\gamma}\}}$ reduziert. Für die Menge aller eindimensionalen Normalverteilungen mit

$$\theta = (\mu, \sigma^2) \in \mathbb{R} \times \mathbb{R}^+ = \Theta$$

könnte die Funktion $\gamma$ zum Beispiel in der Projektion auf die erste Komponente bestehen:

$$\gamma : \mathbb{R} \times \mathbb{R}^+ \to \mathbb{R}(=\Gamma), \quad (\mu, \sigma^2) \mapsto \mu.$$

Man interessiert sich also nur für die Festlegung des Erwartungswertes. ◁

*Beispiel 1.115 (Bereichsschätzung).* Im Gegensatz zur Punktschätzung begnügt man sich bei der Bereichsschätzung damit, die Menge $\mathscr{W}_{\theta\in\Theta}$ der möglichen Wahrscheinlichkeitsmaße durch die Wahl einer speziellen Teilmenge $B \subset \Gamma$ auf die Menge $\mathscr{W}_{\theta\in\{\tau\in\Theta;\gamma(\tau)\in B\}}$ zu reduzieren. ◁

*Beispiel 1.116 (Testtheorie).* In der Testtheorie betrachtet man eine Partition $\mathscr{W}_0, \mathscr{W}_1$ unserer Menge von Wahrscheinlichkeitsmaßen $\mathscr{W}$. Das Ergebnis eines Tests ist eine Entscheidung darüber, ob die Menge der zur Diskussion stehenden Wahrscheinlichkeitsmaße $\mathscr{W}$ auf $\mathscr{W}_0$ oder $\mathscr{W}_1$ reduziert wird. ◁

Durch die Zufallsvariable $X : \Omega \to \Psi$ erhalten wir zu jedem $P \in \mathscr{W}$ ein Wahrscheinlichkeitsmaß $P_X$ auf $\mathscr{G}$, das Bildmaß von $X$. Die zu $\mathscr{W}$ gehörige Menge aller Bildmaße $P_X$ auf $\mathscr{G}$ bezeichnet man mit $P_{X,\mathscr{W}}$ beziehungsweise mit $P_{X,\mathscr{W}_{\theta\in\Theta}}$, falls $\mathscr{W}$ durch einen Parameter $\theta \in \Theta$ dargestellt wird. Da wir nicht die Beobachtung $\hat{\omega} \in \Omega$ als Basis unserer Überlegungen gewählt haben, sondern $X(\hat{\omega})$, ist es sinnvoll, Aussagen über Wahrscheinlichkeitsmaße $P \in \mathscr{W}$ (auf $\mathscr{S}$) auf Aussagen über Wahrscheinlichkeitsmaße $P_X \in P_{X,\mathscr{W}}$ zu verlagern.

**Definition 1.117 (Stichprobe(nraum), statistischer Raum, Realisierung).** *Seien $(\Omega, \mathscr{S})$ ein Messraum, $\mathscr{W}$ eine Menge von Wahrscheinlichkeitsmaßen auf $\mathscr{S}$ und $(\Omega, \mathscr{S}, \mathscr{W})$ die unvollständige Beschreibung eines Zufallsexperimentes gemäß der obigen Motivation. Seien ferner $\hat{\omega} \in \Omega$ ein beobachtetes Resultat dieses Zufallsexperimentes, $(\Psi, \mathscr{G})$ ein Messraum und $X : \Omega \to \Psi$ eine Zufallsvariable (also $\mathscr{S}$-$\mathscr{G}$-messbar), dann heißt die Menge $\Psi$* ***Stichprobenraum****, und der Wert $\overline{x} = X(\hat{\omega})$*

***Stichprobe*** *oder* ***Realisierung*** *von $X$. Ist nun $P_{X,\mathscr{W}}$ die Menge aller Bildmaße von $X$ in Abhängigkeit von $\mathscr{W}$, so heißt das Tupel $(\Psi,\mathscr{G},P_{X,\mathscr{W}})$* ***statistischer Raum****.* ◁

Das folgende Beispiel führt auf einen zentralen Begriff der mathematischen Statistik.

*Beispiel 1.118 (Herstellung von LED-Lampen).* Eine Firma stellt LED-Lampen her, wobei jede LED-Lampe mit einer festen Wahrscheinlichkeit $\theta \in (0,1)$ defekt ist. In einem großen Lager werden $M$ LED-Lampen aufbewahrt. Ein Kunde bestellt $K$ ($K < M$) LED-Lampen, die aus dem Lager entnommen und ausgeliefert werden. Bei der Verwendung jeder dieser $K$ LED-Lampen wird vom Kunden notiert, ob sie defekt ($\widehat{=}\,1$) ist oder nicht ($\widehat{=}\,0$). Die Firma hätte gerne aufgrund der Erfahrungen des Kunden eine Schätzung, mit welcher Wahrscheinlichkeit eine LED-Lampe defekt ist. Das im Lager befindliche $M$-Tupel von LED-Lampen modellieren wir durch einen binären Vektor $\omega \in \Omega = \{0,1\}^M$, wobei wir uns die $M$ LED-Lampen als durchnummeriert vorstellen und $\omega_i = 1$ bedeutet, dass die $i$-te LED-Lampe defekt ist (also ist für $\omega_i = 0$ die $i$-te LED-Lampe in Ordnung). Als $\sigma$-Algebra $\mathscr{S}$ auf $\{0,1\}^M$ können wir die Potenzmenge $\mathscr{P}(\{0,1\}^M)$ verwenden. Unter der Annahme, dass die Zustände der einzelnen LED-Lampen stochastisch unabhängig sind, erhalten wir als mögliche Wahrscheinlichkeitsmaße $P_\theta \in \mathscr{W}_{\theta\in(0,1)}$:

$$P_\theta(\omega) = \prod_{i=1}^{M} \theta^{\omega_i}(1-\theta)^{(1-\omega_i)}, \quad \theta \in (0,1).$$

Nun steht uns allerdings kein Ergebnis dieses Zufallsexperimentes unmittelbar zur Verfügung, da wir ja nur die $K$ ausgelieferten LED-Lampen beobachten können. Seien nun $1 \le i_1 < \ldots < i_K \le M$ die Nummern derjenigen $K$ LED-Lampen, die ausgeliefert wurden, so können wir mit $\Psi = \{0,1\}^K$ und $\mathscr{G} = \mathscr{P}(\{0,1\}^K)$ die Zufallsvariable

$$X : \Omega \to \Psi, \quad \omega \mapsto (\omega_{i_1},\ldots,\omega_{i_K}) =: x = (x_1,\ldots,x_K)$$

angeben. Für die entsprechenden Bildmaße erhalten wir:

$$P_{X,\mathscr{W}_\theta}(x) = \prod_{i=1}^{K} \theta^{x_i}(1-\theta)^{(1-x_i)}$$

Eine Realisierung unserer Zufallsvariablen $X$ ist somit durch einen binären Vektor $\bar{x} \in \Psi$ gegeben. Dieser Vektor ist die einzige Information, die wir zur Schätzung von $\theta$ zur Verfügung haben. Da aber

$$P_{X,\mathscr{W}_\theta}(x) = \prod_{i=1}^{K} \theta^{x_i}(1-\theta)^{(1-x_i)} = \theta^{\sum_{i=1}^K x_i}(1-\theta)^{K-\sum_{i=1}^K x_i},$$

scheint es zu genügen, sich statt $x \in \{0,1\}^K$ nur die Zahl $\sum_{i=1}^K x_i$ zu merken. Die entscheidende Frage lautet nun: Sind alle Informationen, die in $x \in \{0,1\}^K$ über den unbekannten Parameter $\theta$ enthalten sind, auch in der Zahl $\sum_{i=1}^K x_i$ enthalten? In diesem Fall nennt man die Abbildung

$$T : \Psi = \{0,1\}^K \to \Omega_T = \{0,1,\ldots,K\}, \quad x \mapsto \sum_{i=1}^{K} x_i$$

eine **suffiziente Statistik** für $\theta$.
Rein intuitiv würde man einen Schätzwert $\hat{\theta}$ für $\theta$ folgendermaßen berechnen:

$$\hat{\theta} = \frac{\sum_{i=1}^{K} \overline{x}_i}{K}.$$

Wie könnte man nun entscheiden, ob alle Informationen über $\theta$ bereits in der Abbildung $T$ enthalten sind? Zur Beantwortung dieser Frage stellen wir zunächst fest, dass $T$ $\mathscr{P}(\{0,1\}^K)$-$\mathscr{P}(\{0,1,\ldots,K\})$-messbar ist. Somit können wir für jede Menge

$$D_t := \left\{x \in \{0,1\}^K; T(x) = t\right\}, \quad t \in \{0,1,\ldots,K\},$$

die bedingten Wahrscheinlichkeiten

$$P^{D_t}_{X,\mathscr{W}_\theta}(\{x\}) = \frac{P_{X,\mathscr{W}_\theta}(\{x\} \cap D_t)}{P_{X,\mathscr{W}_\theta}(D_t)}$$

für $\theta \in (0,1)$ berechnen. Es gilt:

$$P^{D_t}_{X,\mathscr{W}_\theta}(\{x\}) = \begin{cases} 0 & \text{für alle } x \text{ mit } \sum_{i=1}^{K} x_i \neq t \\ \frac{\theta^t(1-\theta)^{(K-t)}}{\binom{K}{t}\theta^t(1-\theta)^{(K-t)}} = \frac{1}{\binom{K}{t}} & \text{für alle } x \text{ mit } \sum_{i=1}^{K} x_i = t \end{cases}.$$

Entscheidend ist die Tatsache, dass die verschiedenen Werte $P^{D_t}_{X,\mathscr{W}_\theta}(\{x\})$ für alle $x \in \{0,1\}^K$ und alle $t \in \{0,1,\ldots,K\}$ nicht mehr von $\theta$ abhängen. Diesen Sachverhalt interpretieren wir dahingehend, dass die Beobachtung $T(x)$ hinreichend (suffizient) dafür ist, jede Information über $\theta$ zu erhalten, die man aus der Stichprobe $\overline{x} = X(\hat{\omega})$ entnehmen kann. ◁

Nach diesen Vorbereitungen sind wir nun in der Lage, ausgehend von einem statistischen Raum $(\Psi, \mathscr{G}, P_{X,\mathscr{W}_{\theta\in\Theta}})$ und basierend auf einer Realisierung $\overline{x} \in \Psi$ die Aufgabe zu untersuchen, einen Schätzer $\gamma(\theta)$ für $\gamma : \Theta \to \Gamma$ anzugeben. Wir untersuchen den Spezialfall $\Gamma = \mathbb{R}$. Sei nun $g : \Psi \to \mathbb{R}$ eine $\mathscr{G}$-$\mathscr{B}$-messbare Funktion, so nennt man $g$ eine **Schätzfunktion** für $\gamma(\theta)$ und $g(\overline{x})$ einen Schätzer für $\gamma(\theta)$. Die Schätzfunktion $g$ heißt erwartungstreu, falls

$$E_\theta(g) := \int g dP_{X,\mathscr{W}_\theta} = \gamma(\theta) \text{ für alle } \theta \in \Theta.$$

Es kann passieren, dass es für $\gamma(\theta)$ keine erwartungstreue Schätzfunktion gibt; in diesem Fall wird $\gamma(\theta)$ als nicht erwartungstreu schätzbar bezeichnet. Ansonsten heißt $\gamma(\theta)$ schätzbar. Wir gehen im Folgenden immer von schätzbaren $\gamma(\theta)$ aus und gehen der Frage nach, wie man zwei gegebene erwartungstreue Schätzfunktionen $g_1$ und $g_2$ für $\gamma(\theta)$ vergleichen kann. Ein Maß für die Abweichung einer Zufallsvariable von ihrem Erwartungswert ist die Varianz dieser Zufallsvariable. Da der Erwartungswert einer erwartungstreuen Schätzfunktion gerade die zu schätzende Größe ist, ist $g_1$ besser als $g_2$, falls die Varianz von $g_1$ kleiner ist als die Varianz von $g_2$.

**Definition 1.119 (Gleichmäßig beste Schätzfunktion).** *Seien* $(\Psi, \mathscr{G}, P_{X,\mathscr{W}_{\theta\in\Theta}})$ *ein statistischer Raum und* $\gamma : \Theta \to \mathbb{R}$ *eine Abbildung. Eine Schätzfunktion* $g : \Psi \to \mathbb{R}$ *heißt* ***gleichmäßig beste Schätzfunktion*** *für* $\gamma(\theta)$*, wenn sie erwartungstreu ist, wenn ihre Varianz endlich ist und wenn für jede andere erwartungstreue Schätzfunktion* $h : \Psi \to \mathbb{R}$ *für* $\gamma(\theta)$ *mit endlicher Varianz*

$$V_\theta(g) \leq V_\theta(h) \quad \textit{für alle } \theta \in \Theta$$

*gilt.* ◁

*Beispiel 1.120 (Herstellung von LED-Lampen).* Kehren wir nun zu unserem Beispiel über die Herstellung von LED-Lampen mit dem statistischen Raum

$$(\{0,1\}^K, \mathscr{P}(\{0,1\}^K), P_{X,\mathscr{W}_{\theta\in(0,1)}})$$

zurück und betrachten zwei Schätzfunktionen

$$h : \{0,1\}^K \to \mathbb{R}, \quad x \mapsto x_1$$

und

$$g : \{0,1\}^K \to \mathbb{R}, \quad x \mapsto \frac{1}{K}\sum_{i=1}^{K} x_i.$$

Für die Varianzen erhält man:

$$V_\theta(h) = \theta(1-\theta) \geq V_\theta(g) = \frac{\theta(1-\theta)}{K}.$$

Man kann zeigen, dass $g$ eine gleichmäßig beste Schätzfunktion ist. ◁

Im Allgemeinen ist es schwierig, gleichmäßig beste Schätzfunktionen zu finden. Wir stellen nun mit dem **Maximum-Likelihood-Verfahren** ein spezielles Verfahren vor, Schätzfunktionen zu konstruieren. Es handelt sich um eines der wichtigsten Verfahren zur Konstruktion von Schätzfunktionen, obgleich damit im Allgemeinen keine gleichmäßig beste und nicht einmal eine erwartungstreue Schätzfunktion gefunden wird.

Ausgangspunkt ist ein statistischer Raum $(\Psi, \mathscr{G}, P_{X,\mathscr{W}_{\theta\in\Theta}})$, eine Stichprobe $\bar{x}$, ein $\sigma$-endliches Maß $\mu$ auf $\mathscr{G}$ und die Forderung, dass $P_{X,\mathscr{W}_\theta}$ für jedes $\theta \in \Theta$ absolutstetig bezüglich $\mu$ ist mit der Dichte $f_{X,\theta} : \Psi \to \mathbb{R}_0^+$. Ist nun $\gamma : \Theta \to \Gamma$ bijektiv, so berechnet man ein $\hat{\theta} \in \Theta$ mit:

$$f_{X,\hat{\theta}}(\overline{x}) \geq f_{X,\theta}(\overline{x}) \text{ für alle } \theta \in \Theta$$

und verwendet den Wert $\gamma(\hat{\theta})$ als Maximum-Likelihood-Schätzer für $\gamma(\theta)$. Es gibt keine Garantie, dass ein Maximum-Likelihood-Schätzer existiert. Die Berechnung von $\hat{\theta}$ führt auf das Gebiet der mathematischen Optimierung. Die statistische Analyse von Maximum-Likelihood-Schätzern ist ein schwieriges Problem.

*Beispiel 1.121 (Herstellung von LED-Lampen).* Für

$$f_{X,\theta}(x) = \theta^{\sum_{i=1}^{K} x_i}(1-\theta)^{K-\sum_{i=1}^{K} x_i}$$

ergibt sich

$$\hat{\theta} = \frac{\sum\limits_{i=1}^{K} \overline{x}_i}{K}$$

als Maximum-Likelihood-Schätzwert für $\theta$. ◁

*Beispiel 1.122 (Normalverteilung).* Sei

$$f_{X,\theta}(x) = \prod_{i=1}^{p} \frac{1}{\sqrt{2\pi\theta_2}} \exp\left(-\frac{(x_i-\theta_1)^2}{2\theta_2}\right),$$

so ergeben sich für $\theta_1$ und $\theta_2$ die Maximum-Likelihood-Schätzwerte

$$\hat{\theta}_1 = \frac{\sum\limits_{i=1}^{p} \overline{x}_i}{p} \quad \text{und} \quad \hat{\theta}_2 = \frac{\sum\limits_{i=1}^{p} (\overline{x}_i - \hat{\theta}_1)^2}{p}.$$

Die zu $\hat{\theta}_2$ gehörige Schätzfunktion ist jedoch nicht erwartungstreu. Erwartungstreu ist die zum Schätzer

$$\tilde{\theta}_2 = \frac{\sum\limits_{i=1}^{p} (\overline{x}_i - \hat{\theta}_1)^2}{p-1}$$

gehörige Schätzfunktion. ◁

Die Berechnung von Bereichsschätzern wollen wir an einem Beispiel demonstrieren.

*Beispiel 1.123 (Normalverteilung).* Sei

$$f_{X,\theta}(x) = \prod_{i=1}^{p} \frac{1}{\sqrt{2\pi}} \exp\left(-\frac{(x_i-\theta)^2}{2}\right).$$

Gesucht ist ein $a \in \mathbb{R}_0^+$ derart, dass für $0 \leq c \leq 1$ gilt:

$$P_{X,\mathscr{W}_\theta}\left(\left\{x \in \Psi; \theta \in \left[\frac{1}{p}\sum_{i=1}^{p} x_i - a, \frac{1}{p}\sum_{i=1}^{p} x_i + a\right]\right\}\right) \geq c$$

für alle $\theta \in \mathbb{R}$. Dies ist äquivalent zu

$$P_{X,\mathscr{W}_\theta}\left(\left\{x \in \Psi; -a\sqrt{p} \leq \frac{1}{\sqrt{p}}\sum_{i=1}^{p} x_i - \sqrt{p}\theta \leq a\sqrt{p}\right\}\right) \geq c.$$

Da aber die Zufallsvariable

$$Z_p : \Psi \to \mathbb{R}, x \mapsto \frac{1}{\sqrt{p}}\sum_{i=1}^{p} x_i - \sqrt{p}\theta$$

$\mathscr{N}(0,1)$ normalverteilt ist für alle $p \in \mathbb{N}$, erhalten wir für $a$:

$$\Phi(a\sqrt{p}) - \Phi(-a\sqrt{p}) \geq c$$

beziehungsweise

$$\Phi(a\sqrt{p}) \geq \frac{1+c}{2}.$$

Es gibt ein eindeutig bestimmtes kleinstes $a > 0$, welches diese Ungleichung erfüllt. Mit der Realisierung $\overline{x}$ ergibt sich

$$\hat{\theta} \in \left[\frac{1}{p}\sum_{i=1}^{p} \overline{x}_i - a, \frac{1}{p}\sum_{i=1}^{p} \overline{x}_i + a\right]$$

für das aus der obigen Ungleichung bestimmte $a$. ◁

Die Testtheorie ist ein wichtiges und umfangreiches Teilgebiet der mathematischen Statistik; daher können wir nur auf Grundideen eingehen. Ausgangspunkt ist ein statistischer Raum $(\Psi, \mathscr{G}, P_{X,\mathscr{W}_{\theta\in\Theta}})$ und eine Partition $\Theta_0, \Theta_1$ von $\Theta$ ($\Theta_0, \Theta_1 \neq \varnothing$, $\Theta_0 \cap \Theta_1 = \varnothing$ und $\Theta_0 \cup \Theta_1 = \Theta$). Mit Hilfe einer Stichprobe $\overline{x} \in \Psi$ soll nun entschieden werden, ob $\Theta$ auf $\Theta_1$ oder $\Theta_2$ reduziert wird. In der Testtheorie wird diese Fragestellung durch die Entscheidung zwischen einer Nullhypothese

$$H_0 : \theta \in \Theta_0$$

und einer Gegenhypothese

$$H_1 : \theta \in \Theta_1$$

formuliert. Gesucht ist also eine $\mathscr{G}$-$\mathscr{P}(\{0,1\})$-messbare Entscheidungsfunktion $\delta : \Psi \to \{0,1\}$, die jeder möglichen Stichprobe $\overline{x}$ eine Entscheidung für $\Theta_0$ (also: $\delta(\overline{x}) = 0$) oder für $\Theta_1$ (also: $\delta(\overline{x}) = 1$) zuordnet. Ein Test ist natürlich dann festgelegt, wenn eine Menge $\overline{K} \subseteq \Psi$ mit

$$\overline{K} = \{x \in \Psi; \delta(x) = 1\}.$$

festgelegt ist. Um nun die Menge $\overline{K}$ bestimmen zu können, benötigt man eine Vorstellung, wie man die Güte eines Tests quantifizieren kann. Dazu betrachtet man den **Fehler 1. Art**

$$P_{X,\mathscr{W}_\theta}(\{x \in \Psi; x \in \overline{K}\}), \qquad \theta \in \Theta_0,$$

und verbunden damit das **Testniveau** $\alpha$:

$$\alpha := \sup_{\theta \in \Theta_0} P_{X,\mathscr{W}_\theta}(\{x \in \Psi; x \in \overline{K}\}).$$

Die Zahl $\alpha \in [0,1]$ gibt die kleinste obere Schranke für die Wahrscheinlichkeit an, dass man sich für $\Theta_1$ entscheidet, obwohl $\theta \in \Theta_0$ gilt. Es ist üblich, nur Tests mit demselben Testniveau zu vergleichen. Ein Test $\phi_1$ mit dem Testniveau $\alpha$ ist gleichmäßig besser als ein Test $\phi_2$ mit demselben Testniveau, falls

$$P_{X,\mathscr{W}_\theta}(\{x \in \Psi; \phi_1(x) = 1\}) \geq P_{X,\mathscr{W}_\theta}(\{x \in \Psi; \phi_2(x) = 1\}) \text{ für alle } \theta \in \Theta_1.$$

Mit anderen Worten: Der Test $\phi_1$ ist besser als der Test $\phi_2$, falls der **Fehler 2. Art** für $\phi_1$ für jedes $\theta \in \Theta_1$ kleiner ist als der Fehler 2. Art für $\phi_2$:

$$P_{X,\mathscr{W}_\theta}(\{x \in \Psi; \phi_1(x) = 0\}) \leq P_{X,\mathscr{W}_\theta}(\{x \in \Psi; \phi_2(x) = 0\}) \text{ für alle } \theta \in \Theta_1.$$

Praktisch geht es darum, zu einem gegebenen statistischen Raum $(\Psi, \mathscr{G}, P_{X,\mathscr{W}_{\theta \in \Theta}})$ und zu einem gewählten Testniveau $\alpha$ unter allen Tests vom Testniveau $\alpha$ denjenigen Test zu finden (also die Menge $\overline{K}$), der für alle $\theta \in \Theta_1$ den kleinsten Fehler 2. Art besitzt. Einen solchen Test nennt man **gleichmäßig besten Niveau-$\alpha$-Test**. Natürlich stellen sich in diesem Zusammenhang wichtige Fragen, die allerdings im Rahmen dieses Buches nicht vollständig beantwortet werden können:

- Gibt es zu einem gegebenen statistischen Raum und zu einem Testniveau $\alpha$ überhaupt einen gleichmäßig besten Test?
- Wenn es diesen gleichmäßig besten Test gibt, wie kann man dann die entsprechende Menge $\overline{K}$ finden?

Bevor wir für einen Spezialfall diese Fragen beantworten, soll auf einen wichtigen Punkt hingewiesen werden. Bei der Suche nach einem Testverfahren wird die kleinste obere Schranke für den Fehler 1. Art gewählt, während man mit dem entsprechenden Fehler 2. Art leben muss. Hier ist also eine Asymmetrie zwischen den Hypothesen $H_0$ und $H_1$ erkennbar. Diese Asymmetrie ist gewollt, da sie häufig den praktischen Gegebenheiten entspricht. Soll zum Beispiel aufgrund von Messungen überprüft werden, ob es gefährliche Wechselwirkungen zwischen zwei Medikamenten gibt (Hypothese $H_0$: Ja, Hypothese $H_1$: Nein), so ist der Fehler 1. Art, also die Entscheidung, dass es diese Wechselwirkungen nicht gibt, obwohl sie existieren, viel gefährlicher als der Fehler 2. Art, also die Entscheidung, dass diese Wechselwirkungen vorhanden sind, obwohl sie nicht existieren. Doch nun zum bereits erwähnten Spezialfall:

**Satz 1.124 ((gleichmäßig) beste Tests bei zweipunktigem $\Theta$).** *Gegeben seien ein statistischer Raum $(\Psi, \mathscr{G}, P_{X,\mathscr{W}_{\theta \in \{\theta_0,\theta_1\}}})$, ein $\sigma$-endliches Maß $\mu$ auf $\mathscr{G}$ und bezüglich $\mu$ absolutstetige Wahrscheinlichkeitsmaße $P_{X,\mathscr{W}_{\theta_0}}$ sowie $P_{X,\mathscr{W}_{\theta_1}}$ mit den Dichten $f_{X,\theta_0} : \Psi \to \mathbb{R}_0^+$ beziehungsweise $f_{X,\theta_1} : \Psi \to \mathbb{R}_0^+$. Dann ist für jedes $k \in \mathbb{R}_0^+$ der*

*Test*

$$\delta : \Psi \to \{0,1\}, \quad x \mapsto \begin{cases} 1 \textit{ für alle } x \textit{ mit } f_{X,\theta_1}(x) > k f_{X,\theta_0}(x) \\ 0 \textit{ für alle } x \textit{ mit } f_{X,\theta_1}(x) \leq k f_{X,\theta_0}(x) \end{cases}$$

*unter allen Tests vom Testniveau*

$$\alpha = P_{X,\mathscr{W}_{\theta_0}}(\{x \in \Psi; f_{X,\theta_1}(x) > k f_{X,\theta_0}(x)\})$$

*der (gleichmäßig) beste.* ◁

*Beispiel 1.125 (Herstellung von LED-Lampen).* Kehren wir nun zu unserem Beispiel über die Herstellung von LED-Lampen mit dem statistischen Raum

$$(\{0,1\}^K, \mathscr{P}(\{0,1\}^K), P_{X,\mathscr{W}_{\theta\in\{0.2,0.8\}}}),$$

mit $k = 1$ und mit

$$f_{X,0.2}(x) = 0.2^{\sum_{i=1}^K x_i}(1-0.2)^{K-\sum_{i=1}^K x_i}, \quad f_{X,0.8}(x) = 0.8^{\sum_{i=1}^K x_i}(1-0.8)^{K-\sum_{i=1}^K x_i}$$

zurück. Nach Satz 1.124 ist der Test

$$\delta : \Psi \to \{0,1\}, \quad x \mapsto \begin{cases} 1 \text{ für alle } x \text{ mit } \sum\limits_{i=1}^K x_i > \frac{K}{2} \\ 0 \text{ für alle } x \text{ mit } \sum\limits_{i=1}^K x_i \leq \frac{K}{2} \end{cases}$$

gleichmäßig bester unter allen Tests mit Testniveau

$$\alpha = P_{X,\mathscr{W}_{0.2}}\left(\left\{x \in \Psi; \sum_{i=1}^K x_i > \frac{K}{2}\right\}\right).$$

Für $K = 10$ erhalten wir mit $\alpha = 0.00637$ den Fehler 2. Art: 0.03279.
Für $K = 20$ erhalten wir mit $\alpha = 0.00056$ den Fehler 2. Art: 0.00259. ◁

In vielen Anwendungen (und auch im vorliegenden Buch) werden Messungen als Linearkombinationen von Einflussgrößen mit additiven Störungen modelliert. Die Aufgabe besteht nun darin, die relevanten Einflussgrößen zu finden (also Tests durchzuführen) und die entsprechenden Koeffizienten in der Linearkombination zu schätzen (Punktschätzung). Ausgangspunkt der sogenannten linearen statistischen Modelle ist ein statistischer Raum

$$(\mathbb{R}^n, \mathscr{B}^n, P_{Y,\mathscr{W}_{\theta\in\Theta}}).$$

Das Besondere des statistischen Raumes $(\mathbb{R}^n, \mathscr{B}^n, P_{Y,\mathscr{W}_{\theta\in\Theta}})$ besteht nun in der Tatsache, dass über $P_{Y,\mathscr{W}_{\theta\in\Theta}}$ nur der Erwartungswert von $Y$ in Form einer Linearkombination von Vektoren $x_1,\ldots,x_p$ mit unbekannten Linearfaktoren $\beta \in \mathbb{R}^p$ und lediglich die Kovarianzmatrix von $Y$ in Form eines Vielfachen der Einheitsmatrix $\mathbf{I}$ mit unbekanntem Koeffizienten $\sigma^2 > 0$ bekannt sind. Daher modelliert man $Y$ durch

$$Y = \mathbf{X}\beta + e,$$

mit einer Matrix $\mathbf{X} = (x_1, \ldots, x_p) \in \mathbb{R}^{n,p}$, $n > p \geq 1$, und einer $n$-dimensionalen reellen Zufallsvariablen $e$. Im Gegensatz zu den bisher betrachteten statistischen Räumen parametrisiert $\theta = (\beta, \sigma^2) \in \mathbb{R}^p \times \mathbb{R}^+$ in einem linearen Modell also die Familie der Zufallsvariablen $Y = Y(\theta)$ und damit nur mittelbar die Familie $P_{Y,\mathscr{W}_{\theta\in\Theta}}$ der induzierten Verteilungen. Wir fassen zusammen:

**Definition 1.126 (lineares Modell).** *Es sei* $\mathbf{X} \in \mathbb{R}^{n,p}$ *eine Matrix,* $\beta \in \mathbb{R}^p$ *und* $\sigma^2 > 0$. *Ferner sei e eine n-dimensionale Zufallsvariable mit*

$$E_{(\beta,\sigma^2)}(e) = 0 \quad \textit{und} \quad K_{(\beta,\sigma^2)}(e) = \sigma^2\mathbf{I}.$$

*Dann heißt ein statistischer Raum*

$$(\mathbb{R}^n, \mathscr{B}^n, P_{Y,(\beta,\sigma^2)\in\mathbb{R}^p\times\mathbb{R}^+}) := (\mathbb{R}^n, \mathscr{B}^n, P_{Y,\mathscr{W}_{\theta\in\Theta}}), \quad \theta = (\beta, \sigma^2) \in \mathbb{R}^p \times \mathbb{R}^+ = \Theta,$$

*mit*

$$Y = \mathbf{X}\beta + e$$

***lineares Modell.*** ◁

Die Matrix $\mathbf{X} \in \mathbb{R}^{n,p}$ wird als **Designmatrix** bezeichnet und besteht aus den Spalten $x_1, \ldots, x_p \in \mathbb{R}^n$. Diese wiederum heißen **Regressoren**. Die Forderungen an $e$ stellen sicher, dass

$$E_{(\beta,\sigma^2)}(Y) = \mathbf{X}\beta \quad \text{und} \quad K_{(\beta,\sigma^2)}(Y) = \sigma^2\mathbf{I}$$

gilt, wobei hier $\mathbf{I}$ für die $p \times p$-Einheitsmatrix steht. Die Komponenten $Y_1, \ldots, Y_n$ von $Y$ haben also im Allgemeinen unterschiedliche Erwartungswerte, sind paarweise unkorreliert und haben die gemeinsame Varianz $\sigma^2$.

Eine typische Anwendung linearer Modelle tritt bei linearen physikalischen Gesetzen auf, wie im nachfolgenden Beispiel.

*Beispiel 1.127 (Hookesches Gesetz).* Die Längenänderung $\Delta l$ einer Feder ist proportional zur dehnenden Kraft $F$. Die Proportionalitätskonstante $D$ wird als Federkonstante bezeichnet:

$$F = D \cdot \Delta l.$$

Um die Federkonstante experimentell zu ermitteln, wählt man gewisse Kräfte $F_1, \ldots, F_n$ und misst die entsprechenden Längenänderungen

$$\Delta l_1, \ldots, \Delta l_n.$$

Da dabei Messfehler auftreten, werden die Zahlen $\frac{F_1}{\Delta l_1}, \ldots, \frac{F_n}{\Delta l_n}$ nicht gleich sein. Für welchen Wert der Federkonstanten soll man sich nun entscheiden? Wir stellen die obige Formel um,

$$\Delta l = \frac{1}{D}F,$$

und interpretieren den Messvorgang als Realisierung eines Zufallsexperimentes. Die $n$ Messungen $\Delta l_1, \ldots, \Delta l_n$ ergeben dann die Realisierung $\overline{y} \in \mathbb{R}^n$ in unserem linearen Modell. Als einziger Regressor fungiert der Vektor $(F_1, \ldots, F_n)^\top \in \mathbb{R}^n$. Das zu schätzende $\beta \in \mathbb{R}$ repräsentiert die Zahl $\frac{1}{D}$. Wir erhalten

$$Y = x_1 \beta + e$$

mit $\overline{y}_i = \Delta l_i$ und $x_{i1} = F_i$, $i = 1, \ldots, n$. Durch eine Schätzung $\hat{\beta}$ für $\beta$ erhalten wir eine Schätzung $\hat{D} = \frac{1}{\hat{\beta}}$ für die Federkonstante, und durch eine Schätzung $\hat{\sigma}^2$ für $\sigma^2$ erhalten wir ein Maß für die Güte von $\hat{D}$. ◁

Im obigen Beispiel besteht die Designmatrix aus einer metrischen Größe (die dehnende Kraft), die unter anderem von der Skalierung (etwa gemessen in Newton oder Kilopond) abhängig ist. Bestehen in einem linearen statistischen Modell alle Spalten der Designmatrix, d.h. alle Regressoren, aus metrischen Größen, so spricht man von einem linearen Regressionsmodell .
Eine etwas andere Ausgangssituation beschreibt das nachfolgende Beispiel.

*Beispiel 1.128 (Eichen von Sensoren).* In der Umweltschutztechnik spielen Sensoren zur Messung der Ozonkonzentration eine wichtige Rolle. Seien $m$ verschiedene Sensoren gegeben, die eine unbekannte Ozonkonzentration messen sollen. Der $i$-te Sensor nimmt dabei $n_i$ Messungen vor, die in dem Vektor $y^{(i)} \in \mathbb{R}^{n_i}$ gespeichert werden.
Sei $\mu$ die unbekannte, zu messende Ozonkonzentration, so nimmt man an, dass der $i$-te Sensor diese Konzentration im Mittel mit einem systematischen Fehler $\alpha_i$ misst; dazu kommen noch Einzelfehler pro Messung. Insgesamt fasst man die Messungen als Realisierung einer reellen Zufallsvariablen

$$Y : \Omega \to \mathbb{R}^{n_1} \times \mathbb{R}^{n_2} \times \ldots \times \mathbb{R}^{n_m}$$

auf und betrachtet das lineare statistische Modell

$$\begin{pmatrix} y_1 \\ \vdots \\ y_{n_1} \\ y_{n_1+1} \\ \vdots \\ y_{n_1+n_2} \\ \vdots \\ y_{n_1+\ldots+n_m} \end{pmatrix} = \begin{pmatrix} \mu \\ \\ \\ \vdots \\ \\ \vdots \\ \\ \mu \end{pmatrix} + \begin{pmatrix} \alpha_1 \\ \vdots \\ \alpha_1 \\ \alpha_2 \\ \vdots \\ \alpha_2 \\ \vdots \\ \alpha_m \end{pmatrix} + e$$

bzw.

$$Y = \mathbf{X}\beta + e$$

mit

$$\mathbf{X} \in \mathbb{R}^{n_1+\ldots+n_m, m+1}, \quad \mathbf{X} = \begin{pmatrix} 1\,1\,0 \cdots & 0\;0 \\ \vdots\,\vdots\,\vdots & \vdots\;\vdots \\ 1\,1\,0 \cdots & 0\;0 \\ 1\,0\,1\;0 & \cdots\;0 \\ \vdots\,\vdots\,\vdots\;\vdots & \quad\vdots \\ 1\,0\,1\;0 & \cdots\;0 \\ \vdots\,\vdots\quad\vdots & \\ 1\,0\,0 \cdots & 0\;1 \end{pmatrix}$$

und

$$\beta = (\mu, \alpha_1, \ldots, \alpha_m)^\top.$$

Durch Schätzungen $\hat{\mu}, \hat{\alpha}_1, \ldots, \hat{\alpha}_m$ lassen sich die Sensoren eichen. ◁

Die eben betrachteten Beispiele stellen zwei verschiedene Typen von linearen statistischen Modellen vor. Die Einträge der Designmatrix im letzten Beispiel repräsentieren Indikatoren, die anzeigen, ob ein Parameter $\beta_i$ an der entsprechenden Stelle im Modell vorkommt oder nicht. Derartige lineare statistische Modelle nennt man **lineare varianzanalytische Modelle**. Selbstverständlich gibt es auch Mischformen linearer Regressions- und varianzanalytischer Modelle. Wichtiger als diese Klassifikation ist die Frage, wie unter den gegebenen Rahmenbedingungen Punktschätzungen oder (unter weiteren Voraussetzungen über die Störung) Tests für die unbekannten Parameter durchgeführt werden können.
Im Gegensatz zur Theorie der Punktschätzer ist bei linearen statistischen Modellen der Verteilungstyp der Zufallsvariablen $Y$ mit

$$Y = \mathbf{X}\beta + e$$

im Allgemeinen nicht bekannt. Wegen

$$E_{(\beta,\sigma^2)}(e) = 0 \quad \text{und} \quad K_{(\beta,\sigma^2)}(e) = \sigma^2 \mathbf{I}$$

wählt man folgende Schätzfunktion $g$ für $\beta$ unter der Voraussetzung, dass die Designmatrix $\mathbf{X}$ vollen Rang $p$ besitzt:

$$g : \Omega \to \mathbb{R}^p, \quad \omega \mapsto \underset{\beta \in \mathbb{R}^p}{\operatorname{argmin}} \left\{ \|e(\omega)\|_2^2 \right\},$$

wobei $\underset{\beta \in \mathbb{R}^p}{\operatorname{argmin}} \left\{ \|e(\omega)\|_2^2 \right\}$ den eindeutig bestimmten Vektor $\overline{\beta}(\omega) \in \mathbb{R}^p$ bezeichnet, für den die Funktion

$$\|e(\omega)\|_2^2 = \|Y(\omega) - \mathbf{X}\beta\|_2^2$$

minimal wird. Die Funktion $g$ ist explizit gegeben durch

$$g : \Omega \to \mathbb{R}^p, \quad \omega \mapsto \left(\mathbf{X}^\top \mathbf{X}\right)^{-1} \mathbf{X}^\top Y(\omega).$$

Daher ist $g$ messbar und wegen

$$E_{(\beta,\sigma^2)}(g) = E_{(\beta,\sigma^2)}\left(\left(\mathbf{X}^\top\mathbf{X}\right)^{-1}\mathbf{X}^\top Y(\omega)\right) = \beta$$

auch erwartungstreu; ferner ist $g$ eine lineare Funktion in $Y$.

**Satz 1.129.** *Sei* $(\mathbb{R}^n, \mathscr{B}^n, P_{Y,(\beta,\sigma^2)\in\mathbb{R}^p\times\mathbb{R}^+})$ *mit* $Y = \mathbf{X}\beta + e$ *ein lineares Modell. Hat die Designmatrix* $\mathbf{X}$ *vollen Rang* $p$, *so ist*

$$g : \Omega \to \mathbb{R}^p, \quad \omega \mapsto \left(\mathbf{X}^\top\mathbf{X}\right)^{-1}\mathbf{X}^\top Y(\omega),$$

*eine erwartungstreue Schätzfunktion für* $\beta$, *welche die Eigenschaft*

$$g(\omega) = \operatorname*{argmin}_{\beta\in\mathbb{R}^p}\left\{\|e(\omega)\|_2^2\right\} = \operatorname*{argmin}_{\beta\in\mathbb{R}^p}\left\{\|Y(\omega) - \mathbf{X}\beta\|_2^2\right\}$$

*hat.* ◁

Die Schätzfunktion $g$ wird als **Kleinste-Quadrate-Schätzfunktion** bezeichnet. Wir betrachten weiter Designmatrizen $\mathbf{X}$ mit vollem Rang, werden aber nicht mehr $\beta$, sondern für einen fest gewählten Vektor $c \in \mathbb{R}^p$ den reellwertigen Parameter $c^\top\beta$ schätzen. Die Zufallsvariable

$$g_c : \Omega \to \mathbb{R}^p, \quad \omega \mapsto c^\top\left(\mathbf{X}^\top\mathbf{X}\right)^{-1}\mathbf{X}^\top Y(\omega),$$

ist eine erwartungstreue Schätzfunktion für $c^\top\beta$. Das folgende Theorem zeigt, dass $g_c$ innerhalb einer gewissen Klasse von Schätzfunktionen für $c^\top\beta$ die gleichmäßig beste Schätzfunktion ist.

**Satz 1.130 (Gauß-Markov).** *Es sei* $(\mathbb{R}^n, \mathscr{B}^n, P_{Y,(\beta,\sigma^2)\in\mathbb{R}^p\times\mathbb{R}^+})$ *mit* $Y = \mathbf{X}\beta + e$ *ein lineares Modell mit einer Designmatrix* $\mathbf{X}$ *mit vollem Rang* $p$. *Sei ferner für jedes* $c \in \mathbb{R}^p$ *die Schätzfunktion*

$$g_c : \Omega \to \mathbb{R}, \quad \omega \mapsto c^\top(\mathbf{X}^\top\mathbf{X})^{-1}\mathbf{X}^\top Y(\omega),$$

*gegeben, so ist* $g_c$ *die gleichmäßig beste unter allen (in* $Y$*) linearen erwartungstreuen Schätzfunktionen für* $c^\top\beta$. ◁

Da nach Voraussetzung die einzelnen Komponenten $e_1, \ldots, e_n$ des Fehlers $e$ unkorreliert sind und identische Varianz besitzen, untersuchen wir als Schätzfunktion für $\sigma^2$ die Funktion

$$\overline{S}^2 : \Omega \to \mathbb{R}^+, \quad \omega \mapsto \frac{1}{n}\sum_{i=1}^n e_i^2 = \frac{1}{n}\|e\|_2^2 = \frac{1}{n}\|Y - \mathbf{X}\beta\|_2^2.$$

Da diese Schätzfunktion vom unbekannten Parameter $\beta$ abhängt, ersetzen wir $\beta$ durch die Kleinste-Quadrate-Schätzfunktion $g$ aus Satz 1.129 und erhalten so eine Schätzfunktion $\hat{S}^2$

$$\hat{S}^2 : \Omega \to \mathbb{R}^+, \quad \omega \mapsto \frac{1}{n}\|Y(\omega) - \mathbf{X}(\mathbf{X}^\top\mathbf{X})^{-1}\mathbf{X}^\top Y(\omega)\|_2^2.$$

Für $E_{(\beta,\sigma^2)}(\hat{S}^2)$ gilt:

$$\begin{aligned}
E_{(\beta,\sigma^2)}(\hat{S}^2) &= \frac{1}{n}E_{(\beta,\sigma^2)}(Y^\top(\mathbf{I} - \mathbf{X}(\mathbf{X}^\top\mathbf{X})^{-1}\mathbf{X}^\top)^\top(\mathbf{I} - \mathbf{X}(\mathbf{X}^\top\mathbf{X})^{-1}\mathbf{X}^\top)Y) \\
&= \frac{1}{n}\mathrm{Spur}(K_{(\beta,\sigma^2)}((\mathbf{I} - \mathbf{X}(\mathbf{X}^\top\mathbf{X})^{-1}\mathbf{X}^\top)Y)) \\
&= \frac{1}{n}\mathrm{Spur}(\sigma^2(\mathbf{I} - \mathbf{X}(\mathbf{X}^\top\mathbf{X})^{-1}\mathbf{X}^\top)) \\
&= \frac{1}{n}\sigma^2(n-p),
\end{aligned}$$

da $(\mathbf{I} - \mathbf{X}(\mathbf{X}^\top\mathbf{X})^{-1}\mathbf{X}^\top)$ die lineare Projektion auf $\mathrm{Bild}(\mathbf{X})^\perp$ darstellt.

Um eine erwartungstreue Schätzfunktion $S^2$ für $\sigma^2$ zu erhalten, modifizieren wir $\hat{S}^2$ zu

$$S^2 : \Omega \to \mathbb{R}^+, \quad \omega \mapsto \frac{1}{n-p}\|Y(\omega) - \mathbf{X}(\mathbf{X}^\top\mathbf{X})^{-1}\mathbf{X}^\top Y(\omega)\|_2^2.$$

In der Praxis hat man eine Realisierung $\bar{y} = Y(\hat{\omega})$ von $Y$ vorliegen. Die Zahl

$$S^2(\hat{\omega}) = \frac{1}{n-p}\|\bar{y} - \mathbf{X}(\mathbf{X}^\top\mathbf{X})^{-1}\mathbf{X}^\top\bar{y}\|_2^2 \tag{1.51}$$

dient als Maß für die Güte der Schätzung des Erwartungswertes $\mathbf{X}\beta$ von $Y$ durch $\mathbf{X}(\mathbf{X}^\top\mathbf{X})^{-1}\mathbf{X}^\top\bar{y}$.

*Beispiel 1.131 (Hookesches Gesetz).* Wir erläutern die bisher erzielten Ergebnisse der Kleinste-Quadrate-Schätzung durch Beispiel 1.127, der Ermittlung einer Federkonstanten. Zu diesem Zweck nehmen wir an, wir hätten zu den Kräften von 1 bis 5 $N$ [Newton], also zum Regressor

$$x_1 = (1,2,3,4,5)^\top,$$

die Längenausdehnungen [in Zentimetern]

$$Y(\hat{\omega}) = \bar{y} = (\Delta l_1, \ldots, \Delta l_5)^\top = (2.3, 4.2, 6.1, 7.8, 9.5)^\top$$

gemessen. Nach Satz 1.129 ist

$$\begin{aligned}
g(\hat{\omega}) &= \left(\mathbf{X}^\top\mathbf{X}\right)^{-1}\mathbf{X}^\top\bar{y} \\
&= \left((1,2,3,4,5)(1,2,3,4,5)^\top\right)^{-1}(1,2,3,4,5)(2.3,4.2,6.1,7.8,9.5)^\top \\
&= \frac{1}{55}\cdot 107.7 \simeq 1.96
\end{aligned}$$

der Kleinste-Quadrate-Schätzer für $\hat{\beta} = \frac{1}{\hat{D}}$. Damit erhalten wir als Schätzung der Federkonstanten $\hat{D} = \frac{1}{\hat{\beta}} \simeq 0.51$. Um die Güte dieser Schätzung einzuordnen, berechnen wir den Wert $S^2(\hat{\omega})$:

$$\begin{aligned} S^2(\hat{\omega}) &= \frac{1}{n-1}\|\bar{y} - \mathbf{X}(\mathbf{X}^\top\mathbf{X})^{-1}\mathbf{X}^\top\bar{y}\|_2^2 = \frac{1}{n-1}\|\bar{y} - \mathbf{X}g(\hat{\omega})\|_2^2 \\ &\simeq \frac{1}{5-1}\|(2.3, 4.2, 6.1, 7.8, 9.5) - (1,2,3,4,5)\cdot 0.51\|_2^2 \simeq 0.58. \end{aligned}$$

◁

Hat man die Designmatrix $\mathbf{X} = (x_1, \ldots, x_p) \in \mathbb{R}^{n,p}$ mit Rang$(\mathbf{X}) = p$ gegeben, so könnte man auf die Idee kommen, die Matrix $\mathbf{X}$ zu einer regulären Matrix

$$\tilde{\mathbf{X}} = (x_1, \ldots, x_p, \tilde{x}_{p+1}, \ldots, \tilde{x}_n) \in \mathbb{R}^{n,n}$$

zu ergänzen und damit durch die Schätzfunktion

$$\tilde{\beta} : \Omega \to \mathbb{R}^n, \quad \omega \mapsto \tilde{\mathbf{X}}^{-1} Y(\omega),$$

die Gleichung

$$Y = \tilde{\mathbf{X}}\tilde{\beta} + 0 \quad (\text{also: } e = 0)$$

zu erreichen. Allerdings ist dann die erwartungstreue Schätzung der Varianz $\sigma^2$ durch die Schätzfunktion $S^2$ nicht mehr möglich, da sowohl der Zähler

$$\|Y(\omega) - \tilde{\mathbf{X}}\tilde{\mathbf{X}}^{-1}Y(\omega)\|_2^2$$

als auch der Nenner $(n-p)$ gleich Null werden. Man hat die Realisierung des stochastischen Messfehlers wie eine deterministische Größe mitmodelliert, was die stochastische Modellierung ad absurdum führt.
Hat die Designmatrix $\mathbf{X}$ nicht vollen Rang, so besitzt

$$\underset{\beta \in \mathbb{R}^p}{\operatorname{argmin}} \left\{ \|E(\omega)\|_2^2 \right\}$$

zur Gewinnung einer Schätzfunktion für $\beta$ keine eindeutige Lösung mehr, denn ein Vektor $\beta_\omega \in \mathbb{R}^p$, für den die Funktion

$$\|e(\omega)\|_2^2 = \|Y(\omega) - \mathbf{X}\beta\|_2^2$$

minimal wird, ist nun nicht mehr eindeutig bestimmt. Um einen eindeutigen Minimierer $\beta_\omega \in \mathbb{R}^p$ zu erhalten, müssen Zusatzbedingungen aufgestellt werden. Sei für festes $\omega \in \Omega$ die Menge $B_\omega$ gegeben durch

$$B_\omega := \left\{ \beta_\omega \in \mathbb{R}^p : \beta_\omega = \underset{\beta \in \mathbb{R}^p}{\operatorname{argmin}} \left\{ \|e(\omega)\|_2^2 \right\} \right\},$$

so gibt es in $B_\omega$ ein eindeutiges $\hat{\beta}_\omega$ mit

$$\|\hat{\beta}_\omega\|_2^2 \leq \|\beta_\omega\|_2^2 \quad \text{für alle } \beta_\omega \in B_\omega.$$

Dieses $\hat{\beta}_\omega$ kann für alle $\omega \in \Omega$ durch eine eindeutig bestimmte Matrix $\mathbf{X}^+ \in \mathbb{R}^{p,n}$, die nicht von $\omega \in \Omega$ abhängt, durch

$$\hat{\beta}_\omega = \mathbf{X}^+ Y(\omega)$$

berechnet werden. Es ergibt sich alternativ zum Fall $\text{Rang}(\mathbf{X}) = p$ eine (in $Y$) lineare Schätzfunktion

$$g^+ : \Omega \in \mathbb{R}^p, \quad \omega \mapsto \mathbf{X}^+ Y(\omega),$$

im Falle $\text{Rang}(\mathbf{X}) < p$. Die Matrix $\mathbf{X}^+$ wird als **Moore-Penrose-Pseudoinverse** von $\mathbf{X}$ bezeichnet. Auf ihre genaue Definition gehen wir in Kapitel 2 ein. Für $\text{Rang}(\mathbf{X}) = p$ ergibt sich

$$\mathbf{X}^+ = (\mathbf{X}^\top \mathbf{X})^{-1} \mathbf{X}^\top,$$

das heißt für Designmatrizen mit vollem Rang erhalten wir die bereits bekannte Schätzfunktion aus Satz 1.129 zurück. Für $c \in \text{Kern}(\mathbf{X})^\perp$ ist

$$\omega \mapsto c^\top \mathbf{X}^+ Y(\omega)$$

eine lineare erwartungstreue Schätzfunktion für $c^\top \beta$.

Nun betrachten wir lineare Modelle $(\mathbb{R}^n, \mathscr{B}^n, P_{Y,(\beta,\sigma^2) \in \mathbb{R}^p \times \mathbb{R}^+})$ mit

$$Y = \mathbf{X}\beta + e$$

und

$$\text{Rang}(\mathbf{X}) = p < n$$

unter der zusätzlichen Annahme, dass die zentrierte, unkorrelierte $n$-dimensionale reelle Zufallsvariable $e$ normalverteilt ist:

$$e \sim \mathcal{N}(0, \sigma^2 \mathbf{I}).$$

Als Modell für additive Messfehler ist diese Annahme in der Regel gerechtfertigt. Diese speziellen linearen Modelle heißen **normalverteilte lineare Modelle** oder auch **lineare Gaußmodelle**. In einem normalverteilten linearen Modell ist die Schätzfunktion

$$g_c : \Omega \to \mathbb{R}, \quad \omega \mapsto c^\top (\mathbf{X}^\top \mathbf{X})^{-1} \mathbf{X}^\top Y(\omega),$$

aus dem Theorem 1.130 von Gauß-Markov für jedes $c \in \mathbb{R}^p$ sogar gleichmäßig beste Schätzfunktion unter allen (nicht notwendig linearen) erwartungstreuen Schätzfunktionen für $c^\top \beta$. Durch die Normalverteilungsannahme für $e$ (und damit auch für $Y$) erhalten wir die Möglichkeit, spezielle Tests durchzuführen. Wir wollen dies an zwei Beispielen erläutern. Insbesondere sind wir in diesem Buch an Tests der

Form

$$H_0 : \beta_i = 0 \quad \text{und} \quad H_1 : \beta_i \neq 0, \quad i \in \{1,\dots,p\},$$

bezogen auf einzelne Komponenten von $\beta$ interessiert. Ferner betrachten wir Tests der Form

$$H_0 : \sigma^2 \leq \sigma_0^2 \quad \text{und} \quad H_1 : \sigma^2 > \sigma_0^2.$$

Tests der Form

$$H_0 : \beta_i = 0 \quad \text{und} \quad H_1 : \beta_i \neq 0, \quad i \in \{1,\dots,p\}$$

sind deshalb so wichtig, da bei Annahme der Nullhypothese die Designmatrix $\mathbf{X} = (x_1,\dots,x_p)$ zu

$$\hat{\mathbf{X}} = (x_1,\dots,x_{i-1},x_{i+1},\dots,x_p) \in \mathbb{R}^{n,(p-1)}$$

abgeändert werden kann (wegen $\beta_i = 0$ spielt die Spalte $x_i$ in $\mathbf{X}$ keine Rolle). Dies hat den Vorteil, dass sich im Nenner der Schätzfunktion $S^2$ für $\sigma^2$ dann $(n-p+1)$ anstelle von $(n-p)$ und somit eine kleinere Varianz, also eine höhere Güte, ergibt. Tests der Form

$$H_0 : \sigma^2 \leq \sigma_0^2 \quad \text{und} \quad H_1 : \sigma^2 > \sigma_0^2$$

haben Bedeutung, da die Varianz $\sigma^2$ in linearen statistischen Modellen ein Maß für die Güte der Schätzung des Erwartungswertes $\mathbf{X}\beta$ von $Y$ durch $\mathbf{X}(\mathbf{X}^\top\mathbf{X})^{-1}\mathbf{X}^\top\overline{y}$ ist. Wir wollen im Folgenden für diese beiden sogenannten Alternativtestprobleme Tests herleiten.

Bevor wir geeignete Testvorschriften angeben können, benötigen wir das folgende Lemma über die Verteilungen quadratischer Formen normalverteilter Zufallsvariablen.

**Lemma 1.132 (Quadratische Formen normalverteilter Zufallsvariablen).** *Seien $(\Omega,\mathscr{F},P)$ ein Wahrscheinlichkeitsraum,*

$$e_1,\dots,e_n : \Omega \to \mathbb{R}$$

*unabhängige, $\mathscr{N}(0,1)$-verteilte Zufallsvariablen und $\mathbf{P} \in \mathbb{R}^{n,n}$ eine lineare Projektion auf einen $(n-p)$-dimensionalen linearen Unterraum des $\mathbb{R}^n$ mit $0 \leq p < n$, so gilt:*

*1. Die Verteilung der Zufallsvariablen*

$$Z : \Omega \to \mathbb{R}, \quad \omega \mapsto e^\top(\omega)\mathbf{P}e(\omega), \quad (e = (e_1,\dots,e_n)^\top)$$

*ist bezüglich des Lebesgue-Maßes $\lambda$ durch die Dichte*

$$f_{\chi^2} : \mathbb{R} \to \mathbb{R}^+, \quad x \mapsto \begin{cases} 0 & \text{für alle } x \text{ mit } x \leq 0, \\ \dfrac{x^{\frac{n-p-2}{2}}\exp\left(-\frac{x}{2}\right)}{2^{\frac{n-p}{2}}\Gamma\left(\frac{n-p}{2}\right)} & \text{für alle } x \text{ mit } x > 0, \end{cases}$$

*der* $\chi^2$*-**Verteilung mit*** $(n-p)$ ***Freiheitsgraden*** *gegeben, wobei*

$$\Gamma : \mathbb{R}^+ \to \mathbb{R}, \quad s \mapsto \int_0^\infty \exp(-x) x^{s-1} dx.$$

2. *Ist* $U : \Omega \to \mathbb{R}$ *eine* $\mathcal{N}(0,1)$*-verteilte Zufallsvariable und* $V : \Omega \to \mathbb{R}$ *eine* $\chi^2$*-verteilte Zufallsvariable mit* $(n-p)$ *Freiheitsgraden, und sind ferner* $U$ *und* $V$ *stochastisch unabhängig, so ist die Verteilung der Zufallsvariablen*

$$W : \Omega \to \mathbb{R}, \quad \omega \mapsto \frac{U\sqrt{n-p}}{\sqrt{V}},$$

*bezüglich des Lebesgue-Maßes* $\lambda$ *durch die Dichte*

$$t : \mathbb{R} \to \mathbb{R}^+, \quad x \mapsto \frac{\Gamma\left(\frac{n-p+1}{2}\right)}{\Gamma\left(\frac{n-p}{2}\right)\sqrt{\pi(n-p)}} \left(1 + \frac{x^2}{n-p}\right)^{-\frac{n-p+1}{2}},$$

*der* $t$*-**Verteilung mit*** $(n-p)$ ***Freiheitsgraden*** *gegeben.*

◁

Ist $X$ eine reellwertige Zufallsvariable mit Verteilungsfunktion $F$ und $\alpha \in \,]0,1[$, so heißt $z_\alpha \in \mathbb{R}$ ein **$\alpha$-Quantil**, falls

$$F(z_\alpha) = \alpha.$$

Besitzt $X$ eine Lebesgue-Dichte $f$, so gilt folglich für ein $\alpha$-Quantil $z_\alpha$

$$\int_{-\infty}^{z_\alpha} f(x)dx = \alpha.$$

Ein **$\alpha$-Fraktil** ist definitionsgemäß ein $(1-\alpha)$-Quantil. Ist $X$ eine stetige reelle Zufallsvariable mit den Quantilen $z_{\frac{\alpha}{2}}$ und $z_{1-\frac{\alpha}{2}}$, so gilt

$$P(z_{\frac{\alpha}{2}} \leq X \leq z_{1-\frac{\alpha}{2}}) = F(z_{1-\frac{\alpha}{2}}) - F(z_{\frac{\alpha}{2}}) = 1 - \alpha$$

und analog

$$P(X \leq z_{1-\alpha}) = F(z_{1-\alpha}) = 1 - \alpha \quad \text{bzw.} \quad P(X > z_\alpha) = 1 - F(z_\alpha) = 1 - \alpha.$$

Ist $X$ eine Zufallsvariable in einem zweiseitigen Alternativtestproblem, deren Verteilung man bei Gültigkeit der Nullhypothese kennt (typischerweise die $t$- oder $\chi^2$-Verteilung), erhält man daraus unmittelbar einen Test zum Signifikanzniveau $\alpha$, indem man die Nullhypothese für $X > z_{1-\frac{\alpha}{2}}$ oder $X < z_{\frac{\alpha}{2}}$ ablehnt. Analog geht man bei einseitigen Tests vor. Auf diesem Prinzip beruhen eine Vielzahl von Tests, von denen wir nun zwei vorstellen. Wir werden für diese Tests insbesondere die Quantile von $t$- bzw. $\chi^2$-verteilten Zufallsvariablen benötigen, für die wir folgende Notationen verwenden:

$$t_{n,\alpha} : \alpha\text{-Quantil der } t\text{-Verteilung mit } n \text{ Freiheitsgraden},$$
$$\chi^2_{n,\alpha} : \alpha\text{-Quantil der } \chi^2\text{-Verteilung mit } n \text{ Freiheitsgraden}.$$

Um einen Test für die Hypothesen

$$H_0 : \sigma^2 \leq \sigma_0^2 \quad \text{und} \quad H_1 : \sigma^2 > \sigma_0^2 \quad \text{für} \quad \sigma_0^2 > 0,$$

mit einem festgelegten Testniveau $\alpha$ zu erhalten, verwendet man naheliegender Weise die erwartungstreue Schätzfunktion

$$S^2 : \Omega \to \mathbb{R}^+, \quad \omega \mapsto \frac{1}{n-p} \|Y(\omega) - \mathbf{X}(\mathbf{X}^\top \mathbf{X})^{-1} \mathbf{X}^\top Y(\omega)\|_2^2.$$

wobei $\mathbf{P} = (\mathbf{I} - \mathbf{X}(\mathbf{X}^\top \mathbf{X})^{-1} \mathbf{X}^\top)$ die lineare Projektion auf $\text{Bild}(\mathbf{X})^\perp$ darstellt. Mit Lemma 1.132 erhalten wir die Verteilung von $S^2$ in Form einer Lebesgue-Dichte $f_{S^2}$:

$$P_{\sigma^2 \in \mathbb{R}^+}(\{\omega \in \Omega : S^2(\omega) \leq x\}) = P_{\sigma^2 \in \mathbb{R}^+}\left(\left\{\omega \in \Omega : \frac{n-p}{\sigma^2} S^2(\omega) \leq \frac{(n-p)x}{\sigma^2}\right\}\right)$$

für alle $x \in \mathbb{R}^+$ und somit

$$f_{S^2}(x) = f_{\chi^2}\left(\frac{n-p}{\sigma^2} x\right) \frac{n-p}{\sigma^2} \quad \text{für alle} \quad x \in \mathbb{R},$$

mit der Lebesgue-Dichte $f_{\chi^2}$ einer $\chi^2$-Verteilung mit $(n-p)$ Freiheitsgraden wie in Lemma 1.132.

Anhand einer expliziten Darstellung von $f_{S^2}$ erkennt man eine gewisse Monotonieeigenschaft: $P_{S^2, \sigma^2 \in \mathbb{R}^+}$ besitzt „bezüglich der Identität einen monotonen Dichtequotienten“ – siehe Definition 16.7 in [MS05]. In einem solchen Fall lässt sich Satz 1.124 von einem zweipunktigen $\Theta$ verallgemeinern auf den Fall von Hypothesen der Form

$$H_0 : \sigma^2 \leq \sigma_0^2 \quad \text{und} \quad H_1 : \sigma^2 > \sigma_0^2 \quad \text{für} \quad \sigma_0^2 > 0,$$

siehe etwa das Theorem 16.10 in [MS05]. Damit erhalten wir einen (gleichmäßig besten) so genannten $\chi^2$-Test.

**Einseitiger $\chi^2$-Test:** Sei ein lineares Gaußmodell mit den Hypothesen

$$H_0 : \sigma^2 \leq \sigma_0^2 \quad \text{und} \quad H_1 : \sigma^2 > \sigma_0^2 \quad (\sigma_0^2 > 0),$$

gegeben. Dann ist

$$\phi : \mathbb{R}^n \to \{0,1\}, \quad y \mapsto \begin{cases} 1 \text{ für alle } y \text{ mit } T(y) > \chi^2_{n-p,1-\alpha}, \\ 0 \text{ für alle } y \text{ mit } T(y) \leq \chi^2_{n-p,1-\alpha}, \end{cases}$$

ein gleichmäßig bester Test. Dabei ist mit $Y(\hat{\omega}) = \overline{y}$:

$$T : \mathbb{R}^n \to \mathbb{R}^+, \quad T(\overline{y}) = \frac{n-p}{\sigma_0^2} S^2(\hat{\omega}) = \frac{1}{\sigma_0^2} \|\overline{y} - \mathbf{X}(\mathbf{X}^\top \mathbf{X})^{-1} \mathbf{X}^\top \overline{y}\|_2^2.$$

Wir wollen den einseitigen $\chi^2$-Test am folgenden Beispiel noch einmal erläutern.

*Beispiel 1.133.* Ein empfindliches medizinisches Messgerät hat bei Auslieferung einen Messfehler, der $\mathcal{N}(0, 0.1)$-verteilt ist. Nach zwei Jahren soll durch Probemessungen überprüft werden, ob die Genauigkeit noch vorhanden ist oder sich verschlechtert hat. Daher soll ein $\chi^2$-Test

$$H_0 : \sigma^2 \leq \sigma_0^2 \quad \text{und} \quad H_1 : \sigma^2 > \sigma_0^2 \quad \text{mit } \sigma_0^2 = 0.1$$

durchgeführt werden. Wir testen das Messgerät unter stets gleichen Bedingungen; daher ist es plausibel, das allgemeine lineare Gaußmodell

$$Y = \mathbf{X}\beta + e$$

durch die zusätzlichen Annahmen $\mathbf{X} = (1, \ldots, 1)^\top \in \mathbb{R}^n$ und $\beta \in \mathbb{R}$ zu vereinfachen. Dies bedeutet lediglich, dass die einzelnen Messungen $Y_1, \ldots, Y_n$ den gleichen Erwartungswert $\beta$ besitzen. Dadurch erhält die Teststatistik[8] die einfache Gestalt

$$\begin{aligned} T(\overline{y}) &= \frac{1}{\sigma_0^2} \|\overline{y} - \mathbf{X}(\mathbf{X}^\top \mathbf{X})^{-1} \mathbf{X}^\top \overline{y}\|_2^2 \\ &= \frac{1}{\sigma_0^2} \sum_{i=1}^n \left( \overline{y}_i - \frac{1}{n} \sum_{i=1}^n \overline{y}_i \right)^2 \\ &= \frac{1}{\sigma_0^2} \sum_{i=1}^n (\overline{y}_i - \overline{y}_\mu)^2, \end{aligned}$$

wobei wir mit $\overline{y}_\mu := \frac{1}{n} \sum_{i=1}^n \overline{y}_i$ das Stichprobenmittel bezeichnet haben. Geht man beispielsweise von $n = 30$ Messungen und einem Testniveau von $\alpha = 0.05$ aus, dann ist das $(1-\alpha)$-Quantil der $\chi^2$-Verteilung mit 29 Freiheitsgraden

[8] Eine Teststatistik ist eine Schätzfunktion für den in Frage stehenden Parameter, hier $\sigma^2$. Der Wert, den die Teststatistik für eine Stichprobe annimmt, entscheidet darüber, ob die Nullhypothese oder die Gegenhypothese angenommen wird.

$$\chi^2_{29,0.95} \simeq 42.56$$

zu berechnen. Nach dem $\chi^2$-Test ist demnach die Nullhypothese abzulehnen (das heißt eine Verschlechterung der Messgenauigkeit festzustellen), falls für die gemessene Realisierung $\bar{y}$ der Länge 30

$$T(\bar{y}) \cdot \sigma_0^2 = \sum_{i=1}^{30} (\bar{y}_i - \bar{y}_\mu)^2 > \sigma_0^2 \cdot \chi^2_{29,0.95} \simeq 0.1 \cdot 42.56 = 4.256$$

gilt. ◁

Für einen Test der Form

$$H_0 : \beta_i = 0 \quad \text{und} \quad H_1 : \beta_i \neq 0, \quad i \in \{1, \ldots, p\}$$

benötigt man einerseits eine Teststatistik, welche die Größe $\beta_i$ geeignet repräsentiert (etwa $((\mathbf{X}^\top\mathbf{X})^{-1}\mathbf{X}^\top Y)_i$), deren Verteilung aber andererseits bei Gültigkeit der Nullhypothese bekannt sein muss, also insbesondere unabhängig von $\sigma^2$ sein muss. Bezeichnet $c_{i,i}$ das $i$-te Diagonalelement von $(\mathbf{X}^\top\mathbf{X})^{-1}$, so ist

$$\frac{((\mathbf{X}^\top\mathbf{X})^{-1}\mathbf{X}^\top Y(\omega))_i}{\sqrt{c_{i,i}\sigma^2}}$$

zwar standardisiert, aber als Teststatistik immer noch von $\sigma^2$ abhängig. Daher dividiert man diesen Term durch die bereits bekannte Schätzfunktion für $\sigma^2$, die wiederum standardisiert wird und es ergibt sich somit die Schätzfunktion

$$R : \Omega \to \mathbb{R}, \qquad \omega \mapsto \frac{\frac{((\mathbf{X}^\top\mathbf{X})^{-1}\mathbf{X}^\top Y(\omega))_i}{\sqrt{c_{i,i}\sigma^2}}}{\sqrt{\frac{1}{(n-p)\sigma^2} Y(\omega)^\top \mathbf{P} Y(\omega)}} = \frac{((\mathbf{X}^\top\mathbf{X})^{-1}\mathbf{X}^\top Y(\omega))_i \sqrt{n-p}}{\sqrt{c_{i,i} Y(\omega)^\top \mathbf{P} Y(\omega)}}.$$

Die Zufallsvariable

$$\frac{((\mathbf{X}^\top\mathbf{X})^{-1}\mathbf{X}^\top Y)_i}{\sqrt{c_{i,i}\sigma^2}}$$

ist $\mathcal{N}(0,1)$-verteilt, falls die Nullhypothese gültig ist. Könnte man noch beweisen, dass die Zufallsvariablen

$$\frac{((\mathbf{X}^\top\mathbf{X})^{-1}\mathbf{X}^\top Y)_i}{\sqrt{c_{i,i}\sigma^2}} \quad \text{und} \quad \sqrt{\frac{1}{(n-p)\sigma^2} Y^\top \mathbf{P} Y}$$

stochastisch unabhängig sind, so wäre die Verteilung von $R$ nach Lemma 1.132 bei Gültigkeit der Nullhypothese als $t$-Verteilung mit $(n-p)$ Freiheitsgraden bekannt. Eine Realisierung von $R$ ist durch eine Realisierung $\bar{y} = Y(\hat{\omega})$ vermöge

$$R(\hat{\omega}) = \frac{\frac{((\mathbf{X}^\top\mathbf{X})^{-1}\mathbf{X}^\top Y(\hat{\omega}))_i}{\sqrt{c_{i,i}\sigma^2}}}{\sqrt{\frac{1}{(n-p)\sigma^2}Y(\hat{\omega})^\top \mathbf{P} Y(\hat{\omega})}} = \frac{((\mathbf{X}^\top\mathbf{X})^{-1}\mathbf{X}^\top\overline{y})_i\sqrt{n-p}}{\sqrt{c_{i,i}\overline{y}^\top\mathbf{P}\overline{y}}} = \tilde{T}(\overline{y})$$

für eine entsprechende Abbildung $\tilde{T}:\mathbb{R}^n \to \mathbb{R}$ gegeben.
Betrachten wir nun die Zufallsvariable

$$Z:\Omega \to \mathbb{R}^{p+n}, \quad \omega \mapsto \underbrace{\begin{pmatrix} (\mathbf{X}^\top\mathbf{X})^{-1}\mathbf{X}^\top \\ \mathbf{I}-\mathbf{X}(\mathbf{X}^\top\mathbf{X})^{-1}\mathbf{X}^\top \end{pmatrix}}_{\in\mathbb{R}^{(p+n),n}} Y(\omega),$$

so ergibt sich:

$$K_{(\beta,\sigma^2)}(Z) = \sigma^2 \begin{pmatrix} (\mathbf{X}^\top\mathbf{X})^{-1} & \mathbf{0} \\ \mathbf{0} & (\mathbf{I}-\mathbf{X}(\mathbf{X}^\top\mathbf{X})^{-1}\mathbf{X}^\top) \end{pmatrix}.$$

Somit sind wegen der Normalverteilung von $Y$ die Zufallsvariablen

$$(\mathbf{X}^\top\mathbf{X})^{-1}\mathbf{X}^\top Y \quad \text{und} \quad (\mathbf{I}-\mathbf{X}(\mathbf{X}^\top\mathbf{X})^{-1}\mathbf{X}^\top)Y$$

stochastisch unabhängig und damit auch die Zufallsvariablen

$$\frac{((\mathbf{X}^\top\mathbf{X})^{-1}\mathbf{X}^\top Y)_i}{\sqrt{c_{i,i}\sigma^2}} \quad \text{und} \quad \sqrt{\frac{1}{(n-p)\sigma^2}Y^\top \underbrace{\mathbf{P}^\top\mathbf{P}}_{=\mathbf{P}} Y}.$$

Zusammenfassend erhalten wir einen so genannten $t$-Test.

**Zweiseitiger $t$-Test:** Sei ein lineares Gaußmodell mit den Hypothesen

$$H_0:\beta_i = 0 \quad \text{und} \quad H_1:\beta_i \neq 0, \quad i\in\{1,\ldots,p\},$$

gegeben. Dann ist

$$\phi:\mathbb{R}^n \to \{0,1\}, \quad y \mapsto \begin{cases} 1 \text{ für alle } y \text{ mit } |\tilde{T}(y)| > t_{n-p,1-\frac{\alpha}{2}}, \\ 0 \text{ für alle } y \text{ mit } |\tilde{T}(y)| \leq t_{n-p,1-\frac{\alpha}{2}}, \end{cases}$$

ein geeigneter Test. Dabei ist mit $Y(\hat{\omega}) = \overline{y}$:

$$\tilde{T}:\mathbb{R}^n \to \mathbb{R}^+, \quad \tilde{T}(\overline{y}) = R(\hat{\omega}) = \frac{((\mathbf{X}^\top\mathbf{X})^{-1}\mathbf{X}^\top\overline{y})_i\sqrt{n-p}}{\sqrt{c_{i,i}\overline{y}^\top\mathbf{P}\overline{y}}},$$

$c_{ii}$ das $i$-te Diagonalelement von $(\mathbf{X}^\top\mathbf{X})^{-1}$ und $\mathbf{P} = (\mathbf{I}-\mathbf{X}(\mathbf{X}^\top\mathbf{X})^{-1}\mathbf{X}^\top)$.

Wir wollen auch diesen $t$-Test an einem Beispiel erläutern. Dazu betrachten wir eine typische Situation, in der ein linearer Zusammenhang zwischen zwei Größen vermutet wird.

*Beispiel 1.134.* Zwischen dem relativen Gewicht und dem Blutdruck wird ein linearer Zusammenhang vermutet:

$$y = bx + a, \quad a, b \in R,$$

wobei $x$ das relative Gewicht und $y$ den Blutdruck darstellt. Auf der Basis einer Stichprobe

$$(x_1, y_1), \ldots, (x_n, y_n)$$

wollen wir die Frage klären, ob die Steigung $b$ ungleich Null ist. Dazu betrachten wir das lineare Gaußmodell

$$Y = \mathbf{X}\beta + e$$

mit der Designmatrix

$$\mathbf{X} = \begin{pmatrix} 1 & x_1 \\ \vdots & \vdots \\ 1 & x_n \end{pmatrix}$$

sowie $\beta = (a, b)^\top$. Als Hypothesen erhalten wir entsprechend

$$H_0 : b = \beta_2 = 0, \quad H_1 : b = \beta_2 \neq 0.$$

Um die Teststatistik $\tilde{T}$ auszuwerten, berechnen wir

$$((\mathbf{X}^\top \mathbf{X})^{-1} \mathbf{X}^\top y)_2 = \frac{\langle x|y\rangle - n x_\mu y_\mu}{\langle x|x\rangle - n x_\mu^2}$$

sowie

$$c_{22} y^\top \mathbf{P} y = \frac{\langle y|y\rangle - n y_\mu}{\langle x|x\rangle - n x_\mu^2} - \left( \frac{\langle x|y\rangle - n x_\mu y_\mu}{\langle x|x\rangle - n x_\mu^2} \right)^2,$$

wobei wir mit $x_\mu = \frac{1}{n} \sum_{i=1}^n x_i$ bzw. $y_\mu$ wieder das Stichprobenmittel bezeichnet haben. Damit erhalten wir als Teststatistik

$$\tilde{T}(y) = \frac{\frac{\langle x|y\rangle - n x_\mu y_\mu}{\langle x|x\rangle - n x_\mu^2} \cdot \sqrt{n-2}}{\sqrt{\frac{\langle y|y\rangle - n y_\mu}{\langle x|x\rangle - n x_\mu^2} - \left( \frac{\langle x|y\rangle - n x_\mu y_\mu}{\langle x|x\rangle - n x_\mu^2} \right)^2}}.$$

Betrachten wir z.B. die konkrete Stichprobe mit $n = 10$

$$(80, 112), (90, 111), (104, 116), (110, 141), (116, 134),$$
$$(141, 144), (168, 149), (170, 159), (160, 139), (183, 164),$$

so folgt für den Wert der Teststatistik

$$\tilde{T}(y) = 6.47.$$

Legen wir das Signifikanzniveau $\alpha = 5\%$ fest, so ergibt sich aus $t_{8,0.975} = 2.306$, dass wir wegen

$$\tilde{T}(y) = 6.47 > 2.306 = t_{8,0.975}$$

die Nullhypothese zum Signifikanzniveau 5% ablehnen müssen. ◁

Ein anderes, historisch bekanntes Beispiel für die Anwendung eines solchen $t$-Tests sind die Longley-Daten.

*Beispiel 1.135 (Longley-Daten).* J. W. Longley hat im Jahr 1967 die folgenden volkswirtschaftlichen Daten der USA aus dem Zeitraum von 1947 bis 1962 veröffentlicht:

$y$ : Erwerbstätigkeit in 1000
$x_1$ : Preisdeflator (1954 entspricht 100)
$x_2$ : Bruttosozialprodukt in Mio.
$x_3$ : Arbeitslosigkeit in 1000
$x_4$ : Truppenstärke in 1000
$x_5$ : Bevölkerung über 14 Jahre (ohne Schüler und Studenten) in 1000
$x_6$ : Jahr

mit den numerischen Werten

| $y$ | $x_1$ | $x_2$ | $x_3$ | $x_4$ | $x_5$ | $x_6$ |
|---|---|---|---|---|---|---|
| 60323 | 83.0 | 234289 | 2356 | 1590 | 107608 | 1947 |
| 61122 | 88.5 | 259426 | 2325 | 1456 | 108632 | 1948 |
| 60171 | 88.2 | 258054 | 3682 | 1616 | 109773 | 1949 |
| 61187 | 89.5 | 284599 | 3351 | 1650 | 110929 | 1950 |
| 63221 | 96.2 | 328975 | 2099 | 3099 | 112075 | 1951 |
| 63639 | 98.1 | 346999 | 1932 | 3594 | 113270 | 1952 |
| 64989 | 99.0 | 365385 | 1870 | 3547 | 115094 | 1953 |
| 63761 | 100.0 | 363112 | 3578 | 3350 | 116219 | 1954 |
| 66019 | 101.2 | 397469 | 2904 | 3048 | 117388 | 1955 |
| 67857 | 104.6 | 419180 | 2822 | 2857 | 118734 | 1956 |
| 68169 | 108.4 | 442769 | 2936 | 2789 | 120445 | 1957 |
| 66513 | 110.8 | 444546 | 4681 | 2637 | 121950 | 1958 |
| 68655 | 112.6 | 482704 | 3813 | 2552 | 123366 | 1959 |
| 69564 | 114.2 | 502601 | 3931 | 2514 | 125368 | 1960 |
| 69331 | 115.7 | 518173 | 4806 | 2572 | 127852 | 1961 |
| 70551 | 116.9 | 554894 | 4007 | 2827 | 130081 | 1962 |

.

Verwendet man das lineare Regressionsmodell

$$Y = \mathbf{X}\beta + e$$

mit

$$\mathbf{X} = \begin{pmatrix} 1 & 83.0 & 234289 & 2356 & 1590 & 107608 & 1947 \\ 1 & 88.5 & 259426 & 2325 & 1456 & 108632 & 1948 \\ 1 & 88.2 & 258054 & 3682 & 1616 & 109773 & 1949 \\ 1 & 89.5 & 284599 & 3351 & 1650 & 110929 & 1950 \\ 1 & 96.2 & 328975 & 2099 & 3099 & 112075 & 1951 \\ 1 & 98.1 & 346999 & 1932 & 3594 & 113270 & 1952 \\ 1 & 99.0 & 365385 & 1870 & 3547 & 115094 & 1953 \\ 1 & 100.0 & 363112 & 3578 & 3350 & 116219 & 1954 \\ 1 & 101.2 & 397469 & 2904 & 3048 & 117388 & 1955 \\ 1 & 104.6 & 419180 & 2822 & 2857 & 118734 & 1956 \\ 1 & 108.4 & 442769 & 2936 & 2789 & 120445 & 1957 \\ 1 & 110.8 & 444546 & 4681 & 2637 & 121950 & 1958 \\ 1 & 112.6 & 482704 & 3813 & 2552 & 123366 & 1959 \\ 1 & 114.2 & 502601 & 3931 & 2514 & 125368 & 1960 \\ 1 & 115.7 & 518173 & 4806 & 2572 & 127852 & 1961 \\ 1 & 116.9 & 554894 & 4007 & 2827 & 130081 & 1962 \end{pmatrix},$$

mit normalverteilten Fehlern und mit $y$ als Realisierung von $Y$, so beeinflußen eventuell nicht alle Größen $x_1, x_2, x_3, x_4, x_5, x_6$ die Größe $y$. Es ist also naheliegend, über einen $t-$Test geeignete Regressoren (also Spalten von $\mathbf{X}$) aus dem linearen Modell zu eliminieren. Betrachtet man den $t$-Test für das Modell mit den Regressoren

$$\text{const.}, x_1, x_2, x_3, x_4, x_5, x_6$$

für jedes $\beta_i$ derart, dass das größte Signifikanzniveau berechnet wird, so dass die Hypothese

$$H_0 : \beta_i = 0$$

nicht abgelehnt werden kann, so ergibt sich für $i = 1$ das maximale Signifikanzniveau $\alpha = 0.86$. Dies ist der größte Wert unter allen Regressoren im Modell. Somit ist die Spalte $x_1$ aus der Matrix $\mathbf{X}$ zu eliminieren, und man untersucht das Modell mit den Regressoren

$$\text{const.}, x_2, x_3, x_4, x_5, x_6.$$

Die analoge Vorgehensweise ergibt für $i = 5$ das maximale Signifikanzniveau $\alpha = 0.36$. Folglich ist die Spalte $x_5$ zu eliminieren, und man untersucht das Modell mit den Regressoren

$$\text{const.}, x_2, x_3, x_4, x_6.$$

Da jetzt kein Regressor mit einem Signifikanzniveau größer als 0.03 eliminiert werden kann, erhält man schließlich das Modell mit den Regressoren

$$\text{const.}, x_2, x_3, x_4, x_6$$

und der Designmatrix

$$\tilde{\mathbf{X}} = \begin{pmatrix} 1 & 234289 & 2356 & 1590 & 1947 \\ 1 & 259426 & 2325 & 1456 & 1948 \\ 1 & 258054 & 3682 & 1616 & 1949 \\ 1 & 284599 & 3351 & 1650 & 1950 \\ 1 & 328975 & 2099 & 3099 & 1951 \\ 1 & 346999 & 1932 & 3594 & 1952 \\ 1 & 365385 & 1870 & 3547 & 1953 \\ 1 & 363112 & 3578 & 3350 & 1954 \\ 1 & 397469 & 2904 & 3048 & 1955 \\ 1 & 419180 & 2822 & 2857 & 1956 \\ 1 & 442769 & 2936 & 2789 & 1957 \\ 1 & 444546 & 4681 & 2637 & 1958 \\ 1 & 482704 & 3813 & 2552 & 1959 \\ 1 & 502601 & 3931 & 2514 & 1960 \\ 1 & 518173 & 4806 & 2572 & 1961 \\ 1 & 554894 & 4007 & 2827 & 1962 \end{pmatrix}.$$

Das entsprechende Schätzproblem ist nun gut konditioniert. ◁

In der Praxis werden auch Hypothesen der Form

$$H_0 : \mathbf{A}\beta = 0 \quad \text{und} \quad H_1 : \mathbf{A}\beta \neq 0$$

mit $\mathbf{A} \in \mathbb{R}^{q,p}$, $q < p$ und $\text{Rang}(\mathbf{A}) = q$ betrachtet. Tests dieser Art ($F$-Tests) führen auf $F$-verteilte Teststatistiken mit den Freiheitsgraden $(p-q)$ und $(n-p)$ und der Lebesgue-Dichte

$$\mathbb{R} \to \mathbb{R}^+, \quad x \mapsto \begin{cases} 0 & \text{für alle } x \leq 0, \\ \dfrac{\Gamma(\frac{n-q}{2})(p-q)^2 x^{\frac{p-q-2}{2}}}{\Gamma(\frac{p-q}{2})\Gamma(\frac{n-p}{2})(n-p)^2(1+\frac{p-q}{n-p}x)^{\frac{n-q}{2}}} & \text{für alle } x > 0. \end{cases}$$

Diese $F$-Verteilung resultiert aus stochastisch unabhängigen, $\chi^2$-verteilten Zufallsvariablen $X$ und $Y$ mit den Freiheitsgraden $(p-q)$ bzw. $(n-p)$ und ist die Verteilung der Zufallsvariablen $\frac{(n-p)X}{(p-q)Y}$.

## 1.4 Grundbegriffe des numerischen Rechnens

Die Numerik befasst sich mit der konstruktiven Lösung mathematischer Probleme und umfasst das sogenannte „Wissenschaftliche Rechnen“. Die Tatsachen, dass anwendungsorientierte Probleme gelöst und dass dazu Computer verwendet werden, bedingt zwei grundsätzliche Schwierigkeiten, die in der reinen Mathematik nicht auftreten. Zum einen ist mit realen, aus Messungen stammenden Daten zu rechnen, die in der Praxis nie absolut genau sind. Fehler beziehungsweise Ungenauigkeiten in den Daten verursachen notwendig Fehler beziehungsweise Ungenauigkeiten im berechneten Ergebnis, ein Effekt, der gerade bei inversen Problemen wegen deren notorischer „Schlechtgestelltheit“, wie sie im Kapitel 2 erklärt werden wird und die in der Numerik als „schlechte Kondition“ bekannt ist, besonders dramatisch sein kann. Zum anderen bedingt die Verwendung von Computern eine beschränkte Rechengenauigkeit, die ebenfalls zu Fehlern im berechneten Resultat führt. Wir gehen im nachfolgenden Abschnitt auf die grundsätzlichen Schwierigkeiten des numerischen Rechnens ein. Die Darstellung orientiert sich stark an [Rei95].

### Numerisches Problem, Eingangsdaten, Resultat

Wir beginnen mit einer abstrakten Formulierung von in der Numerik zu lösenden Problemen.

**Definition 1.136 (Numerisches Problem).** *Ein* ***numerisches Problem*** *besteht in der Berechnung eines Funktionswerts*

$$y = F(x).$$

*Hierbei ist $F : \mathbb{D} \subseteq \mathbb{R}^n \to \mathbb{R}^m$ eine Abbildung, $\mathbb{D} \subseteq \mathbb{R}^n$ sind die* ***zulässigen Eingangsdaten*** *und $y = F(x)$ das* ***Resultat****. Die Komponenten von $y \in \mathbb{R}^m$ sind gegeben durch $y_i = F_i(x_1, \ldots, x_n)$, $i = 1, \ldots, m$.* ◁

*Beispiel 1.137 (Lösen eines linearen Gleichungssysystems).* Zu lösen sei das lineare Gleichungssystem $Ax = b$ mit einer invertierbaren Matrix $A \in \mathbb{R}^{n,n}$ und einer rechten Seite $b \in \mathbb{R}^n$.

Eingangsdaten: $A \in \mathbb{R}^{n,n}$ und $b \in \mathbb{R}^n$, zusammen ein Vektor der Länge $n^2 + n$.

Resultat: $x \in \mathbb{R}^n$

Die Menge der zulässigen Eingabedaten $\mathbb{D} \subset \mathbb{R}^{n^2+n}$ ist so festzulegen, dass die ersten $n^2$ Komponenten jedes Datums eine invertierbare Matrix definieren. Die Funktion $F : \mathbb{D} \to \mathbb{R}^n$ ist dann implizit durch die nach $x$ aufzulösende Gleichung $Ax - b = 0$ gegeben. ◁

Probleme wie das Lösen von Differentialgleichungen oder das Auffinden von Minima einer Funktion sind in der obigen Definition nur „in diskretisierter Form“ erfasst: Eingangsdaten im Sinn von Definition 1.136 können keine allgemeinen Funktionen sein, sondern nur entweder endlich viele diese Funktionen beschreibende Parameter oder Auswertungen dieser Funktionen an endlich vielen diskreten Stellen. Gleiches gilt für als Resultate zu berechnende Funktionen, die ebenfalls nur in diskretisierter Form einer numerischen Zahlenrechnung zugänglich sind. Die Beschränkung der Definition auf *reelle* Daten und Resultate ist unproblematisch, da jede komplexe Zahl durch das reelle Zahlentupel ihres Real- und Imaginärteils beschrieben werden kann.

Numerische Probleme lassen sich in Teilprobleme zerlegen. Dem entspricht die Komposition der Funktion $F$ aus anderen Funktionen:

$$F = H \circ G, \quad G : \mathbb{D} \to \mathbb{R}^p, \quad H : \mathbb{R}^p \to \mathbb{R}^m. \tag{1.52}$$

Hier ist

$$F(x) = H(G(x)), \quad G(x) \text{ heißt } \textbf{Zwischenresultat.}$$

Allgemeiner ist die Zerlegung eines Problems in $k$ Teilprobleme, gegeben durch entsprechende Funktionen $F^{(1)}, \ldots, F^{(k)}$, also

$$F = F^{(k)} \circ \ldots \circ F^{(1)}.$$

Alle Werte $F^{(1)}(x), F^{(2)}\left(F^{(1)}(x)\right), \ldots, F^{(k-1)}\left(\cdots F^{(2)}\left(F^{(1)}(x)\right)\cdots\right)$ heißen dann Zwischenresultate.

*Beispiel 1.138.* Ein lineares Gleichungssystem wie in Beispiel 1.137 kann in folgenden Teilschritten gelöst werden:

(1) Berechne eine QR-Zerlegung $A = QR$ von $A$ wie in (1.1). In unserem Beispiel ist $m = n$ und reduzierte und volle QR-Zerlegung sind identisch.
(2) Berechne $b' := Q^\top b$.
(3) Löse das gestaffelte Gleichungssystem $Rx = b'$ durch „Rückwärtssubstitution“ also beginnend bei der letzten Gleichung erst nach $x_n$, dann nach $x_{n-1}$ und so weiter bis hin nach $x_1$ auf.

Hier wurde das Problem aus Beispiel 1.137 in drei Teilprobleme zerlegt. Die Zwischenresultate sind $(Q, R, b)$ und $(R, b')$. ◁

## Kondition und Fehlerfortpflanzung

In der Praxis stellen Probleme gemäß Definition 1.136 mit *exakt* bekannten Eingabedaten $x \in \mathbb{D} \subseteq \mathbb{R}^n$ eine große Ausnahme dar. Daten stammen in der Regel aus

Messungen und sind durch Messabweichungen verfälscht und deswegen mit Unsicherheiten behaftet. Wir unterstellen, dass eine Toleranzgrenze $\Delta x$ für die Unsicherheit der Eingangsdaten bekannt ist. Diese wird nachfolgend verstanden als eine Schranke für eine maximale oder mittlere Unsicherheit in den Eingangsdaten. Aufgrund der bestehenden Unsicherheit sind alle Daten $\tilde{x} := x + \delta x$ mit dem tatsächlich vorliegenden Eingangsdatum $x$ als gleichberechtigt anzusehen, wenn sie von $x$ „nur innerhalb der vorgegebenen Toleranzgrenzen abweichen". Diese Aussage kann auf unterschiedliche Art präzisiert werden:

- Ein vektorielle Toleranzgrenze $\Delta x \in \mathbb{R}^n$ bedeutet eine Beschränkung der Unsicherheiten $\delta x_i$ in den einzelnen Komponenten von $x$, entweder absolut:

  $$|\delta x_i| \leq \Delta x_i, \quad i = 1, \ldots, n$$

  oder relativ:

  $$|\delta x_i| \leq \Delta x_i \cdot |x_i|, \quad i = 1 \ldots, n.$$

  Ein Spezialfall hiervon wäre $\Delta x_i = \varepsilon > 0$ für $i = 1, \ldots, n$.
- Weiterhin kann die Unsicherheit $\delta x$ in $x$ pauschal durch eine Norm $\|\bullet\|$ bemessen werden. Dementsprechend ist eine Toleranzgrenzen dann eine skalare Größe $\Delta x \in \mathbb{R}$, die entweder eine Schranke für die absolute Unsicherheit ist:

  $$\|\delta x\| \leq \Delta x$$

  oder für die relative Unsicherheit:

  $$\|\delta x\| \leq \Delta x \cdot \|x\|.$$

  Ein Spezialfall hiervon wäre $\Delta x = \varepsilon > 0$.
- Bei einer stochastischen Modellierung werden Messabweichungen $\delta x$ als Realisierungen vektorieller Zufallsvariablen $N$ mit Erwartungswert $E(N) = 0$ aufgefasst – ein anderer Ewartungswert würde eine systematische Messabweichung bedeuten. Eine skalare Größe $\Delta x$ könnte dann eine Schranke für die Varianz $V(N_i)$ oder die Streuung $\sqrt{V(N_i)}$ in den Komponenten von $N$ sein.
- Im Zusammenhang mit Datenunsicherheiten wird auch gesagt, ein Datum sei „auf $t$ (Dezimal-) Stellen genau". Es ist nicht ohne weiteres klar, was damit gemeint ist und eine zufriedenstellende Definition ist auch nicht unproblematisch, siehe etwa die Diskussion in [Hig02], S. 4. Man wird aber erwarten, dass „ein auf $t$ Stellen genaues" Datum $z \in \mathbb{R}$ mit einer *relativen* Unsicherheit $\delta z \in \mathbb{R}$ der Größenordnung höchstens $10^{-t}$ behaftet ist.

Wie auch immer Datenunsicherheiten bemessen werden, sie führen in jedem Fall dazu, dass das Resultat ebenfalls fehlerbehaftet ist. Sehr wichtig ist die Frage, ob kleine Unsicherheiten in den Eingangsdaten kleine oder große Fehler im Resultat bewirken. Dies kann bei stetig differenzierbaren Funktionen in der Situation von Definition 1.136 näherungsweise durch Linearisierung untersucht werden:

$$\delta y := F(x + \delta x) - F(x) \doteq DF(x) \cdot \delta x.$$

Hier ist $\delta y$ die aus der Unsicherheit (dem Fehler) $\delta x$ in den Eingangsdaten resultierende absolute Unsicherheit (der absolute Fehler) im Resultat. Mit $DF(x)$ ist die Funktionalmatrix (Jacobimatrix) von $F$ an der Stelle $x$ gemeint. Das Symbol $\stackrel{\bullet}{=}$ steht für eine Identität, die nur „in erster Näherung“ gilt, denn auf der rechten Seite fehlt der Fehlerterm, der zu einer nach dem ersten Glied abgebrochenen Taylorentwicklung gehört. Für die einzelnen Komponenten $\delta y_i$ von $\delta y$ gilt

$$\delta y_i \stackrel{\bullet}{=} \sum_{j=1}^{n} \frac{\partial F_i}{\partial x_j}(x) \cdot \delta x_j, \quad i = 1, \ldots, m. \tag{1.53}$$

Hieraus folgt, dass relative Unsicherheiten $\rho x_j := \delta x_j / x_j$ relative Fehler $\rho y_i := \delta y_i / y_i$ verursachen, wobei der näherungsweise Zusammenhang

$$\rho y_i \stackrel{\bullet}{=} \sum_{j=1}^{n} \frac{x_j}{y_i} \cdot \frac{\partial F_i}{\partial x_j}(x) \cdot \rho x_j, \quad i = 1, \ldots, m \tag{1.54}$$

besteht. Hierauf aufbauend wird, zum Teil qualitativ, definiert:

**Definition 1.139 (Kondition eines Problems).** *Unter der **Kondition** eines Problems versteht man die Empfindlichkeit (Sensitivität) des Resultats gegenüber Änderungen in den Eingabedaten.*

*Ein Problem heißt **gut konditioniert**, wenn kleine Werte $\delta x_j$ beziehungsweise $\rho x_j$ zu kleinen Werten $y_i$ beziehungsweise $\rho y_i$ führen.*

*Ein Problem heißt **schlecht konditioniert**, wenn kleine Werte $\delta x_j$ beziehungsweise $\rho x_j$ zu großen Werten $y_i$ beziehungsweise $\rho y_i$ führen können.*

*Die Zahlen*

$$\left| \frac{\partial p_i}{\partial x_j}(x) \right| \quad \text{und} \quad \left| \frac{x_j}{y_i} \frac{\partial p_i}{\partial x_j}(x) \right|$$

*heißen **absolute** beziehungsweise **relative Konditionszahlen**. Sie geben an, um welche Faktoren sich Eingangsfehler im Resultat verstärken können.* ◁

*Beispiel 1.140 (Kondition der arithmetischen Grundoperationen).* Die arithmetischen Grundoperationen $+$, $-$, $\cdot$, $/$ und $\sqrt{\ }$ sind numerische Probleme im Sinn der Definition 1.136. Eingangsdaten sind Zahlentupel $(a,b) \in \mathbb{R}^2$ beziehungsweise eine einzelne Zahl $a \geq 0$ im Fall der Quadratwurzel. Absolute und relative Unsicherheiten in den Daten werden mit $\delta a$ und $\delta b$ beziehungsweise $\rho a$ und $\rho b$ bezeichnet. Für die absoluten und relativen Fehler in den Resultaten $a \pm b$, $a \cdot b$, $a/b$ und $\sqrt{a}$ ergeben sich in erster Näherung:

$$
\begin{aligned}
\delta(a \pm b) &= \delta a \pm \delta b, & \rho(a \pm b) &= \rho a \cdot \frac{a}{a \pm b} \pm \rho b \cdot \frac{b}{a \pm b} \\
\delta(a \cdot b) &= b \cdot \delta a + a \cdot \delta b & \rho(a \cdot b) &= \rho a + \rho b \\
\delta(a/b) &= \delta a/b - a \cdot \delta b/b^2 & \rho(a/b) &= \rho a - \rho b \\
\delta(\sqrt{a}) &= \delta a/(2\sqrt{a}) & \rho(\sqrt{a}) &= \frac{1}{2}\rho a
\end{aligned}
$$

Wie ersichtlich, sind Multiplikation, Division und Quadratwurzel sehr gut konditionierte Operationen, weil ihre relativen Konditionszahlen 1 bzw. $\frac{1}{2}$ sind — relative Fehler in den Eingangsdaten werden also nicht verstärkt, sondern bleiben gleich groß (oder werden sogar verkleinert). Dagegen können sich bei Addition und Subtraktion relative Fehler sehr verstärken, wenn $a \pm b$ nahe bei Null liegt. Diesen Fall nennt man **Auslöschung** (*cancellation*). ◁

Das folgende Beispiel, das die schlechte Kondition des Problems der Berechnung der Nullstellen eines Polynoms zeigt, stammt von Wilkinson.

*Beispiel 1.141 (Kondition der Berechnung von Nullstellen eines Polynoms).* Wilkinson hat das Polynom $p : \mathbb{R} \to \mathbb{R}$ mit

$$p(x) = (x-1)(x-2)\cdots(x-20) = a_0 + a_1x + \ldots + a_{20}x^{20}$$

angegeben, das die 20 reellen Nullstellen $x_1 = 1, x_2 = 2, \ldots, x_{20} = 20$ hat. Bei einer Änderung der Koeffizienten $a_k$ zu $\tilde{a}_k := a_k(1 + 10^{-10} \cdot n_k)$, wobei $n_k$ Realisierung einer normalverteilten Zufallsvariable mit Erwatungswert 0 und Varianz 1 ist, ergeben sich geänderte Nullstellen $\tilde{x}_1, \ldots, \tilde{x}_{20} \in \mathbb{C}$. In Abb.1.2 werden durch Kreisscheiben auf der $x$-Achse die Nullstellen $x_1, \ldots, x_{20}$ von $p$ in der komplexen Zahlenebene markiert. Die schwarzen Punkte zeigen die Nullstellen von 100 weiteren Polynomen, deren Koeffizienten gegenüber $p$ wie oben angegeben gestört werden. Offenbar hat das Problem der Nullstellenbestimmung von $p$ eine miserable absolute Kondition.◁

Wichtig ist, dass die Kondition eines Problems eine Aussage über die maximale Größe *unvermeidlicher* Fehler in den Resultaten macht – unvermeidlich, da allein durch Fehler in den Eingangsdaten bei ansonsten völlig exakter Berechnung von $F(x)$ verursacht. Die Genauigkeit des Resultats kann also keineswegs durch Verwendung besserer Computer erhöht werden, sondern allein durch Verwendung genauerer Eingangsdaten. Nicht so wichtig ist die genaue Festlegung der Definition 1.139 zur Berechnung von Konditionszahlen, wenn der Einfluss von Datenunsicherheiten auch auf andere Art abgeschätzt werden kann.

*Beispiel 1.142 (Kondition linearer Gleichungssysteme).* Zu lösen sei das lineare Gleichungssystem $Ax = b$ mit invertierbarer Matrix $A \in \mathbb{R}^{n,n}$ wie in Beispiel 1.137. Die Matrix $A$ und der Vektor $b$ sollen Unsicherheiten $\delta A \in \mathbb{R}^{n,n}$ beziehungsweise $\delta b \in \mathbb{R}^n$ enthalten, für welche Abschätzungen der Form

$$\|\delta A\| \leq \varepsilon \|A\| \quad \text{und} \quad \|\delta b\| \leq \varepsilon \|b\| \tag{1.55}$$

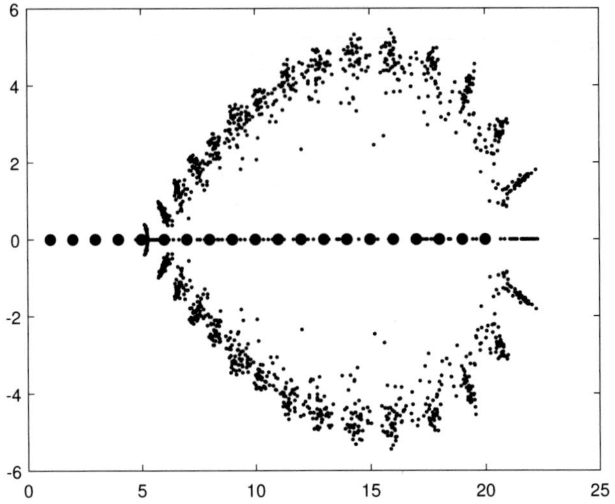


**Abb. 1.2** Nullstellen des Polynoms $p(x) = (x-1)\cdots(x-20)$ sowie Nullstellen bei kleiner Störung der Polynomkoeffizienten.

gelten. Dabei werden irgendeine Vektornorm und irgendeine Operatornorm verwendet. Es ist also eine Toleranzgrenze $\varepsilon > 0$ für die relativen Fehler in den Eingangsdaten gegeben.

Wir definieren die Zahl

$$\kappa(A) := \|A\| \cdot \|A^{-1}\| \tag{1.56}$$

und setzen voraus, dass $\varepsilon \cdot \kappa(A) < 1$. Unter dieser Bedingung ist mit $A$ auch jede Matrix $A + \delta A$ invertierbar, wenn für die Störung $\delta A$ die Abschätzung (1.55) gilt. Weiterhin sei unter dieser Bedingung $\tilde{x} \in \mathbb{R}^n$ die eindeutig bestimmte Lösung des linearen Gleichungssystems

$$(A + \delta A)\tilde{x} = b + \delta b,$$

wobei wiederum $\delta A$ und $\delta b$ Unsicherheiten im Rahmen der vorgegebenen Toleranzgrenzen (1.55) sind. Dann gilt im Fall $x \neq 0$:

$$\frac{\|\tilde{x} - x\|}{\|x\|} \leq 2 \cdot \frac{\varepsilon \cdot \kappa(A)}{1 - \varepsilon \cdot \kappa(A)}, \tag{1.57}$$

siehe beispielsweise Satz 3.9 in [DR06]. Es lässt sich zeigen, dass die Schranke in (1.57) näherungsweise erreicht werden kann und deswegen nicht prinzipiell zu verbessern ist, auch wenn in manchen Fällen der relative Fehler in $\tilde{x}$ stark überschätzt wird. Im Fall $\varepsilon \cdot \kappa(A) \ll 1$ (andernfalls kann es zu beliebig großen Fehlern im Resultat $\tilde{x}$ kommen) bestimmt $\kappa(A)$ die maximale Verstärkung von Unsicherheiten in den Eingangsdaten. Diese Zahl wird deswegen die **Konditionszahl der Matrix** $A$ genannt. ◁

Zerlegt man ein Problem in zwei Teilprobleme wie in (1.52), dann hat jedes der Teilprobleme seine eigene Kondition. Sind $F$, $G$ und $H$ stetig differenzierbar, dann folgt aus der Kettenregel, dass

$$DF(x) = DH(G(x)) \cdot DG(x) = DH(z) \cdot DG(x), \quad \text{Zwischenresultat } z = G(x).$$

Für die absoluten und die relativen Konditionszahlen erhalten wir die Formeln

$$\frac{\partial F_i}{\partial x_j}(x) = \sum_{k=1}^{p} \frac{\partial H_i}{\partial z_k}(z) \cdot \frac{\partial G_k}{\partial x_j}(x) \quad \text{und}$$

$$\frac{x_j}{y_i}\frac{\partial F_i}{\partial x_j}(x) = \sum_{k=1}^{p} \left(\frac{z_k}{y_i}\frac{\partial H_i}{\partial z_k}(z)\right) \cdot \left(\frac{x_j}{z_k}\frac{\partial G_k}{\partial x_j}(x)\right),$$

die beide in der Kurzform

$$K_{H\circ G} = K_H \cdot K_G \tag{1.58}$$

notiert werden können, wobei die Matrizen $K$ die absoluten oder relativen Konditionszahlen der Teilprobleme beziehungsweise des Gesamtproblems enthalten. Die Kondition der Teilprobleme wird bedeutsam, wenn die Teilprobleme nicht exakt gelöst werden können. Dann setzt sich nämlich der Gesamtfehler im Resultat zusammen aus dem gemäß Kondition des Gesamtproblems verstärkten Eingangsfehler *zuzüglich* der bei der Berechnung der Teilprobleme begangenen und im weiteren Verlauf verstärkten Fehler. Die Situation ist die folgende

| | | |
|---|---|---|
| Eingabe: | $\tilde{x} = x + \delta x$ | statt $x$, |
| | $\delta x$ = Fehler in Eingabe-Daten, | |
| Zwischenresultat: | $\tilde{z} = G(\tilde{x}) + \delta z$ | statt $z = G(x)$, |
| | $\delta z$ = Fehler des ersten Teils, | |
| Resultat: | $\tilde{y} = H(\tilde{z}) + \delta y$ | statt $y = H(z)$, |
| | $\delta y$ = Fehler des zweiten Teils. | |

Jeweils in erster Näherung ergibt sich:

$$\begin{aligned}
\tilde{z} &= G(x + \delta x) + \delta z \stackrel{\bullet}{=} z + DG(x) \cdot \delta x + \delta z, \\
\tilde{y} &\stackrel{\bullet}{=} H(z + DG(x) \cdot \delta x + \delta z) + \delta y \stackrel{\bullet}{=} y + DH(z) \cdot DG(x) \cdot \delta x + DH(z) \cdot \delta z + \delta y \\
&= y + DF(x) \cdot \delta x + DH(z) \cdot \delta z + \delta y.
\end{aligned}$$

Der Term $DF(x) \cdot \delta x$ ist bereits bekannt; er drückt die (unvermeidliche) Verstärkung von Eingangsfehlern aus. Problematisch ist der Term $DH(z) \cdot \delta z$ in dem Fall, dass das Gesamtproblem gut, das Teilproblem $H$ jedoch schlecht konditioniert ist, denn dann werden die Fehler des ersten Schritts im Endresultat sehr verstärkt, so dass die Größenordnung dieses Fehleranteils über das Unvermeidliche hinaus anwächst. Die Zerlegung $F = H \circ G$ ist dann unbrauchbar und darf zur Lösung des Problems nicht verwendet werden.

*Beispiel 1.143 (Eigenwerte symmetrischer Matrizen).* Eigenwerte symmetrischer Matrizen (Daten: Matrixkomponenten) sind sehr gut konditioniert (siehe Abschnitt 7.4 in [DR06]), die Berechnung der Nullstellen eines Polynoms (Daten: Koeffizienten des Polynoms) kann sehr schlecht konditioniert sein (siehe Beispiel 1.141 und Abschnitt 5.2 in [DR06]). Man darf die Berechnung von Eigenwerten deswegen nicht in den beiden Teilschritten der Berechnung des charakteristischen Polynoms und der anschließenden Berechnung der Nullstellen des charakteristischen Polynoms durchführen, da bereits kleine Fehler in den berechneten Polynomkoeffizienten starke Schwankungen in dessen Nullstellen hervorrufen können. ◁

## Akzeptable Resultate

Im vorangehenden Paragraphen wurde bemerkt, dass Eingangsdaten numerischer Probleme gemäß Definition 1.136 im Regelfall mit Unsicherheiten eines bestimmten Ausmaßes behaftet sind, also Toleranzen aufweisen. Man kann Toleranzen durch eine Umgebung $U_x$ von $x$ beschreiben, etwa von der Form

$$U_x := \{\tilde{x} \in D;\ |\tilde{x} - x| \leq f\} \quad \text{oder} \quad U_x := \{\tilde{x} \in D;\ \|\tilde{x} - x\| \leq \sigma\} \tag{1.59}$$

wobei

$$|\tilde{x} - \bar{x}| \leq f \quad :\Longleftrightarrow \quad |\tilde{x}_i - \bar{x}_i| \leq f_i, \quad i = 1\ldots,n.$$

Im ersten Fall liegt eine vektorielle **Toleranzgrenze** $f$ vor, beispielsweise in der Form $f = \varepsilon \cdot |x|$, was einer relativen Unsicherheit der Größe $\varepsilon > 0$ in allen einzelnen Komponenten des Datenvektors $x$ entspräche. Im zweiten Fall ist die Toleranzgenze $\sigma$ ein Skalar und könnte beispielsweise von der Form $\sigma = \varepsilon\|x\|$ sein – dies entspräche wiederum einer relativen Unsicherheit der Größe $\varepsilon > 0$ in den Daten, nun aber über alle Komponenten hinweg durch eine Norm bemessen. Die Umgebung $U_x$ von $x$ enthält alle mit $x$ gleichberechtigten Daten. Dazu gehört die Menge „gleichberechtigter Resultate“

$$V_y := F(U_x) = \{F(\tilde{x});\ \tilde{x} \in U_x\} \tag{1.60}$$

des numerischen Problems. Es liegt nahe, eine tatsächlich (irgendwie) berechnete Näherung $\tilde{y}$ für das Resultat $y = F(x)$ als **akzeptabel** zu bezeichen, falls es ein $\tilde{x} \in U_x$ gibt mit $\tilde{y} = F(\tilde{x})$. Das berechnete $\tilde{y}$ lässt sich dann interpretieren als *exaktes* Resultat zu innerhalb der Toleranzgrenzen veränderten und damit gleichberechtigten Eingangsdaten.

*Beispiel 1.144 (Akzeptable Lösung eines linearen Gleichungssystems).* Zu lösen sei das lineare Gleichungssystem $Ax = b$ mit einer invertierbaren Matrix $A \in \mathbb{R}^{n,n}$ und rechter Seite $b \in \mathbb{R}^n$. Für die Daten $(A,b)$ seien Toleranzen in der Form

$$U_{(A,b)} := \left\{ (\tilde{A},\tilde{b}) \in \mathbb{R}^{n,n} \times \mathbb{R}^n;\ \|\tilde{A} - A\| \leq \varepsilon \|A\|,\ \|\tilde{b} - b\| \leq \varepsilon \|b\| \right\}$$

mit einem $\varepsilon > 0$ vorgegeben. Eine berechnete Näherungslösung $\tilde{x}$ ist dann als akzeptabel zu bezeichnen, wenn es Daten $(\tilde{A},\tilde{b}) \in U_{(A,b)}$ so gibt, dass $\tilde{A}\tilde{x} = \tilde{b}$. Abb. 1.3 zeigt die Lösung $x$ des Gleichungssystems $Ax = b$, eine Lösung $x^{(1)}$, die bezüglich der vorliegenden Toleranzen in den Eingangsdaten als gleichberechtigt mit $x$ anzusehen und deswegen akzeptabel ist, sowie eine Lösung $x^{(2)}$ die *nicht* als gleichberechtigt mit $x$ angesehen werden kann, obwohl sie näher an $x$ liegt als $x^{(1)}$. Akzeptabilität

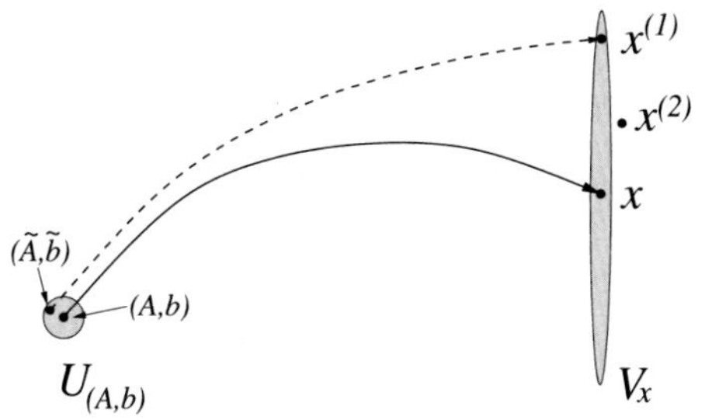


**Abb. 1.3** Akzeptable und nicht akzeptable Näherungslösung eines linearen Gleichungssystems

kann man beispielsweise durch eine Einsetzprobe nachweisen. Man berechnet das **Residuum**

$$r := b - A\tilde{x}$$

der berechneten Näherungslösung $\tilde{x}$. Offenbar löst $\tilde{x}$ das lineare Gleichungssystem $A\tilde{x} = \tilde{b} := b - r$ exakt. Falls also

$$\frac{\|r\|}{\|b\|} \leq \varepsilon,$$

dann ist $\tilde{x}$ bezüglich der vorgegebenen Toleranz $U_{(A,b)}$ akzeptabel. ◁

Manchmal ist Akzeptabilität in der gerade eingeführten Form eine unerfüllbar strenge Forderung an die Näherung eines Resultats.

*Beispiel 1.145 (Berechnung einer QR-Zerlegung).* Für eine invertierbare Matrix $A \in \mathbb{R}^{n,n}$ sei eine QR-Zerlegung wie in (1.1) zu berechnen. Eingangsdatum ist hier die Matrix $A$ und eine Toleranz sei in Form einer Umgebung

$$U_A := \left\{ \tilde{A} \in \mathbb{R}^{n,n}\ \ \|\tilde{A} - A\| \leq \varepsilon \|A\| \right\}$$

für $\varepsilon > 0$ vorgegeben. Ein im obigen Sinn akzeptables Resultat wäre eine orthogonale Matrix $\tilde{Q}$ und eine obere Dreiecksmatrix $\tilde{R}$, welche die *exakte* QR-Zerlegung einer

Matrix $\tilde{A} \in U_A$ darstellen müssten. Da Computer stets nur mit endlicher Genauigkeit rechnen können, wie im nachfolgenden Paragraphen dargelegt, ist es unrealistisch anzunehmen, eine Computerrechnung könne eine *exakt* orthogonale Matrix $\tilde{Q}$ liefern. Stattdessen wird man $\tilde{Q}$ und $\tilde{R}$ akzeptieren, wenn $\tilde{A} = \tilde{Q}\tilde{R}$ für ein $\tilde{A} \in U_A$, wenn $\tilde{R}$ eine obere Dreiecksmatrix ist und wenn $\tilde{Q}$ von einer exakt orthogonalen Matrix nur leicht abweicht. ◁

Die im letzten Beispiel illustrierte Schwierigkeit führt dazu, dass der Begriff des akzeptablen Resultats in verschiedenen Varianten benutzt wird:

**Definition 1.146 (Akzeptables Resultat).** *Eine Näherung $\tilde{y}$ für das Resultat $y = F(x)$ eines numerischen Problems gemäß Definition 1.136 heißt* ***akzeptabel im strengen Sinn*** *bezüglich der Eingabe $U_x$, wenn*

$$\tilde{y} \in V_y.$$

*Es heißt* ***akzeptabel im abgeschwächten Sinn****, wenn*

$$|\tilde{y} - y'| \leq \mathcal{O}(\varepsilon_{mach})|\tilde{y}| \quad \text{für ein} \quad y' \in V_y$$

*oder wenn (noch schwächer)*

$$\|\tilde{y} - y'\| \leq \mathcal{O}(\varepsilon_{mach})\|\tilde{y}\| \quad \text{für ein} \quad y' \in V_y$$

*gilt. Hier bezeichnet $\varepsilon_{mach}$ die sogenannte* ***Maschinengenauigkeit****.* ◁

Die Maschinengenauigkeit wird erst in Satz 1.154 erklärt. Sie ist abhängig vom benutzten Rechner und bezeichnet die kleinste positive Zahl $\varepsilon$, für welche die Zahl $1 + \varepsilon$ vom Rechner nicht auf 1 gerundet wird. Je kleiner $\varepsilon_{\text{mach}}$, desto „genauer" der Rechner. $\mathcal{O}(\varepsilon_{\text{mach}})$ steht für einen Term, dessen Größe durch $C \cdot \varepsilon_{\text{mach}}$ mit einer Konstanten $C$ beschränkt ist. Die abgeschwächte Definition von Akzeptabilität besagt also, dass das berechnete $\tilde{y}$ von einem im strengen Sinn akzeptablen $y' \in V_y$ höchstens um die Größenordnung der Rechengenauigkeit des verwendeten Computers abweichen darf.

## Maschinenzahlen und Rundung

Auf Computern lässt sich nur ein endlicher Vorrat $\mathbb{M}$ sogenannter **Maschinenzahlen** *exakt* darstellen, eine endliche Teilmenge des vollständigen, unbeschränkten Zahlenkörpers $\mathbb{R}$. Die meisten Computer benutzen sogenannte **normalisierte Gleitpunktzahlen**. Hierzu die beiden nachfolgenden Definitionen

**Definition 1.147 (Normalisierte $t$-stellige Gleitpunktzahlen zur Basis $B$).**

$$\mathbb{G}_{B,t} := \{S \cdot B^E;\ S = 0 \text{ oder } B^{t-1} \leq |S| < B^t,\ S \in \mathbb{Z},\ E \in \mathbb{Z}\}\ .$$

*Die festen Parameter sind die* **Basis (Radix)** $B \in \mathbb{N} \setminus \{1\}$ *und die Stellenzahl* $t \in \mathbb{Z}$. *Für eine gegebene Gleitpunktzahl* $g = S \cdot B^E \in \mathbb{G}_{B,t}$ *heißen* $S$ **Signifikand** *und* $E$ **Exponent**. *Diese sind eindeutig festgelegt, außer wenn* $g = 0$. ◁

Die Zahlen $g \in \mathbb{G}_{B,t}$ kann man sich vorstellen als ein Vorzeichen und $t$ Ziffern eines $B$-adischen Bruchs, wobei $E$ den Abstand zum Komma angibt. Für $g \neq 0$ ist die führende Ziffer stets ungleich null.

*Beispiel 1.148.* : Für $B = 10$ und $t = 2$ besteht $\mathbb{G}_{10,2}$ aus allen zweistelligen Dezimalzahlen, also den Zahlen $0, \pm 10 \cdot 10^E, \ldots, \pm 99 \cdot 10^E$ mit $E \in \mathbb{Z}$. Die Zahl 0.0035 schreibt man als $35 \cdot 10^{-4}$ und 110 als $11 \cdot 10^1$. Die Zahl 111 gehört nicht zu $\mathbb{G}_{10,2}$.◁

**Definition 1.149 (Maschinenzahlen).**

$$\mathbb{M}_{B,t,\alpha,\beta} := \{g \in \mathbb{G}_{B,t};\ \alpha \leq E \leq \beta\}$$

*mit* $\alpha, \beta \in \mathbb{Z}$. ◁

Hier ist auch noch der Exponent beschränkt und $\mathbb{M}_{B,t,\alpha,\beta}$ ist somit finit. Die Parameter $B$, $t$, $\alpha$ und $\beta$ werden durch eine Implementierung festgelegt. Tatsächlich werden Maschinenzahlen in anderer Darstellung implementiert als durch die obige Definition suggeriert. Das sind jedoch Interna eines Computers, die für die Numerik und damit für die folgende Diskussion nicht wichtig sind. Es kommt hier nur auf den Zahlenvorrat $\mathbb{G}_{B,t}$ bzw. $\mathbb{M}_{B,t,\alpha,\beta}$ selbst an.

*Beispiel 1.150.* Abb. 1.4 zeigt die nicht negativen Zahlen aus $\mathbb{M}_{2,3,-3,0}$. Gleitpunkt-

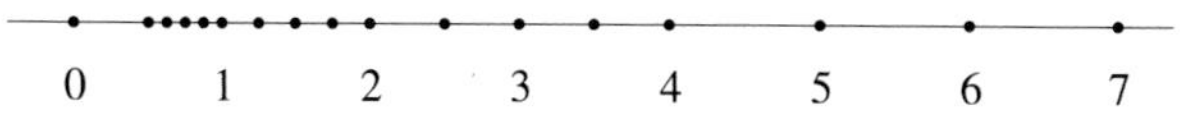


**Abb. 1.4** Nicht negative Maschinenzahlen aus $\mathbb{M}_{2,3,-3,0}$

und Maschinenzahlen sind offenbar nicht äquidistant, sondern semi-logarithmisch abgestuft. ◁

Zwei aufeinanderfolgene positive Gleitpunktzahlen haben die Werte $g = S \cdot B^E$ und $g' = (S+1) \cdot B^E$, also den relativen Abstand $(g' - g)/g = 1/S$. Ein gleich großer relativer Abstand ergibt sich für aufeinanderfolgende negative Zahlen $g = -S \cdot B^E$ und $g' = -(S+1) \cdot B^E$. Den maximalen relativen Abstand nennt man **Auflösung** in $\mathbb{G}_{B,t}$ und bezeichnet ihn mit

$$\rho := \max\left\{\left|\frac{g' - g}{g}\right|;\ g \text{ und } g' \text{ Nachbarn in } \mathbb{G}_{B,t} \setminus \{0\}\right\} = B^{1-t}.$$

In der Menge der positiven Maschinenzahlen gibt es eine kleinste und eine größte:

$$\text{kleinste positive Maschinenzahl: } \sigma := B^{t-1} \cdot B^{\alpha},$$
$$\text{größte Maschinenzahl: } \lambda := (B^t - 1) \cdot B^{\beta}.$$

| Name | $B$ | $t$ | $\alpha$ | $\beta$ | $\sigma$ | $B^t \cdot B^\beta \approx \lambda$ |
|---|---|---|---|---|---|---|
| `binary32` | 2 | 24 | -149 | 104 | $2^{-126}$ | $2^{+128}$ |
| `binary64` | 2 | 53 | -1074 | 971 | $2^{-1022}$ | $2^{+1024}$ |
| `binary128` | 2 | 113 | -16494 | 16271 | $2^{-16382}$ | $2^{+16384}$ |

**Tabelle 1.1** Maschinenzahlen im Standard IEEE 754

*Beispiel 1.151.* Der Standard ANSI/IEEE 754-2008 (Nachfolger von ANSI/IEEE 754-1985) definiert unter anderem die in Tab. 1.1 angegebenen Formate für Maschinenzahlen durch Festlegung von $B$, $t$, $\alpha$ und $\beta$. Der Name `binary32` bringt zum Ausdruck, dass es sich um binäre (Basis $B = 2$) Zahlen handelt, die in Registern der Länge 32 Bit gespeichert werden können. Analog für `binary64` und `binary128`. Obige Tabelle enthält nicht die ebenfalls definierten Formate `binary16` und `binary256`. Weiterhin sind noch Sonderoperanden vorgesehen, nämlich

- **Inf** und **-Inf** als Repräsentanten für $\infty$ beziehungsweise $-\infty$. Diese Zahlen treten zum Beispiel als Ergebnis der Operation $1/0$ oder $-1/0$ auf.
- **NaN**, abkürzend für „not a number". NaN tritt auf als Ergebnis von Operationen wie $0/0$ oder als Quadratwurzel negativer Zahlen.
- **denormalisierte Zahlen** mit $0 < |S| < B^{t-1}$ und $E = \alpha$.

Ebenfalls gebräuchlich sind die Bezeichnungen „single precision" für `binary32` und „double precision" für `binary64`. Diese beiden Formate werden in der Regel direkt durch die Hardware unterstützt. Der Standard der Programmiersprache Java schreibt vor, dass der Datentyp `float` dem Zahlenformat `binary32` und dass der Datentyp `double` dem Zahlenformat `binary64` entspricht. In den Programmiersprachen `C` und `C++` ist diese Entsprechung nicht vorgeschrieben, sondern implementierungsabhängig, wird aber in aller Regel eingehalten. ◁

Im Lauf einer Rechnung können Werte auftreten, die außerhalb von $[-\lambda, -\sigma] \cup \{0\} \cup [\sigma, \lambda]$ liegen (zum Beispiel wenn man $x - y$ berechnet für $x = 5 \cdot 2^{-3} \in \mathbb{M}_{2,3,-3,0}$ und $y = 4 \cdot 2^{-3} \in \mathbb{M}_{2,3,-3,0}$ — gerade für diesen Fall werden im IEEE-Standard die denormalisierten Zahlen eingeführt). Dies nennt man **Bereichsüberschreitung** oder **Exponenten-Unter/Überlauf**. Gegen Bereichsüberschreitungen sind Vorkehrungen zu treffen, wo sie wahrscheinlich sind. Im Folgenden werden sie nicht berücksichtigt und so getan, als könne auf einem Computer tatsächlich mit dem Zahlenvorrat $\mathbb{G}_{B,t}$ anstatt bloß mit $\mathbb{M}_{B,t,\alpha,\beta}$ gerechnet werden. (Tatsächlich erwartet man vom Computer, dass eine Bereichsüberschreitung gemeldet und nicht mit unerwarteten Ersatzresultaten weitergerechnet wird.) Ab jetzt wird vorzugsweise $\mathbb{G}$ statt $\mathbb{G}_{B,t}$ geschrieben, außer wo speziell auf $B$ oder $t$ Bezug genommen werden soll.

Jede reelle Zahl $x \in \mathbb{R}$ hat in $\mathbb{G}$ einen linken Nachbarn $g_L$ und einen rechten Nachbarn $g_R$, definiert durch

$$g_L := \max\{g \in \mathbb{G};\ g \leq x\} \qquad \text{und} \qquad g_R := \min\{g \in \mathbb{G};\ g \geq x\}$$

Insbesondere also $x \in \mathbb{G} \Rightarrow g_L = x = g_R$. Unter der **Rundung** einer reellen Zahl versteht man ihre Zuordnung zum linken oder rechten Nachbarn. Rundung ist also eine Funktion $\mathrm{rd} : \mathbb{R} \to \mathbb{G}$. Die folgendene Arten der Rundung sind gebräuchlich:

**Definition 1.152 (Rundungsmodi in $\mathbb{G}$).** *Vier verschiedene Arten des Rundens werden unterschieden:*

$$\text{Abrunden: } rd_- : \mathbb{R} \to \mathbb{G},\ x \mapsto g_L,$$

$$\text{Aufrunden: } rd_+ : \mathbb{R} \to \mathbb{G},\ x \mapsto g_R,$$

$$\text{(Korrektes) Runden: } rd_* : \mathbb{R} \to \mathbb{G},\ x \mapsto \begin{cases} g_L & \text{falls } x \leq (g_L + g_R)/2 \\ g_R & \text{falls } x \geq (g_L + g_R)/2 \end{cases},$$

$$\text{Abhacken: } rd_0 : \mathbb{R} \to \mathbb{G},\ x \mapsto \begin{cases} g_L & \text{falls } x \geq 0 \\ g_R & \text{falls } x < 0 \end{cases}$$

*$rd_-$, $rd_+$ und $rd_0$ werden als gerichtetes Runden bezeichnet.* ◁

**Bemerkungen:**

- Im IEEE-Standard sind für *jedes* $x \in \mathbb{R}$ die Nachbarn $g_L$ und $g_R$ in $\mathbb{M}$ definiert – gegebenenfalls sind dies **Inf** oder **-Inf**. Somit ist die Rundung dann auch als Funktion $\mathrm{rd} : \mathbb{R} \to \mathbb{M}$ definiert.
- $\mathrm{rd}_*$ ist doppeldeutig für Zahlen der Form $x = (g_L + g_R)/2$. Im IEEE-Standard wird die Doppeldeutigkeit aufgelöst und festgelegt, dass $\mathrm{rd}_*((g_L + g_R)/2)$ immer einen geradzahligen Signifikanden haben muss. Es wird also „abwechselnd“ auf- und abgerundet.

Durch Rundung verursachte Fehler können abgeschätzt werden:

**Satz 1.153 (Schranke für den relativen Rundungsfehler in $\mathbb{G}_{B,t}$).** *Für alle $x \in \mathbb{R}$*

$$rd(x) = x(1 + \varepsilon_x) \quad \text{mit} \quad |\varepsilon_x| \leq \begin{cases} \frac{1}{2}B^{1-t} & \text{für korrektes Runden,} \\ B^{1-t} & \text{für gerichtetes Runden.} \end{cases}$$

*Hier ist*

$$\varepsilon_x = \begin{cases} (rd(x) - x)/x, & \text{falls } x \neq 0 \\ 0, & \text{falls } x = 0 \end{cases}$$

*der relative Fehler der gerundeten Zahl.* ◁

*Beweis.* Klar nach der Formel für die Auflösung $\rho$ in $\mathbb{G}_{B,t}$. (Betrachte $x > 0$.) □

**Bemerkungen:**

- Im Fall von Bereichsüberschreitungen können größere Rundungsfehler auftreten als in Satz 1.153 angegeben.
- Im Gegensatz zum absoluten ist der relative Rundungsfehler skalierungsunabhängig.

Die vier arithmetischen Grundoperationen können auf $\mathbb{G}$ im Allgemeinen nicht exakt ausgeführt werden, stattdessen wird eine Näherung ausgerechnet. Bezeichnet man mit $*$ eine Grundoperation, also $* \in \{+,-,\times,/\}$, dann sei für alle Zahlen $a,b \in \mathbb{G}$:

$$\text{das exakte Resultat } a * b \in \mathbb{R}, \text{ i.a. } \notin \mathbb{G}$$
$$\text{die berechnete Näherung } a \overset{\bullet}{*} b \in \mathbb{G}$$

Das theoretisch bestmögliche Ergebnis ist

$$a \overset{\bullet}{*} b = \operatorname{rd}(a * b) \quad \text{für alle} \quad a,b \in \mathbb{G} \tag{1.61}$$

(bei Rechnung mit Maschinenzahlen müssen Bereichsüberschreitungen ausgenommen werden). Das bedeutet, dass das Ergebnis jeder arithmetischen Operation gleich dem exakten Ergebnis ist, gerundet auf eine Gleitpunktzahl. Wenn (1.61) erfüllt ist, spricht man deshalb von einer **idealen Arithmetik**. Man kann zeigen, dass die Ausführung der vier Grundoperationen auf Maschinenzahlen in binärer Arithmetik ($B = 2$) mit Ausgabe des korrekt gerundeten exakten Ergebnisses möglich ist, wenn man intern mit $t + 3$ statt $t$ Stellen rechnet. Das bedeutet, dass eine ideale Arithmetik tatsächlich realisierbar ist. Deswegen wird im IEEE-Standard die Einhaltung von (1.61) gefordert und zwar

- für alle vier arithmetischen Grundoperationen und analog auch für die Berechnung der Wurzel
- für alle Genauigkeitsstufen
- für alle vier Rundungsmodi der Definition 1.152.

In Kombination mit Satz 1.153 ergibt sich

**Satz 1.154 (Rundungsfehlerschranken für die ideale Arithmetik).** *Falls $a \overset{\bullet}{*} b = rd(a * b)$, dann gilt für alle $a,b \in \mathbb{G}_{B,t}$*

$$\begin{aligned}
a \overset{\bullet}{+} b &= (a+b)\cdot(1+\alpha),\\
a \overset{\bullet}{-} b &= (a-b)\cdot(1+\sigma),\\
a \overset{\bullet}{\times} b &= (a\times b)\cdot(1+\mu),\\
a \overset{\bullet}{/} b &= (a/b)\cdot(1+\delta), \quad b \neq 0.
\end{aligned}$$

*$\alpha$, $\sigma$, $\mu$ und $\delta$ hängen von a und b ab und sind im Betrag beschränkt:*

$$|\alpha|,|\sigma|,|\mu|,|\delta| \leq \varepsilon_{mach} = \begin{cases} \frac{1}{2}B^{1-t} & \textit{für } rd_* \\ B^{1-t} & \textit{für gerichtetes Runden} \end{cases}$$

*$\varepsilon_{mach}$ heißt* ***Maschinengenauigkeit****.* ◁

Auf Grundlage von Satz 1.154 ist es im Prinzip möglich, die im Lauf einer Computer-Rechnung begangenen Rundungsfehler exakt abzuschätzen.

## 1.5 Approximation von Funktionen

Die Approximation von Funktionen spielt bei der Diskretisierung inverser Probleme eine wichtige Rolle. Da in vielen einführenden Texten nur die Approximation univariater Funktionen (Funktionen in einer Veränderlichen) behandelt wird und da die von uns häufig benutzten sogenannten „dünnen Gitter" noch nicht zum Standardrepertoire der Numerik gehören, ist dieser Abschnitt recht ausführlich.

### *1.5.1 Approximation mit Treppenfunktionen, Haar-Wavelets*

**Der univariate Fall.** Wir betrachten zunächst die Approximation univariater Funktionen $f : [0,1] \to \mathbb{R}$. Die Approximation von Funktionen $f : [a,b] \to \mathbb{R}$ lässt sich leicht hierauf zurückführen, wir gehen später noch darauf ein. Die folgende Darstellung orientiert sich an [HB09]. Für $n \in \mathbb{N}$ und $k = 0, 1, \ldots, n$ werden die **Gitter**

$$G_k := \left\{ jh_k;\ j = 0, \ldots, 2^k,\ h_k = 2^{-k} \right\} \subset [0,1] \tag{1.62}$$

und die Räume von Treppenfunktionen

$$X_k := \left\{ f : [0,1] \to \mathbb{R};\ f_{|(jh_k,(j+1)h_k)} \text{ konstant für } j = 0, \ldots, 2^k - 1 \right\} \tag{1.63}$$

betrachtet. Offenbar gilt

$$X_0 \subset X_1 \subset \ldots \subset X_n \subset X := L_2(0,1),$$

die $2^k$-dimensionalen Räume $X_k$ eignen sich also zur Approximation quadratintegrierbarer Funktionen. Für die Treppenfunktion

$$\phi : \mathbb{R} \to \mathbb{R}, \quad x \mapsto \begin{cases} 1, & 0 \le x < 1, \\ 0, & \text{sonst} \end{cases}$$

gilt $\|\phi\|_{L_2(0,1)} = 1$. Ausgehend von $\phi$ definieren wir durch Stauchung und Translation die weiteren Treppenfunktionen $\phi_k$ und $\phi_{k,j}$ für $k = 0, \ldots, n$ und $j = 0, \ldots, 2^k - 1$ mit

$$h_k := 2^{-k}$$

durch

$$\phi_k(x) := 2^{k/2}\phi(2^k x), \quad \phi_{k,j}(x) := \phi_k(x - jh_k). \tag{1.64}$$

Diese haben für jedes $k$ die Eigenschaft

$$\phi_{k,j} \in X_k, \quad \langle \phi_{k,j} | \phi_{k,j'} \rangle_{L_2(0,1)} = \begin{cases} 1, & j = j' \\ 0, & j \ne j' \end{cases}, \quad j, j' = 0, 1, \ldots, 2^k - 1.$$

Somit handelt es sich bei den Funktionen $\phi_{k,j}$, $j = 0,\ldots,2^k-1$, um eine Orthonormalbasis (bezüglich des $L_2$-Skalarprodukts) von $X_k$. Eine Funktion $f \in L_2(0,1)$ kann in $X_k$ wie folgt approximiert werden:

$$f \approx s := \sum_{j=0}^{2^k-1} \gamma_j \cdot \mathbf{1}_{[jh_k,(j+1)h_k)}, \quad \gamma_j := \frac{1}{h_k} \int_{jh_k}^{(j+1)h_k} f(x)\,dx. \tag{1.65}$$

In Abb. 1.5 werden einige der Funktionen $\phi_{k,j}$ gezeigt sowie ein gemäß (1.65) berechneter Approximant $s$ einer Funktion $f$. Nur dann, wenn eine zusätzliche Glatt-

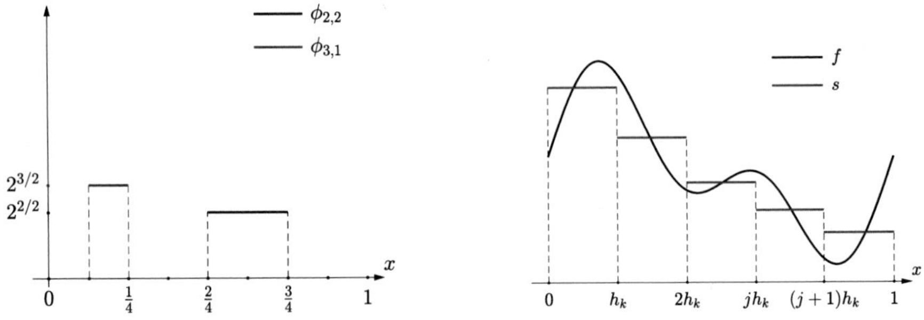


**Abb. 1.5** Funktionen $\phi_{k,j}$ und Approximation durch Treppenfunktion.

heitsbedingung an die zu approximierende Funktion $f$ gestellt wird, lässt sich eine Schranke für den Fehler $\|f-s\|_{L_2(0,1)}$ angeben:

**Satz 1.155 (Approximation durch Treppenfunktionen).** *Es sei $f \in L_2(0,1)$. Dann gilt für den Raum $X_k$ aus (1.63), die in (1.65) definierte Funktion $s$ und alle $\tilde{s} \in X_k$*

$$\|f-s\|_{L_2(0,1)} \le \|f-\tilde{s}\|_{L_2(0,1)}.$$

*Falls $f \in H^1(0,1)$, dann ist der Approximationsfehler von $s$ durch*

$$\|f-s\|_{L_2(0,1)} \le h_k \|f'\|_{L_2(0,1)} \tag{1.66}$$

*beschränkt.* ◁

*Beweis.* Da $\phi_{k,j} = \mathbf{1}_{[jh_k,(j+1)h_k)}/\sqrt{h_k}$ und $\gamma_j = \langle f|\phi_{k,j}\rangle_{L_2(0,1)}/\sqrt{h_k}$, folgt aus Satz 1.43, dass die in (1.65) konstruierte Funktion die Bestapproximation von $f$ in $X_k$ ist. Die Fehleraussage in (1.66) ergibt sich durch Betrachtung von $f-s$ in den Teilintervallen $[jh_k,(j+1)h_k]$ aus einer elementaren Rechnung mithilfe des Mittelwertsatzes der Integralrechnung. Die Voraussetzung $f \in H^1(0,1)$ zieht dabei die Stetigkeit der Funktion $f$ und die Integrierbarkeit der Ableitung $f'$ nach sich. Details des Beweises finden sich auf S. 357 in [HB09]. □

Eine höhere Approximationsordnung lässt sich durch die Wahl von Räumen stetiger, stetig differenzierbarer oder noch glatterer Ansatzfunktion und von diesen aufgespannter Räume erzielen – jedoch *nur dann*, wenn auch die Differenzierbarkeitsordnung der zu approximierenden Funktion $f$ steigt. Ist dies nicht der Fall, dann bleibt zunächst nur die Erhöhung von $k$, also die Erhöhung der **Diskretisierungsfeinheit**, um unter den Voraussetzungen des Satzes 1.155 eine beliebig genaue Approximation von $f \in H^1(0,1)$ zu erreichen, allerdings wächst der damit verbundene Rechenaufwand exponentiell an.

Nicht immer ist es jedoch notwendig, die Diskretisierungsfeinheit *global* zu erhöhen, um eine gute Approximation zu erzielen. Mit dem Ziel, eine *lokale* Erhöhung der Diskretisierungsfeinheit dort zu ermöglichen, wo eine Approximation dies erfordert, wird nun eine neue Basis der Räume $X_k$ eingeführt. Dazu betrachten wir zwei Räume $X_k$ und $X_{k+1}$ und betrachten die orthogonale Zerlegung

$$X_{k+1} = X_k \oplus W_k. \tag{1.67}$$

Der Raum $W_k$ enthält also gerade jene Treppenfunktionen $s \in X_{k+1}$, die orthogonal zu den in $X_k$ enthaltenen Treppenfunktionen sind. Der Raum $W_k$ kann explizit angegeben werden. Dazu definiert man das sogenannte **Haar-Wavelet** als die Treppenfunktion

$$\psi : \mathbb{R} \to \mathbb{R}, \quad x \mapsto \begin{cases} 1, & 0 \leq x < \frac{1}{2}, \\ -1, & \frac{1}{2} \leq x < 1, \\ 0, & \text{sonst.} \end{cases} \tag{1.68}$$

Durch Stauchung und Translation von $\psi$ erhalten wir für $k = 0, \ldots, n-1$ und $j = 0, \ldots, 2^k - 1$ mit

$$h_k = 2^{-k}$$

die Funktionen

$$\psi_k(x) := 2^{k/2}\psi(2^k x), \quad \psi_{k,j}(x) := \psi_k(x - jh_k). \tag{1.69}$$

In Abb. 1.6 werden einige der Funktionen $\psi_{k,j}$ gezeigt. Eine elementare Rechnung zeigt

**Proposition 1.156 (Orthonormalbasen von Räumen von Treppenfunktionen).** $\{\phi_{k,j};\ j = 0, \ldots, 2^k - 1\}$ *und* $\{\psi_{k,j};\ j = 0, \ldots, 2^k - 1\}$ *sind Orthonormalbasen der orthogonalen Komplementärräume* $X_k$ *und* $W_k$ *von* $X_{k+1}$. ◁

Die Idee der Zerlegung des Raums $X_{k+1}$ in orthogonale Komplementärräume lässt sich rekursiv anwenden und führt zu einer hierarchischen Zerlegung:

$$\begin{aligned} X_n &= X_{n-1} \oplus W_{n-1} = X_{n-2} \oplus W_{n-2} \oplus W_{n-1} = \ldots \\ &= X_0 \oplus W_0 \oplus W_1 \oplus \ldots \oplus W_{n-1}. \end{aligned} \tag{1.70}$$

Eine Treppenfunktion $s \in X_n$ lässt sich also stets in der Form

$$s = c_0 \cdot \phi + \sum_{\ell=0}^{n-1} \sum_{j=0}^{2^\ell - 1} \gamma_{\ell,j} \cdot \psi_{\ell,j} \tag{1.71}$$

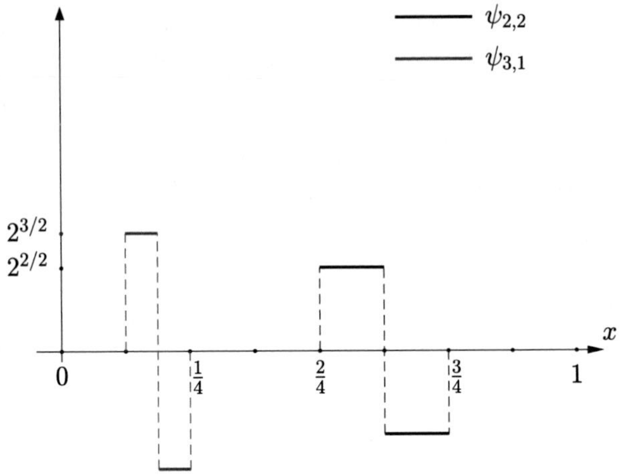


**Abb. 1.6** Funktionen $\psi_{k,j}$.

schreiben. Das folgende Beispiel zeigt das Einsparpotential des Ansatzes (1.71).

*Beispiel 1.157 (Approximation mit Haar-Wavelets, vgl. [HB09]).* Wir betrachten die charakteristische Funktion $f = \mathbf{1}_{[a,b]}$ des Intervalls $[a,b] \subset [0,1]$. Diese Funktion liegt nicht in $H^1(0,1)$, jedoch kann der Approximationsfehler für einen Approximanten $s \in X_k$ direkt abgeschätzt werden. Mit

$$a_k := \max\{g \in G_k;\ g \leq a\} \quad \text{und} \quad b_k := \min\{g \in G_k;\ g \geq b\}$$

gilt für die charakteristische Funktion $s_k := \mathbf{1}_{[a_k,b_k]}$ des Intervalls $[a_k,b_k]$, dass $s_k \in X_k$ und

$$\inf_{s \in X_k} \|f - s\|^2_{L_2(0,1)} \leq \|f - s_k\|^2_{L_2(0,1)} \leq |a - a_k| + |b - b_k| \leq 2 \cdot 2^{-k} = 2 \cdot h_k,$$

der Approximationsfehler hat die Größenordnung wie in (1.66). Jedoch werden bei einem Ansatz der Form (1.71) nicht alle $2^k$ Basisfunktionen benötigt. Wegen der Orthonormalität der Funktionen $\phi$ und $\psi_{\ell,j}$ für $\ell = 0,\dots,k-1$ und $j = 0\dots 2^\ell - 1$ gilt ja für die Koeffizienten der Entwicklung

$$s_k = c_0 \cdot \phi + \sum_{\ell=0}^{n-1} \sum_{j=0}^{2^\ell - 1} \gamma_{\ell,j} \cdot \psi_{\ell,j},$$

dass

$$c_0 = \int_0^1 s_k(x) \cdot \phi(x)\, dx, \quad \gamma_{\ell,j} = \int_0^1 s_k(x) \cdot \psi_{\ell,j}(x)\, dx.$$

Da $\int_0^1 \psi_{\ell,j}(x)\, dx = 0$, können höchstens zwei Koeffizienten $\gamma_{\ell,j}$ jeder festen Skalenstufe $\ell$ ungleich null sein, nämlich jene, bei denen $a_k$ oder $b_k$ im Träger der zugehörigen Funktion $\psi_{\ell,j}$ liegt. Die Anzahl benötigter Basisfunktionen steigt damit nur linear in $k$ an, nicht exponentiell. ◁

In [HB09] sind die bekannten, sehr effizienten Algorithmen zur Berechnung der Wavelet-Approximation einer gegebenen Funktion aufgeführt, die wir im weiteren Verlauf jedoch nicht benötigen. Die obige Konstruktion lässt sich auf Intervalle $[a,b]$, $a < b$, verallgemeinern. Dazu beginnt man mit den Funktionen $\phi_{a,b}, \psi_{a,b} : [a,b] \to \mathbb{R}$, die durch

$$\phi_{a,b}(x) := \frac{1}{\sqrt{b-a}}\phi\left(\frac{x-a}{b-a}\right) \quad \text{und} \quad \psi_{a,b}(x) := \frac{1}{\sqrt{b-a}} \cdot \psi\left(\frac{x-a}{b-a}\right) \tag{1.72}$$

definiert werden.

**Der bivariate Fall.** Wir betrachten analog zu (1.62) für $k = 0,\ldots,n$ die zweidimensionalen Gitter

$$G_k^2 := \left\{(ih_k, jh_k);\ i,j = 0,\ldots,2^k,\ h_k = 2^{-k}\right\} \subset [0,1]^2$$

und die Tensorprodukte $\Phi_{k,\alpha}$ der Funktionen $\phi_{k,j}$ aus (1.64), die für $\alpha = (\alpha_1,\alpha_2)$ mit $\alpha_1,\alpha_2 = 0,\ldots,2^k-1$ und $(x,y) \in [0,1]^2$ durch

$$\Phi_{k,\alpha}(x,y) = \phi_{k,\alpha_1}(x) \cdot \phi_{k,\alpha_2}(y) \tag{1.73}$$

definiert sind und die die Räume

$$X_k := \langle \Phi_{k,\alpha};\ \alpha = (\alpha_1,\alpha_2),\ \alpha_i = 0,\ldots,2^k-1\rangle \tag{1.74}$$

aufspannen. Abkürzend wird

$$Q := (0,1)^2 \quad \text{und} \quad \overline{Q} := [0,1]^2$$

für das offene und das abgeschlossene zweidimensionale Einheitsintervall gesetzt. Wiederum gilt offenbar

$$X_0 \subset X_1 \subset \ldots \subset X_n \subset X := L_2(Q),$$

das heißt die Räume $X_k$ sind geeignet zur Approximation quadratintegrierbarer bivariater Funktionen. Wie im univariaten Fall bilden die Funktionen $\Phi_{k,\alpha}$, $\alpha = (\alpha_1,\alpha_2)$, $\alpha_i = 0,\ldots,2^k-1$, eine Orthonormalbasis (bezüglich des $L_2$-Skalarprodukts) von $X_k$. Eine Funktion $f \in L_2(Q)$ kann in $X_k$ wie folgt approximiert werden:

$$f \approx s := \sum_{i=0}^{2^k-1}\sum_{j=0}^{2^k-1} \gamma_{i,j} \cdot \mathbf{1}_{Q_{i,j}}, \quad \gamma_{i,j} := \frac{1}{h_k^2}\int_{ih_k}^{(i+1)h_k}\int_{jh_k}^{(j+1)h_k} f(x,y)\,dy\,dx, \tag{1.75}$$

wobei abkürzend

$$Q_{i,j} := (ih_k, (i+1)h_k) \times (jh_k, (j+1)h_k), \quad i,j = 0, \ldots, 2^k - 1$$

gesetzt wurde. Eine Schranke für den Fehler $\|f - s\|_{L_2(Q)}$ lässt sich nur angeben, wenn eine zusätzliche Glattheitsbedingung an die zu approximierende Funktion $f$ gestellt wird:

**Satz 1.158 (Approximation durch bivariate Treppenfunktionen).** *Es sei $f \in L_2(Q)$. Dann gilt für den Raum $X_k$ aus (1.74), die in (1.75) definierte Funktion $s$ und alle $\tilde{s} \in X_k$*

$$\|f - s\|_{L_2(Q)} \leq \|f - \tilde{s}\|_{L_2(Q)}.$$

*Falls $f \in H^1(Q)$, dann ist der Approximationsfehler von $s$ durch*

$$\|f - s\|_{L_2(Q)} \leq Ch_k |f|_{H^1(Q)} \tag{1.76}$$

*beschränkt mit der durch*

$$|u|^2_{H^1(Q)} := \|D^{(1,0)}u\|^2_{L_2(Q)} + \|D^{(0,1)}u\|^2_{L_2(Q)}$$

*definierten Seminorm $|\bullet|_{H^1(Q)}$ auf $H^1(Q)$.* ◁

*Beweis.* Es sei $Q_{i,j} := (ih_k, (i+1)h_k) \times (jh_k, (j+1)h_k)$, $i,j = 0, \ldots, 2^k - 1$. Für die Koeffizienten aus (1.75) gilt $\gamma_{i,j} = \langle f | \Phi_{k,(i,j)} \rangle_{L_2(Q)} / h_k$. Da $\{\Phi_{k,(i,j)} = \mathbf{1}_{Q_{i,j}} / h_k\}$ eine Orthonormalbasis von $X_k$ ist, folgt aus Satz 1.43, dass die in (1.75) konstruierte Funktion die Bestapproximation von $f$ in $X_k$ ist.
Das Quadrat $Q_{i,j}$ hat den Durchmesser $\sqrt{2}h_k$. Eine Version des Bramble-Hilbert-Lemmas besagt, dass es ein konstantes Polynom $p$ gibt, so dass für alle $u \in H^1(Q_{i,j})$ die Ungleichung

$$\|u - p\|_{L_2(Q_{i,j})} \leq Ch_k |u|_{H^1(Q_{i,j})} \tag{1.77}$$

erfüllt ist, wobei $C$ eine (im vorliegenden Fall explizit bestimmbare) Konstante und

$$|u|^2_{H^1(Q_{i,j})} := \|D^{(1,0)}u\|^2_{L_2(Q_{i,j})} + \|D^{(0,1)}u\|^2_{L_2(Q_{i,j})}.$$

Wegen seiner bereits festgestellten Optimalität gilt die Abschätzung (1.77) insbesondere für das Polynom mit dem konstanten Wert $\gamma_{i,j}$ aus (1.75). Daraus erhält man für $f \in H^1(Q)$ und $s$ wie in (1.75):

$$\begin{aligned}\|f - s\|^2_{L_2(Q)} &= \sum_{i=0}^{2^k-1} \sum_{j=0}^{2^k-1} \|f - \gamma_{i,j}\|^2_{L_2(Q_{i,j})} \stackrel{(1.77)}{\leq} \sum_{i=0}^{2^k-1} \sum_{j=0}^{2^k-1} C^2 h_k^2 |f|^2_{H^1(Q_{i,j})} \\ &= C^2 h_k^2 \sum_{i=0}^{2^k-1} \sum_{j=0}^{2^k-1} |f|^2_{H^1(Q_{i,j})} = C^2 h_k^2 |f|^2_{H^1(Q)}\end{aligned}$$

und hieraus folgt die Abschätzung (1.76). □

Für eine alternative Basis des Raums $X_k$ bilden wir Tensorprodukte univariater Haar-Wavelets. Wir erhalten bivariate Treppenfunktionen $\Psi^1_{k,\alpha}$, $\Psi^2_{k,\alpha}$ und $\Psi^3_{k,\alpha}$ auf $Q$ durch die Festlegungen

$$\begin{aligned}\Psi^1_{k,\alpha}(x,y) &:= \phi_{k,\alpha_1}(x)\cdot\psi_{k,\alpha_2}(y),\\ \Psi^2_{k,\alpha}(x,y) &:= \psi_{k,\alpha_1}(x)\cdot\phi_{k,\alpha_2}(y) \text{ und}\\ \Psi^3_{k,\alpha}(x,y) &:= \psi_{k,\alpha_1}(x)\cdot\psi_{k,\alpha_2}(y).\end{aligned} \tag{1.78}$$

Hierbei sind rechts die in (1.64) und in (1.69) definierten Funktionen gemeint und es ist $\alpha=(\alpha_1,\alpha_2)$ mit $\alpha_1,\alpha_2\in\{0,\ldots,2^k-1\}$ und $k\in\{0,\ldots,n-1\}$. In Abb. 1.7 werden einige der Funktionen $\Psi^s_{k,\alpha}$ gezeigt. Durch elementares Nachrechnen lässt

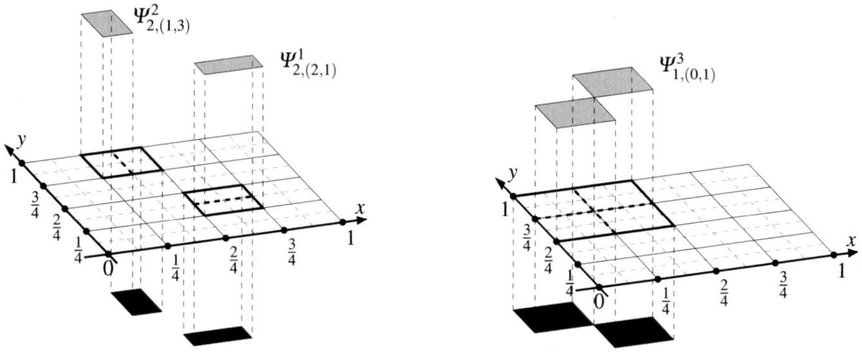


**Abb. 1.7** Einige Funktionen $\Psi^s_{k,\alpha}$.

sich bestätigen, dass

$$\langle\Psi^s_{k,\alpha}|\Psi^{s'}_{k',\alpha'}\rangle_{L_2(Q)}=\delta_{s,s'}\cdot\delta_{k,k'}\cdot\delta_{\alpha_1,\alpha_1'}\cdot\delta_{\alpha_2,\alpha_2'}$$

mit dem Kronecker-Symbol $\delta$ gilt. Die eingeführten Funktionen bilden also ein Orthonormalsystem in $L_2(Q)$. Wir definieren

$$W_k := \operatorname{span}\left\{\Psi^s_{k,\alpha};\ s=1,2,3,\ \alpha=(\alpha_1,\alpha_2),\ \alpha_i=0,\ldots,2^k-1\right\}$$

und erhalten in Analogie zu (1.70) die hierarchische Zerlegung

$$X_n = X_0\oplus W_0\oplus W_1\oplus\ldots\oplus W_{n-1}. \tag{1.79}$$

Zur Konstruktion bivariater Haar-Wavelets auf Intervallen $[a,b]\times[a,b]$ benutzt man statt $\phi$ und $\psi$ die in (1.72) definierten Funktionen $\phi_{a,b}$ und $\psi_{a,b}$.

## *1.5.2 Approximation mit (bi)linearen Splines, dünne Gitter*

**Der univariate Fall.** Wir orientieren uns an [Zen90]. Für $n \in \mathbb{N}$ und $k = 0, 1, \ldots, n$ werden die **Gitter**

$$G_k := \left\{ jh_k;\ j = 0, \ldots, 2^k,\ h_k = 2^{-k} \right\} \subset [0,1] \tag{1.80}$$

und die Räume von linearen Splines

$$X_k := \left\{ f \in C[0,1];\ f_{|(jh_k,(j+1)h_k)} \text{ linear für } j = 0, \ldots, 2^k - 1 \right\} \tag{1.81}$$

betrachtet. Jede Spline $s \in X_k$ ist eindeutig festgelegt durch ihre Werte $s(jh_k)$ für $j = 0, \ldots, 2^k$, somit ist $X_k$ ein Vektorraum der Dimension $2^k + 1$. Offenbar gilt

$$X_0 \subset X_1 \subset \ldots \subset X_n \subset X := H^1(0,1),$$

die Räume $X_k$ eignen sich also zur Approximation quadratintegrierbarer Funktionen mit quadratintegrierbaren Ableitungen. Wir definieren

$$\phi : \mathbb{R} \to \mathbb{R}, \quad x \mapsto \begin{cases} 1 + x, & -1 \le x < 0, \\ 1 - x, & 0 \le x \le 1, \\ 0, & \text{sonst.} \end{cases}$$

und durch Stauchung und Translation dieser Funktion die weiteren Splines $\phi_k$ und $\phi_{k,j}$ für $k = 0, \ldots, n$ und $j = 0, \ldots, 2^k$ mit

$$h_k := 2^{-k}$$

durch

$$\phi_k(x) := \phi(2^k x), \quad \phi_{k,j}(x) := \phi_k(x - jh_k). \tag{1.82}$$

Die Funktion $\phi_{k,j}$ nimmt genau am Gitterpunkt $jh_k \in G_k$ den Wert 1 an und an allen anderen Punkten des Gitters $G_k$ den Wert 0. Die $2^k + 1$ Funktionen $\phi_{k,j}$, $j = 0, \ldots, 2^k$, sind also linear unabängig und es gilt

$$X_k = \operatorname{span}\left\{ \phi_{k,0}, \ldots, \phi_{k,2^k} \right\},$$

wenn wir die Zusatzvereinbarung akzeptieren, jede Funktion $\phi_{k,j}$ mit ihrer Einschränkung auf das Intervall $[0,1]$ zu identifizieren. Eine Funktion $f \in H^1(0,1) \subset C[0,1]$ lässt sich in $X_k$ durch Interpolation approximieren:

$$f \approx s := \sum_{j=0}^{2^k} \gamma_j \cdot \phi_{k,j} \quad \text{mit} \quad \gamma_j := f(jh_k),\ j = 0, \ldots, 2^k. \tag{1.83}$$

Die Funktionen $\phi_{k,j}$, $j = 0, \ldots, 2^k$, werden als **nodale Basis** des Raums $X_k$ bezeichnet. In Abb. 1.8 werden (links) Funktionen $\phi_{k,j}$ gezeigt sowie (rechts) ein gemäß

(1.83) berechneter Approximant $s$ einer Funktion $f$. Eine Abschätzung des Appro-

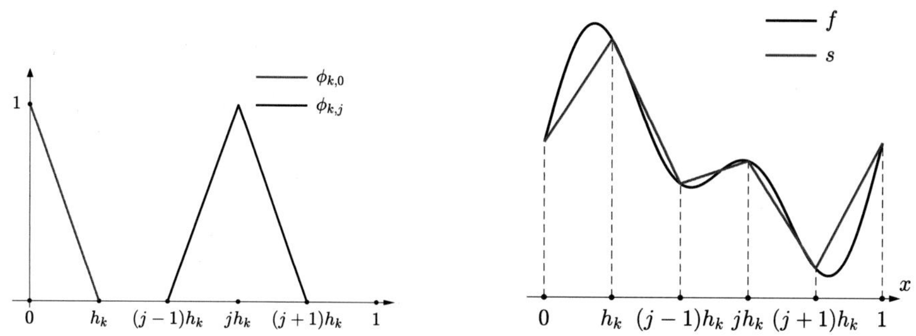


**Abb. 1.8** Funktionen $\phi_{k,j}$ und Approximation durch lineare Spline.

ximationsfehlers ist abhängig von der Differenzierbarkeitsordnung der zu approximierenden Funktion $f$ möglich.

**Satz 1.159 (Approximation durch lineare Splines).** *Es sei $f \in H^1(0,1)$. Dann gilt für den durch (1.83) im Raum $X_k$ aus (1.81) bestimmten Spline-Interpolanten die Abschätzung*

$$\|f-s\|_{L_2(0,1)} \leq \frac{h_k}{\sqrt{2}}\|f'\|_{L_2(0,1)} \tag{1.84}$$

*des Approximationsfehlers. Gilt sogar $f \in H^2(0,1)$, dann können der Approximationsfehler und der Fehler der Approximation der schwachen Ableitung durch*

$$\|f-s\|_{L_2(0,1)} \leq \frac{h_k^2}{2}\|f''\|_{L_2(0,1)} \tag{1.85}$$

$$\|f'-s'\|_{L_2(0,1)} \leq \frac{h_k}{\sqrt{2}}\|f''\|_{L_2(0,1)} \tag{1.86}$$

*abgeschätzt werden.* ◁

*Beweis.* Die Abschätzung (1.84) wird in [HB09] in Satz 45.2 formuliert und bewiesen. Die Abschätzungen (1.85) und (1.86) werden in Satz 45.4 formuliert und bewiesen. □

Unter den gemachten Voraussetzungen an $f$ wird die Approximation mit kleiner werdendem $h_k$ (mit wachsender Diskretisierungsfeinheit) immer genauer. Zu beachten ist, dass der Vorteil linearer Splines, „besser" zu approximieren als Treppenfunktionen, der sich durch den Vergleich der Abschätzungen (1.66) und (1.85) ergibt, nur dann zum Tragen kommt, wenn $f \in H^2(0,1)$.

Für den Raum $X_k$, $k \in \{1,\ldots,n\}$, lässt sich alternativ eine **hierarchische Basis** angeben. Dazu wird $T_k \subset X_k$ als jener Teilraum definiert, der alle Splines $s \in X_k$ enthält, welche in den Gitterpunkten $x \in G_{k-1}$ den Wert null annehmen. Der Raum $T_k$ hat Dimension $2^{k-1}$ und wird von den Funktionen $\phi_{k,2j-1}$, $j = 1, \ldots, 2^{k-1}$, aufgespannt, welche an den Stellen $(j-0.5)/2^{k-1}$ den Wert 1 annehmen. In Abb. 1.9 sind die

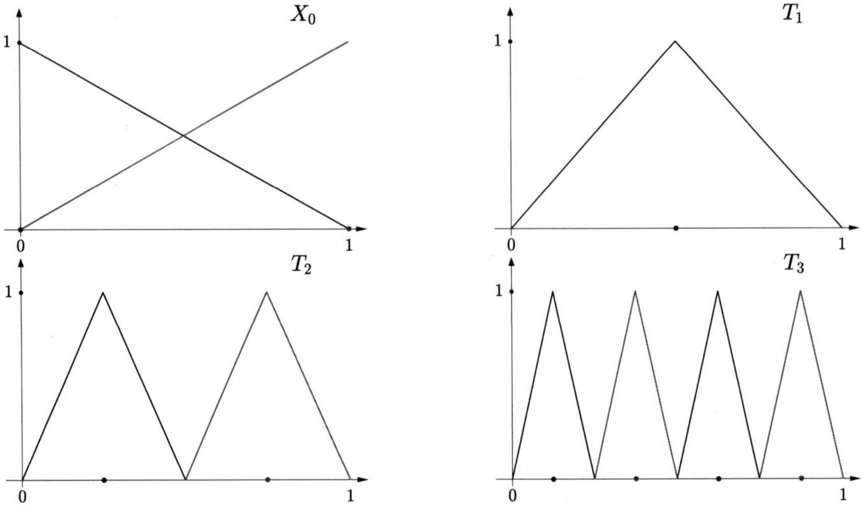


**Abb. 1.9** Basisfunktionen der Räume $X_0$, $T_1$, $T_2$ und $T_3$.

Basisfunktionen der Räume $X_0$, $T_1$, $T_2$ und $T_3$ angegeben. Für jede der Basisfunktionen ist mit einem Punkt auf der Abszisse angegeben, wo sie den Wert 1 annimmt. Diese Stellen werden wir als **Zentrum** der Basisfunktion bezeichnen. Wir können nun folgende Zerlegung des Raums $X_n$ angeben:

$$X_n = X_0 + T_1 + T_2 + \ldots + T_n, \tag{1.87}$$

wobei die rechte Seite als Vereinigung paarweise disjunkter Mengen zu verstehen ist. Die Orthogonalität der Wavelet-Zerlegung besteht nicht mehr. Entsprechend der Zerlegung (1.87) ergibt sich die **hierarchische Basis**

$$\{\underbrace{\phi_{0,0}, \phi_{0,1}}_{\in X_0}, \underbrace{\phi_{1,1}}_{\in T_1}, \underbrace{\phi_{2,1}, \phi_{2,3}}_{\in T_2}, \ldots, \underbrace{\phi_{n,1}, \ldots, \phi_{n,2^n-1}}_{\in T_n}\} \tag{1.88}$$

von $X_n$. Jede lineare Spline $s \in X_n$ kann auf eindeutige Art in der Form

$$s = s_0 + \sum_{j=1}^{n} s_j, \quad s_0 \in X_0,\ u_j \in T_j,\ j = 1, \ldots, n \tag{1.89}$$

geschrieben werden beziehungsweise, ausführlicher, in der Form

$$s=\sum_{j=0}^{1}\alpha_{0,j}\phi_{0,j}+\sum_{k=1}^{n}\sum_{j=1}^{2^{k-1}}\alpha_{k,2j-1}\phi_{k,2j-1}. \tag{1.90}$$

Notiert man die Koeffizienten $\alpha_{0,0},\alpha_{0,1},\alpha_{1,1},\ldots,\alpha_{n,2^{n-1}}$ in dieser Reihenfolge als Vektor $\alpha\in\mathbb{R}^{2^n+1}$, dann besteht zu den Koeffizienten $\gamma_j$ der nodalen Basis aus (1.83) der lineare Zusammenhang

$$\gamma=T\alpha,\quad T\in\mathbb{R}^{2^n+1,2^n+1}, \tag{1.91}$$

wobei sich die Spalten der invertierbaren Matrix $T$ durch Auswertung der hierarchischen Basisfunktionen an den Gitterpunkten $G_n$ ergeben. Unter Verwendung der hierachischen Basis kann ein Interpolant $s\in X_n$ einer Funktion $f\in H^1(0,1)$ iterativ gefunden werden: Ist $\tilde{s}\in X_{k-1}$ eine $f$ in den Gitterpunkten $G_{k-1}$ interpolierende lineare Spline gemäß (1.83), dann ergibt sich die interpolierende Spline $s\in X_k$ als

$$s=\tilde{s}+s_k,$$

wobei $s_k\in T_k$ der Interpolant der Differenzfunktion $f-\tilde{s}$ ist, welche ja gerade in den Gitterpunkten $G_{k-1}$ verschwindet. Dies wird in Abb. 1.10 illustriert. Die Nütz-

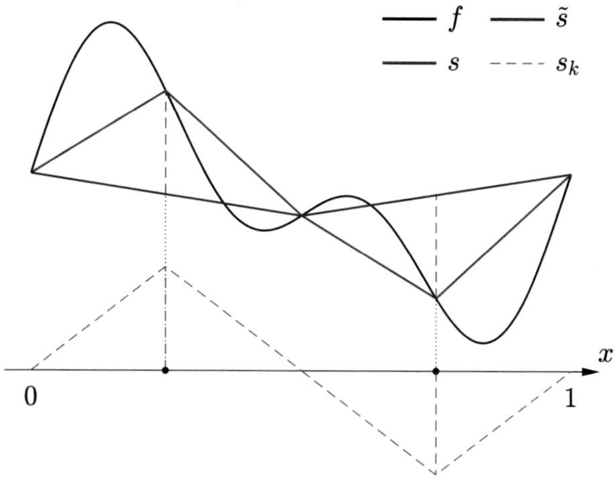


**Abb. 1.10** Iterative Konstruktion von Interpolanten.

lichkeit des hierarchischen Ansatzes liegt darin, dass bei genügend hoher Differenzierbarkeitsordnung von $f$ die Beiträge der Funktionen $s_k\in X_k$ zur Interpolation mit wachsendem $k$ rapide abnehmen. Zur Präzisierung dieser Aussage betrachten wir die Interpolation von Funktionen $f\in C^2[0,1]$. Der Raum $T_k$ wird von Funktionen $\phi_{k,2j-1}$ aufgespannt, deren Träger die Länge $2h_k$ haben. Aus Abb. 1.10 ist ersichtlich, dass die Koeffizienten $\gamma_j$ von $s_k$ in der Darstellung

$$s_k = \sum_{j=1}^{2^{k-1}} \gamma_j \cdot \phi_{k,2j-1} \tag{1.92}$$

durch

$$\gamma_j = f(c_j) - \frac{f(c_j - h_k) + f(c_j + h_k)}{2}, \quad c_j = (2j-1)/2^k = (j-0.5)/2^{k-1}$$

bestimmt werden können. Es gilt $\gamma_j = L(f)$ mit den Funktionalen

$$L_j : C^2[c_j - h_k, c_j + h_k] \to \mathbb{R}, \quad f \mapsto f(c_j) - \frac{f(c_j - h_k) + f(c_j + h_k)}{2}. \tag{1.93}$$

Die Funktionale $L_j$ haben die Eigenschaft

$$L_j(p) = 0 \quad \text{für alle Polynome } p \text{ vom Grad } \leq 1,$$

was die Anwendung des Kernsatzes von Peano zu ihrer Berechnung ermöglicht. Dieser lautet

**Satz 1.160 (Peano-Kernsatz).** *Es seien $a < b$ und $m \in \mathbb{N}_0$. Für $j \in \mathbb{N}_0$ sei*

$$(x-t)_+^j := \begin{cases} (x-t)^j, & x \geq t, \\ 0, & x < t. \end{cases}$$

*Ferner sei $L : C[a,b] \to \mathbb{R}$ ein lineares Funktional mit der Eigenschaft:*

$$L(p) = 0 \quad \textit{für alle Polynome } p \textit{ vom Grad höchstens gleich } m.$$

*Mit $L_x((x-t)_+^j) := L((\bullet - t)_+^j)$ wird die Anwendung des Funktionals $L$ auf $(x-t)_+^j$ als Funktion von $x$ bezeichnet. Unter der Vertauschbarkeitsbedingung*

$$L_x\left(\int_a^b f(t) \cdot (x-t)_+^m \, dt\right) = \int_a^b f(t) \cdot L_x((x-t)_+^m) \, dt \; \textit{für alle } f \in C[a,b] \tag{1.94}$$

*gilt dann:*

$$L(f) = \int_a^b f^{(m+1)}(t) \cdot K(t) \, dt \quad \textit{für alle} \quad f \in C^{m+1}[a,b], \tag{1.95}$$

*wobei durch*

$$K(t) := \frac{1}{m!} L_x((x-t)_+^m), \quad t \in [a,b], \tag{1.96}$$

*der sogenannte **Peanokern** definiert ist.* ◁

Dieser Satz soll mit $m = 1$, $a = c_j - h$ und $b = c_j + h$ auf das Funktional $L_j$ angewendet werden. Eine einfache Rechnung ergibt

$$K_j(t) = L_j((\bullet - t)_+) = \begin{cases} -(h_k + c_j - t)/2, & c_j \le t \le c_j + h_k \\ -(h_k - c_j + t)/2, & c_j - h_k \le t \le c_j \end{cases} \tag{1.97}$$

und die Gültigkeit von (1.94) kann ebenfalls durch elementare Rechnung bestätigt werden. Somit darf Satz 1.160 angewendet werden und liefert die Abschätzung

$$|\gamma_j| = |L_j(f)| = \left| \int_{c_j - h_k}^{c_j + h_k} K_j(t) f''(t)\, dt \right| \le \int_{c_j - h_k}^{c_j + h_k} |K_j(t)|\, dt \cdot \|f''\|_{C[c_j - h_k, c_j + h_k]}$$

und folglich

$$|\gamma_j| \le \frac{h_k^2}{2} \cdot \|f''\|_{C[c_j - h_k, c_j + h_k]}. \tag{1.98}$$

Diese Abschätzung gilt für alle Koeffizienten $\gamma_j$ in (1.92) und damit folgt auch

$$\|s_k\|_{C[0,1]} \le \frac{h_k^2}{2} \cdot \|f''\|_{C[0,1]}. \tag{1.99}$$

Die Abschätzungen (1.98) und (1.99) präzisieren die Aussage über die mit wachsendem $k$ schnell abfallenden Beiträge der Räume $T_k$ zur Interpolation von *zweimal stetig differenzierbaren* Funktion $f : [0,1] \to \mathbb{R}$.

Genau wie im Fall von Treppenfunktionen ist es auch bei linearen Splines möglich, die Betrachtung vom Intervall $[0,1]$ auf beliebige Intervalle $[a,b]$ zu verallgemeinern.

**Der bivariate Fall.** Wir orientieren uns weiter an [Zen90]. Für $n \in \mathbb{N}$ und $k, \ell = 0, 1, \ldots, n$ setzen wir

$$h_k := 2^{-k}, \quad h_\ell := 2^{-\ell},$$

führen die zweidimensionalen Gitter

$$G_{k,\ell} := \left\{ (ih_k, jh_\ell);\ i = 0, \ldots, 2^k,\ j = 0, \ldots, 2^\ell \right\} \subset [0,1]^2 \tag{1.100}$$

ein und betrachten die Tensorprodukte der in (1.82) definierten Funktionen, die auf $[0,1]^2$ durch

$$\Phi_{(k,\ell),(i,j)}(x,y) := \phi_{k,i}(x) \cdot \phi_{\ell,j}(y), \quad x, y \in [0,1]^2 \tag{1.101}$$

gegeben sind. Dies sind stückweise *bilineare*, nicht mehr lineare Funktionen. Einige dieser Funktionen sind in Abb. 1.11 gezeichnet. Für festes $k$ und $\ell$ sind sie offenbar linear unabhängig, denn jede von ihnen ist an genau einem Punkt des Gitters $G_{k,\ell}$ gleich 1 und verschwindet an allen anderen. Sie erzeugen den Raum aller zu $G_{k,\ell}$ gehörigen stückweise bilinearen Funktionen

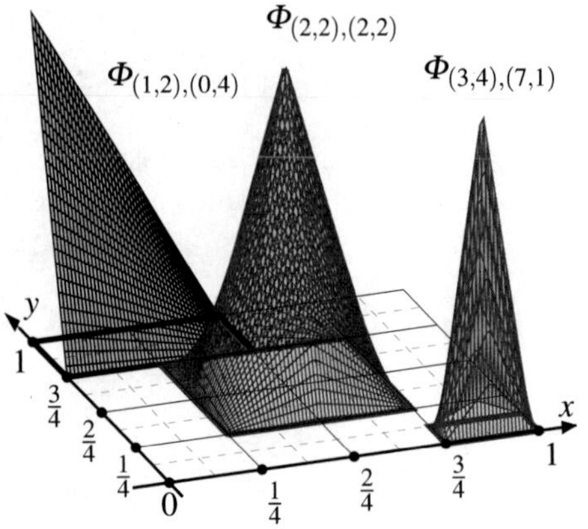


**Abb. 1.11** Basisfunktionen der Räume $X_{k,\ell}$.

$$X_{k,\ell} := \operatorname{span}\left\{ \Phi_{(k,\ell),(i,j)};\ i = 0,\ldots,2^k,\ j = 0,\ldots,2^\ell \right\}.$$

Die Dimension des Raums $X_{k,\ell}$ ist $(2^k+1)(2^\ell+1)$. Analog zu (1.83) können bivariate Funktionen $f$ durch Interpolation in $X_{k,\ell}$ approximiert werden. Zur Abkürzung schreiben wir

$$Q := (0,1)^2, \quad \overline{Q} := [0,1]^2.$$

Es gilt $X_{k,\ell} \subset H^2(Q) \subset C(\overline{Q})$, siehe beispielsweise [Bra07], S. 62. Wir definieren für $f \in H^2(Q)$ einen Approximanten $s \in X_{k,\ell}$ durch Interpolation:

$$f \approx s := \sum_{i=0}^{2^k} \sum_{j=0}^{2^\ell} \gamma_{i,j} \cdot \Phi_{(k,\ell),(i,j)} \quad \text{mit} \quad \gamma_{i,j} := f(ih_k, jh_\ell). \tag{1.102}$$

Der Approximationsfehler lässt sich abschätzen. Der nachfolgende Satz wird in [Bra07], S. 81, bewiesen.

**Satz 1.161 (Approximationsfehler der bilinearen Splineinterpolation).** *Es seien $k,\ell \in \mathbb{N}$, $f \in H^2(Q)$ und $s$ wie in (1.102) definiert. Es seien $h_{k,\ell} := \max\{h_k, h_\ell\}$ und*

$$\kappa_{k,\ell} := \sqrt{h_k^2 + h_\ell^2}\ /\ \min\{h_k, h_\ell\}.$$

*Dann gibt es eine Konstante $C = C(\kappa_{k,\ell})$ so, dass*

$$\|f - s\|_{L_2(Q)} \le C \cdot h_{k,\ell}^2 \cdot \|f\|_{H^2(Q)} \tag{1.103}$$

*gilt.* ◁

Wenn $h_k$ und $h_\ell$ beide gegen 0 gehen und dabei der Quotient $h_k/h_\ell$ beschränkt bleibt (zum Beispiel im Fall $h_k = h_\ell$), dann konvergiert der Approximant $s$ gegen die Funktion $f$.

Für den Raum $X_{k,\ell}$, $k,\ell \in \{1,\ldots,n\}$, lässt sich wie im eindimensionalen Fall eine **hierarchische Basis** angeben. Für deren Definition unterscheiden wir zunächst drei Fälle

- Im Fall $k \geq 1$ und $\ell \geq 1$ wird $T_{k,\ell}$ als jener Teilraum von $X_{k,\ell}$ definiert, der alle bilinearen Splines $s \in X_{k,\ell}$ enthält, welche in den Gitterpunkten $x \in G_{k-1,\ell}$ und $x \in G_{k,\ell-1}$ den Wert null annehmen – dieser Raum wird von den in (1.101) definierten Funktionen $\Phi_{(k,\ell),(2i-1,2j-1)}$, $i = 1,\ldots,2^{k-1}$, $j = 1,\ldots,2^{\ell-1}$, aufgespannt und hat Dimension $2^{k+\ell-2}$.
- Im Fall $k = 0$ und $\ell \geq 1$ wird $T_{k,\ell}$ als jener Teilraum von $X_{k,\ell}$ definiert, der alle bilinearen Splines $s \in X_{k,\ell}$ enthält, welche in den Gitterpunkten $x \in G_{0,\ell-1}$ den Wert null annehmen – dieser Raum wird von den in (1.101) definierten Funktionen $\Phi_{(0,\ell),(i,2j-1)}$, $i = 0,1$, $j = 1,\ldots,2^{\ell-1}$, aufgespannt und hat Dimension $2^{\ell}$.
- Im Fall $k \geq 1$ und $\ell = 0$ wird $T_{k,\ell}$ als jener Teilraum von $X_{k,\ell}$ definiert, der alle bilinearen Splines $s \in X_{k,\ell}$ enthält, welche in den Gitterpunkten $x \in G_{k-1,0}$ den Wert null annehmen – dieser Raum wird von den in (1.101) definierten Funktionen $\Phi_{(k,0),(2i-1,j)}$, $i = 1,\ldots,2^{k-1}$, $j = 0,1$, aufgespannt und hat Dimension $2^{k}$.

Darüber hinaus wird $T_{0,0} := X_{0,0}$ gesetzt. In Abb. 1.12 werden die Träger der Basisfunktionen der Räume $T_{k,\ell}$ gezeichnet sowie, durch einen Punkt markiert, deren Zentren – an diesen Stellen nehmen die Basisfunktionen aus $T_{k,\ell}$ den Wert 1 an. Mithilfe der Räume $T_{k,\ell}$ kann eine Zerlegung des Raums $X_{k,\ell}$ in disjunkte Teilräume

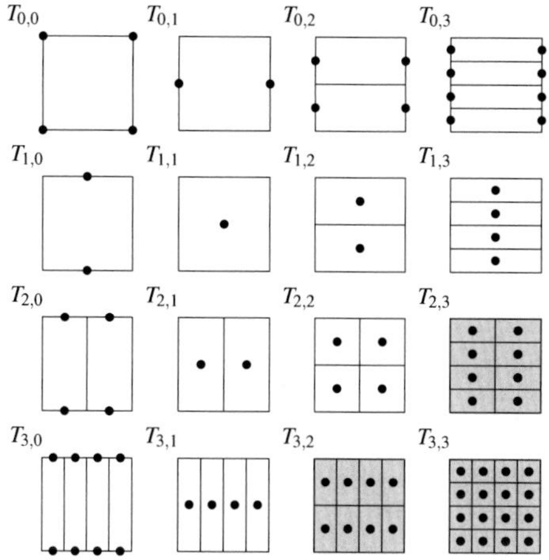


**Abb. 1.12** Träger und Zentren der hierarchischen Basiselemente in $X_{3,3}$.

angegeben werden. Zur Vereinfachung wird nur der Raum $X_{n,n}$ betrachtet:

$$X_{n,n} = \sum_{k=0}^{n} \sum_{\ell=0}^{n} T_{k,\ell}. \tag{1.104}$$

Die oben genannten Basisfunktionen der in dieser Zerlegung aufgeführten Räume $T_{k,\ell}$ bilden die sogenannte **hierarchische Basis** von $X_{n,n}$. Jede bilineare Spline $s \in X_{n,n}$ kann auf eindeutige Art in der Form

$$s = \sum_{k=0}^{n} \sum_{\ell=0}^{n} s_{k,\ell} \quad \text{mit} \quad s_{k,\ell} \in T_{k,\ell},\ k = 0, \ldots, n,\ \ell = 0, \ldots, n \tag{1.105}$$

geschrieben werden. Insbesondere gilt dies auch für den Interpolanten $s \in X_{n,n}$ einer Funktion $f \in H^2(Q)$ gemäß (1.102). Wird der Interpolant $s$ in der Form (1.105) angesetzt, dann lässt sich zunächst feststellen, dass die Räume $T_{i,j}$ mit $i > k$ oder $j > \ell$ keinen Beitrag zu $s_{k,\ell}$ liefern. Die Funktionen $s_{k,\ell} \in T_{k,\ell}$ lassen sich also sukzessive bestimmen, etwa in der Reihenfolge

$$s_{0,0}, \quad s_{1,0}, s_{0,1}, s_{1,1}, \quad s_{2,0}, s_{0,2}, s_{2,1}, s_{1,2}, s_{2,2}, \quad s_{3,0}, s_{0,3}, s_{3,1}, s_{1,3}, s_{3,2}, s_{2,3}, s_{3,3}, \ldots$$

Man vergleiche mit Abb. 1.12: $s_{k,\ell}$ ist zuständig für die Interpolation an den mit Punkten markierten Zentren von $T_{k,\ell}$, an denen alle später hinzugenommenen Funktionen (aus Räumen $T_{i,j}$ mit $i > k$ oder $j > \ell$) verschwinden. Im Fall $k \geq 1$ und $\ell \geq 1$ ist

$$s_{k,\ell} = \sum_{i=1}^{2^{k-1}} \sum_{j=1}^{2^{\ell-1}} \gamma_{i,j} \Phi_{(k,\ell),(2i-1,2j-1)}. \tag{1.106}$$

Das Zentrum von $\Phi_{(k,\ell),(2i-1,2j-1)}$ hat die Koordinaten

$$(c_i, c_j) = ((2i-1)/2^k, (2j-1)/2^\ell)$$

und genau in diesem Punkt ist $\Phi_{(k,\ell),(2i-1,2j-1)}$ zuständig für die Interpolation. Der Koeffizienten $\gamma_{i,j}$ von $\Phi_{(k,\ell),(2i-1,2j-1)}$ in (1.106) entspricht deswegen genau dem Fehler $f - \tilde{s}$ des Interpolanten $\tilde{s} \in X_{k,\ell} \setminus T_{k,\ell}$ von $f$ im Punkt $(c_i, c_j)$:

$$\begin{aligned} \gamma_{i,j} &= f(c_i, c_j) \\ &- \frac{f(c_i - h_k, c_j) + f(c_i + h_k, c_j) + f(c_i, c_j - h_\ell) + f(c_i, c_j + h_\ell)}{2} \\ &+ \frac{f(c_i - h_k, c_j - h_\ell) + f(c_i + h_k, c_j - h_\ell) + f(c_i - h_k, c_j + h_\ell) + f(c_i + h_k, c_j + h_\ell)}{4} \end{aligned} \tag{1.107}$$

Durch direktes Einsetzen lässt sich leicht nachprüfen, dass

$$\gamma_{i,j} = L_i(L_j(f(x, \bullet))),$$

mit den Funktionalen aus (1.93). Innen ist $L_j$ (mit $h_\ell$ statt $h_k$) auf die univariate Funktion $f(x, \bullet)$ bei festgehaltenem $x$ anzuwenden – so ergibt sich $L_j(f(x, \bullet))$ als Funktion in $x$, auf welche das Funktional $L_i$ anzuwenden ist. Somit erhält man durch zweimalige Anwendung des Peano-Kernsatzes die Beziehung

$$\gamma_{i,j} = \int_{c_i-h_k}^{c_i+h_k} \int_{c_j-h_\ell}^{c_j+h_\ell} K_i(\tau)K_j(t)\frac{\partial^4 f}{\partial x^2 \partial y^2}(\tau,t)\,dt\,d\tau$$

mit den Peanokernen wie in (1.97) – für $K_j$ mit $h_\ell$ statt mit $h_k$ definiert. Voraussetzung ist hier, dass die entsprechende vierte Ableitung von $f$ existiert und stetig ist. Man erhält dann die Abschätzung

$$|\gamma_{i,j}| \leq \frac{h_k^2 h_\ell^2}{4} \cdot \left\| \frac{\partial^4 f}{\partial x^2 \partial y^2} \right\|_{C([c_i-h_k,c_i+h_k]\times[c_j-h_\ell,c_j+h_\ell])} \tag{1.108}$$

und daraus

$$\|s_{k,\ell}\|_{C(\overline{Q})} \leq \frac{h_k^2 h_\ell^2}{4} \cdot \left\| \frac{\partial^4 f}{\partial x^2 \partial y^2} \right\|_{C(\overline{Q})} \quad \text{für } k,\ell \geq 1. \tag{1.109}$$

Im Fall $k = 0$ handelt es sich de facto um eine eindimensionale Interpolation und die Abschätzungen (1.98) beziehungsweise (1.99) wiederholen sich sinngemäß, ebenso für $\ell = 0$:

$$|\gamma_{i,0}| \leq \frac{h_k^2}{2} \left\| \frac{\partial^2 f}{\partial x^2} \right\|_{C(\overline{Q})}, \quad |\gamma_{0,j}| \leq \frac{h_\ell^2}{2} \left\| \frac{\partial^2 f}{\partial y^2} \right\|_{C(\overline{Q})} \tag{1.110}$$

für $i \geq 1$ beziehungsweise $j \geq 1$. Aus diesen Abschätzungen geht hervor, dass die Beiträge der hierarchischen Basiselemente $s_{k,\ell}$ zu einem Interpolanten von $f$ mit wachsenden Indizes $k$ und $\ell$ in Abhängigkeit von der Größe $h_k \cdot h_\ell$ ihres Trägers sehr rasch abnehmen – *sofern* $f$ genügend glatt ist. Es ist deswegen nicht vorteilhaft, zur Approximation die üblichen Räume $X_{n,n}$ mit wachsendem Index $n$ heranzuziehen. Stattdessen sollten (mit wachsendem Index $n$) die Räume

$$\hat{X}_{n,n} := X_{0,0} + \sum_{k=1}^{n} T_{k,0} + \sum_{\ell=1}^{n} T_{0,\ell} + \sum_{k=1}^{n} \sum_{\ell=1}^{n+1-k} T_{k,\ell} \tag{1.111}$$

betrachtet werden. Im Fall $n = 3$ werden also die in Abb. 1.12 grau hinterlegten Teilräume von $X_{3,3}$ weggelassen, die den geringsten Beitrag zum Approximanten liefern, aber die größten Dimensionen aller Teilräume $T_{k,\ell}$ haben. Für allgemeines $n$ ergibt sich

$$\dim(X_{n,n}) = (2^n+1)^2 \quad \text{gegenüber} \quad \dim(\hat{X}_{n,n}) = (n+3)2^n + 1. \tag{1.112}$$

Der $L_2$-Fehler eines Interpolanten $s \in X_{n,n}$ von $f$ wurde in (1.103) abgeschätzt. Ist $f$ je zweimal stetig nach $x$ und $y$ differenzierbar, dann folgt aus (1.109)

$$f = \sum_{k=0}^{\infty} \sum_{\ell=0}^{\infty} s_{k,\ell}, \quad s_{k,\ell} \in T_{k,\ell},$$

wobei jede Funktion $s_{k,\ell}$ in ihrem Zentrum die Funktion $f$ interpoliert. Für den Fehler des Interpolanten

$$s = \sum_{k=0}^{n} \sum_{\ell=0}^{n} s_{k,\ell}, \quad s_{k,\ell} \in T_{k,\ell},$$

erhält man dann die folgende Abschätzung, in der wir die Abkürzungen

$$N := \left\| \frac{\partial^4 f}{\partial x^2 \partial y^2} \right\|_{C(\overline{Q})}, \quad N_x := \left\| \frac{\partial^2 f}{\partial x^2} \right\|_{C(\overline{Q})} \quad \text{und} \quad N_y := \left\| \frac{\partial^2 f}{\partial y^2} \right\|_{C(\overline{Q})}$$

verwenden:

$$\begin{aligned}
\|f - s\|_{C(\overline{Q})} &\leq \left\| \sum_{k=0}^{\infty} \sum_{\ell=0}^{\infty} s_{k,\ell} - \sum_{k=0}^{n} \sum_{\ell=0}^{n} s_{k,\ell} \right\|_{C(\overline{Q})} \\
&= \left\| \sum_{k=0}^{n} \sum_{\ell=n+1}^{\infty} s_{k,\ell} + \sum_{k=n+1}^{\infty} \sum_{\ell=0}^{\infty} s_{k,\ell} \right\|_{C(\overline{Q})} \\
&\leq \sum_{k=n+1}^{\infty} \|s_{k,0}\|_{C(\overline{Q})} + \sum_{\ell=n+1}^{\infty} \|s_{0,\ell}\|_{C(\overline{Q})} + 2 \sum_{k=1}^{\infty} \sum_{\ell=n+1}^{\infty} \|s_{k,\ell}\|_{C(\overline{Q})} \\
&\overset{(1.109)}{\leq} \left( \sum_{k=n+1}^{\infty} \frac{h_k^2}{2} \right) \cdot (N_x + N_y) + 2 \cdot \left( \sum_{k=1}^{\infty} \sum_{\ell=n+1}^{\infty} \frac{h_k^2 h_\ell^2}{4} \right) \cdot N \\
&= \frac{1}{2}(N_x + N_y) \cdot \sum_{k=n+1}^{\infty} 4^{-k} + 2N \cdot \sum_{k=1}^{\infty} \sum_{\ell=n+1}^{\infty} 4^{-k-\ell-1} \\
&= \frac{1}{2} \cdot \frac{4}{3} \cdot 4^{-n-1} (N_x + N_y) + 2N \sum_{k=1}^{\infty} 4^{-k} \sum_{\ell=n+1}^{\infty} 4^{-\ell-1} \\
&= \frac{2}{3} \cdot 4^{-n-1} \cdot (N_x + N_y) + \frac{2}{9} \cdot 4^{-n-1} \cdot N \\
&= \left( \frac{1}{6} \cdot (N_x + N_y) + \frac{2}{36} \cdot N \right) h_n^2.
\end{aligned}$$

Demgegenüber betrachten wir den Interpolanten $\hat{s} \in X_{n,n}$

$$\hat{s} = s_{0,0} + \sum_{k=1}^{n} s_{k,0} + \sum_{\ell=1}^{n} s_{0,\ell} + \sum_{k=1}^{n} \sum_{\ell=1}^{n+1-k} s_{k,\ell}, \quad s_{k,\ell} \in T_{k,\ell}.$$

Für diesen ergibt sich folgender Interpolationsfehler

$$\|f - \hat{s}\|_{C(\overline{Q})} \leq \left\| \sum_{k=1}^{\infty} \sum_{\ell=1}^{\infty} s_{k,\ell} + \sum_{k=n+1}^{\infty} s_{k,0} + \sum_{\ell=n+1}^{\infty} s_{0,\ell} - \sum_{k=1}^{n} \sum_{\ell=1}^{n+1-k} s_{k,\ell} \right\|_{C(\overline{Q})}.$$

Dieser Fehler kann mithilfe der Dreiecksungleichung durch die Summe der folgenden Summen nach oben abgeschätzt werden:

$$\sum_{\ell=n+1}^{\infty} \|s_{0,\ell}\|_{C(\overline{Q})}, \quad \sum_{k=1}^{n} \sum_{\ell=n+2-k}^{\infty} \|s_{k,\ell}\|_{C(\overline{Q})}, \quad \sum_{k=n+1}^{\infty} \|s_{k,0}\|_{C(\overline{Q})}, \quad \sum_{k=n+1}^{\infty} \sum_{\ell=1}^{\infty} \|s_{k,\ell}\|_{C(\overline{Q})}.$$

Die erste, dritte und vierte Summe wurden bereits bei der Betrachtung des Fehlers $f-s$ abgeschätzt. Für die zweite Summe ergibt sich mit (1.109) die weitere Abschätzung

$$\sum_{k=1}^{n} \sum_{\ell=n+2-k}^{\infty} \|s_{k,\ell}\|_{C(\overline{Q})} \leq N \sum_{k=1}^{n} \sum_{\ell=n+2-k}^{\infty} 4^{-k-\ell-1} \leq n \cdot \frac{1}{3} \cdot 4^{-n-2} \cdot N = \frac{n}{48} h_n^2 \cdot N.$$

Somit ergibt sich der Gesamtfehler

$$\|f-\hat{s}\|_{C(\overline{Q})} \leq \left( \frac{1}{6} \cdot (N_x + N_y) + \left( \frac{1}{36} + \frac{n}{48} \right) \cdot N \right) h_n^2. \tag{1.113}$$

Schreibt man $n = \log_2 h_n^{-1}$ mit dem Logarithmus zur Basis 2, dann zeigt sich aus (1.112) und dem Vergleich der Abschätzungen von $\|f-s\|_{C(\overline{Q})}$ und $\|f-\hat{s}\|_{C(\overline{Q})}$, dass die Dimension des Raums $\hat{X}_{n,n}$ gegenüber $X_{n,n}$ von $\mathcal{O}(h_n^{-2})$ auf $\mathcal{O}(h_n^{-1} \log_2 h_n^{-1})$ deutlich reduziert wurde, sich dabei aber der Fehler der Approximation von $\mathcal{O}(h_n^2)$ auf $\mathcal{O}(h_n^2 \log_2 h_n^{-1})$ nur leicht verschlechtert hat. Die Menge der Zentrumspunkte der Basisfunktionen des Raums $\hat{X}_{n,n}$ wird von Zenger **dünnes Gitter** genannt.

Offenbar kann die hierarchische Basis auch für eine adaptive Approximation verwendet werden. Man betrachtet dazu die Basisfunktionen $\Phi_{(k,\ell),(i,j)}$ in der Reihenfolge wachsender Parameter $k+\ell$ als Kandidaten zur Approximation. Ein Kandidate findet Berücksichtigung, wenn sein Beitrag zur Approximation signifikant ist, beispielsweise in dem Sinn, dass sein Koeffizient $\gamma_{i,j}$ in (1.106) einen bestimmten Schwellwert überschreitet. Ein solches Vorgehen könnte natürlich auch dazu führen, dass lokal mehr Basisfunktionen hinzugenommen werden, als im regulären dünnen Gitter vorgesehen – dies ist vor allem dort zu erwarten, wo eine zu approximierende Funktion nicht viermal stetig differenzierbar ist.

Die Verallgemeinerung dünner Gitter auf Räume der Dimension $d$ ist möglich. Das Einsparpotential wächst mit $d$ an.

### 1.5.3 Approximation mit Fourierpolynomen

**Der univariate Fall.** Beispiel 1.39 wird verallgemeinert. Es sei $\mathscr{F}$ die Menge der Funktionen $f : \mathbb{R} \to \mathbb{C}$ mit folgenden Eigenschaften

1. $f(f) = f(t+T)$ für alle $t \in \mathbb{R}$ und für einen Parameter $T > 0$, das heißt die Funktionen $f \in \mathscr{F}$ sind $T$-periodisch.
2. Es gibt endlich viele Stellen $0 = t_0 < t_1 < \ldots < t_p = T$ so, dass $f$ auf den Teilintervallen $(t_{j-1}, t_j)$, $j = 1, \ldots, p$, stetig ist und die einseitigen Grenzwerte von $f$ an den Rändern der Intervalle $(t_{j-1}, t_j)$ existieren. Dieser Sachverhalt wird im Folgenden als „stückweise Stetigkeit" von $f$ bezeichnet.

Für eine stückweise stetige Funktion $f \in \mathscr{F}$ sind die Funktionen $|f|$ und $|f|^2$ über $[0,T]$ integrierbar. Man kann deswegen $\mathscr{F} \subset L_2(0,T)$ schreiben, wenn man jede Funktion $f \in \mathscr{F}$ mit ihrer Einschränkung auf das Intervall $[0,T]$ identifiziert. Umgekehrt kann jede stückweise stetige Funktion $f : [a,b) \to \mathbb{C}$ periodisch mit Periode $T := b - a$ auf ganz $\mathbb{R}$ fortgesetzt und dann als ein Element $f \in \mathscr{F}$ interpretiert werden. Auf dem Hilbertraum $L_2(0,T)$ ist durch

$$\langle f|g\rangle = \int_0^T f(t)\overline{g(t)}\,dt, \qquad f,g \in L_2(0,T) \tag{1.114}$$

ein Skalarprodukt definiert. Diesbezüglich bilden die Funktionen

$$e_k : [0,T] \to \mathbb{C}, \quad t \mapsto \frac{1}{\sqrt{T}} \mathrm{e}^{2\pi i k t/T}, \quad k \in \mathbb{Z},$$

ein Orthonormalsystem (sowohl in $L_2(0,T)$ als auch in $\mathscr{F}$). Wir betrachten die Teilräume

$$F_n := \left\{ p \in \mathscr{F};\ p = \sum_{k=-n}^{n} c_k e_k,\ c_k \in \mathbb{C} \right\}$$

von $\mathscr{F}$. Deren Elemente $p \in F_n$ heißen Fourierpoynome vom Grad $n$. Die Bestapproximation einer Funktion $f \in \mathscr{F}$ in $F_n$ ist gegeben durch eine Funktion

$$f_n \in F_n, \quad f_n(t) := \frac{1}{\sqrt{T}} \sum_{k=-n}^{n} c_k(f) \mathrm{e}^{2\pi i k t/T} \tag{1.115}$$

mit den Fourierkoeffzienten

$$c_k(f) = \langle f|e_k\rangle = \frac{1}{\sqrt{T}} \int_0^T f(t) \mathrm{e}^{-2\pi i k t/T}\,dt, \quad k = -n, \ldots, n. \tag{1.116}$$

Zur numerischen Berechnung der Fourierkoeffizienten empfiehlt es sich, die Funktion $f$ durch eine Splinefunktion $s$ zu approximieren und die Fourierkoeffizienten $c_k(s)$ als Näherungswerte für $c_k(f)$ exakt zu berechnen. Dies führt auf die sogenannten Abminderungsfaktoren, siehe [Gau72]. Da die Funktionen $e_k$, $k \in \mathbb{Z}$, ein vollständiges Orthonormalsystem in $L_2(0,T)$ bilden, gilt nach Satz 1.43 für $f \in \mathscr{F} \subset L_2(0,T)$

$$f = \frac{1}{\sqrt{T}} \sum_{k=-\infty}^{\infty} c_k(f) e^{2\pi i k \bullet / T}$$

im Sinn einer Identität von $L_2$-Funktionen. Außerdem folgt für die Approximation $f \approx f_n$ gemäß (1.115) die Fehlerabschätzung

$$\|f - f_n\|_{L_2(0,T)}^2 \leq \sum_{|k|>n} |c_k(f)|^2 < \infty. \tag{1.117}$$

Insbesondere muss

$$|c_k(f)| \overset{|k|\to\infty}{\longrightarrow} 0 \quad \text{für} \quad f \in \mathscr{F} \tag{1.118}$$

gelten. Dieser Sachverhalt wird als **Lemma von Riemann** bezeichnet. Je schneller die Konvergenz der Fourierkoeffizienten gegen null erfolgt, desto besser ist die Approximation von $f$ durch $f_n$ bei festem Grad $n$. Dies hängt von der Differenzierbarkeitsordnung von $f$ ab.

**Satz 1.162 (Asymptotisches Verhalten der Fourierkoeffizienten).** *Ist $f \in \mathscr{F}$, sind $f, f', \ldots, f^{(n-1)}$ stetig und ist $f^{(n)}$ stückweise stetig differenzierbar (es gilt dann $f^{(n+1)} \in \mathscr{F}$), dann ist*

$$|c_k(f)| \leq \frac{C}{|k|^{n+1}} \quad \textit{für} \quad |k| \geq 1$$

*mit einer Konstanten $C > 0$.* ◁

**Der bivariate Fall.** Es sei $\mathbf{a} = (a_1, a_2) \in \mathbb{R}^2$ mit $a_1, a_2 > 0$. Ferner sei $Q := (0, \mathbf{a}) := (0, a_1) \times (0, a_2) \subset \mathbb{R}^2$. Eine Funktion $f : \mathbb{R}^2 \to \mathbb{C}$ heißt **a**-periodisch, wenn

$$f(x_1 + a_1, x_2) = f(x_1, x_2 + a_2) = f(x_1, x_2) \quad \text{für alle} \quad (x_1, x_2) \in \mathbb{R}^2.$$

Eine komplexwertige Funktion $f \in L_2(Q)$ kann stets **a**-periodisch auf $\mathbb{R}^2$ fortgesetzt werden (die Festlegung der Werte auf dem Rand von $Q$ spielt für $L_2$-Funktionen keine Rolle) und wird deswegen nachfolgend stillschweigend mit ihrer **a**-periodischen Fortsetzung identifiziert. Die Funktionen

$$\mathbf{e}_\alpha : Q \to \mathbb{C}, \quad \mathbf{e}_\alpha(x) = \frac{1}{\sqrt{a_1 a_2}} e^{2\pi i \alpha \cdot x / (a_1 a_2)}, \quad \alpha = (\alpha_1, \alpha_2) \in \mathbb{Z}^2,$$

(hierbei ist $\alpha \cdot x := \alpha_1 x_1 + \alpha_2 x_2$) bilden ein vollständiges Orthonormalsystem in $L_2(Q)$ bezüglich des durch

$$\langle f|g\rangle := \int_0^{a_1}\int_0^{a_2} f(t_1,t_2)\overline{g(t_1,t_2)}\,dt_2\,dt_1$$

definierten Skalarprodukts. Folglich kann eine Funktion $f \in L_2(Q)$ als Fourierreihe der Form

$$f = \sum_{\alpha\in\mathbb{Z}^2} c_\alpha(f)\cdot \mathbf{e}_\alpha$$

dargestellt werden (Identität im Sinn der Gleichheit von $L_2$-Funktionen) mit den Fourierkoeffzienten

$$c_\alpha(f) := \frac{1}{\sqrt{a_1a_2}}\int_0^{a_1}\int_0^{a_2} f(t_1,t_2)\mathrm{e}^{-2\pi i t\cdot\alpha/(a_1a_2)}\,dt_2\,dt_1.$$

Erneut gilt nach Satz 1.43 die Parsevalsche Identität

$$\|f\|_{L_2(Q)}^2 = \sum_{\alpha\in\mathbb{Z}^2} |c_\alpha(f)|^2 \tag{1.119}$$

und aus dieser folgt das Riemann-Lemma

$$f \in L_2(Q) \quad\Longrightarrow\quad c_\alpha \to 0 \text{ für } \|\alpha\|_2 \to \infty. \tag{1.120}$$

Dieses bleibt auch dann richtig, wenn nur $f \in L_1(Q) \supset L_2(Q)$ vorausgesetzt wird:

$$f \in L_1(Q) \quad\Longrightarrow\quad c_\alpha \to 0 \text{ für } \|\alpha\|_2 \to \infty. \tag{1.121}$$

Bei einer Approximation von $f \in L_1(Q)$ durch ein Fourierpolynom vom Grad $n$, das heißt in der Form

$$f \approx f_n := \sum_{\|\alpha\|_1\le n} c_\alpha(f)\cdot \mathbf{e}_\alpha$$

entsteht ein Fehler, dessen Größe durch

$$\|f-f_n\|_{L_2(Q)}^2 = \sum_{\|\alpha\|_1>n} |c_\alpha(f)|^2$$

gegeben ist. Für die Güte der Approximation ist es also wiederum entscheidend, wie schnell die Fourierkoeffizienten gegen null abfallen und dies hängt von der Differenzierbarkeitsordnung von $f$ ab. Der folgende Satz unterscheidet sich in seiner Formulierung vom Satz 1.162, um auf die in mehreren Dimensionen zu mühsame Definition stückweiser Stetigkeit verzichten zu können.

**Satz 1.163 (Asymptotisches Verhalten der Fourierkoeffizienten).** *Es sei $d \in \mathbb{N}$. Die* **a***-periodische Funktion $f : \mathbb{R}^2 \to \mathbb{R}$ und alle ihre partiellen Ableitungen $D^\beta f$, $\beta \in \mathbb{N}_0^2$, $\|\beta\|_1 \le d$, mögen in $L_1(Q)$ liegen. Dann gilt*

$$\lim_{\|\alpha\|_2\to\infty}\left(\|\alpha\|_2^d \cdot c_\alpha(f)\right) = 0,$$

*das heißt die Fourierkoeffizienten klingen schneller ab als die Werte* $1/\|\alpha\|_2^d$. ◁

Ein Beweis dieses Satzes befindet sich beispielsweise in [PPST18].

## 1.6 Globale Minimierung

Untersucht man nichtlineare inverse Probleme, so ist numerisch im Allgemeinen kein lineares Ausgleichsproblem zu lösen, sondern ein nichtlineares Ausgleichsproblem und somit ein globales Minimierungsproblem. Für eine gegebene reellwertige Funktion $f$ ist also ein Argument aus dem Definitionsbereich gesucht (gegebenenfalls unter Nebenbedingungen), für das die Funktion ihren kleinsten Funktionswert annimmt. Die klassische nichtlineare Optimierung beschäftigt sich im Allgemeinen nur mit lokaler Minimierung; dabei wird abhängig von einem gegebenen Startpunkt nur nach dem nächstgelegenen lokalen Minimum der Funktion gesucht, indem man eine endliche Folge von Punkten mit streng monoton fallenden Funktionswerten erzeugt (siehe dazu etwa [UU12]). Ein Verfahren zur globalen Minimierung hat also die Aufgabe, einen Startpunkt derart zu finden, dass die lokale Minimierung zu einer globalen Minimalstelle führt. Ein Verfahren dieser Art, das insbesondere für hochdimensionale Probleme geeignet ist, soll im Folgenden vorgestellt werden.
Eine naheliegende Idee besteht darin, im Definitionsbereich zufällig Startpunkte für eine lokale Minimierung zu wählen und zu hoffen, dass mindestens einer dieser Startpunkte durch ein lokales Minimierungsverfahren zu einer globalen Minimalstelle führt. Betrachten wir dazu die folgenden Funktionen:

$$f_k : [-1,1]^k \to \mathbb{R}, \quad \mathbf{x} \mapsto \sum_{i=1}^{k} \left(4x_i^2 - \cos(8x_i) + 1\right), \quad k \in \mathbb{N}.$$

Die Funktion $f_k$ hat $3^k$ Minimalstellen, aber nur im Ursprung befindet sich eine globale Minimalstelle.
Für $k = 1$ zeigt Abb. 1.13, dass ein Startpunkt im Intervall $[-0.4, 0.4]$ liegen muss, um durch eine lokale Minimierung zu einem globalen Minimum zu gelangen. Werden die Startpunkte auf dem Intervall $[-1,1]$ stochastisch unabhängig und gleichverteilt gewählt, so ist die Wahrscheinlichkeit dafür, dass ein Startpunkt im Intervall $[-0.4, 0.4]$ liegt, gegeben durch

$$\frac{2 \cdot 0.4}{2} = 0.4.$$

Für $M$ Startpunkte ist mit Wahrscheinlichkeit

$$1 - (0.6)^M$$

mindestens ein Punkt in besagtem Intervall. Für eine Sicherheit von 90 Prozent, dass mindestens ein Punkt im Intervall $[-0.4, 0.4]$ liegt, muss man mindestens fünf Startpunkte wählen. Für $k \in \mathbb{N}$ muss ein Startpunkt im Intervall $[-0.4, 0.4]^k$ liegen, damit dieser Startpunkt durch lokale Minimierung zu einem globalen Minimum führt. Die Wahrscheinlichkeit dafür ist unter der Annahme der stochastischen Unabhängigkeit und der Gleichverteilung der Startpunkte gegeben durch

$$\frac{0.8^k}{2^k} = 0.4^k.$$

Die Wahrscheinlichkeit dafür, dass von $M$ so gewählten Startpunkten mindestens ein Punkt im Intervall $[-0.4, 0.4]^k$ liegt, ergibt sich zu

$$1 - \left(1 - (0.4)^k\right)^M.$$

Fordert man nun wieder eine Sicherheit von 90 Prozent, dass mindestens ein Startpunkt im Intervall $[-0.4, 0.4]^k$ liegt, so müssen jetzt zum Beispiel für $k = 20$ mindestens

209418890 Startpunkte

gewählt werden.
Zu jeder Funktion $f_k$ betrachten wir nun die Funktion

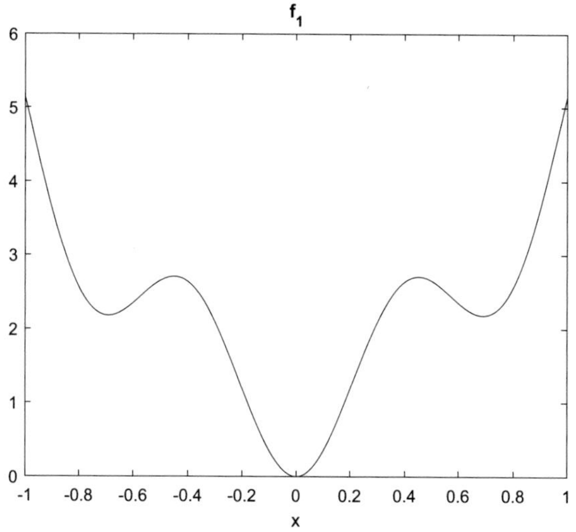


**Abb. 1.13** *Die Funktion $f_1$*

$$d_k : [-1,1]^k \to \mathbb{R}, \quad \mathbf{x} \mapsto \frac{\exp(-2f_k(\mathbf{x}))}{\int\limits_{[-1,1]^k} \exp(-2f_k(\mathbf{x}))d\mathbf{x}}.$$

Wir erhalten folgende Eigenschaften:

- Für alle $\mathbf{x}, \mathbf{y} \in [-1,1]^k$, $k \in \mathbb{N}$, gilt

$$f_k(\mathbf{x}) < f_k(\mathbf{y}) \quad \Longleftrightarrow \quad d_k(\mathbf{x}) > d_k(\mathbf{y}) \quad \text{(siehe Abb. 1.14)}.$$

- Für alle $\mathbf{x} \in [-1,1]^k$, $k \in \mathbb{N}$, gilt

$$d_k(\mathbf{x}) \geq 0$$

und

$$\int\limits_{[-1,1]^k} d_k(\mathbf{x}) d\mathbf{x} = 1.$$

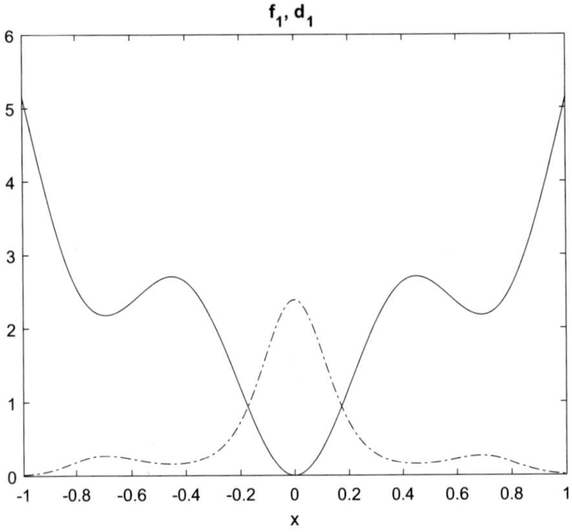


**Abb. 1.14** *Die Funktionen* $f_1, d_1$

Somit existiert zu jedem $k \in \mathbb{N}$ ein Wahrscheinlichkeitsraum $(\Omega_k, \mathscr{S}_k, P_k)$ und eine Zufallsvariable

$$X_k : \Omega_k \to [-1,1]^k$$

derart, dass die Verteilung von $X_k$ durch die Dichte $d_k$ gegeben ist.
Wenn es gelingt, die Startpunkte für die lokale Minimierung durch Realisierungen stochastisch unabhängiger Zufallsvariablen zu berechnen, deren Verteilung durch die Dichte $d_k$ gegeben ist, so hätte man wegen

$$\int\limits_{[-0.4,0.4]^k} d_k(\mathbf{x}) d\mathbf{x} \approx 0.8^k$$

einen großen Vorteil gegenüber der Verwendung der Gleichverteilung. Fordert man nun wieder eine Sicherheit von 90 Prozent, dass mindestens ein Startpunkt im Intervall $[-0.4, 0.4]^k$ liegt, so müssen jetzt zum Beispiel für $k = 20$ nur mindestens

199 Startpunkte

gewählt werden.
Nun betrachten wir die allgemeine Vorgehensweise (siehe dazu [Sch12] und [Sch14]). Gegeben ist eine zweimal stetig differenzierbare Funktion

$$f : \mathbb{R}^k \to \mathbb{R}.$$

Die Funktion $f$ wird als die zu minimierende **Zielfunktion** bezeichnet. Sie soll stets die folgende Bedingung erfüllen:
Es existiert ein $\varepsilon > 0$ derart, dass

$$\int\limits_{\mathbb{R}^k} \exp\left(\frac{-2f(\mathbf{x})}{\varepsilon^2}\right) d\mathbf{x} < \infty.$$

Somit erhalten wir die Existenz der Dichte

$$d : \mathbb{R}^k \to \mathbb{R}, \quad \mathbf{x} \mapsto \frac{\exp\left(\frac{-2f(\mathbf{x})}{\varepsilon^2}\right)}{\int\limits_{\mathbb{R}^k} \exp\left(\frac{-2f(\mathbf{x})}{\varepsilon^2}\right) d\mathbf{x}}.$$

Ziel ist es nun, Realisierungen von stochastisch unabhängigen Zufallsvariablen zu berechnen, deren Verteilung durch die Dichte $d$ gegeben ist. Diese Realisierungen dienen als Startpunkte für die lokale Minimierung von $f$. Zu diesem Zweck benötigen wir einen **stochastischen Prozess** $\{\mathbf{B}_t\}_{t \geq 0}$, also eine Menge von Zufallsvariablen

$$\mathbf{B}_t : \Omega \to \mathbb{R}^k$$

definiert auf einem Wahrscheinlichkeitsraum $(\Omega, \mathscr{S}, P)$ mit folgenden Eigenschaften:

1. $P(\{\omega \in \Omega; \mathbf{B}_0(\omega) = \mathbf{0}\}) = 1.$
2. Für $0 \leq s < t$ sind die $k$ Komponenten

$$(\mathbf{B}_t - \mathbf{B}_s)_1, \ldots, (\mathbf{B}_t - \mathbf{B}_s)_k$$

der Zufallsvariablen $\mathbf{B}_t - \mathbf{B}_s$ stochastisch unabhängig und $\mathscr{N}(0, (t-s))$-normalverteilt.
3. Für jedes $K \in \mathbb{N}$ und jede Wahl reeller Zahlen $0 \leq t_1 < t_2 < \ldots < t_K$ sind die Zufallsvariablen

$$\mathbf{B}_{t_1}, \mathbf{B}_{t_2} - \mathbf{B}_{t_1}, \ldots, \mathbf{B}_{t_K} - \mathbf{B}_{t_{K-1}}$$

stochastisch unabhängig.

Der stochastische Prozess $\{\mathbf{B}_t\}_{t \geq 0}$ wird als **k-dim. Brownsche Bewegung** bezeichnet.
Sei nun $\varepsilon > 0$ derart, dass

$$\int\limits_{\mathbb{R}^k} \exp\left(\frac{-2f(\mathbf{x})}{\varepsilon^2}\right) d\mathbf{x} < \infty,$$

so betrachten wir die folgende Integralgleichung $(I)$:

$$X(\omega,t) = \mathbf{x}_0 - \int_0^t \nabla f(X(\omega,\tau))d\tau + \varepsilon B_t(\omega), \quad \mathbf{x}_0 \in \mathbb{R}^k, \omega \in \Omega,$$

wobei $\nabla f$ den Gradienten von $f$ bezeichnet. Entscheidend ist nun die folgende Eigenschaft von $(I)$:
Die Zufallsvariablen $X(\bullet,t) : \Omega \to \mathbb{R}^k$ konvergieren für $t \to \infty$ in Verteilung gegen eine k-dimensionale reelle Zufallsvariable $X$, deren Verteilung durch die Dichte:

$$d : \mathbb{R}^k \to \mathbb{R}, \quad \mathbf{x} \mapsto \frac{\exp\left(\frac{-2f(\mathbf{x})}{\varepsilon^2}\right)}{\int_{\mathbb{R}^k} \exp\left(\frac{-2f(\mathbf{x})}{\varepsilon^2}\right) d\mathbf{x}}$$

gegeben ist. Es ist wichtig festzuhalten, dass diese Dichte nicht mehr vom gewählten Startpunkt $\mathbf{x}_0$ abhängt.
Ausgehend von einem Punkt $\mathbf{x}_0 \in \mathbb{R}^k$, der als Lösung der Integralgleichung $(I)$ zum Zeitpunkt t = $\bar{t}$ für $\omega = \bar{\omega}$ interpretiert wird, betrachten wir nun das semi-implizite Eulerverfahren zur Berechnung der Lösung $X(\bar{\omega},\bar{t}+h)$ von $(I)$ an der Stelle $\bar{t}+h$, $h > 0$, für festes $\bar{\omega} \in \Omega$; dabei ist es wichtig festzuhalten, dass für den stochastischen Anteil nur Normalverteilungen benötigt werden, für deren Simualtion es effiziente Algorithmen gibt. Wir untersuchen also:

$$X(\bar{\omega},\bar{t}+h) = \mathbf{x}_0 - \int_{\bar{t}}^{\bar{t}+h} \nabla f(X(\bar{\omega},\tau))d\tau + \varepsilon(B_{\bar{t}+h}(\bar{\omega}) - B_{\bar{t}}(\bar{\omega})).$$

Eine numerische Approximation für $X(\bar{\omega},\bar{t}+h)$ wird folgendermaßen berechnet: Zunächst werden durch einen Zufallsgenerator zwei $\mathrm{N}(0,\mathbf{E}_k)$ normalverteilte Pseudozufallsvektoren $n_1$ und $n_2$ erzeugt ($\mathbf{E}_k$ repräsentiert die k-dim. Einheitsmatrix). Eine erste Approximation für $X(\bar{\omega},\bar{t}+h)$ erhält man durch

$$\bar{X}(\bar{\omega},\bar{t}+h) := \mathbf{x}_0 - \left(\mathbf{E}_k + h\nabla^2 f(\mathbf{x}_0)\right)^{-1} \left(h\nabla f(\mathbf{x}_0) - \varepsilon\sqrt{\frac{h}{2}}(n_1+n_2)\right),$$

wobei darauf zu achten ist, dass $h$ so gewählt sein muss, dass die Matrix

$$\left(\mathbf{E}_k + h\nabla^2 f(\mathbf{x}_0)\right)$$

positiv definit ist (man startet etwa mit $h = 1$ und halbiert $h$ so lange, bis diese Bedingung erfüllt ist). Die Matrix $\nabla^2 f(\mathbf{x})$ bezeichnet dabei die Hessematrix von $f$ an der Stelle $\mathbf{x}$. Schließlich errechnet man eine zweite Approximation $\tilde{X}(\bar{\omega},\bar{t}+h)$ für $X(\bar{\omega},\bar{t}+h)$ durch zwei $\frac{h}{2}$-Schritte

$$\tilde{X}(\bar{\omega},\bar{t}+h) := \tilde{X}\left(\bar{\omega},\bar{t}+\frac{h}{2}\right)$$
$$-\left(\mathbf{E}_k+\frac{h}{2}\nabla^2 f(\tilde{X}(\bar{\omega},\bar{t}+\frac{h}{2}))\right)^{-1}\left(\frac{h}{2}\nabla f(\tilde{X}(\bar{\omega},\bar{t}+\frac{h}{2}))-\varepsilon\sqrt{\frac{h}{2}}n_2\right),$$

wobei

$$\tilde{X}\left(\bar{\omega},\bar{t}+\frac{h}{2}\right) := \mathbf{x}_0-\left(\mathbf{E}_k+\frac{h}{2}\nabla^2 f(\mathbf{x}_0)\right)^{-1}\left(\frac{h}{2}\nabla f(\mathbf{x}_0)-\varepsilon\sqrt{\frac{h}{2}}n_1\right).$$

Ist nun die euklidische Norm der Differenz

$$\tilde{X}(\bar{\omega},\bar{t}+h)-\bar{X}(\bar{\omega},\bar{t}+h)$$

kleiner als eine vorgegebene Schranke $\zeta$, so wird $\tilde{X}(\bar{\omega},\bar{t}+h)$ als Approximation für $X(\bar{\omega},\bar{t}+h)$ akzeptiert, und im nächsten Schritt ist der Startpunkt gleich $\tilde{X}(\bar{\omega},\bar{t}+h)$ und $\bar{t}$ gleich $\bar{t}+h$. Falls diese Norm zu groß ist, wird $h$ halbiert, und die Berechnungen beginnen neu. Auf Grund der Erzeugung der Zufallsvektoren $n_1$ und $n_2$ übernimmt der Computer die Wahl von $\bar{\omega}\in\Omega$.
Die Wahl des Parameters $\varepsilon$ (unter allen erlaubten) wird durch Beobachtung der berechneten Iterationspunkte nach folgenden Kriterien vorgenommen:

- Zeigt sich bei der Betrachtung der bisher berechneten Iterationspunkte, dass bei der numerischen Lösung von $(I)$ die Kurve des steilsten Abstiegs

  $$X(\mathbf{x}_0,t)=\mathbf{x}_0-\int_0^t \nabla f(X(\mathbf{x}_0,\tau))d\tau$$

  dominant ist, so ist $\varepsilon$ zu erhöhen.
- Zeigt sich bei der Betrachtung der bisher berechneten Iterationspunkte, dass bei der numerischen Lösung von $(I)$ die Zufallssuche

  $$X(\mathbf{x}_0,\bar{\omega},t)=\mathbf{x}_0+B_t(\bar{\omega})-B_0(\bar{\omega})$$

  dominant ist, so ist $\varepsilon$ zu verringern.

Der folgende Algorithmus beschreibt die numerische Approximation der Funktion $X(\bar{\omega},\bullet):\mathbb{R}_0^+\to\mathbb{R}^k$ mit einem semi-impliziten Eulerverfahren. Selbstverständlich können auch andere numerische Verfahren zur Lösung von Anfangswertproblemen für die numerische Behandlung von $(I)$ angewendet werden. Allerdings hat sich das semi-implizite Eulerverfahren für die unterschiedlichsten Anwendungen sehr bewährt. In der Praxis wird man sich eine feste Zahl N von zu berechnenden Punkten vorgeben. Der Punkt mit dem kleinsten Funktionswert dient dann als Startpunkt für eine lokale Minimierung von $f$.
Bei der nun folgenden algorithmischen Formulierung des semi-impliziten Eulerverfahrens zur numerischen Approximation der Funktion

$$X(\bar{\omega},\bullet):\mathbb{R}_0^+\to\mathbb{R}^k$$

wird von keiner festen Anzahl von zu berechnenden Punkten ausgegangen. Ferner wird vorausgesetzt, dass ein geeignetes festes $\varepsilon > 0$ gewählt wurde.

## Semi-implizites Eulerverfahren zur globalen Minimierung

### Schritt 0:(Initialisierung)

Wähle $\mathbf{x}_0$, $\varepsilon$ und $\zeta$,
j := 0,
gehe zu Schritt 1.

### Schritt 1:(Ableitungen)

h := 1.
Berechne $\nabla f(\mathbf{x}_j)$ und $\nabla^2 f(\mathbf{x}_j)$,
gehe zu Schritt 2.

### Schritt 2:(Simulation)

Berechne Realisierungen $n_1$ und $n_2$ zweier unabhängiger, $\mathrm{N}(0,\mathbf{E}_k)$ normalverteilter Zufallsvektoren,
gehe zu Schritt 3.

### Schritt 3:(Cholesky-Zerlegung)

Berechne $\mathbf{L}\in\mathbb{R}^{k,k}$ mit

$$\mathbf{L}\mathbf{L}^T=\mathbf{E}_k+h\nabla^2 f(\mathbf{x}_j).$$

Ist $\mathbf{E}_k+h\nabla^2 f(\mathbf{x}_j)$ positiv definit, dann gehe zu Schritt 4.
Sonst: $h:=\frac{h}{2}$, gehe zu Schritt 3.

### Schritt 4:(Berechnung von $\mathbf{x}_{j+1}^* := \bar{X}(\bar{\omega},\bar{t}+h)$)

Berechne $\mathbf{x}_{j+1}^*$ durch

$$\begin{aligned}\mathbf{L}\mathbf{L}^T\mathbf{x}_{j+1}^* &= h\nabla f(\mathbf{x}_j)-\varepsilon\sqrt{\frac{h}{2}}(n_1+n_2)\\ \mathbf{x}_{j+1}^* &:= \mathbf{x}_j-\mathbf{x}_{j+1}^*,\end{aligned}$$

gehe zu Schritt 5.

### Schritt 5:(Cholesky-Zerlegung)

Berechne $\mathbf{L}\in\mathbb{R}^{k,k}$ mit

$$\mathbf{L}\mathbf{L}^T=\mathbf{E}_k+\frac{h}{2}\nabla^2 f(\mathbf{x}_j)$$

gehe zu Schritt 6.

### Schritt 6:(Berechnung von $\mathbf{x}_{j+1}^1 := \tilde{X}(\bar{\omega},\bar{t}+\frac{h}{2})$)

Berechne $\mathbf{x}_{j+1}^1$ durch

$$\begin{aligned} \mathbf{L}\mathbf{L}^T\mathbf{x}_{j+1}^1 &= \frac{h}{2}\nabla f(\mathbf{x}_j) - \varepsilon\sqrt{\frac{h}{2}}n_1 \\ \mathbf{x}_{j+1}^1 &:= \mathbf{x}_j - \mathbf{x}_{j+1}^1, \end{aligned}$$

gehe zu Schritt 7.

### Schritt 7:(Ableitungen)

Berechne $\nabla f(\mathbf{x}_{j+1}^1)$ und $\nabla^2 f(\mathbf{x}_{j+1}^1)$,
gehe zu Schritt 8.

### Schritt 8:(Cholesky-Zerlegung)

Berechne $\mathbf{L} \in \mathbb{R}^{k,k}$ mit

$$\mathbf{L}\mathbf{L}^T = \mathbf{E}_k + \frac{h}{2}\nabla^2 f(\mathbf{x}_{j+1}^1).$$

Ist $\mathbf{E}_k + \frac{h}{2}\nabla^2 f(\mathbf{x}_{j+1}^1)$ positiv definit, dann gehe zu Schritt 9.
Sonst: $h := \frac{h}{2}$, gehe zu Schritt 3.

### Schritt 9:(Berechnung von $\mathbf{x}_{j+1}^2 := \tilde{\mathbf{X}}(\bar{\omega}, \bar{t} + h)$)

Berechne $\mathbf{x}_{j+1}^2$ durch

$$\begin{aligned} \mathbf{L}\mathbf{L}^T\mathbf{x}_{j+1}^2 &= \frac{h}{2}\nabla f(\mathbf{x}_{j+1}^1) - \varepsilon\sqrt{\frac{h}{2}}n_2 \\ \mathbf{x}_{j+1}^2 &:= \mathbf{x}_{j+1}^1 - \mathbf{x}_{j+1}^2, \end{aligned}$$

gehe zu Schritt 10.

### Schritt 10:(Akzeptanzbedingung)

Ist

$$\|\mathbf{x}_{j+1}^* - \mathbf{x}_{j+1}^2\|_2 < \zeta,$$

dann setze $\mathbf{x}_{j+1} = \mathbf{x}_{j+1}^2$, j := j+1 und gehe zu Schritt 1.
Sonst: $h := \frac{h}{2}$, gehe zu Schritt 3.

Als Beispiel betrachten wir die Funktion

$$f_2 : [-1,1]^2 \to \mathbb{R}, \quad \mathbf{x} \mapsto \sum_{i=1}^{2} \left(4x_i^2 - \cos(8x_i) + 1\right).$$

und wählen $\varepsilon = 1$ (entspricht der Dichte $d_2$). Der Startpunkt $\mathbf{x}_0$ wird als lokale Minimalstelle mit dem größten Funktionswert gewählt. Eine lokale Minimierung würde diesen Startpunkt als Lösung ausgeben. Es wurden 1500 Punkte mit obigem Algorithmus berechnet. Die Abbildung 1.15 zeigt die Funktion $f_2$ und die Lage der berechneten Punkte, während Abbildung 1.16 die gleichen Daten aber mit den Höhenlinien von $f_2$ dokumentiert. In der Abbildung 1.17 werden die Funktionswerte von $f_2$ in der Reihenfolge der berechneten Punkte dargestellt. Es ist klar zu

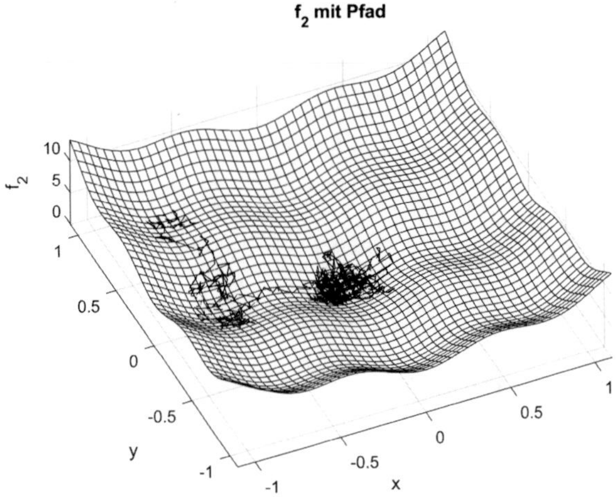


**Abb. 1.15** *Die Funktion $f_2$ mit den berechneten Punkten*

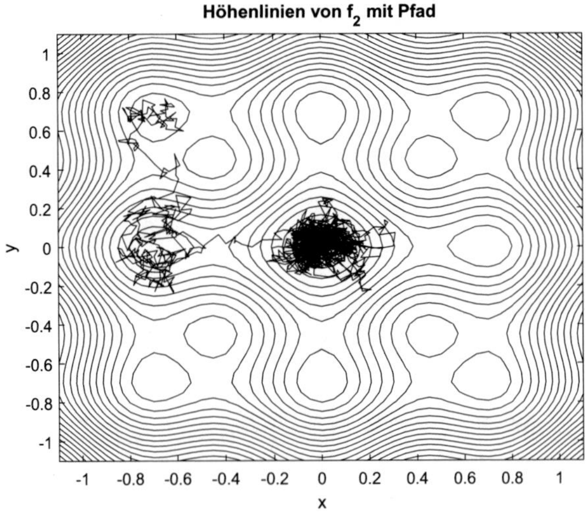


**Abb. 1.16** *Die Höhenlinien von $f_2$ mit den berechneten Punkten*

sehen, wir die Punkte nach einer gewissen Zeit die Umgebung der lokalen Minimalstelle, an der gestartet wurde, verlassen, um in die Umgebung einer Minimalstelle mit kleinerem Funktionswert zu gelangen. Schließlich erreicht man die gewünschte Umgebung der globalen Minimalstelle. Die Abbildung 1.15 zeigt die Dichte $d_2$ und die Lage der berechneten Punkte.

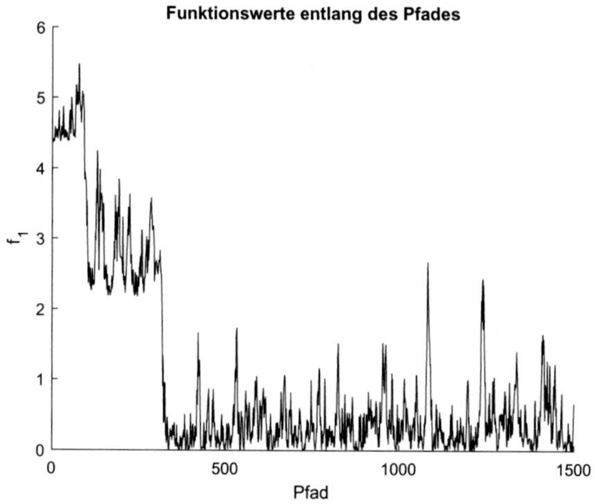


**Abb. 1.17** *Die Funktionswerte von $f_1$ an den berechneten Punkten*

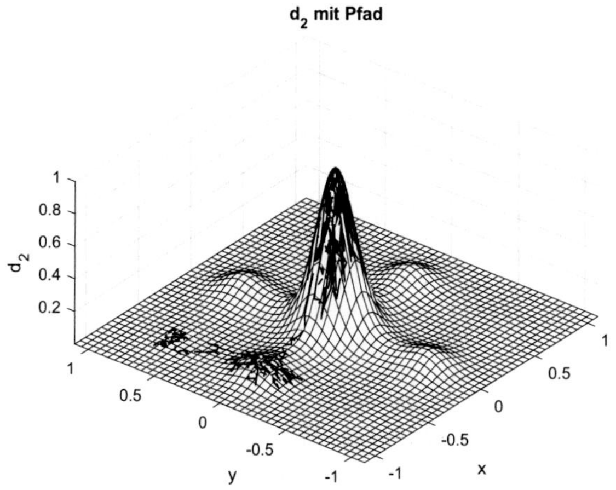


**Abb. 1.18** *Die Dichte $d_2$ mit den berechneten Punkten*

# Kapitel 2
# Analyse inverser Probleme

## 2.1 Charakterisierung inverser Probleme

Inverse Probleme in Form von Identifikationsproblemen treten als Operatorgleichungen auf. Wir beschreiben die mit der Lösung solcher Gleichungen verbundenen Schwierigkeiten.

**Definition 2.1 (Gut und schlecht gestellte Operatorgleichungen – Hadamard).** *Es seien $(X, \|\bullet\|_X)$ und $(Y, \|\bullet\|_Y)$ normierte lineare Räume und*

$$F : \mathcal{U} \subseteq X \to \mathcal{W} \subseteq Y$$

*sei eine Funktion. Betrachtet werde das inverse Problem in Form der Operatorgleichung*

$$F(u) = w, \quad u \in \mathcal{U}, \quad w \in \mathcal{W}, \tag{2.1}$$

*welche für gegebenes w nach u aufzulösen ist. Dieses Problem heißt* ***gut gestellt nach Hadamard****, wenn*

*(1) für jedes $w \in \mathcal{W}$ eine Lösung $u \in \mathcal{U}$ existiert (**Existenzbedingung**),*
*(2) die Lösung eindeutig ist (**Eindeutigkeitsbedingung**) und*
*(3) die inverse Funktion $F^{-1} : \mathcal{W} \to \mathcal{U}$ stetig ist (**Stabilitätsbedingung**).*

*Ist eine dieser drei Bedingungen verletzt, dann heißt (2.1)* ***schlecht gestellt****.* ◁

In unserem Kontext von Parameteridentifikationsproblemen nennen wir $X$ den **Parameterraum**, $\mathcal{U}$ den **zulässigen Parameterbereich**, die Elemente $u \in \mathcal{U}$ **Parameter**, $Y$ den **Datenraum** und $w \in Y$ das zu invertierende **Datum**.

Die Bedingungen (1) und (2) der Gutgestelltheit sind äquivalent zur Bijektivität von $F$, also zur Existenz der inversen Funktion $F^{-1} : \mathcal{W} \to \mathcal{U}$. Die Bedingung (3) besagt: Für jede Folge $(w_n)_{n\in\mathbb{N}} \subseteq \mathcal{W}$ und jedes $w \in \mathcal{W}$ gilt

$$\|w_n - w\|_Y \stackrel{n\to\infty}{\longrightarrow} 0 \quad \Longrightarrow \quad \|F^{-1}(w_n) - F^{-1}(w)\|_X \stackrel{n\to\infty}{\longrightarrow} 0.$$



M. Richter und S. Schäffler, *Inverse Probleme mit stochastisch modellierten Messdaten*, https://doi.org/10.1007/978-3-662-66343-1_2

Dies bedeutet, dass die Lösung $u^* = F^{-1}(w^*)$ der Gleichung $F(u) = w^*$ mit beliebiger Genauigkeit durch die Lösung $\tilde{u}$ der Gleichung $F(u) = \tilde{w}$ approximiert werden kann, wenn $\tilde{w}$ genügend nahe bei $w^*$ liegt. Wenn, wie es in der Praxis die Regel ist, Wirkungen nicht exakt beobachtet werden können, ist die Stabilitätsbedingung essentiell.

Im Spezialfall eines bijektiven, *linearen* Operators $F = T : X \to \mathscr{R}(T)$ auf einem Banachraum $X$ ist die Stabilitätsbedingung äquivalent zur Abgeschlossenheit von $\mathscr{R}(T)$, siehe Satz 1.30. Ist $T$ überdies *kompakt*, dann ist sie äquivalent zur endlichen Dimension von $X$, siehe Satz 1.52.

*Beispiel 2.2 (Fouriertransformation).* In Abschnitt 1.2 wurde die Fouriertransformation $\hat{F} : L_2(\mathbb{R}^s) \to L_2(\mathbb{R}^s)$ eingeführt. Wir betrachten das durch $\hat{F}(f) = \hat{f}$ gegebene inverse Problem. Da $\hat{F}$ invertierbar ist, sind die Bedingungen (1) und (2) von Definition 2.1 erfüllt. Die Plancherel-Identität (1.39) zeigt, dass die Bedingung (3) ebenfalls erfüllt ist – es handelt sich um ein gut gestelltes Problem. ◁

*Beispiel 2.3 (Bestimmung von Wachstumsraten).* Einfache Wachstumsprozesse, wie zum Beispiel die Vermehrung von Bakterien, werden durch Anfangswertprobleme der Form

$$w'(t) = \frac{dw(t)}{dt} = u(t) \cdot w(t), \quad w(t_0) = w_0 > 0, \quad t_0 \le t \le t_1, \quad t_0 < t_1, \tag{2.2}$$

modelliert. Hier steht $w(t)$ für die beobachtete Größe (also etwa die Anzahl an Bakterien) zum Zeitpunkt $t$ und $u(t)$ steht für die zeitlich veränderliche Wachstumsrate. Wir setzen $X = \mathcal{U} = C[t_0, t_1]$ mit der Maximumsnorm $\| \bullet \|_X = \| \bullet \|_{C[t_0,t_1]}$ und $Y = C^1[t_0, t_1]$ mit der Maximumsnorm $\| \bullet \|_Y = \| \bullet \|_{C[t_0,t_1]}$. Der Operator

$$F : X \to Y, \quad u \mapsto w,$$

bilde jedes $u \in X$ auf die eindeutig bestimmte Lösung $w$ von (2.2) ab. Diese ist gegeben durch die Funktion $w : [t_0, t_1] \to (0, \infty)$ mit

$$w(t) = w_0 \cdot e^{U(t)}, \quad U(t) = \int_{t_0}^{t} u(s)\, ds, \quad t_0 \le t \le t_1, \tag{2.3}$$

vergleiche Beispiel 1.12. Wir betrachten nun das inverse Problem der Identifikation von $u$ bei Beobachtung von $w = F(u)$. Offenbar ist hier bereits die Existenzbedingung nicht erfüllt, da Funktionen $w \in Y$, welche negative Werte annehmen, nicht im Wertebereich des Operators $T$ liegen. Formal können wir die Existenzbedingung garantieren, indem wir $\mathcal{W} := \{w = F(u);\ u \in \mathcal{U}\}$ definieren und den Operator $F : \mathcal{U} = X \to \mathcal{W}$ (den wir der Einfachheit halber wieder mit $T$ bezeichnen) betrachten. Dann ist auch die Eindeutigkeitsbedingung erfüllt und der inverse Operator ist durch

$$F^{-1} : \mathcal{W} \to \mathcal{U}, \quad w \mapsto u = \frac{w'}{w}, \tag{2.4}$$

gegeben. Jedoch ist die Stabilitätsbedingung verletzt. Es sei beispielsweise

$$w : [t_0, t_1] \to \mathbb{R}, \quad t \mapsto \mathrm{e}^{\sin(t)}$$

die Wirkung der Ursache

$$u : [t_0, t_1] \to \mathbb{R}, \quad t \mapsto \cos(t).$$

Für die Approximationen

$$w_n : [t_0, t_1] \to \mathbb{R}, \quad t \mapsto w(t) \cdot \left(1 + \frac{1}{\sqrt{n}} \cos(nt)\right), \quad n \in \mathbb{N}, n \geq 2, \tag{2.5}$$

von $w$ gilt $\|w_n - w\|_Y = \max\{|w_n(t) - w(t)|;\ t_0 \leq t \leq t_1\} \to 0$ für $n \to \infty$. Jedoch gilt für die zugehörige Folge von Ursachen

$$u_n : [t_0, t_1] \to \mathbb{R}, \quad t \mapsto u(t) - \frac{\sqrt{n} \sin(nt)}{1 + \frac{1}{\sqrt{n}} \cos(nt)}, \quad n \in \mathbb{N}, n \geq 2,$$

dass diese keineswegs gegen $u$ konvergieren:

$$\|u_n - u\|_X = \max\{|u_n(t) - u(t)|;\ t_0 \leq t \leq t_1\} \to \infty \quad \text{für} \quad n \to \infty.$$

Ganz im Gegenteil: Je besser $w$ durch $w_n$ approximiert wird, desto *mehr* weicht $u_n$ von $u$ ab. Der Grund hierfür ist die Ableitung in (2.4). Da die Integration in (2.3) eine glättende Operation ist (welche beispielsweise „Scharten" in einem Funktionsgraphen abschleift), muss die inverse Differentiation dann notwendig aufrauend wirken. Dies führt aber auch zum Aufrauen und damit zur Verstärkung kleiner Störungen in $w$. Dieser Effekt wird in Abb. 2.1 demonstriert für $t_0 = -1$, $t_1 = 1$, und Funktionen $u$, $w$, $u_n$ und $w_n$ mit Abbildungsvorschriften

$$u(t) = t^2, \quad w(t) = \mathrm{e}^{t^3/3}, \quad u_n(t) = u(t) + \varepsilon n \cos(nt), \quad w_n(t) = \mathrm{e}^{t^3/3 + \varepsilon \sin(nt)}$$

für $n = 40$ und $\varepsilon = 0.1$. Die roten Linien kennzeichnen $w$ und $u$, die schwarzen $w_n$ und $u_n$.

Die Stabilitätsbedingung ließe sich durch Verwendung der Norm $\|\bullet\|_Y := \|\bullet\|_{C^1[t_0,t_1]}$ (anstelle von $\|\bullet\|_Y = \|\bullet\|_{C[t_0,t_1]}$) garantieren. Für $w \in \mathcal{W}$ und $(w_n)_{n\in\mathbb{N}} \subseteq \mathcal{W}$ ist $\|w_n - w\|_{C^1[t_0,t_1]} = \|w_n - w\|_{C[t_0,t_1]} + \|w_n' - w'\|_{C[t_0,t_1]}$, so dass für $n \to \infty$

$$\|w_n - w\|_{C^1[t_0,t_1]} \to 0 \quad \Longrightarrow \quad \|w_n - w\|_{C[t_0,t_1]} \to 0,\ \|w_n' - w'\|_{C[t_0,t_1]} \to 0.$$

Somit muss auch $\|F^{-1}(w_n) - F^{-1}(w)\|_{C[t_0,t_1]} \to 0$ folgen, wie man aus (2.4) abliest. Es bestätigt sich ein weiteres Mal, dass die Stetigkeit eines Operators (hier von $F^{-1}$) von der gewählten Norm abhängt. ◁

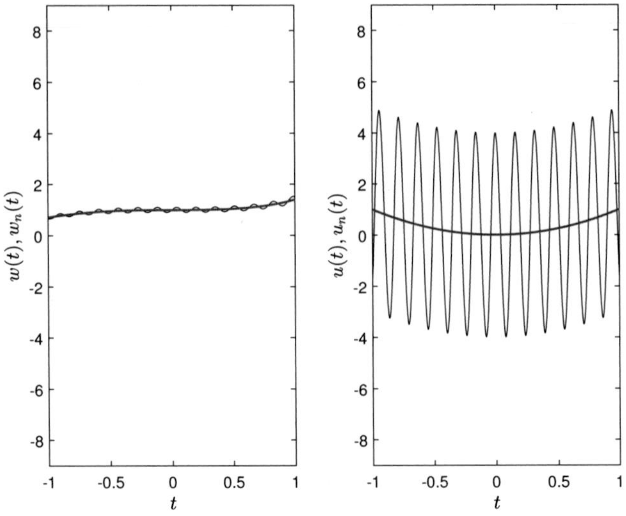


**Abb. 2.1** Wirkungen $w$, $w_n$ und Ursachen $u$, $u_n$ in Beispiel 2.3, $n = 40$, $\varepsilon = 0.1$.

Im voranstehenden Beispiel ließen sich die Existenz- und die Stabilitätsbedingung aus Definition 2.1 durch eine entsprechend günstige Wahl von $\mathcal{W} = F(\mathcal{U})$ beziehungsweise von einer Norm $\| \bullet \|_Y$ sichern. Hierbei handelt es sich jedoch um mathematische Tricks, die kaum praktische Bedeutung haben:

- Eine Modellierung ist untauglich, bei der $\mathcal{W}$ nicht alle tatsächlich möglichen Beobachtungen enthält, sondern nur solche, die man gerne hätte.
- Es nutzt nichts, formal eine Norm $\| \bullet \|_Y$ zu verwenden, wenn die Werte $\|\tilde{w} - w\|_Y$ für $w, \tilde{w} \in \mathcal{W}$ nicht tatsächlich gemessen werden können. Wenn etwa in Beispiel 2.3 nur Funktionswerte $w(t)$, nicht aber Ableitungswerte $w'(t)$ beobachtet werden können, dann ist es auch nicht möglich, den Abstand $\|\tilde{w} - w\|_{C^1[t_0,t_1]}$ zweier Wirkungen $w, \tilde{w} \in \mathcal{W}$ zu erfassen und bezüglich der Norm $\| \bullet \|_{C^1[t_0,t_1]}$ eine gute Approximation einer Wirkung $w$ zu gewährleisten.

## Lokale Gut- und Schlechtgestelltheit

Wiewohl die Menge $\mathcal{W}$ nicht nach Gutdünken – im Extremfall nur aus einer einzigen Wirkung bestehend – gewählt werden darf, lässt sich dennoch untersuchen, inwieweit die Stabiltätsbedingung für *ein* spezielles Element $w_0 \in \mathcal{W}$ erfüllt ist. Wenn das inverse Problem nur für *dieses* $w_0$ interessiert, dann muss keine Umkehrfunktion von $F$ mehr existieren, sondern nur noch ein eindeutig bestimmtes Urbild $u_0 = T^{-1}(w_0)$ von $w_0$ und die Stabilitätsbedingung lässt sich wie folgt formulieren.

**Definition 2.4 (Lokale Gut- und Schlechtgestelltheit, Hofmann ([Hof99])).** *Die Operatorgleichung $F(u) = w$ heißt* ***lokal in*** *$u_0$* ***gut gestellt****, wenn es ein $r > 0$ gibt, so dass für jede Folge $(u_n)_{n\in\mathbb{N}} \subseteq \mathcal{U}$ mit $\|u_0 - u_n\|_X < r$ für alle $n \in \mathbb{N}$ gilt:*

$$\|F(u_n) - F(u_0)\|_Y \overset{n\to\infty}{\longrightarrow} 0 \quad \Longrightarrow \quad \|u_n - u_0\|_X \overset{n\to\infty}{\longrightarrow} 0. \tag{2.6}$$

*andernfalls heißt die Gleichung* ***lokal schlecht gestellt in*** *$u_0$.*

Unterstellt man, dass der Operator $F$ in $u_0$ Fréchet-differenzierbar ist mit Ableitung $F'(u_0) \in \mathscr{L}(X,Y)$, dann ist

$$\|F(u) - F(u_0) - F'(u_0)(u - u_0)\|_Y \leq \varepsilon(u) \cdot \|u - u_0\|_X \tag{2.7}$$

mit einem auf einer Umgebung $U \subset X$ von $u_0$ definierten positiven Funktional $\varepsilon$, für welches $\lim_{u\to u_0} \varepsilon(u) = 0$ gilt, vergleiche Definition 1.59. Wir halten nun fest:

$$\begin{gathered}\text{Das inverse Problem ist in } u_0 = F^{-1}(w_0) \text{ lokal schlecht gestellt} \Longrightarrow \\ F'(u_0) \in \mathscr{L}(X,Y) \text{ verletzt Bedingung (3) aus Definition 2.1}\end{gathered} \tag{2.8}$$

Wäre nämlich (3) aus Definition 2.1 erfüllt, dann gäbe es nach Satz 1.24 ein $c > 0$ so, dass

$$c\|u - u_0\|_X \leq \|F'(u_0)(u - u_0)\|_Y.$$

Mit (2.7) wäre dann aber auch

$$c\|u - u_0\|_X \leq \varepsilon(u)\|u - u_0\|_X + \|F(u) - F(u_0)\|_Y.$$

Da $\varepsilon(u) \to 0$ für $u \to u_0$ gilt, würde hieraus (2.6) folgen, im Widerspruch zur Annahme, dass das inverse Problem in $u_0$ lokal schlecht gestellt ist.

Aus der lokalen Schlechtgestelltheit der Gleichung $F(u) = w$ in $u_0$ gemäß Definition 2.4 folgt im Fall eines Fréchet-differenzierbaren Operators $F$, dass das in $u_0$ linearisierte Problem

$$F'(u_0)(u - u_0) = w_0 - F(u_0)$$

ebenfalls schlecht gestellt ist, weil dann $F'(u_0)$ keine stetige Inverse besitzt.

### Übergang zum Ausgleichsproblem

Stets muss mit einer Verletzung der Existenzbedingung (1) aus Definition 2.1 gerechnet werden. Dies liegt zum einen daran, dass die Beziehung zwischen Ursache und Wirkung durch den Operator $F$ meist nicht ganz exakt, sondern nur in idealisierter Form modelliert werden kann (Modellierungsfehler). Außerdem können Wirkungen nie mit absoluter Genauigkeit beobachtet werden (Datenfehler). Wir ersetzen deswegen das inverse Problem, die Operatorgleichung (2.1) zu lösen, durch das sogenannte **Ausgleichsproblem**

$$\text{minimiere} \quad J(u) := \frac{1}{2}\|F(u) - y\|_Y^2, \quad u \in \mathcal{U}, \quad y \in Y. \tag{2.9}$$

Die Menge $\mathcal{W}$ tritt hier nicht mehr auf, wir rechnen vielmehr damit, dass ein vorgegebenes Datum $y \in Y$ nicht mehr (exakt) einer Wirkung entspricht. Im Fall $y \in \mathcal{W}$ ist eine Lösung der Operatorgleichung $F(u) = w$ sicher eine Lösung des Ausgleichsproblems, jedoch nicht umgekehrt. Insofern kann das Ausgleichsproblem als Verallgemeinerung der Operatorgleichung betrachtet werden, bei dem eine Chance auf eine Lösung selbst dann besteht, wenn die Existenzbedingung (1) aus Definition 2.1 verletzt ist. Eine Analyse des Ausgleichsproblems wird in Abschnitt 2.3 unternommen.

Die Eindeutigkeitsbedingung (2) aus Definition 2.1 darf nicht aufgegeben werden, denn sie garantiert, dass die Ursache einer Wirkung identifiziert werden kann. *Ein Identifikationsproblem, bei dem dies nicht gewährleistet werden kann, ist nicht schlecht, sondern falsch gestellt.* Die Stabilitätsbedingung (3) aus Definition 2.1 muss in der Praxis sogar noch verschärft werden, weil Daten stets mit Fehlern *finiter* Größe behaftet sind und die Stetigkeit von $F^{-1}$ dann nicht hinreicht, um den durch Datenfehler verursachten Fehler in der Lösung der Operatorgleichung zu beschränken.

Hierauf gehen wir in Abschnitt 2.3 näher ein.

## 2.2 Diskretisierung

Identifikationsprobleme wurden in Definition 2.1 als Operatorgleichungen beschrieben:

$$F(u) = w, \quad u \in \mathcal{U}, \quad w \in \mathcal{W}.$$

Hier sind $\mathcal{U} \subseteq X$ und $\mathcal{W} \subseteq Y$ für normierte Räume $(X, \|\bullet_X)$ und $(Y, \|\bullet\|_Y)$ und

$$F : \mathcal{U} \to \mathcal{W} \quad \text{wird als injektiv vorausgesetzt,}$$

denn andernfalls wäre das Identifikationsproblem falsch – und nicht nur schlecht – gestellt. Wenn $X$ und $Y$ Funktionenräume unendlicher Dimension sind, wie wir es in diesem Abschnitt unterstellen wollen, dann treten Identifikationsprobleme in dieser abstrakten Form in der Praxis nicht auf, denn eine Wirkung $w$ kann durch Messungen nur in der Form endlich vieler Messwerte erfasst werden – dass reicht nur in Sonderfällen für eine vollständige Kenntnis von $w$ aus. Aber selbst wenn eine Wirkung $w$ exakt bekannt wäre, könnte die Operatorgleichung nur in Ausnahmefällen analytisch gelöst werden. Stattdessen muss mit Computerhilfe eine Näherungslösung numerisch berechnet werden. Grundlage praktisch aller numerischer Verfahren ist die Diskretisierung der Operatorgleichung $F(u) = w$, die in diesem Abschnitt besprochen werden soll.

### *2.2.1 Diskretisierung im Datenraum*

Die Messung einer Wirkung lässt sich formal durch die Einführung eines **Beobachtungsoperators**

$$\Psi : \mathcal{W} \to \mathcal{M}$$

beschreiben. Im Folgenden unterstellen wir

$$\mathcal{M} = \mathbb{R}^m, \quad m \in \mathbb{N},$$

Messungen sollen also stets endlich viele Zahlenwerte liefern. Hierbei ist vor allem an Situationen gedacht, wo $w$ eine Funktion ist, die an $m$ Stellen ausgewertet wird, oder von der $m$ lokale Mittelwerte beobachtet werden, formal über die Integration von $w$ beschreibbar. Es wird angenommen, dass der Beobachtungsoperator sogar auf ganz $Y$ definiert ist und linear ist:

$$\Psi : Y \to \mathbb{R}^m \quad \text{linear.} \tag{2.10}$$

Die nach $u$ aufzulösende Gleichung $F(u) = w$ ist durch die Gleichung

$$\Psi(F(u)) = \Psi(w) =: \beta \in \mathbb{R}^m \tag{2.11}$$

zu ersetzen. Nur $\beta$ und nicht $w$ darf als bekannt angenommen werden. Manchmal kann es nützlich sein, einer Beobachtung $\beta$ eine Wirkung zuzuordnen, von der sie stammen könnte. Sei dazu $Y_m \subseteq Y$ ein $m$-dimensionaler Teilraum. Die Existenz eines Operators

$$\Phi : \mathbb{R}^m \to Y_m, \quad \beta \mapsto \Phi(\beta),$$

wird angenommen, der aus Messwerten eine hypothetische Wirkung $\Phi(\beta) \in Y_m \subseteq Y$ konstruiert. Diese Interpretation muss konsistent mit den Messwerten sein in dem Sinn, dass

$$\Psi(\Phi(\Psi(w))) = \Psi(w) \quad \text{für alle} \quad w \in Y \tag{2.12}$$

gilt. Ist $Y$ ein Hilbertraum und $\Psi$ linear und stetig, dann lässt sich die Existenz eines linearen und stetigen[1] Operators $\Phi$ mit der Eigenschaft (2.12) beweisen. Es handelt sich um die sogenannte Pseudoinverse von $\Psi$ und die Identität (2.12) ist dann gerade eines der Moore-Penrose-Axiome, siehe etwa [Gro77]. Sind $\Psi$ und $\Phi$ linear und stetig, dann ist auch die zusammengesetzte Abbildung

$$Q_m : Y \to Y_m, \quad w \mapsto Q_m(w) := \Phi(\Psi(w)), \tag{2.13}$$

linear und stetig und aus (2.12) folgt, dass für alle $w \in Y$

$$Q_m^2(w) = Q_m(Q_m(w)) = \Phi(\Psi(\Phi(\Psi(w)))) = \Phi(\Psi(w)) = Q_m(w).$$

Die lineare stetige Abbildung $Q_m : Y \to Y_m$ hat also die Eigenschaft $Q_m^2 = Q_m$ und heißt deswegen **Projektor** von $Y$ nach $Y_m$. Die **projizierte Gleichung**

$$Q_m F(u) = Q_m w, \tag{2.14}$$

ist wegen (2.12) äquivalent zu (2.11): Jede Lösung $u$ von (2.11) löst (2.14) und umgekehrt. Für den Beobachter $\Psi$ sind die Wirkungen $w$ und $Q_m w$ nicht unterscheidbar. Die Gleichung (2.11) beschreibt bis auf die noch zu betrachtenden Messabweichungen in $\beta$ die in der Praxis tatsächlich auftretende Situation. Demgegenüber ist (2.14) günstig für Konvergenzuntersuchungen, weil ein Abstand $\|w - Q_m w\|_Y$ gemessen werden kann.

*Beispiel 2.5 (Beobachtung durch Abtastung).* Für $Y = C[a,b]$ und $m \in \mathbb{N}$ sei $\Psi$ gegeben durch die Abtastung an Stellen $a = t_1 < \ldots < t_m = b$, also

$$\Psi : C[a,b] \to \mathbb{R}^m, \quad w \mapsto (w(t_1), \ldots, w(t_m))^T.$$

Es seien

$$Y_m := \mathscr{S}_2(t_1, \ldots, t_m) := \left\{ s \in C[a,b];\ s_{|(t_j, t_{j+1})} \text{ Polynom vom Grad } 1 \right\} \tag{2.15}$$

der $m$-dimensionale Raum der linearen Splines mit Knoten $t_1, \ldots, t_m$ und

[1] Das Bild $\mathscr{R}(\Psi) \subseteq \mathbb{R}^m$ ist als linearer Raum endlicher Dimension stets abgeschlossen.

$$\Phi : \mathbb{R}^m \to \mathscr{S}_2(t_1,\ldots,t_m), \quad \beta \mapsto \sum_{i=1}^{m} \beta_i \cdot N_{2,i}$$

mit den durch

$$N_{2,1}(t) = \begin{cases} \frac{t_2-t}{t_2-t_1}, & t_1 \le t \le t_2, \\ 0, & \text{sonst,} \end{cases} \qquad N_{2,m}(t) = \begin{cases} \frac{t-t_{m-1}}{t_m-t_{m-1}}, & t_{m-1} \le t \le t_m, \\ 0, & \text{sonst} \end{cases}$$

und

$$N_{2,i}(t) = \begin{cases} \frac{t-t_{i-1}}{t_i-t_{i-1}}, & t_{i-1} \le t \le t_i, \\ \frac{t_{i+1}-t}{t_{i+1}-t_i}, & t_i \le t \le t_{i+1}, \\ 0, & \text{sonst} \end{cases}, \quad i = 2,\ldots,m-1,$$

auf $[a,b]$ definierten Basisfunktionen $N_{2,1},\ldots,N_{2,m}$. Damit ist

$$Q_m(w) = \Phi(\Psi(w)) = \sum_{i=1}^{m} w(t_i) \cdot N_{2,i}.$$

$Q_m$ ist also ein Interpolationsoperator. Die Identität (2.12) ist erfüllt. ◁

*Beispiel 2.6 (Beobachtung durch Mittelwertbildung).* Es $Y = L_2(a,b)$ und $m \in \mathbb{N}$, $m \ge 2$. Zu $a = t_1 < \ldots < t_m = b$ sei der Beobachtungsoperator

$$\Psi : Y \to \mathbb{R}^{m-1}, \quad w \mapsto \psi(w) = (\mu_1,\ldots,\mu_{m-1})^T, \quad \mu_j := \frac{1}{t_{j+1}-t_j} \int_{t_j}^{t_{j+1}} w(t)\,dt,$$

gegeben, welcher lokale Mittelwerte einer Wirkung $w$ liefert. Es sei

$$Y_{m-1} := \mathscr{S}_1(t_1,\ldots,t_m) := \left\{ s : [a,b] \to \mathbb{R};\ s_{|(t_j,t_{j+1})} \text{ konstant},\ j = 1,\ldots,m-1 \right\} \tag{2.16}$$

der $(m-1)$-dimensionale Raum der Splines vom Grad 0 mit Knoten $t_1,\ldots,t_m$ mit den Basisfunktionen

$$N_{1,j} := \mathbf{1}_{[t_j,t_{j+1})}, \quad j = 1,\ldots,m-1.$$

Mit dem stetigen und linearen Operator

$$\Phi : \mathbb{R}^{m-1} \to Y_{m-1} := \mathscr{S}_1(t_1,\ldots,t_m), \quad \mu \mapsto \sum_{j=1}^{m-1} \mu_j \cdot N_{j,1},$$

ist (2.12) erfüllt. Damit ist

$$Q_m : Y \to \mathscr{S}_1(t_1,\ldots,t_m), \quad w \mapsto \Phi(\Psi(w)),$$

ein Projektionsoperator. Für $w \in Y$ mit $\Psi(y) = (\mu_1,\ldots,\mu_{m-1})^T$ und beliebiges $i \in \{1,\ldots,m-1\}$ gilt bezüglich des $L_2$-Skalarprodukts

$$\begin{aligned}\langle y - Q_m y | N_{i,1}\rangle &= \langle y|N_{i,1}\rangle - \langle \sum_{j=1}^{m-1} \mu_j N_{j,1} | N_{i,1}\rangle = (t_{i+1}-t_i)\mu_i - \sum_{j=1}^{m-1} \mu_j \langle N_{j,1}|N_{i,1}\rangle \\ &= (t_{i+1}-t_i)\mu_i - (t_{i+1}-t_i)\mu_i = 0,\end{aligned}$$

somit ist $Q_m$ sogar ein Orthogonalprojektor und $Q_m y$ der Bestapproximant von $y$ in $\mathscr{S}_1(t_1,\ldots,t_m)$. Dies war schon in Satz 1.155 ausgesagt. ◁

Sind Messungen zufälligen Störungen (sogenannten **Messabweichungen**) unterworfen, dann ist (2.11) keine korrekte Beschreibung des zu lösenden Identifikationsproblems mehr. In Abschnitt 2.5 geben wir eine adäquate *stochastische* Modellierung an, im Augenblick setzen wir lediglich

$$\beta^\delta \approx \beta = \Psi(w)$$

für eine fehlerbehaftete Messung $\beta^\delta$ einer Wirkung $w$. Der Hochindex $\delta$ steht für eine numerische Beschränkung der Größe der Messabweichungen

$$\|\beta - \beta^\delta\|_2 \le \delta \tag{2.17}$$

mit einem als bekannt unterstellten $\delta > 0$. Dies ist später im Rahmen der stochastischen Modellierung durch eine Schranke für die Streuung der Messabweichung zu ersetzen.

## 2.2.2 *Diskretisierung im Parameterraum*

Zur näherungsweisen numerischen Lösung von (2.11) oder (2.14) wählen wir einen Teilraum $X_n \subseteq X$ der Dimension $n$ mit einer Basis $\{\varphi_1,\ldots,\varphi_n\}$ von Funktionen $\varphi_j$, die sich im Computer *exakt* darstellen lassen (etwa Splines oder Fourierpolynome). Eine Näherung des gesuchten $u \in \mathcal{U}$ wird in der Form

$$u \approx u_n = \sum_{j=1}^{n} \alpha_j \varphi_j \ \in X_n \tag{2.18}$$

angesetzt. Der Übergang von $\alpha$ zu $u_n$ wird formal durch eine bijektive lineare Abbildung

$$K_n : \mathbb{R}^n \to X_n, \quad \alpha \mapsto \sum_{j=1}^{n} \alpha_j \varphi_j \tag{2.19}$$

beschrieben. Ist der Operator $F$ nur auf einer Teilmenge $\mathcal{U} \subset X$ definiert, dann ist die Abbildung $K_n$ entsprechend nur auf einer Menge $D \subseteq K_n^{-1}(\mathcal{U} \cap X_n)$ zu betrachten – diese Menge darf nicht leer sein, sonst wäre der Ansatz (2.18) nicht sinnvoll. Wenn beispielsweise $\mathcal{U}$ die Menge der nichtnegativen Funktionen $f : [a,b] \to \mathbb{R}$ ist,

$X_n = \mathscr{S}_2(t_1,\ldots,t_n)$ und $\varphi_j = N_{2,j}$ wie in (2.15), dann wird man

$$D = \left\{\alpha \in \mathbb{R}^n;\ \alpha_j \geq 0,\ j = 1,\ldots,n\right\}$$

setzen, weil dies $u_n = K_n\alpha \geq 0$ für alle $\alpha \in D$ nach sich zieht.

**Diskretisierung durch Kollokation.** Die (fast immer) unterbestimmte Gleichung (2.11) kann durch ein endliches Gleichungssystem

$$\Psi(F(K_n\alpha)) = \beta \in \mathbb{R}^m, \quad \alpha \in D, \tag{2.20}$$

ersetzt werden. Ist der Operator $F = T : X \to Y$ *linear* (wie der Beobachter $\Psi$), dann ist dies ein lineares Gleichungssystem

$$A\alpha = \beta \quad \text{mit} \quad a_{i,j} = \Psi_i(T\varphi_j), \quad i = 1,\ldots,m,\ j = 1,\ldots,n, \tag{2.21}$$

wobei $\Psi_i$ die $i$-te Komponente der Funktion $\Psi$ ist und $\alpha = (\alpha_1,\ldots,\alpha_n)^T$. Die Idee ist also, den Ansatz (2.18) so zu wählen, dass die Beobachtungswerte reproduziert werden. Es ist jedoch zu erwarten, dass dies nicht möglich ist, das heißt dass das Gleichungssystem (2.20) inkonsistent ist, da die Messwerte (fehlerbehaftet sind und) zu einer Ursache $u \in \mathcal{U} \subset X$ gehören und nicht zu einer Ursache $u_n \in X_n$. Deswegen wird (2.20) ersetzt durch das Ausgleichsproblem

$$\min\left\{\frac{1}{2}\|\Psi(F(K_n\alpha)) - \beta\|_2^2;\ \alpha = (\alpha_1,\ldots,\alpha_n) \in D\right\}. \tag{2.22}$$

Das Ausgleichsproblem (2.22) hat genau die Form (2.9), ist aber endlichdimensional mit $Y = \mathbb{R}^m$ und $\|\bullet\|_Y = \|\bullet\|_2$. Bei Berücksichtigung von Messabweichungen ist $\beta$ in (2.20) beziehungsweise (2.22) durch $\beta^\delta$ zu ersetzen. Analog zur Forderung der Injektivität von $F$ ist die Forderung der Eindeutigkeit der Lösung von (2.22). Ist diese nicht gegeben, ist keine Identifikation einer Ursache $u_n \in X_n$ möglich. Im linearen Fall bedeutet dies, dass die Matrix $A$ aus (2.21) vollen Spaltenrang haben muss.

**Projektionsmethoden.** Ausgehend von (2.14) und dem Ansatz (2.18) gelangt man zum Gleichungssystem

$$Q_mF(K_n\alpha) = Q_mw \quad \Longleftrightarrow \quad Q_m(F(K_n\alpha) - w) = 0. \tag{2.23}$$

Wie schon festgestellt ist dieses äquivalent zu (2.20). Im Spezialfall $D = \mathbb{R}^n$, eines Prähilbertraums $Y$, eines *linearen*, stetigen $F = T : X \to Y$ (dann ist ist $TX_n - w$ eine abgeschlossene – wegen der endlichen Dimension deswegen auch vollständige

– und konvexe Menge) und eines *orthogonalen* Projektors $Q_m$ ist die Gleichung (2.23) nach Satz 1.37 äquivalent zu den Gleichungen

$$\langle Tu_n - w|y\rangle_Y = 0 \quad \text{für alle} \quad y \in Y_m. \tag{2.24}$$

Den Übergang von $F(u) = w$ beziehungsweise $Tu = w$ (da Linearität vorausgesetzt wird) zu (2.24) nennt man **Galerkinmethode**. Problematisch an (2.24) ist es, dass die Wirkung $w$ im Regelfall nicht direkt zugänglich ist. Wegen $w_m := Q_m w = Q_m^2 w$ gelangt man von (2.24) jedoch ebenso zu den Gleichungen

$$\langle Tu_n - w_m|y\rangle_Y = 0 \quad \text{für alle} \quad y \in Y_m, \tag{2.25}$$

welche gleichwertig zu (2.24) sind.

Weiterhin kann man versuchen, $\alpha \in D$ und damit $u_n = K_n\alpha \in X_n$ als Lösung des Ausgleichsproblems

$$\min\left\{\frac{1}{2}\|F(K_n\alpha) - w\|_Y^2\,;\ \alpha \in D\right\}, \tag{2.26}$$

zu bestimmen, auch dieses wieder von der Form (2.9). Der Ansatz $u_n$ in (2.18) ist demnach so zu wählen, dass die simulierte Wirkung $F(u_n)$ im Sinn der Norm $\|\bullet\|_Y$ ein Bestapproximant der exakten Wirkung $w$ ist. Dieses Rekonstruktionsprinzip bezeichnet man als **Fehlerquadratmethode**. Liegt der Sonderfall vor, dass

- $Y$ ein Prähilbertraum,
- $D = \mathbb{R}^n$ und
- $F = T : X \to Y$ *linear*

sind, dann ist $T \circ K_n : \mathbb{R}^n \to Y$ ebenfalls linear, $T(K_n(\mathbb{R}^n))$ ist ein endlichdimensionaler linearer Teilraum von $Y$ und die Aufgabe der Bestapproximation (2.26) ist nach Korollar 1.38 eindeutig lösbar. Die Lösung $u_n = K_n\alpha$ ist eindeutig bestimmt durch die **Normalengleichungen**

$$\langle Tu_n - w|Tx_n\rangle_Y = 0 \quad \text{für alle} \quad x_n \in X_n. \tag{2.27}$$

Diese sind ein Spezialfall der Galerkingleichungen (2.24) mit $Y_m = TX_n$. Die Gleichungen (2.27) lassen sich für $\alpha = K_n^{-1}u_n$ in der Form

$$A\alpha = y, \quad a_{i,j} = \langle T\varphi_j|T\varphi_i\rangle_Y, \quad y_i = \langle w|T\varphi_i\rangle_Y, \quad i,j = 1,\ldots,n \tag{2.28}$$

schreiben, die Matrix $A$ ist selbstadjungiert und positiv definit, da $T = F$ als injektiv vorausgesetzt war. Formal lässt sich $y_i$ als Beobachtungswert interpretieren zu einem Beobachtungsoperator $\Psi : Y \to \mathbb{R}^m$, dessen $i$-te Komponente durch $\Psi_i = \langle\bullet|T\varphi_i\rangle_Y$ gegeben ist. Das Gleichungssystem $A\alpha = y$ entspricht dann genau den Kollokationsgleichungen (2.21), die in diesem Fall eine eindeutige Lösung besitzen.

In der Praxis ist $w$ nicht zugänglich und müsste in (2.26), (2.27) und (2.28) durch eine hypothetische Wirkung $w_m = \Phi(\Psi(w))$ ersetzt werden, wenn ein zu $\Psi$ pseudoinverser Operator $\Phi$ mit Eigenschaft (2.12) angegeben werden kann. Zusätzlich sind auch noch Messabweichungen zu berücksichtigen. Wir schreiben wiederum $\beta = \Psi(w)$ für die exakten und $\beta^\delta \approx \beta$ für die verfälschten Messwerte und setzen

$$w_m = \Phi(\beta) \quad \text{und} \quad w^\delta = \Phi(\beta^\delta), \tag{2.29}$$

wobei die Existenz des zu $\Psi$ pseudoinversen Beobachtungsoperators $\Phi$ vorausgesetzt wird. Unter Berücksichtigung sowohl der Unzugänglichkeit von $w$ als auch von Messabweichungen ist $w$ in (2.26), (2.27) und (2.28) durch $w^\delta$ zu ersetzen.

*Beispiel 2.7 (Lineare Fredholmsche Integralgleichung).* Die Fredholmsche Integralgleichung wurde in Beispiel 1.22 eingeführt. Wenn der Integralkern stetig ist und nicht nur quadratintegrierbar, dann auch die rechte Seite, die dann abgetastet werden kann. Es seien $a < b$, $c < d$, $\Omega := (a,b) \times (c,d)$ und $k \in C(\overline{\Omega})$. Für eine Funktion $u \in L_2(a,b)$ lässt sich eine Funktion $w \in C[c,d]$ durch

$$w(t) := Tu(t) := \int_a^b k(s,t)u(s)\,ds, \quad t \in [c,d],$$

definieren und dadurch ein linearer, beschränkter Operator $T : L_2(a,b) \to C[c,d]$. Das inverse Problem besteht darin, die Gleichung $w = Tu$ für gegebenes $w$ nach $u$ zu lösen. Die Messung der Wirkung $w$ erfolge durch Abtastung an Stellen $c \le \tau_1 < \tau_1 < \ldots < \tau_m \le d$, der Beobachtungsoperator hat dann wie in Beispiel 2.5 die Form

$$\Psi : C[c,d] \to \mathbb{R}^m, \quad w \mapsto (w(\tau_1), \ldots, w(\tau_m))^T.$$

Pseudoinvers dazu im Sinn von (2.12) ist der ebenfalls in Beispiel 1.22 eingeführte Operator

$$\Phi : \mathbb{R}^m \to \mathscr{S}_2(\tau_1, \ldots, \tau_m), \quad \beta \mapsto \sum_{i=1}^m \beta_i \cdot N_{2,i}.$$

Als Ansatzraum für eine Näherungslösung werde für Knoten $a = t_0 < t_1 < \ldots < t_n = b$ der $n$-dimensionale Raum

$$X_n = \mathscr{S}_1(t_0, \ldots, t_n) \quad \text{mit Basisvektoren} \quad \varphi_j = \mathbf{1}_{[t_{j-1},t_j)}, \; j = 1, \ldots, n,$$

gewählt. Ohne Berücksichtigung von Messabweichungen haben die **Kollokationsgleichungen** (2.20) hier gemäß (2.21) die Form des linearen Gleichungssystems $A\alpha = \beta$ mit den Komponenten

$$a_{i,j} = \int_{t_{j-1}}^{t_j} k(s,\tau_i)\,ds \quad \text{und} \quad \beta_i = w(\tau_i), \quad i = 1, \ldots, m, \; j = 1, \ldots, n,$$

der Matrix $A$ beziehungsweise der rechten Seite $\beta$. Das zugehörige lineare Ausgleichsproblem (2.22) besteht in der Minimierung von $\frac{1}{2}\|A\alpha - \beta\|_2^2$ nach $\alpha$. Diskretisierung nach der **Fehlerquadratmethode** führt auf die Normalengleichungen $A\alpha = y$ wie in (2.28) mit den Komponenten

$$a_{i,j} = \int_c^d \left[ \int_{t_{i-1}}^{t_i} k(s,t)\,ds \cdot \int_{t_{j-1}}^{t_j} k(s,t)\,ds \right] dt, \quad i,j = 1,\dots,n,$$

der Matrix $A$ und Komponenten

$$y_i = \int_c^d \left[ w(t) \cdot \int_{t_{i-1}}^{t_i} k(s,t)\,ds \right] dt, \quad i = 1,\dots,n,$$

des Vektors $y$. ◁

*Beispiel 2.8 (Diskretisierung eines Randwertproblems).* Wir diskretisieren ein nichtlineares Problem nach der Kollokationsmethode. Es seien $f \in C[0,1]$ und

$$a \in \mathcal{U} := \{g \in C^1[0,1];\ g(x) \geq a_0 > 0 \text{ für alle } x \in [0,1]\}.$$

Ein Randwertproblem sei durch die folgende Differentialgleichung und die folgenden Randbedingungen

$$\begin{aligned} -(a(x)u'(x))' &= f(x), \quad x \in (0,1), \\ u(0) &= 0, \quad u(1) = 0, \end{aligned} \tag{2.30}$$

gegeben. Es ist bekannt, dass dieses Randwertproblem eine eindeutig bestimmte Lösung $u \in C^2[0,1]$ besitzt, siehe beispielsweise [LT03], Abschnitt 2.2. Für

$$f \in C[0,1] \quad \text{und} \quad \mathcal{W} := \{u \in C^2[0,1];\ u(0) = 1 = u(1)\}$$

ist somit ein – offenbar nichtlinearer – Operator

$$F : \mathcal{U} \to \mathcal{W}, \quad a \mapsto u, \quad u \text{ Lösung von (2.30)},$$

definiert.[2] Mithilfe der Greenschen Funktion könnte eine explizite Abbildungsvorschrift für den Operator $F$ angegeben werden.

Nachfolgend wird eine zweite, allgemeinere, sogenannte **schwache Formulierung** des Randwertproblems (2.30) angegeben, welche sich besonders für die näherungsweise numerische Lösung eignet. Dies wird auf geänderte Definitionen von $\mathcal{U}$, $\mathcal{W}$

[2] Die Lösung des Randwertproblems (2.30) wird hier gemäß der bei partiellen Differentialgleichungen üblichen Konvention mit $u$ bezeichnet. In der Sprechweise der vorangegangenen Abschnitte stellt die Lösung $u$ von (2.30) eine Wirkung dar und wäre mit $w$ zu bezeichnen, während $a$ die Ursache dieser Wirkung ist und mit $u$ zu bezeichnen wäre.

und $F$ führen. Multiplikation der Differentialgleichung (2.30) mit einer Funktion $\varphi \in C_0^1(0,1)$ (siehe hierzu (1.20)) und anschließende Integration ergeben die Integralgleichung

$$\int_0^1 -(a(x)u'(x))'\varphi(x)\,dx = \int_0^1 f(x)\varphi(x)\,dx.$$

Mit partieller Integration erhält man unter Benutzung von $\varphi(0) = 0 = \varphi(1)$:

$$\int_0^1 a(x)u'(x)\varphi'(x)\,dx = \int_0^1 f(x)\varphi(x)\,dx \quad \text{für alle} \quad \varphi \in C_0^1(0,1).$$

Diese Gleichung bleibt auch unter abgeschwächten Bedingungen an die Integranden sinvoll. Es genügt, wenn $f \in L_2(0,1)$ und $u, \varphi \in H_0^1(0,1)$ gefordert wird.[3] Weiterhin genügt es, wenn $a$ Element der Menge stückweise stetiger Funktionen

$$\begin{aligned}\mathcal{U} := \{g : [0,1] \to \mathbb{R};\ g(x) \geq a_0,\ \exists\ 0 = t_0 < t_1 < \ldots < t_k = 1 \text{ so, dass}\\ g_{|(t_{i-1},t_i)} \text{ stetig ist und die einseitigen Grenzwerte in } t_i \text{ existieren, je für alle } i\}\end{aligned}$$

ist. Wir setzen $\mathcal{W} := H_0^1(0,1)$ und definieren $F$ als den Operator $F : \mathcal{U} \to \mathcal{W}$, der $a \in \mathcal{U}$ bei festem $f \in L_2(0,1)$ die nach Abschnitt 2.3 von [LT03] eindeutig bestimmte Lösung $u \in \mathcal{W}$ der Gleichung

$$\int_0^1 a(x)u'(x)\varphi'(x)\,dx = \int_0^1 f(x)\varphi(x)\,dx \quad \text{für alle} \quad \varphi \in H_0^1(0,1) \tag{2.31}$$

zuordnet. Die Gleichung (2.31) wird **schwache Form der Differentialgleichung** (2.30), weil jede Lösung $u$ von (2.30) eine von (2.31) ist, aber nicht umgekehrt.

Die Lösung $u = F(a)$ von (2.31) ist stetig und kann abgetastet werden. Es liegen somit Beobachtungen vor, die durch

$$\Psi : \mathcal{W} \to \mathbb{R}^m, \qquad u \mapsto \beta := \Psi(u) := (u(\tau_1), \ldots, u(\tau_m))^T$$

mit fest gewählten $0 \leq \tau_1 < \ldots < \tau_m \leq 1$ beschrieben werden und noch zusätzlich durch Messabweichungen gestört sind (Übergang $\beta \rightsquigarrow \beta^\delta$). Zur näherungsweisen Bestimmung von $a$ in (2.31) wählen wir für $n \in \mathbb{N}$ den Ansatzraum

$$X_n \quad \text{wie in (1.81)}, \quad \dim(X_n) = 2^n + 1.$$

---

[3] Es ist

$$H_0^1(0,1) := \left\{u \in H^1(0,1);\ u(0) = 0 = u(1)\right\}.$$

Man beachte hierbei, dass $H^1(0,1) \subset C[0,1]$.

Unter Benutzung der Zerlegung (1.87) und der entsprechenden hierarchischen Basis (1.88) wird eine Funktion $a \in \mathcal{U}$ wie in (1.90) durch ein $a_n \in X_n \subset \mathcal{U}$ approximiert, also

$$a(x) \approx a_n(x) = \sum_{j=0}^{1} \alpha_{0,j}\phi_{0,j}(x) + \sum_{k=1}^{n}\sum_{j=1}^{2^{k-1}} \alpha_{k,2j-1}\phi_{k,2j-1}(x) \tag{2.32}$$

mit

$$\alpha \in T^{-1}(D), \quad D := \left\{(\gamma_0, \ldots, \gamma_{2^n});\ \gamma_j \geq a_0,\ j = 0, \ldots, 2^n\right\},$$

wobei $T$ die Transformationsmatrix zur Umrechnung der hierarchischen in die nodale Basis ist, siehe (1.91), und

$$\alpha = (\alpha_{0,0}, \alpha_{1,0}, \alpha_{1,1}, \alpha_{2,1}, \ldots, \alpha_{n,2^n-1})^\top \in \mathbb{R}^{2^n+1}$$

gesetzt wird.

Ein Koeffizientenvektor $\alpha \in T^{-1}(D)$ definiert eine Funktion $a_n \in \mathcal{U} \cap X_n$, für die – anstelle der Funktion $a$ – die Gleichung (2.31) gelöst werden kann. Dies definiert eine Lösung $u_n$, welche abgetastet werden kann und dadurch einen Vektor $\Psi(u_n)$ von Messwerten liefert. Die Entsprechung des Ausgleichsproblems (2.22) ist es, $\alpha \in T^{-1}(D)$ so zu finden, dass $\|\Psi(u_n) - \beta^\delta\|_2$ minimal wird.

Es bleibt das numerische Problem, die Gleichung (2.31) zu lösen. Dazu muss weiter diskretisiert werden. Wir wählen $\tilde{n} \in \mathbb{N}$, $\tilde{n} \geq 2$, und mit $h := 1/\tilde{n}$ die Knoten $t_j := jh$, $j = 0, \ldots, \tilde{n}$. Wir approximieren die Funktion $f$ durch

$$f(x) \approx f_{\tilde{n}}(x) := \sum_{j=0}^{\tilde{n}} f(t_j) N_{2,j}(x), \tag{2.33}$$

mit den Basisfunktionen $N_{2,j}$, $j = 0, \ldots, \tilde{n}$, des Raums $\mathscr{S}_2(t_0, \ldots, t_{\tilde{n}})$ wie in Beispiel 2.5. Ebenso wird eine Näherung $u_{\tilde{n}}$ der Lösung $u \in H_0^1(0,1)$ in der Form

$$u(x) \approx u_{\tilde{n}}(x) := \sum_{j=1}^{\tilde{n}-1} \gamma_j N_{2,j}(x), \quad \gamma_j \in \mathbb{R},\ j = 1, \ldots, \tilde{n}-1 \tag{2.34}$$

angesetzt. In (2.34) wird berücksichtigt, dass $u(0) = 0 = u(1)$ und dass dies dann ebenso für $u_{\tilde{n}}$ gelten soll. Auch die Funktionen $\varphi \in H_0^1(0,1)$ werden näherungsweise wie in (2.34) angesetzt, woraus sich die folgende diskretisierte Version von (2.31) ergibt:

$$\sum_{j=1}^{\tilde{n}-1} \gamma_j \left( \int_0^1 a_n(x) N_{j,2}'(x) N_{i,2}'(x)\, dx \right) = \underbrace{\int_0^1 f_{\tilde{n}}(x) N_{i,2}(x)\, dx}_{=: \rho_i}, \quad i = 1, \ldots, \tilde{n}-1. \tag{2.35}$$

Aus diesen Gleichungen sind in Abhängigkeit der Koeffizienten $\alpha$ von $a_n$ wie in (2.32) die Werte $\gamma$ zu bestimmen. *Zur Vereinfachung unterstellen wir, dass das Gitter* $0 = t_0 < t_1 < \ldots < t_{\tilde{n}} = 1$ *eine Verfeinerung des Gitters* $G_n = \{j2^{-n};\ j = 0,\ldots,2^n\}$ *von* $X_n$ *darstellt, also* $G_n \subseteq \{t_0,t_1,\ldots,t_{\tilde{n}}\}$. In diesem Fall gilt $a_n \in \mathscr{S}_2(t_0,\ldots,t_{\tilde{n}})$ und die Integrale der linken Seiten von (2.35) können *exakt* berechnet werden. Die Umrechnung der Koeffizienten $\alpha \in T^{-1}(D)$ aus (2.32) in die Koeffizienten $\tilde{\alpha} \in \mathbb{R}^{\tilde{n}}$ der nodalen Darstellung

$$a_n(x) = \sum_{j=0}^{\tilde{n}} \tilde{\alpha}_j \cdot N_{2,j}$$

wird durch eine lineare Transformation

$$\tilde{\alpha} = M \cdot \alpha, \quad M \in \mathbb{R}^{\tilde{n},2^n+1} \tag{2.36}$$

bewerkstelligt. Man rechnet nun leicht nach, dass sich das lineare Gleichungssystem (2.35) für $\gamma = (\gamma_1,\ldots,\gamma_{\tilde{n}-1})^\top$ in der Form

$$A\gamma = \rho, \quad \rho := (\rho_1,\ldots,\rho_{\tilde{n}-1})^\top \in \mathbb{R}^{\tilde{n}-1} \tag{2.37}$$

schreiben lässt mit der symmetrischen, tridiagonalen und positiv definiten Matrix

$$A = \begin{pmatrix} \frac{\tilde{\alpha}_0+2\tilde{\alpha}_1+\tilde{\alpha}_2}{2h} & -\frac{\tilde{\alpha}_1+\tilde{\alpha}_2}{2h} & 0 & \cdots & 0 \\ -\frac{\tilde{\alpha}_1+\tilde{\alpha}_2}{h} & \frac{\tilde{\alpha}_1+2\tilde{\alpha}_2+\tilde{\alpha}_3}{2h} & -\frac{\tilde{\alpha}_2+\tilde{\alpha}_3}{h} & & \vdots \\ 0 & \ddots & \ddots & \ddots & 0 \\ \vdots & & \ddots & \ddots & -\frac{\tilde{\alpha}_{\tilde{n}-2}+\tilde{\alpha}_{\tilde{n}-1}}{2h} \\ 0 & \cdots & 0 & -\frac{\tilde{\alpha}_{\tilde{n}-2}+\tilde{\alpha}_{\tilde{n}-1}}{2h} & \frac{\tilde{\alpha}_{\tilde{n}-2}+2\tilde{\alpha}_{\tilde{n}-1}+\tilde{\alpha}_{\tilde{n}}}{2h} \end{pmatrix}. \tag{2.38}$$

Sowohl $\gamma = \gamma(\alpha)$ als auch $A = A(\alpha)$ hängen über $\tilde{\alpha} = M\alpha$ von $\alpha$ ab. Die in (2.35) implizit definierte Operatorgleichung lässt sich explizit in der Form

$$F_n : T^{-1}(D) \to \mathbb{R}^{\tilde{n}-1}, \quad \alpha \mapsto \gamma = A^{-1}\rho \tag{2.39}$$

angeben. Die genaue Entsprechung von (2.20) ist nun durch die Gleichung

$$F_n(\alpha) = \beta, \quad \alpha \in T^{-1}(D),$$

gegeben. Unter Berücksichtigung von Messabweichungen ist $\beta$ durch $\beta^\delta$ zu ersetzen. Das zugehörige Ausgleichsproblem besteht darin, $\|F_n(\alpha) - \beta^\delta\|_2$ über $\alpha \in T^{-1}(D)$ zu minimieren. ◁

### 2.2.3 Fehler der diskretisierten Lösung

**Linearer Fall, Fehlerquadratmethode.** Wir untersuchen zunächst die Fehlerquadratmethode, die auf das Ausgleichsproblem (2.26) führt, im Sonderfall, dass

- $Y$ ein Prähilbertraum,
- $D = \mathbb{R}^n$ und
- $F = T : X \to Y$ *linear* und injektiv

ist. Insbesondere gibt es dann zu gegebenem $w^* \in \mathcal{W} = T(X)$ eine eindeutige Lösung der Operatorgleichung $F(u) = w^*$, die wir $u^*$ nennen. Unterstellt man, die Wirkung $w^*$ sei exakt bekannt, dann lässt sich eine Näherung $u_n \in X_n$ von $u^*$ über (2.28) und $u_n = K_n\alpha$ berechnen. Allgemeiner lässt sich auf diese Weise ein **Rekonstruktionsoperator**

$$R_n : Y \to X_n, \quad w \mapsto u_n, \tag{2.40}$$

*auf ganz* $Y$ definieren: Aus $w \in Y$ wird mittels (2.28) ein $\alpha \in \mathbb{R}^n$ berechnet und daraus $u_n = K_n\alpha$. Unter Benutzung der Injektivität von $T$ ist es einfach nachzurechnen, dass $R_n$ die Projektionseigenschaft

$$R_nTu_n = u_n \quad \text{für alle} \quad u_n \in X_n \tag{2.41}$$

hat. Von einer brauchbaren Diskretisierung wird man **Konvergenz** erwarten, das heißt bei einer Steigerung des Aufwands durch Verwendung von Ansatzräumen $X_n$ immer höherer Dimension sollte sich für alle $u \in X$

$$\|u - R_nTu\|_X \to 0 \quad \text{für} \quad n \to \infty \tag{2.42}$$

ergeben. Es ist klar, dass dies nur gelingen kann, wenn die Räume $X_n$ bei steigendem $n$ das Potential einer beliebig guten Approximation haben: Für jedes $x \in X$ und jedes $n \in \mathbb{N}$ muss ein $x_n \in X_n$ so existieren, dass

$$\|x - x_n\|_X \to 0 \quad \text{für} \quad n \to \infty. \tag{2.43}$$

Für die Konvergenz der Fehlerquadratmethode genügt (2.43) aber *nicht!* Hinreichend ist es, wenn mit

$$\rho_n := \max\{\|z\|_X;\ z \in X_n,\ \|Tz\|_Y = 1\}$$

die zusätzliche Bedingung

$$\min_{z \in X_n}\{\|x - z\|_X + \rho_n\|T(x - z)\|_Y\} \le C\|x\|_X \quad \text{für alle} \quad x \in X \tag{2.44}$$

erfüllt ist, siehe etwa Theorem 3.10 in [Kir11].

Nun ist es jedoch unrealistisch vorauszusetzen, dass eine Wirkung $w \in \mathcal{W}$ *exakt* bekannt sein könnte, vielmehr können wir nur von endlich vielen, ungenauen Beobachtungswerten ausgehen, die sich einer hypothetischen Wirkung $w^\delta \in Y$ zuordnen lassen – dies wurde in (2.29) ausgeführt. Bezeichnen wir weiterhin mit $u_n = R_n w^*$ das Rekonstrukt zur exakten Wirkung und nun mit $u_n^\delta := R_n w^\delta$ das Rekonstrukt zur hypothetischen, aus verfälschten Messdaten abgeleiteten Wirkung (man beachte, dass $R_n$ auf ganz $Y$ definiert ist), dann ergibt sich mit der Dreiecksungleichung aus $u_n^\delta - u^* = u_n^\delta - u_n + u_n - u$ die Abschätzung

$$\|u_n^\delta - u^*\|_X \leq \|R_n\| \|w^\delta - w\|_Y + \|R_n T u^* - u^*\|_X. \tag{2.45}$$

Der zweite Summand auf der rechten Seite ist eine Schranke für den Diskretisierungfehler. Der erste Summand schätzt ab, wie sehr sich Datenfehler im Rekonstruktionsprozess verstärken. Je kleiner dieser Term ist, als desto **robuster** kann die Rekonstruktion bezeichnet werden. Es zeigt sich, dass die Robustheit mit wachsendem $n$ immer schlechter werden kann:

$$\begin{aligned}
\|R_n\| &= \sup\left\{\frac{\|R_n y\|_X}{\|y\|_Y};\, y \in Y,\, y \neq 0\right\} \geq \sup\left\{\frac{\|R_n T x\|_X}{\|Tx\|_Y};\, x \in X,\, x \neq 0\right\} \\
&\geq \sup\left\{\frac{\|R_n T v\|_X}{\|Tv\|_Y};\, v \in X_n,\, v \neq 0\right\} \overset{(2.41)}{=} \sup\left\{\frac{\|v\|_X}{\|Tv\|_Y};\, v \in X_n,\, v \neq 0\right\} \\
&=: \gamma_n \longrightarrow \infty, \quad \text{falls } Tu = w \text{ schlecht gestellt.}
\end{aligned} \tag{2.46}$$

Die Divergenz der Folge $(\gamma_n)_{k\in\mathbb{N}}$ liegt vor, wenn $T^{-1}$ unstetig ist und (2.43) gegeben ist. Wäre unter diesen Voraussetzungen nämlich $\gamma_n \leq C$ für alle $n \in \mathbb{N}$, dann wäre $\|v\|_X \leq C\|Tv\|_Y$ für alle $v \in X_n$ und alle $n$ und damit auch $\|x\|_X \leq C\|Tx\|_Y$ für alle $x \in X$. Nach Satz 1.24 steht das im Widerspruch zur Unstetigkeit von $T^{-1}$.

Die Abschätzung (2.45) zeigt, dass sich der Fehler $u_n^\delta - u^*$ einer rekonstruierten Lösung durch zwei Schranken abschätzen lässt, die sich völlig gegensätzlich verhalten: Der Diskretisierungsfehler $\|R_n T u^* - u^*\|_Y$ wird bei einem konvergenten Verfahren mit wachsendem $n$ beliebig klein. Gleichzeitig wird aber der Verstärkungsfaktor $\|R_n\|$ des Datenfehlers $\|w^\delta - w\|_Y$ mit wachsendem $n$ beliebig groß.

Es stellt sich damit die Frage nach der optimalen Wahl von $n$, auf die wir im Abschnitt über Regularisierung eingehen werden. Der qualitative Verlauf des Gesamtfehlers $\|u_n^\delta - u^*\|_X$ und seiner beiden Bestandteile wird in Abb. 2.2 gezeigt.

Wir geben noch eine zweite Abschätzung für die Robustheit des Rekonstruktionsverfahrens. Mit

$$y_i = \langle w^* | T\varphi_i \rangle_Y \quad \text{und} \quad y_i^\delta = \langle w^\delta | T\varphi_i \rangle_Y, \quad i = 1, \ldots, n,$$

lässt sich (mit Satz 1.4) auch die Abschätzung

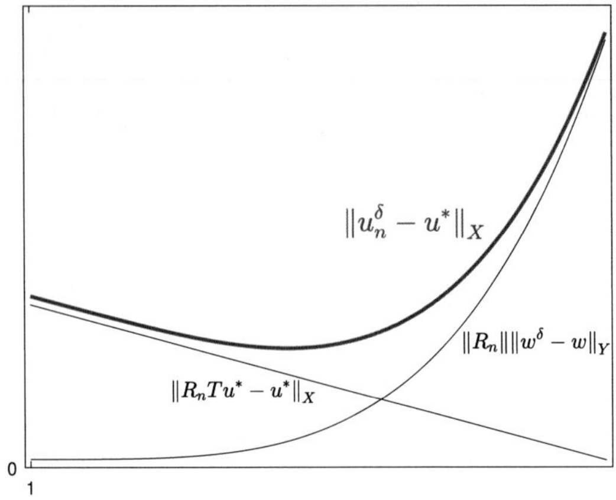


**Abb. 2.2** Qualitativer Verlauf des Rekonstruktionsfehlers

$$\|u_n^\delta - u_n\|_X \leq \frac{a_n}{\sigma_n}\|y^\delta - y\|_2 \tag{2.47}$$

für den ersten Term in (2.45) finden, wobei $\sigma_n$ der kleinste Singulärwert der Matrix $A$ aus (2.28) ist und

$$a_n := \max\left\{\left\|\sum_{j=1}^{n}\gamma_j\cdot\varphi_j\right\|_X \;;\; \sum_{j=1}^{n}|\gamma_j|^2 = 1\right\} \tag{2.48}$$

quantifiziert, wie sensitiv die gewählte Basis $\{\varphi_1,\ldots,\varphi_n\}$ von $X_n$ auf Änderungen der Koeffizienten reagiert (siehe etwa Theorem 3.9 in [Kir11]). Für finite Fehler $\|w^\delta - w\|_Y$ beziehungsweise $\|y^\delta - y\|_2$ wächst $\|R_n\|\|w^\delta - w\|_Y$ mit $n$ über alle Grenzen und dies muss dann auch für die Quotienten $a_n/\sigma_n$ gelten. Sind die Werte $a_n$ beschränkt (für eine ONB $\{\varphi_1,\ldots,\varphi_n\}$ beispielsweise gilt $a_n = 1$), dann muss die Konditionzahl von $A$ über alle Grenzen wachsen, je feiner die Diskretisierung wird.

*Beispiel 2.9 (Diskretisierung einer Faltungsgleichung).* Wir betrachten als Spezialfall einer Fredhomschen Integralgleichung die Faltungsgleichung wie in der Einleitung. Dazu sei $\mathcal{U} = C[0,1]$, $\mathcal{W} = C(\mathbb{R}) \cap L_2(\mathbb{R})$ und

$$T : \mathcal{U} \to \mathcal{W}, \quad u \mapsto \int_0^1 g(s-t)u(t)\,dt$$

mit der Funktion

$$g : \mathbb{R} \to \mathbb{R}, \quad t \mapsto \mathrm{e}^{-10t^2}.$$

Wir wählen

$$u : [0,1] \to \mathbb{R}, \quad t \mapsto t(1-t)$$

und bestimmen $w$ durch numerische Integration (Trapezsumme) auf einem sehr feinen Gitter. Wie in [Nat77] setzen wir eine „gestörte Wirkung“

$$w^\delta : \mathbb{R} \to \mathbb{R}, \quad t \mapsto w(t) + 10^{-4}\sin(t)$$

an. Zur Diskretisierung nach der Fehlerquadratmethode wählen wir

$$n \in \mathbb{N}, \quad h := 1/n, \quad x_j = jh, \ j = 0, \ldots, n$$

und benutzen den Raum $X_{n+1} := \mathscr{S}(x_0, \ldots, x_n)$ mit den Basisvektoren $\varphi_j = N_{2,j}$, $j = 0, \ldots, n$, wie in Beispiel 2.5. Die Berechnung der Komponenten

$$a_{i,j} := \langle T\varphi_i | T\varphi_j \rangle_{L_2(0,1)} \quad \text{und} \quad y_i^\delta := \langle w^\delta | T\varphi_i \rangle_{L_2(0,1)}$$

von $A$ und $y^\delta$ erfolgt für $i, j = 1, \ldots, n$ durch numerische Integration (Trapezsumme). Die Berechnung von $u_n^\delta$ erfolgt via $u_n = K_n\alpha$ und (2.28) durch Lösen des linearen Gleichungssystems $A\alpha = y^\delta$. Der Fehler $\|u - u_n^\delta\|_{L_2(0,1)}$ wird durch numerische Integration berechnet und in Abb. 2.3, links oben, für verschiedene Werte von $n$ markiert. Der Fehler wächst an, wenn die Diskretisierung zu grob, aber auch, wenn sie zu fein gewählt wird. Optimal in diesem Beispiel ist $n = 5$. ◁

**Linearer Fall, Kollokationsmethode.** Wir setzen wiederum die Injektivität von $F = T : X \to Y$ voraus, so dass zu gegebenem $w^* \in \mathcal{W} = T(X)$ eine eindeutige Lösung der Operatorgleichung $F(u) = w^*$ existiert, die wir $u^*$ nennen. Wieder kann ein **Rekonstruktionsoperator**

$$\hat{R}_n : Y \to X_n, \quad w \mapsto u_n, \tag{2.49}$$

auf ganz $Y$ definiert werden: Aus $w \in Y$ wird durch Beobachtung ein Vektor $\beta = \Psi(w) \in \mathbb{R}^m$ gewonnen, daraus durch Lösung des Ausgleichsproblems zu (2.21) ein $\alpha \in \mathbb{R}^n$ berechnet und daraus $u_n = K_n\alpha$. Damit eine eindeutige Berechnung von $\alpha$ möglich ist, muss vorausgesetzt werden, dass die Matrix $A \in \mathbb{R}^{m,n}$ aus (2.21) vollen Rang hat, siehe Satz 1.3. Ist dies gegeben, dann kann leicht überprüft werden, dass der Rekonstruktionsoperator $\hat{R}_n$ die Projektionseigenschaft

$$\hat{R}_n T u_n = u_n \quad \text{für alle} \quad u_n \in X_n \tag{2.50}$$

hat. Das weitere Vorgehen ist wie bei der Fehlerquadratmethode. Zu ungenauen Messwerten $\beta^\delta$ verschaffen wir uns eine hypothetische Wirkung $w^\delta = \Phi(\beta^\delta)$. Wir bezeichnen mit $u_n = \hat{R}_n w^*$ das Rekonstrukt zur exakten Wirkung und mit $u_n^\delta := \hat{R}_n w^\delta$ das Rekonstrukt zur hypothetischen, aus verfälschten Messdaten abgeleiteten Wirkung. Wir erhalten dann wiederum die Abschätzung

$$\|u_n^\delta - u^*\|_X \le \|\hat{R}_n\| \|w^\delta - w\|_Y + \|\hat{R}_n T u^* - u^*\|_Y. \tag{2.51}$$

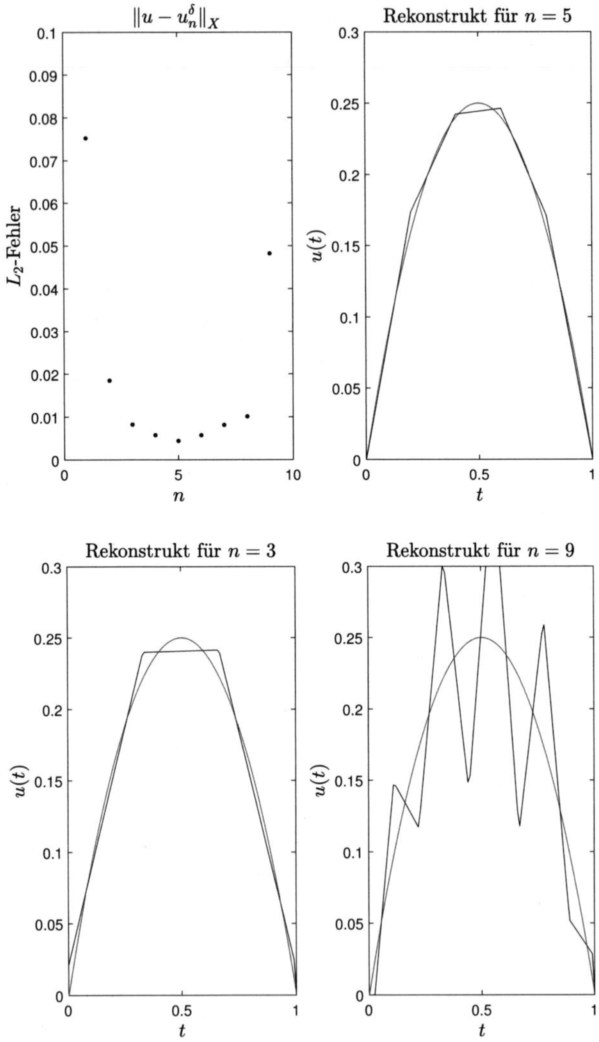


**Abb. 2.3** Lösung der Faltungsgleichung bei verschiedenen Diskretisierungsfeinheiten.

Die Interpretation ist genau wie bei der Fehlerquadratmethode. Bei einem konvergenten Verfahren – was insbesondere (2.43) voraussetzt – konvergiert der zweite Summand mit wachsendem $n$ gegen null, während $\|\hat{R}_n\|$ über alle Grenzen wächst – die Begründung ist wie in (2.46). Für die Verstärkung von Fehlern $\beta^\delta - \beta$ in den Messdaten lässt sich analog zu (2.47) aus Satz 1.3 die Abschätzung

$$\|u_n^\delta - u_n\|_X \leq \frac{a_n}{\sigma_n}\|\beta^\delta - \beta\|_2 \qquad (2.52)$$

gewinnen, wobei $\sigma_n$ der kleinste Singulärwert der Matrix $A$ aus (2.21) ist und $a_n$ gleich wie in (2.48) definiert wird. Auch diesbezüglich wiederholt sich das Verhalten der Fehlerquadratmethode.

**Nichtlinearer Fall, Kollokationsmethode.** Die Diskretisierung der Operatorgleichung führt auf das endlichdimensionale Ausgleichsproblem (2.22)

$$\min\left\{\frac{1}{2}\|\Psi(F(K_n\alpha))-\beta\|_2^2;\ \alpha=(\alpha_1,\ldots,\alpha_n)\in D\right\}, \tag{2.22}$$

welches von der gleichen Form wie (2.9) ist, das heißt:

$$\text{minimiere}\quad J(x)=\frac{1}{2}\|F_n(x)-y\|_Y^2,\quad x\in D,\quad y\in Y, \tag{2.53}$$

mit

- Parameterbereich $D\subseteq\mathbb{R}^n$,
- Datenraum $Y=\mathbb{R}^m$ und
- endlichdimensionalem Operator $F_n : D\to Y$, gegeben durch $F_n=\Psi\circ F\circ K_n$ mit den Operatoren aus (2.22).

Im folgenden Abschnitt 2.3 wird die Wohlgestelltheit des Ausgleichsproblems (2.53) untersucht. In Satz 2.22 wird gezeigt, dass unter gewissen Bedingungen an $D$ und $F_n$, deren wichtigste die ist, dass die Funktionalmatrix $DF_n(x)$ von $F_n$ in jedem Punkt $x\in D$ vollen Spaltenrang $n$ hat, eine Menge $R_D\supset F_n(D)$ explizit angegeben werden kann, so dass (2.53) für jedes $y\in R_D$ eine eindeutig bestimmte Lösung besitzt. Folglich gibt es dann einen Operator

$$S_n : R_D\to D,\quad y\mapsto S_n(y)=\alpha,$$

der jedem Datum $y\in R_D$ die zugehörige, eindeutig bestimmte Lösung von (2.53) zuordnet. Ferner wird in Satz 2.22 die lokale Lipschitz-Stetigkeit von $S_n$ gezeigt: Liegen $y_1,y_2\in R_D$ nahe genug zusammen, so gilt für $\alpha_1=S_n(y_1)$ und $\alpha_2=S_n(y_2)$:

$$\|\alpha_1-\alpha_2\|_2\le L\|y_1-y_2\|_2$$

mit einer Konstanten $L$, die nach unten beschränkt ist (siehe hierzu (2.118) und Satz 2.22) durch $1/\sigma_n$, wobei $\sigma_n$ der minimale singuläre Wert der Funktionalmatrizen $DF_n(x)$, $x\in D$, ist – ein minimaler Wert existiert, wenn $D$ kompakt ist. Die Kombination von $S_n$ mit $K_n$ ergibt den **Rekonstruktionsoperator**

$$R_n : R_D\to X_n,\quad y\mapsto K_n(S_n(y))$$

der (verfälschten) Messwerten $y$ von $w$ eine Näherung $u_n=R_n(y)$ der Lösung der Operatorgleichung $F(u)=w$ zuordnet.

Sei nun $w^* \in \mathcal{W}$ eine exakte Wirkung und $u^* \in \mathcal{U}$ die eindeutige Lösung von $F(u) = w^*$. Wir setzen $\beta := \Psi(w^*)$ für exakte und $\beta^\delta \approx \beta$ für verfälschte (ungenaue) Beobachtungswerte. Ferner seien $\alpha := S_n(\beta)$ und $\alpha^\delta := S_n(\beta^\delta)$ sowie $u_n = K_n\alpha$ und $u_n^\delta = K_n\alpha^\delta$ die zu $\beta$ beziehungsweise $\beta^\delta$ gehörigen Rekonstrukte. Wenn $\beta$ und $\beta^\delta$ nahe genug beisammen liegen (das heißt, wenn die Messabweichung nicht zu groß ist), dann erhalten wir aus der Lipschitz-Stetigkeit von $S_n$ die Abschätzung

$$\|\alpha - \alpha^\delta\|_2 \le L\|\beta - \beta^\delta\|_2 \quad \Longrightarrow \quad \|u_n - u_n^\delta\|_X \le a_n L\|\beta - \beta^\delta\|_2 \tag{2.54}$$

mit der schon bekannten Konstanten

$$a_n = \max\left\{\left\|\sum_{j=1}^n \gamma_j \cdot \varphi_j\right\|_X ; \sum_{j=1}^n |\gamma_j|^2 = 1\right\}. \tag{2.48}$$

Die Robustheit der Rekonstruktion hängt über $L$ entscheidend vom kleinsten singulären Wert der Funktionalmatrizen $DF_n(x)$, $x \in D$, ab. Für den Gesamtfehler der Rekonstruktion erhalten wir mit der Dreiecksungleichung

$$\|u_n^\delta - u^*\|_X \le a_n L\|\beta - \beta^\delta\|_2 + \|R_n(\Psi(F(u^*))) - u^*\|_X \tag{2.55}$$

in Analogie zu (2.45). Der zweite Summand auf der rechten Seite ist eine Schranke für den Diskretisierungsfehler. Von einem brauchbaren Diskretisierungsverfahren wird man erwarten, dass dieser Term mit steigendem $n$ gegen null geht. Der erste Summand ist eine Abschätzung der Verstärkung des Datenfehlers durch die Rekonstruktion. Wie in (2.8) festgestellt, besitzt die Ableitung $F'(u^*)$ einer in $u^*$ Fréchet-differenzierbaren Funktion $F$ keine stetige Inverse, wenn die Operatorgleichung $F(u) = w^*$ in $u^*$ lokal schlecht gestellt ist. Je besser $F_n$ den Operator $F$ approximiert (steigende Anzahl von Beobachtungen und wachsende Dimension der Räume $X_n$), desto schlechter muss die Kondition der Matrix $F_n'(\alpha) = DF_n(\alpha)$ an Stellen $\alpha$ mit $K_n\alpha \approx u^*$ sein und desto größer wird der Faktor $L$ in (2.55) werden. Es zeigt sich also erneut das schon im linearen Fall beobachtete Verhalten eines Fehlers $\|u_n^\delta - u_n\|_X$, der mit wachsendem $n$ wieder schlechter wird.

*Beispiel 2.10 (Parameteridentifikation bei Randwertproblem).* Es wird das Identifikationsproblem für ein Randwertproblem aufgegriffen, dessen Diskretisierung in Beispiel 2.8 besprochen wurde. Wir geben die Funktionen

$$a(x) = x(1-x) + 1 \quad \text{und} \quad u(x) = \sin(\pi x), \quad 0 \le x \le 1,$$

vor und bestimmen das dazugehörige

$$f(x) = -a'(x)u'(x) - a(x)u''(x), \quad 0 \le x \le 1,$$

so, dass (2.30) exakt erfüllt ist. Zur numerischen Lösung von (2.31) wählen wir $\tilde{n} = 128 = 2^7$ und entsprechend $h = 2^{-7}$. Dies definiert ein „Simulationsgitter“ $S = \{jh;\ j = 0, \dots, \tilde{n}\}$. Um $G_n \subseteq S$ für das Gitter $G_n$ des Ansatzraumes $X_n$ der

Dimension $2^n + 1$ aus (1.81) zu erreichen, ist demnach $n \leq 7$ zu wählen.

Die Lösung $u$ der Gleichung (2.31) wird an den Stellen $jh$, $j = 1, \ldots, \tilde{n} - 1$, abgetastet, also an den inneren Punkten des Simulationsgitters $S$. Dies definiert den Beobachtungsoperator $\Psi : H_0^1(0,1) \to \mathbb{R}^m$ mit $m = \tilde{n} - 1$ und den Vektor $\beta = \Psi(u)$ exakter Messwerte wie in Beispiel 2.8 besprochen. Zur Simulation von Messfehlern setzen wir

$$\beta_i^\delta := \beta_i + \sigma \cdot e_i, \quad i = 1 \ldots, m,$$

wobei $e_i$ Realisierungen stochastisch unabhängiger, normalverteilter Zufallsvariablen mit Erwartungswert 0 und Varianz 1 sind. Wir wählen die Streuung $\sigma = 10^{-4}$.

Die Lösung $\alpha$ des nichtlinearen Ausgleichsproblems, $\|F_n(\alpha) - \beta^\delta\|_2$ über $\alpha \in$

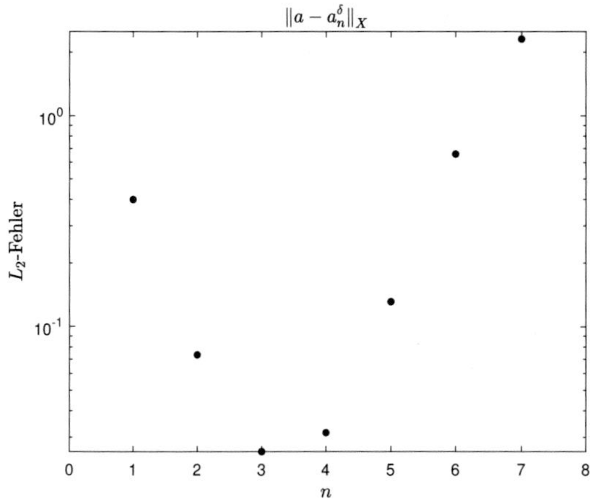


**Abb. 2.4** Fehler beim Parameteridentifikationsproblem bei verschiedenen Diskretisierungsfeinheiten.

$T^{-1}(D)$ zu minimieren, definiert eine Näherung $a_n^\delta$ der gesuchten Koeffizientenfunktion $a$. In Abb. 2.4 zeigen wir die Fehler $\|\Psi(a) - \Psi(a_n^\delta)\|_2$ als Substitut für $\|a - a_n^\delta\|_{L_2(0,1)}$ für verschiedene Werte von $n$. Das optimale Ergebnis wird für $n = 3$ erzielt. In Abb. 2.5 wird das entsprechende Rekonstrukt $a_3^\delta$ gezeigt, gestrichelt dazu der exakte Parameter $a$. In Abb. 2.6 wird dem das Rekonstrukt $a_6^\delta$ gegenübergestellt. Die zu feine Diskretisierung bewirkt eine zu große Verstärkung des Datenfehlers. $\triangleleft$

## 2.2.4 Multiskalendiskretisierung und adaptive Diskretisierung

Die Wahl eines Teilraums $X_n \subset X$ und seiner Basis ist der entscheidende Gesichtspunkt bei der Diskretisierung des Parameterraums – während im Datenraum die Be-

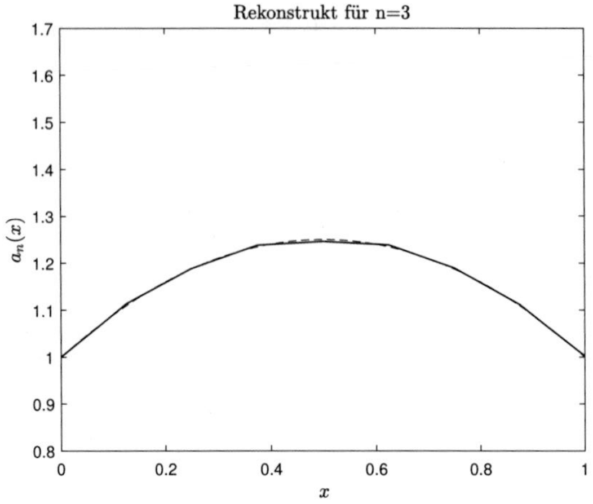


**Abb. 2.5** Fehler beim Parameteridentifikationsproblem – passende Diskretisierungsfeinheiten.

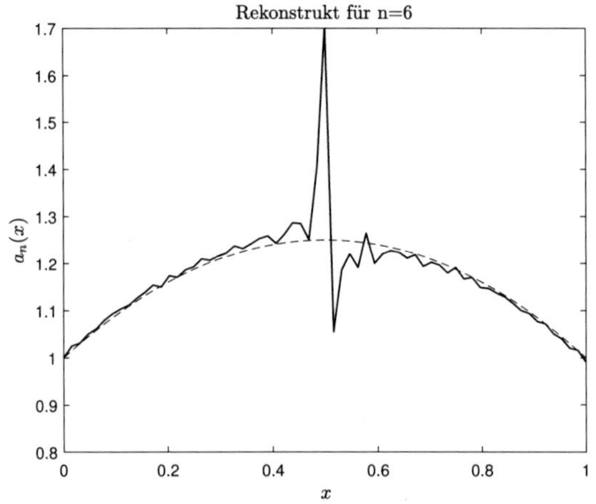


**Abb. 2.6** Fehler beim Parameteridentifikationsproblem – zu feine Diskretisierung.

obachtungswerte vorgegeben sind und keine Wahlmöglichkeit bei der Diskretisierung besteht. Die Wahl von $X_n$ beeinflusst die zu erwartende Güte der Rekonstruktion, wie sich etwa an den Abschätzungen (2.47) und (2.54) zeigt, hat aber darüber hinaus auch Einfluss auf die zur Verfügung stehenden Optimierungsverfahren zur Lösung des im Allgemeinen nichtlinearen Ausgleichsproblems (2.22). Hier ist vor allem zu berücksichtigen, dass das Auftreten lokaler Minima die nichtlineare Optimierung sehr erschweren kann. Durch die Wahl einer Mehrskalendiskretisierung kann es gelingen, diese Schwierigkeit zu umgehen. Wir besprechen dies anhand eines prototypischen Beispiels, das aus [Ric20] entnommen wird.

**Ein Beispielproblem.** Gegeben seien positive Konstanten $a, b, c_1$ und $c_2$, die Räume

$$X = C([-a,a]^2) \quad \text{und} \quad Y = C([-b,b]^2),$$

die Parametermenge

$$\mathcal{U} := \left\{u \in X;\ c_1 \leq u(x_1,x_2) \leq c_2 \text{ für alle } (x_1,x_2) \in [-a,a]^2\right\},$$

die Funktion

$$k \in C(\mathbb{R}^4 \times \mathbb{R}^+), \quad k(x_1,x_2,t_1,t_2,z) := \frac{1}{\sqrt{(x_1-t_1)^2+(x_2-t_2)^2+z^2}}$$

sowie der nichtlineare Integraloperator

$$F : \mathcal{U} \to \mathcal{W} := F(\mathcal{U}) \subset Y, \quad u \mapsto \int_{-a}^{a}\int_{-a}^{a} k(\bullet,\bullet,t_1,t_2,u(t_1,t_2))\, dt_1\, dt_2. \tag{2.56}$$

Zu lösen ist das inverse Problem $F(u) = w$ zu gegebenem $w \in \mathcal{W}$. Dieses Problem entstammt der sogenannten **inversen Gravimetrie** und wird in Abschnitt 3.5 aufgegriffen. Dabei wird auch festgestellt, dass die Gleichung $F(u) = w^*$ für $w^* \in \mathcal{W}$ eine eindeutig bestimmte Lösung $u^* \in \mathcal{U}$ hat. Das bedeutet, dass $F$ injektiv ist.

Für eine Diskretisierung im Parameterraum wählen wir $n \in \mathbb{N}$ und dazu äquidistante Gitterpunkte

$$x_\gamma := h\gamma, \quad h := \frac{a}{n}, \quad \gamma \in G_n := \{(\gamma_1,\gamma_2) \in \mathbb{Z}^2;\ -n \leq \gamma_j \leq n,\ j = 1,2\}. \tag{2.57}$$

Basierend auf der linearen B-Spline

$$B_2 : \mathbb{R} \to \mathbb{R}, \quad t \mapsto \begin{cases} 1+t, & -1 \leq t \leq 0, \\ 1-t, & 0 \leq t \leq 1, \\ 0, & \text{sonst,} \end{cases}$$

definieren wir die bilineare B-Spline

$$\Phi(x) := B_2(x_1) \cdot B_2(x_2), \quad x = (x_1,x_2) \in \mathbb{R}^2, \tag{2.58}$$

ganz so wie in (1.101). Als Ansatzraum $X_n$ zur Näherung der gesuchten Funktion $u^*$ wird

$$X_n = \{\Phi(\bullet/h - \gamma);\ \gamma \in G_n\}$$

gewählt, das heißt ein Approximant $u_n \in X_n$ von $u^*$ wird in der Form

$$u^*(x) \approx u_n(x) = \sum_{\gamma \in G_n} c_\gamma \Phi(x/h - \gamma) \tag{2.59}$$

angesetzt mit Koeffizienten

$$c_\gamma \in [c_1,c_2], \quad \gamma \in G_n, \tag{2.60}$$

so dass in jedem Fall $u_n \in \mathcal{U}$ gewährleistet ist. Zur Bestimmung der Koeffizienten $c_\gamma$ ist die Funktion $F(u_n) \in Y$ auszuwerten. Benutzt man zur numerischen Berechnung des Integrals (2.56) an einer festen Stelle $x = (x_1, x_2) \in \mathbb{R}^2$ die Trapezregel, basierend auf *demselben* Gitter $G_n$ wie in (2.57), dann erhält man wegen $u_n(x_\gamma) = c_\gamma$, $\gamma \in G_n$, die simulierte Wirkung

$$w^*(x) \approx w_n(x) := \sum_{\gamma \in G_n} g_\gamma \cdot k(x, x_\gamma, c_\gamma) \tag{2.61}$$

mit den positiven Gewichten

$$g_\gamma := \begin{cases} h^2/4, & \text{falls } |\gamma_1| = |\gamma_2| = n, \\ h^2/2, & \text{falls } |\gamma_1| = n \text{ oder } |\gamma_2| = n, |\gamma_1| + |\gamma_2| < 2n, \\ h^2, & \text{sonst.} \end{cases} \tag{2.62}$$

Die Benutzung von Quadraturformeln höherer Konvergenzordnung garantiert keine genauere näherungsweise Berechnung von $F(u_n)$, solange nur die Stetigkeit von $u_n$ vorausgesetzt werden kann.

Die Beobachtung $\Psi$ der Wirkung $w^*$ liege in Form einer Abtastung an paarweise verschiedenen Stellen $\hat{x}_\beta$ vor als Werte

$$w(\hat{x}_\beta), \quad \hat{x}_\beta \in [-b, b]^2, \quad \beta \in B \tag{2.63}$$

für eine endliche Indexmenge $B \subset \mathbb{Z}^2$. Als Entsprechung zu (2.20) ergibt sich das nichtlineare Gleichungssystem

$$y_\beta := w(\hat{x}_\beta) = \sum_{\gamma \in G_n} g_\gamma \cdot k(\hat{x}_\beta, x_\gamma, c_\gamma), \quad \beta \in B, \tag{2.64}$$

bestehend aus

$$M := |B| \quad \text{Gleichungen für} \quad N := (2n+1)^2 = |G_n| \quad \text{Unbekannte } c_\gamma. \tag{2.65}$$

Für eine konzise vektorielle Schreibweise werden die Koeffizienten in einer festzulegenden Reihenfolge angeordnet, zum Beispiel in der Reihenfolge

$$c_{(-n,-n)}, \ldots, c_{(n,-n)}, \ldots, c_{(-n,n)}, \ldots, c_{(n,n)}$$

und ebenso werden die Beobachtungswerte $y_\beta$ (in irgendeiner Reihenfolge) angeordnet. Dies definiert Vektoren

$$y = (y_\beta;\ \beta \in B) \in \mathbb{R}^M, \quad c = (c_\gamma;\ \gamma \in G_n) \in \mathbb{R}^N \tag{2.66}$$

und die Bedingung (2.60) lässt sich in der Form $c \in D := [c_1, c_2]^N$ schreiben. Wir definieren ferner die Funktion

$$F_n : D \to \mathbb{R}^M, \quad c \mapsto F_n(c) = (F_{n,\beta}(c);\ \beta \in B)$$

durch

$$F_{n,\beta}(c) := \sum_{\gamma \in G_n} g_\gamma \cdot k(\hat{x}_\beta, x_\gamma, c_\gamma), \quad \beta \in B, \tag{2.67}$$

und können dann (2.64) in der Form

$$F_n(c) = y, \quad c \in D, \tag{2.68}$$

schreiben. Das (2.22) beziehungsweise (2.53) entsprechende Ausgleichsproblem hierzu lautet

$$\text{Minimiere} \quad \frac{1}{2}\|y - F_n(c)\|_2^2, \quad c \in D = [c_1, c_2]^N. \tag{2.69}$$

Es lässt sich feststellen, dass die Zielfunktion in (2.69) die Eigenschaft besitzt, bei größeren Werten $h$ (kleineren Werten $n$) „weniger nichtlinear" zu sein als bei kleinen Werten $h$ (großen Werten $n$). Dies legt die Vorgehensweise nahe, den Integraloperator (2.56) auf Gittern wachsender Diskretisierungsfeinheit zu betrachten. Zunächst wird auf einem groben Gitter $G_n$ (kleiner Wert $n$) ein „schwach nichtlineares", niedrigdimensionales Problem (2.56) gelöst, die erhaltene Lösung dann auf ein feineres Gitter $G_n$ (größerer Wert $n$) interpoliert und als Startpunkt einer Lösung des Problems (2.56) auf diesem feineren Gitter verwendet. Diese Vorgehensweise wird nachfolgend als **Mehrskalenoptimierung** bezeichnet. Nachfolgend wird zunächst die Mehrskalenoptimierung technisch beschrieben und anschließend werden die Aussagen über die je nach Diskretisierung unterschiedliche Linearität präzisiert und untersucht. Das Vorgehen orientiert sich an Abschnitt 3.6 in [Cha09].

**Mehrskalenoptimierung.** Wir betrachten weiter das oben eingeführte Beispielproblem aus der Gravimetrie. Für einen **Skalenparameter** $k \in \mathbb{N}_0$ seien

$$n_k := 2^k, \quad h_k := \frac{a}{n_k}, \quad G^{(k)} := \{(\gamma_1, \gamma_2);\ -n_k \le \gamma_j \le n_k,\ j = 1,2\} \tag{2.70}$$

und

$$x_\gamma^{(k)} := h_k \alpha, \qquad \gamma \in G^{(k)},$$

die **Gitterpunkte der Stufe** $k$, das heißt zur Diskretisierungsfeinheit $h_k$. Auf jeder Skalenstufe $k$ wird analog zu (2.59) eine Approximation

$$u^{(k)}(x) = \sum_{\gamma \in G^{(k)}} c_\gamma^{(k)} \Phi(x/h_k - \gamma), \quad x \in [-a,a]^2, \tag{2.71}$$

der gesuchten Lösung $u^*$ angesetzt mit der bilinearen B-Spline $\Phi$ aus (2.58). Die Koeffizienten $c_\alpha^{(k)}$ im Ansatz (2.71) werden zu einem Vektor

$$c^{(k)} := \left(c_\gamma^{(k)};\ \gamma \in G^{(k)}\right) \in \mathbb{R}^{N_k}, \quad N_k = (2 \cdot 2^k + 1)^2,$$

zusammengefasst, indem die Indizes $\gamma \in G^{(k)}$ in eine Reihenfolge gebracht werden – genau wie oben die Indizes des Gitters $G_n$. Die Bedingung $u^{(k)} \in \mathcal{U}$ wird erfüllt, wenn

$$c^{(k)} \in D^{(k)} := [c_1, c_2]^{N_k}.$$

Wir nehmen nun an, dass es ein $K \in \mathbb{N}$ so gibt, dass

$$n = n_K = 2^K$$

für den Parameter $n$ aus (2.57). Durchläuft $k$ die Skalenstufen $k = 0, \ldots, K$, dann enstpricht das der höchsten Stufe $K$ zugeordnete („feinste") Gitter $G^{(K)}$ gerade dem Gitter $G_n$, wie es in (2.57) definiert wurde. Jede bivariate Spline $u^{(k)}$ in (2.71), $k \in \{0, \ldots, K\}$, besitzt eine eindeutige Darstellung

$$u^{(k)}(x) = \sum_{\gamma \in G^{(k)}} c_\gamma^{(k)} \Phi(x/h_k - \gamma) = \sum_{\gamma \in G_n} c_\gamma \Phi(x/h - \gamma) \tag{2.72}$$

als eine dem feinsten Gitter zugeordnete Spline. Die Umrechnung der Koeffizienten in (2.72) entspricht einer linearen Abbildung

$$c = I^{(k)} \cdot c^{(k)}. \tag{2.73}$$

Hier ist $I^{(k)}$ eine Matrix der Dimension $(2 \cdot 2^K + 1)^2 \times (2 \cdot 2^k + 1)^2$, welche für die Interpolation einer Spline $u^{(k)}$ auf das Gitter $G_n = G^{(K)}$ steht.

Die Koeffizienten $c^{(k)} \in D^{(k)}$ sollen nach Möglichkeit so bestimmt werden, dass

$$F_n(I^{(k)} c^{(k)}) = y, \tag{2.74}$$

wobei $y$ and $F_n$ genau wie in (2.66) beziehungsweise in (2.67) definiert sind. Dies bedeutet, dass eine Lösung stets auf Basis einer numerischen Quadratur auf dem feinen Simulationsgitters $G_n$ gesucht, aber auf dem gröberen Gitter $G^{(k)}$ angesetzt wird. Von Chavent werden die Parameter $c \in D$ deswegen **Simulationsparameter** und die Parameter $c^{(k)}$ **Optimierungsparameter** der Stufe $k$ genannt, siehe [Cha09]. Das Gleichungssystem (2.74) wird wiederum durch das entsprechende Ausgleichsproblem ersetzt. So gelangen wir zur

**Mehrskalenoptimierung der inversen Gravimetrie**. Wähle $K \in \mathbb{N}$, setze $k = 0$. Wähle einen Startwert $c^{(-1)} \in D^{(0)}$.

**Schritt 1:** Bestimme, ausgehend vom Startwert $c^{(k-1)}$, den Minimierer

$$c^{(k)} = \text{argmin}\left\{ \|y - F(I^{(k)} v)\|_2;\ v \in D^{(k)} \right\}.$$

**Schritt 2:** Erhöhe $k$ um 1. Falls $k < K$, gehe zu Schritt 1.

Es wird angenommen, dass die Minimierung in Schritt 1 durch ein iteratives Verfahren (wie zum Beispiel das Gauß-Newton-Verfahren) erfolgt und deswegen ein Startwert benötigt wird.

**Maß für Nichtlinearität.** Wir unterstellen, dass der zulässige Bereich $D \subseteq \mathbb{R}^n$ des Optimierungsproblems (2.53) konvex ist, so dass das Segment $\{\mathbf{a}+t(\mathbf{b}-\mathbf{a});\ t \in [0,1]\}$ für je zwei Punkte $\mathbf{a},\mathbf{b} \in D$ ganz in $D$ enthalten ist. Dann ist die Kurve

$$\gamma : [0,1] \to F_n(\mathbf{a}+t(\mathbf{b}-\mathbf{a}))$$

ganz in $F_n(D)$ enthalten. Wenn die Funktionalmatrix $F_n'(x) = DF_n(x)$ in jedem Punkt $x \in D$ vollen Spaltenrang hat, wie dies auch bei der Analyse von (2.53) in Abschnitt 2.3 vorausgesetzt wird, dann ist die Kurve $\gamma$ **regulär**, das heißt ihre Ableitung ist überall ungleich null. Dann ist der Tangenteneinheitsvektor

$$T(t) := \frac{\dot\gamma(t)}{\|\dot\gamma(t)\|_2}$$

für alle $t \in [0,1]$ definiert. Die Krümmung $\kappa(t)$ der Kurve $\gamma$ im Punkt $t$ ist definiert als Änderung von $T(t)$ nicht in der Zeit, sondern bezüglich des Orts:

$$\kappa(t) := \left\| \frac{d}{ds} T(t) \right\|_2$$

mit der Bogenlänge $s = s(t) = \int_0^t \|\dot\gamma(\tau)\|_2\, d\tau$. Die Krümmung einer Kurve (im Kurvenpunkt $\gamma(t)$) ist ein Maß für die Nichtlinearität (in $\gamma(t)$). Im Fall einer linearen Kurve ist $\dot\gamma$ eine konstante Funktion und deswegen ist $\kappa = 0$. Man erhält unter Benutzung der Definition der Bogenlänge

$$\kappa(t) = \frac{\|\dot T(t)\|_2}{\|\dot\gamma(t)\|_2}.$$

Mithilfe der Kettenregel kann man

$$\dot T(t) = \frac{1}{\|\dot\gamma(t)\|_2}\ddot\gamma(t) - \frac{\sum_j \dot\gamma_j(t)\ddot\gamma_j(t)}{(\sum_j \dot\gamma_j^2(t))^{3/2}}\dot\gamma(t)$$

berechnen. Über $\|x-y\|_2^2 = \|x\|_2^2 + \|y\|_2^2 - 2\langle x|y\rangle$ ergibt sich

$$\|\dot T\|_2^2 = \frac{1}{\|\dot\gamma\|_2^2} \cdot \sum_j \ddot\gamma_j^2 + \frac{1}{\|\dot\gamma\|_2^6}\left(\sum_j \dot\gamma_j\ddot\gamma_j\right)^2 \cdot \sum_j \dot\gamma_j^2 - \frac{2}{\|\dot\gamma\|_2^4}\left(\sum_j \dot\gamma_j\ddot\gamma_j\right)^2,$$

was auf $\|\dot T\|_2 \le \|\ddot\gamma\|_2/\|\dot\gamma\|_2$ führt und damit auf die Abschätzung

$$\kappa(t) \le \frac{\|\ddot\gamma(t)\|_2}{\|\dot\gamma(t)\|_2^2}. \tag{2.75}$$

**Anwendung auf das Beispielproblem der Gravimetrie**. Da die Optimierung (2.69) auf dem kompakten Bereich $D = [c_1, c_2]^N$ durchzuführen ist, wird ein Referenzpunkt $e$ im Inneren von $D$ gewählt. Der Einfachheit halber wird angenommen, dass dies der Punkt $e = (1, 1, \ldots, 1)^\top$ ist. Wir betrachten nun die Kurve

$$\gamma : I \to \mathbb{R}^M, \quad t \mapsto F_n(e + t \cdot e_\gamma) \quad \text{für einen festen Index} \quad \gamma \in G_n. \tag{2.76}$$

Der Parameter $M$ wird durch (2.65) definiert, $I$ ist ein (kleines), den Nullvektor beinhaltendes Intervall und $e_\gamma$ bezeichnet den Einheitsvektor in Richtung der Koordinatenachse mit Index $\gamma$. Es ist einfach, die folgenden Ableitungen zu berechnen

$$\frac{dF_{n,\beta}(e + te_\gamma)}{dt} = -\frac{g_\gamma \cdot (1+t)}{\left(\|\hat{x}_\beta - x_\gamma\|_2^2 + (1+t)^2\right)^{3/2}}, \quad \beta \in B,$$

sowie

$$\frac{d^2F_{n,\beta}(e + te_\gamma)}{dt^2} = \frac{g_\gamma \cdot \left(2(1+t)^2 - \|\hat{x}_\beta - x_\gamma\|_2^2\right)}{\left(\|\hat{x}_\beta - x_\gamma\|_2^2 + (1+t)^2\right)^{5/2}}, \quad \beta \in B.$$

Diese Ableitungen bilden die Komponenten der Ableitungen $\dot{\gamma}(t)$ and $\ddot{\gamma}(t)$ der durch (2.76) definierten Kurve $\gamma$. Aus der Definition (2.62) der Gewichte $g_\gamma$ gewinnt man die Abschätzungen

$$S := \|\dot{\gamma}(0)\|_2 = \mathcal{O}(h^2) \tag{2.77}$$

sowie

$$\|\ddot{\gamma}(0)\|_2 = \mathcal{O}(h^2).$$

Benutzt man dies in (2.75), dann erhält man weiter

$$\kappa(0) \leq \Gamma := \frac{\|\ddot{\gamma}(0)\|_2}{\|\dot{\gamma}(0)\|_2^2} = \mathcal{O}(h^{-2}). \tag{2.78}$$

Die Schranke $S$ ist als Maß für die Sensitivität der Funktion $F_n$ am Referenzpunkt $e$ zu werten in Bezug auf die Änderung einer Komponente des Argumentvektors $c$ und $\Gamma$ ist als Maß für die Nichtlinearität von $F_n$ zu werten. Aus den Abschätzungen (2.77) und (2.78) lässt sich dann ableiten, dass die Funktionen $F_n$ für wachsenden Werte $n$ zunehmend nichtlinear werden, gleichzeitig aber ihre Sensitivität abnimmt. Aus diesem Grund besteht die Hoffnung, dass das Minimierungsproblem (2.69) auf groben Gittern einem *linearen* Ausgleichsproblem ähnelt und weniger lokale Minima aufweist und dass die Lösung für eine feine Diskretisierung in der Nähe der Lösung für eine grobe Diskretisierung liegt. Eine Mehrskalenoptimierung sollte funktionieren.

Eine ähnliche Analyse (mit gleichem Ergebnis) wird in [Liu93] für das Identifikationsproblem zum Randwertproblem aus Beispiel 2.8 durchgeführt.

**Adaptive Diskretisierung.** In den voranstehenden Paragraphen dieses Abschnitts ging es um den möglichen Vorteil einer Mehrskalenoptimierung, basierend auf einer entsprechenden Mehrskalendiskretisierung. Bei diesen Überlegungen spielten Messabweichungen in den zur Verfügung stehenden Daten keine Rolle. In der Praxis kommt Messabweichungen eine entscheidende Bedeutung zu, da sie einerseits unvermeidbar sind, andererseits aber neben den Diskretisierungsfehlern zum Gesamtfehler eines Rekonstrukts der gesuchten Wirkung erheblich beitragen, und zwar in der Regel umso mehr, je feiner eine Diskretisierung ist. Es kommt deswegen darauf an, die Dimension des Ansatzraums $X_n$ für eine Näherungslösung möglichst klein zu halten. Im Abschnitt 2.5 besprechen wir ein stochastisches Kriterium hierfür, welches auf einer Modellierung von Messabweichungen als zufällige additive Störung beruht. Dies läuft darauf hinaus, zur Wahl eines Ansatzraums all jene Basisfunktionen hinzuzuziehen, welche für eine Rekonstruktion der beobachteten Wirkung signifikant sind. Dies kann als eine – gemessen an der beobachteten Wirkung – **adapative Diskretisierung** aufgefasst werden.

## 2.3 Analyse von Ausgleichsproblemen

In diesem Abschnitt orientieren wir uns an Chavent [Cha09]. Das inverse Problem, die Operatorgleichung (2.1) zu lösen, wurde in Abschnitt 2.1 durch das Ausgleichsproblem (2.9)

$$\text{minimiere} \quad J(u) := \frac{1}{2}\|F(u)-y\|_Y^2, \quad u \in \mathcal{U}, \quad y \in Y$$

ersetzt. Auch nach einer Diskretisierung (Abschnitt 2.2) entsteht ein Ausgleichsproblem dieser Bauart, dann allerdings mit einem endlichdimensionalen $Y = \mathbb{R}^m$, einem endlichdimensionalen $\mathcal{U} \subseteq \mathbb{R}^n$ und einer entsprechenden Abbildung $F : \mathcal{U} \to \mathbb{R}^m$. In diesem Abschnitt wird die Wohlgestelltheit dieses Problems untersucht.

### *2.3.1 Der lineare Fall*

Im *linearen*, endlichdimensionalen Fall liegt das Ausgleichsproblem in der Form

$$\min\left\{\frac{1}{2}\|T(u)-y\|_2^2;\, u \in \mathcal{U}\right\} \tag{2.79}$$

vor mit einem linearen Operator $T : X = \mathbb{R}^n \to Y = \mathbb{R}^m$, der durch eine Matrix $A \in \mathbb{R}^{m,n}$ dargestellt wird: $T(u) = Au$. Es wird unterstellt, dass

$$\varnothing \neq \mathcal{U} \subset X \quad \text{konvex und abgeschlossen.} \tag{2.80}$$

Konzeptionell lässt sich das Problem (2.79) in zwei Teilschritte zerlegen:

(1) **Projektionsschritt**: Das Datum $y \in Y$ wird auf ein $w \in T(\mathcal{U})$ projiziert.

(2) **Inversionsschritt**: Ein Urbild $u$ von $w$ unter $T$ wird berechnet.

Dies wird in Abb. 2.7 illustriert. Voraussetzung für die eindeutige Lösbarkeit des Inversionsschritts ist es, dass die Matrix $A$ vollen Spaltenrang hat:

$$\text{Rg}(A) = n, \tag{2.81}$$

denn dann ist die Abbildung $T : X \to Y$ injektiv und somit $T : \mathcal{U} \to T(\mathcal{U})$ bijektiv. Es bleibt der Projektionsschritt zu untersuchen. Die folgenden Aussagen sind so formuliert, dass sich auch in Räumen unendlicher Dimension gelten.

**Lemma 2.11.** *Es sei $Y$ ein Hilbertraum und $C \subseteq Y$ eine nicht leere, abgeschlossene und konvexe Teilmenge. Dann existiert eine Abbildung $Q : Y \to C$, $y \mapsto Q(y)$, welche durch*

$$\|Q(y)-y\|_Y \leq \|z-y\|_Y \quad \textit{für alle} \quad z \in C$$

*bestimmt ist. Es gilt*

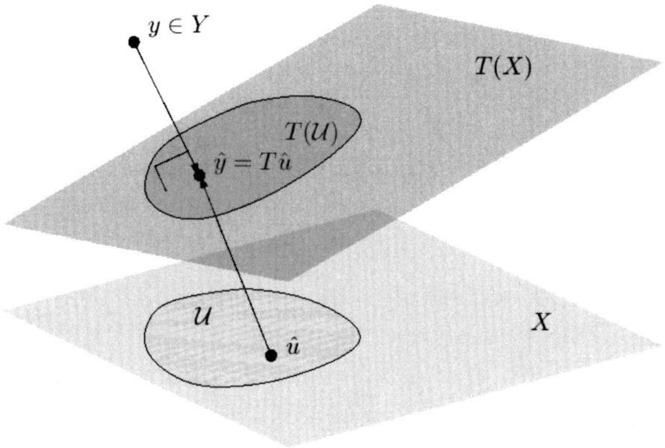


**Abb. 2.7** Illustration zum Problem (2.9) für linearen Operator und konvexen Parameteraum.

$$\|Q(y_1) - Q(y_2)\|_Y \leq \|y_1 - y_2\|_Y \quad \textit{für alle} \quad y_1, y_2 \in Y, \tag{2.82}$$

*das heißt $Q$ ist Lipschitz-stetig mit der Lipschitz-Konstanten $L = 1$.* ◁

*Beweis.* Die Existenz der Abbildung $Q$ folgt unmittelbar aus dem Projektionssatz für konvexe Mengen 1.37. Für $y_1, y_2 \in Y$ seien $x_1 := Q(y_1) \in C$ und $x_2 := Q(y_2) \in C$. Wegen (1.34) gilt

$$\langle y_i - x_i | z - x_i \rangle_Y \leq 0 \quad \text{für alle} \quad z \in C, \quad i = 1, 2.$$

Für $i = 1$ ergibt sich durch Einsetzen von $z = x_2$:

$$\begin{aligned}
&\langle y_1 - x_1 | x_2 - x_1 \rangle_Y \leq 0 \\
&\iff \langle y_1 | x_2 \rangle_Y - \langle y_1 | x_1 \rangle_Y - \langle x_1 | x_2 \rangle_Y + \|x_1\|_Y^2 \leq 0 \\
&\iff \|x_1\|_Y^2 - \langle x_1 | x_2 \rangle_Y \leq -\langle y_1 | x_2 - x_1 \rangle_Y
\end{aligned}$$

Genauso ergibt sich für $i = 2$ durch Einsetzen von $z = x_1$:

$$\begin{aligned}
&\langle y_2 - x_2 | x_1 - x_2 \rangle_Y \leq 0 \\
&\iff \langle y_2 | x_1 \rangle_Y - \langle y_2 | x_2 \rangle_Y - \langle x_2 | x_1 \rangle_Y + \|x_2\|_Y^2 \leq 0 \\
&\iff \|x_2\|_Y^2 - \langle x_1 | x_2 \rangle_Y \leq \langle y_2 | x_2 - x_1 \rangle_Y
\end{aligned}$$

Durch Summation dieser beiden Ungleichungen erhalten wir

$$\begin{aligned}\|x_1 - x_2\|_Y^2 &= \|x_1\|_Y^2 - 2\langle x_1|x_2\rangle_Y + \|x_2\|_Y^2 \\ &\leq \langle y_2 - y_1|x_2 - x_1\rangle_Y \leq \|y_1 - y_2\|_Y \cdot \|x_1 - x_2\|_Y.\end{aligned}$$

Im Fall $x_1 = Q(y_1) \neq Q(y_2) = x_2$ kann die letzte Ungleichung auf beiden Seiten durch $\|x_1 - x_2\|_Y$ dividiert werden und man erhält (2.82). Im Fall $x_1 = x_2$ ist (2.82) trivial. □

**Lemma 2.12.** *Es sei $Y$ ein Hilbertraum und $C \subseteq Y$ eine nicht leere, abgeschlossene und konvexe Teilmenge. Für ein beliebig, aber fest gewähltes $y \in Y$ hat die Abstandsfunktion*

$$f : C \to \mathbb{R}, \quad z \mapsto f(z) := \|y - z\|_Y^2,$$

*genau ein globales Minimum, nämlich für $\hat{z} = Q(y)$ mit der Projektionsabbildung $Q$ aus Lemma 2.11. Daneben existieren keine lokalen Minima und keine stationären Stellen von $f$.* ◁

*Beweis.* Für $\hat{z}, z \in C$ ist

$$\begin{aligned}f(\hat{z} + t(z - \hat{z})) &= \langle y - \hat{z} - t(z - \hat{z})|y - \hat{z} - t(z - \hat{z})\rangle_Y \\ &= f(\hat{z}) - 2t\langle y - \hat{z}|z - \hat{z}\rangle_Y + t^2\langle z - \hat{z}|z - \hat{z}\rangle_Y.\end{aligned}$$

Damit ergibt sich für die rechtsseitige Richtungsableitung von $f$

$$f'_+(\hat{z}; z - \hat{z}) = -2\langle y - \hat{z}|z - \hat{z}\rangle_Y.$$

Nach dem Charakterisierungssatz der konvexen Optimierung 1.64 ist eine notwendige Bedingung für eine Minimalstelle $\hat{z}$ von $f$ durch $f'_+(\hat{z}; z - \hat{z}) \geq 0$ gegeben. Diese Bedingung ist hier äquivalent zur Ungleichung

$$\langle y - \hat{z}|z - \hat{z}\rangle_Y \leq 0, \tag{2.83}$$

also zu (1.34). Für eine stationäre Stelle wäre $f'_+(\hat{z}; z - \hat{z}) = 0$, dieser Fall ist also in (2.83) mit eingeschlossen. Nach Satz 1.37 gibt es genau eine Lösung der Ungleichung (2.83), nämlich für die Projektion $\hat{z} = Q(y)$ und diese Lösung ist eine globale Minimalstelle. □

Unter der Voraussetzung (2.80) ist wegen der Linearität von $T$ mit $\mathcal{U}$ auch die Menge $T(\mathcal{U})$ konvex (und nicht leer). In Räumen unendlicher Dimension könnte es jedoch sein, dass $T(\mathcal{U})$ nicht abgeschlossen ist – in diesem Fall kann nicht garantiert werden, dass das Ausgleichsproblem (2.9) eine Lösung hat. Im folgenden Satz wird eine hinreichende Voraussetzung für die Abgeschlossenheit von $T(\mathcal{U})$ angegeben.

**Satz 2.13 (Lösung des linearen Ausgleichsproblems).** *Es gelte die Voraussetzung (2.80) und es gebe eine Konstante $\alpha > 0$ so, dass*

$$\alpha\|x_1 - x_2\|_X \leq \|Tx_1 - Tx_2\|_Y \quad \textit{für alle} \quad x_1, x_2 \in X. \tag{2.84}$$

*Dann ist $T(\mathcal{U})$ abgeschlossen und konvex und das Ausgleichsproblem (2.9) gut gestellt im Sinn von Hadamard. Insbesondere gilt: Ist $u_1 \in \mathcal{U}$ die Lösung zum Datum*

*$y_1 \in Y$ und $u_2$ die Lösung zum Datum $y_2$, dann ist*

$$\alpha\|u_1 - u_2\|_X \le \|y_1 - y_2\|_Y.$$

*Die Funktion $J$ hat ein globales Minimum an der Stelle $\hat{u} = T^{-1}(w)$ mit der Projektion $w = Q(y)$ von $y$ auf $T(\mathcal{U})$ gemäß Lemma 2.11. Daneben hat $J$ keine lokalen Minima und keine stationären Stellen.* ◁

*Beweis.* Unter der Voraussetzung (2.84) ist die Abbildung $T : X \to T(X)$ stetig invertierbar. Die Menge $T(\mathcal{U})$ ist unter der stetigen Abbildung $T^{-1}$ das Urbild der abgeschlossenen Menge $\mathcal{U}$ und deswegen selbst abgeschlossen. Somit existiert nach Lemma 2.11 eine eindeutige Projektion $w \in T(\mathcal{U})$ von $y \in Y$. Die rechtsseitige Gâteaux-Ableitung von $J$ lässt sich einfach berechnen:

$$J'_+(\hat{u}; u - \hat{u}) = \langle T\hat{u} - y | Tu - T\hat{u}\rangle_Y, \quad u, \hat{u} \in \mathcal{U}.$$

Aus dem Charakterisierungssatz der konvexen Optimierung 1.64 ergibt sich als eine notwendige Bedingung für eine Minimalstelle $\hat{u}$ von $J$:

$$\langle y - T\hat{u} | Tu - T\hat{u}\rangle_Y \le 0 \quad \text{für alle} \quad Tu \in T(\mathcal{U}).$$

Wie in (2.83) gesehen, ist diese Bedingung genau dann erfüllt, wenn $w = T(\hat{u})$ die (eindeutig bestimmte) Projektion von $y$ auf $T(\mathcal{U})$ ist. Es ergibt sich, dass $J$ genau eine Minimalstelle hat, nämlich $\hat{u} = T^{-1}(w)$. Daneben gibt es keine stationären Stellen. Weiterhin ergibt sich für zwei (jeweils eindeutig bestimmte) Lösungen $u_1$ und $u_2$ zu Daten $y_1$ und $y_2$, dass

$$\alpha\|u_1 - u_2\|_X \le \|Tu_1 - Tu_2\|_Y \le \|y_1 - y_2\|_Y,$$

wobei die zweite Ungleichung gerade durch (2.82) gegeben ist. □

Im einfachen Fall $X = \mathbb{R}^n$ und $Y = \mathbb{R}^m$, in dem die Abbildung $T$ durch eine Matrix $A \in \mathbb{R}^{m,n}$ dargestellt wird, ist die Bedingung (2.84) äquivalent zur Bedingung (2.81). Bezüglich der Euklidischen Norm folgt nämlich unter Benutzung der SVD von $A$ aus Satz 1.1, dass

$$\sigma_n\|x\|_2 \le \|Ax\|_2 \le \sigma_1\|x\|_2 \quad \text{für alle} \quad x \in \mathbb{R}^n$$

mit dem kleinsten beziehungsweise größten singulären Wert $\sigma_n > 0$ beziehungsweise $\sigma_1$ von $A$. Insbesondere ist $\alpha = \sigma_n$ und wir erhalten die Stabilitätsabschätzung

$$\|u_1 - u_2\|_2 \le \frac{1}{\sigma_n}\|y_1 - y_2\|_2 \tag{2.85}$$

für die Lösungen $u_1$ und $u_2$ von (2.9) zu den Daten $y_1$ und $y_2$.

## 2.3.2 Der allgemeine Fall

Die Problematik der Lösung von (2.9) wird in Abb. 2.8 illustriert: Zu gegebenem

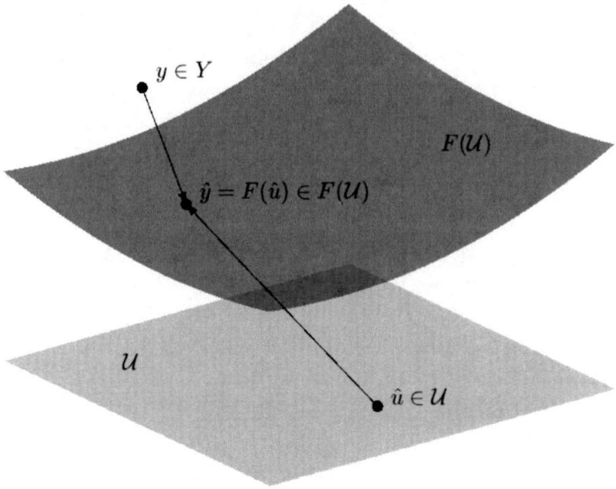


**Abb. 2.8** Illustration zum Problem (2.9).

$y \in Y$ ist ein $\hat{u} \in \mathcal{U}$ so gesucht, dass $F(\hat{u}) = \hat{y}$ die beste Approximation von $y$ unter allen $z \in F(\mathcal{U})$ ist. Die Aufgabe kann wiederum in zwei Teilaufgaben aufgespalten werden:

(1) **Projektionsschritt**: Das Datum $y \in Y$ wird auf ein $\hat{y} \in F(\mathcal{U})$ projiziert.

(2) **Inversionsschritt**: Ein Urbild $\hat{u}$ von $\hat{y}$ unter $F$ wird berechnet.

Offenbar ist eine Lösung von (2.1), falls eine solche existiert, auch eine von (2.9) (zu $y = w$), jedoch nicht umgekehrt. In [Cha09] wird (2.9) unter folgenden allgemeinen Voraussetzungen untersucht:

$$\begin{cases} X \ : \ \text{reeller Banachraum mit Norm } \| \bullet \|_X \\ \mathcal{U} \subseteq X \text{ nichtleer, abgeschlossen und konvex} \\ Y \ : \ \text{reeller Hilbertraum mit Skalarprodukt } \langle \bullet | \bullet \rangle_Y \\ y \ \in Y : \text{gegebenes Datum} \\ F \ : \ \mathcal{U} \to Y \text{ sei (in den Randpunkten von } \mathcal{U} \text{ rechtsseitig)} \\ \qquad\qquad \text{Gâteaux-differenzierbar} \end{cases} \tag{2.86}$$

Aufgrund der letzten Bedingung in (2.86) kann die rechtsseitige Ableitung des Funktionals $J$ aus (2.9) in $\hat{u} \in \mathcal{U}$ berechnet werden. Für $\hat{u}$, $u \in \mathcal{U}$ erhält man aus

$$
\begin{aligned}
&J(\hat{u}+t(u-\hat{u}))-J(\hat{u})\\
&=\frac{1}{2}\left[\langle F(\hat{u}+t(u-\hat{u}))-y|F(\hat{u}+t(u-\hat{u}))-y\rangle-\langle F(\hat{u})-y|F(\hat{u})-y\rangle\right]\\
&=\frac{1}{2}\langle F(\hat{u}+t(u-\hat{u}))-F(\hat{u})|F(\hat{u}+t(u-\hat{u}))-F(\hat{u})\rangle\\
&\quad+\langle F(\hat{u}+t(u-\hat{u}))-F(\hat{u})|F(\hat{u})-y\rangle.
\end{aligned}
$$

Division durch $t$ und Grenzübergang $t \stackrel{>0}{\to} 0$ zeigt dann

$$J'_+(\hat{u};u-\hat{u})=\langle F(\hat{u})-y|F'_+(\hat{u};u-\hat{u})\rangle \quad \text{für alle} \quad \hat{u},\, u\in\mathcal{U}, \tag{2.87}$$

wobei

$$F'_+(\hat{u};u-\hat{u})=\lim_{t\downarrow 0}\frac{F(\hat{u}+t(u-\hat{u}))-F(\hat{u})}{t}$$

die rechtsseitige Richtungsableitung von $F$ in $\hat{u}$ in Richtung $u$ ist. Nach dem Charakterisierungssatz der konvexen Optimierung 1.64 ist die Ungleichung

$$\langle F(\hat{u})-y|F'_+(\hat{u};u-\hat{u})\rangle\geq 0 \quad \text{für alle} \quad u\in\mathcal{U} \tag{2.88}$$

eine notwendige Bedingung dafür, dass $J$ ein (lokales) Minimum in $\hat{u}$ besitzt.

Betrachten wir die Zerlegung der Aufgabe (2.9) in Projektions- und Inversionsschritt, so lässt sich ersterer im *linearen* Fall unter Zuhilfenahme der Projektionssätze der Funktionalanalysis lösen. Im *nichtlinearen* Fall ist jedoch $F(\mathcal{U})$ im Allgemeinen nicht mehr konvex. Bezüglich des Inversionsschrittes kommt es auf die Eindeutigkeitsbedingung (2) aus Definition 2.1 an. In Abschnitt 2.1 wurde festgestellt, dass sie nicht aufgegeben werden darf, weil ein Identifikationsproblem sonst nicht nur schlecht, sondern grundsätzlich falsch gestellt wäre. Die Stabilitätsbedingung (3) ist unzureichend, wenn ein Datum *finiter* Genauigkeit vorliegt, weil die Genauigkeit des identifizierten Parameters bei bloßer Stetigkeit von $F^{-1}$ immer noch beliebig schlecht sein kann. Vielmehr ist zu fordern, dass es eine Konstante $L>0$ mit

$$\|F^{-1}(\tilde{w})-F^{-1}(w)\|_X\leq L\|\tilde{w}-w\|_Y \quad \text{für alle} \quad w,\,\tilde{w}\in F(\mathcal{U})$$

gibt, dass also eine Lipschitz-Stetigkeit von $F^{-1}$ auf $F(\mathcal{U})$ vorliegt.

**Definition 2.14 (Stabil identifizierbarer Parameter).** *Die Voraussetzung (2.86) sei erfüllt. Der gesuchte Parameter $u\in\mathcal{U}$ heißt* ***identifizierbar****, wenn $F$ auf $\mathcal{U}$ injektiv ist, wenn also gilt:*

$$F(u_0)=F(u_1) \quad\Longrightarrow\quad u_0=u_1 \quad \textit{für alle} \quad u_0,\,u_1\in\mathcal{U}.$$

*Der Parameter heißt* ***stabil identifizierbar****, wenn ein $L>0$ existiert, so dass*

$$\|u_0-u_1\|_X\leq L\|F(u_0)-F(u_1)\|_Y \quad \textit{für alle} \quad u_0,\,u_1\in\mathcal{U} \tag{2.89}$$

*gilt.* ◁

Offenbar impliziert (2.89) die Identifizierbarkeit des Parameters. Im Fall eines linearen Operators $F = T$ stimmen die Stabilitätsbedingungen der Definitionen 2.1 und 2.14 überein. Die Größe der Konstanten $L$ kann als quantitatives Maß der Schlechtgestelltheit des inversen Problems dienen.

Wir betrachten nun das Problem (2.9) nur noch im endlichdimensionalen Fall, wie es nach einer Diskretisierung vorliegt. Die Voraussetzung (2.86) wird wie folgt verschärft:

$$\begin{cases} X &= \mathbb{R}^n \text{ mit Euklidischem Skalarprodukt } \langle\bullet|\bullet\rangle \\ \mathcal{U} &\subseteq X \text{ nichtleer, abgeschlossen und konvex} \\ C &\supseteq \mathcal{U} \text{ offen und konvex} \\ Y &= \mathbb{R}^m \text{ mit Euklidischem Skalarprodukt } \langle\bullet|\bullet\rangle \\ y &\in Y: \text{gegebenes Datum} \\ F &: C \to Y \text{ zweimal stetig partiell differenzierbar} \end{cases} \tag{2.90}$$

Die Euklidische Norm sowohl auf $\mathbb{R}^n$ wie auch auf $\mathbb{R}^m$ bezeichnen wir mit $\|\bullet\|_2$. Weiterhin soll eine Lösung des inversen Problems (2.9) in zwei Teilschritten versucht werden, einem Projektionsschritt und einem Inversionschritt, wie oben ausgeführt. Das Gelingen des Inversionsschritts hängt davon ab, ob der gesuchte Parameter identifizierbar ist. Die Problematik des Projektionsschritts besteht vor allem darin, dass $F(\mathcal{U})$ aufgrund der Nichtlinearität von $F$ nicht mehr konvex sein muss. Das bedeutet, dass eine Projektion nicht mehr eindeutig sein muss. Dies lässt sich in Abb. 2.8 erkennen.

Chavent entwickelt in [Cha09] eine geometrische Theorie zur Untersuchung der Projektion auf $F(\mathcal{U})$. Seine Ergebnisse verallgemeinern eine Beobachtung, die Björck in [Bjö90] als ein Resultat von Wedin aus dem Jahr 1974 ([Wed74]) anführt: Bezüglich (2.9) ist ein stationärer Punkt $\hat{u}$ von $J$ eine lokale Minimalstelle von $J$, wenn der Abstand $\|F(\hat{u}) - y\|_2$ kleiner ist als der Krümmungsradius jeder in $F(\mathcal{U})$ verlaufenden (regulären) Kurve $\gamma$ im Punkt $F(\hat{u})$. Zur Formulierung der Ergebnisse von Chavent legen wir fest, welche Kurven auf $F(\mathcal{U})$ betrachtet werden:

$$\mathscr{K} := \{\gamma : [0,1] \to \mathbb{R}^m;\ \gamma(t) := F(u_0(1-t) + u_1 t),\ u_0, u_1 \in \mathcal{U}\} \tag{2.91}$$

bezeichnet alle in $F(\mathcal{U})$ verlaufenden Kurven, welche sich als Bilder (unter $F$) von Geradensegmenten in der konvexen Menge $\mathcal{U}$ ergeben. Nach Voraussetzung (2.90) ist $F$ zweimal stetig partiell differenzierbar. Zweimalige stetige Differenzierbarkeit ist dann auch für die Kurven $\gamma \in \mathscr{K}$ gegeben. Für die Ableitungen der Komponenten $\gamma_i$, $i = 1, \ldots, m$, von $\gamma$ erhält man

$$\begin{aligned} \dot{\gamma}_i(t) &= \nabla F_i((1-t)u_0 + tu_1)^\top (u_1 - u_0), \\ \ddot{\gamma}_i(t) &= (u_1 - u_0)^\top \nabla^2 F_i((1-t)u_0 + tu_1)(u_1 - u_0), \end{aligned} \tag{2.92}$$

mit dem Gradienten $\nabla F_i$ und der Hessematrix $\nabla^2 F_i$ der $i$-ten Komponentenfunktion $F_i : C \to \mathbb{R}$ von $F : C \to \mathbb{R}^m$. Den Parameter $t$ einer Kurve $\gamma \in \mathscr{K}$ kann man als „Zeit" interpretieren und $\gamma([0,1])$ als eine Bahn, auf der sich ein Punkt von $\gamma(0)$ nach $\gamma(1)$ bewegt. Der Punkt nimmt zur Zeit $t$ den Ort $\gamma(t)$ ein und hat dort die (vektorielle) Geschwindigkeit $\dot{\gamma}(t)$ (tangential zur Flugbahn). Alternativ zur Parametrisierung nach der Zeit ist eine Parametrisierung der Flugbahn nach der zurückgelegten Weglänge möglich. Mit $L(\gamma) := \int_0^1 \|\dot{\gamma}(t)\|_2 \, dt$, der Gesamtlänge der Kurve $\gamma$, ist die Funktion

$$s : [0, L(\gamma)] \to \mathbb{R}, \quad t \mapsto s(t) := \int_0^t \|\dot{\gamma}(\tau)\|_2 \, d\tau, \tag{2.93}$$

definiert, die sogenannte **Bogenlänge** der Kurve $\gamma$. Wenn $\|\dot{\gamma}(t)\|_2 \neq 0$ für alle $t \in [0,1]$, dann heißt $\gamma$ **regulär** und dann ist $s$ eine bijektive Abbildung von $[0,1]$ nach $[0, L(\gamma)]$. Die Kurve

$$k : [0, L(\gamma)] \to \mathbb{R}^m, \quad k(s) := \gamma(t) \text{ für } s = s(t), \tag{2.94}$$

heißt dann die **nach der Bogenlänge parametrisierte** Kurve. Es gilt $\gamma([0,1]) = k([0, L(\gamma)])$, das heißt beide Kurven beschreiben dieselbe Teilmenge des $\mathbb{R}^m$. Man beachte, dass $s = s(t)$ in (2.93) und (2.94) in doppelter Bedeutung einmal als Bezeichnung für eine Funktion und einmal für einen Parameter verwendet wird. Entsprechend wird $t = t(s)$ als Bezeichnung für den Parameter $t$ von $\gamma$ und ebenso für die Umkehrfunktion von $s$ verwendet. Weiterhin unter der Voraussetzung der Regularität von $\gamma$ lässt sich der **Tangenteneinheitsvektor**

$$T : [0,1] \to \mathbb{R}^m, \quad t \mapsto T(t) := \frac{\dot{\gamma}(t)}{\|\dot{\gamma}(t)\|_2}, \tag{2.95}$$

definieren. Die **Krümmung** $\kappa_\gamma(t)$ von $\gamma$ im Kurvenpunkt $\gamma(t)$ ist definiert als ein Maß für die Änderung des Tangenteinheitsvektors, allerdings nicht in der *Zeit*, sondern bezüglich des *Orts*. Mithilfe der Regeln zur Differentiation der Umkehrfunktion ergibt sich

$$\kappa_\gamma : [0,1] \to \mathbb{R}, \quad t \mapsto \kappa_\gamma(t) := \left\| \frac{d}{ds} T(t) \right\|_2 = \frac{\|\dot{T}(t)\|_2}{\|\dot{\gamma}(t)\|_2}. \tag{2.96}$$

Für Geradensegmente erhält man die Krümmung $\kappa_\gamma(t) = 0$. Die explizite Ableitung des Tangenteneinheitsvektors einer *regulären* Kurve $\gamma \in \mathscr{K}$ berechnet sich zu

$$\dot{T}(t) = \frac{\ddot{\gamma}(t)}{\|\dot{\gamma}(t)\|_2} - \frac{\sum_j \dot{\gamma}_j(t)\ddot{\gamma}_j(t)}{(\sum_j \dot{\gamma}_j^2(t))^{3/2}} \dot{\gamma}(t) = \frac{\ddot{\gamma}(t)}{\|\dot{\gamma}(t)\|_2} - \frac{\langle \dot{\gamma}(t) | \ddot{\gamma}(t) \rangle}{\|\dot{\gamma}(t)\|_2^3} \dot{\gamma}(t).$$

Daraus erhält man

$$\|\dot{T}(t)\|_2^2 = \frac{\|\ddot{\gamma}(t)\|_2^2}{\|\dot{\gamma}(t)\|_2^2} - \frac{(\langle\dot{\gamma}(t)|\ddot{\gamma}(t)\rangle)^2}{\|\dot{\gamma}(t)\|_2^4} \leq \frac{\|\ddot{\gamma}(t)\|_2^2}{\|\dot{\gamma}(t)\|_2^2} \tag{2.97}$$

und damit – nach (2.96) – die folgende Abschätzung für die Krümmung

$$\kappa_\gamma(t) \leq \frac{\|\ddot{\gamma}(t)\|_2}{\|\dot{\gamma}(t)\|_2^2}. \tag{2.98}$$

Der **Krümmungsradius** von $\gamma$ im Punkt $\gamma(t)$ ist durch

$$\rho_\gamma(t) := \frac{1}{\kappa_\gamma(t)} \in (0, \infty] \tag{2.99}$$

gegeben. Dies ist der Radius des Kreises, der $\gamma$ in $\gamma(t)$ berührt. Der Krümmungsradius kann unendlich groß werden – dies ist bei Geradensegmenten der Fall. In Abb. 2.9 werden einige der gerade eingeführten Begriffe illustriert. Blau eingezeichnet

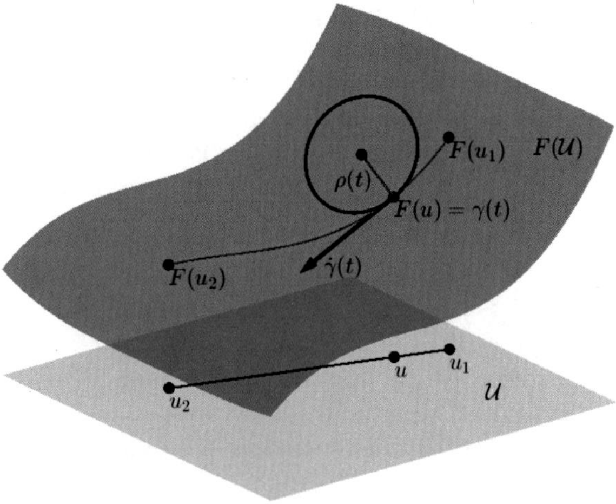


**Abb. 2.9** Kurven und Krümmungsradien auf $F(\mathcal{U})$

ist eine Kurve $\gamma \in \mathscr{K}$, die von $F(u_1)$ nach $F(u_2)$ verläuft. In einem Kurvenpunkt $\gamma(t) = F(u)$ sind der Tangentialvektor $\dot{\gamma}(t)$ sowie der sich in $\gamma(t)$ an die Kurve anschmiegende Krümmungskreis eingezeichnet. Sein Radius $\rho(t) = 1/\kappa_\gamma(t)$ ist rot markiert. Ist die rechte Seite in (2.98) gleichmäßig für alle $\gamma \in \mathscr{K}$ nach oben beschränkt, so bedeutet dies eine Beschränkungsbedingung für die Krümmung der Fläche $F(\mathcal{U})$. Dies wird im folgenden Lemma ausgenutzt.

**Lemma 2.15 (Flächen beschränkter Krümmung, Chavent).** *Die Voraussetzungen (2.90) seien erfüllt und es gebe ein $R > 0$ so, dass*

$$\|\ddot{\gamma}(t)\|_2 \leq \frac{1}{R}\|\dot{\gamma}(t)\|_2^2 \quad \textit{für alle} \quad \gamma \in \mathscr{K} \quad \textit{und} \quad t \in [0,1]. \tag{2.100}$$

*Für jede Kurve $\gamma \in \mathscr{K}$ gilt dann*

- *Entweder $\dot{\gamma}(t) = 0$ für alle $t \in [0,1]$ – dann hat die Kurve $\gamma$ die Länge $L(\gamma) = 0$*
- *oder $\dot{\gamma}(t) \neq 0$ für alle $t \in [0,1]$ – die Kurve ist dann regulär und $\kappa_\gamma(t) \leq 1/R$ für alle $t \in [0,1]$.*

*Es gilt*

$$\sup\left\{\kappa_\gamma(t);\ \gamma \in \mathscr{K},\ L(\gamma) > 0,\ t \in [0,1]\right\} \leq \frac{1}{R},$$

*alle Krümmungen (von Kurven positiver Länge) sind also gleichmäßig durch $1/R$ nach oben beschränkt, die Krümmungsradien entsprechend nach unten durch $R$.* ◁

*Beweis.* Es sei $\gamma \in \mathscr{K}$ und $t_0 \in [0,1]$ mit $\dot{\gamma}(t_0) \neq 0$. Es sei nun $(a,b)$ definiert als die Vereinigung aller $t_0$ enthaltenden, offenen Teilintervalle von $[0,1]$, auf denen $\dot{\gamma}(t) \neq 0$ gilt. Somit ist $(a,b)$ das größte $t_0$ enthaltende offene Teilintervall von $[0,1]$ mit $\dot{\gamma}(t) \neq 0$ für alle $t \in (a,b)$. Wir betrachten nun die Funktion $g : [0,1] \to \mathbb{R}$ mit

$$g(t) = \|\dot{\gamma}(t)\|_2 \quad \overset{t\in(a,b)}{\Longrightarrow} \quad \dot{g}(t) = \frac{1}{\|\dot{\gamma}(t)\|_2}\langle\dot{\gamma}(t)|\ddot{\gamma}(t)\rangle.$$

Mit der Cauchy-Schwarzschen Ungleichung und unter Benutzung von (2.100) erhalten wir für $t \in (a,b)$

$$|\dot{g}(t)| \leq \|\ddot{\gamma}(t)\|_2 \leq \frac{\|\dot{\gamma}(t)\|_2^2}{R} = \frac{g(t)^2}{R} \quad \Longrightarrow \quad \left|\frac{d}{dt}\left(\frac{1}{g}\right)(t)\right| \leq \frac{1}{R}.$$

Für die positive Funktion $1/g$ gilt deswegen folgende Wachstumsbeschränkung:

$$\frac{1}{g(t)} \leq \frac{1}{g(t_0)} + \frac{|t-t_0|}{R} \leq \frac{1}{g(t_0)} + \frac{1}{R}, \quad t \in (a,b) \subset [0,1],$$

so dass $g$ wie folgt nach unten beschränkt ist

$$g(t) \geq \left(\frac{1}{g(t_0)} + \frac{1}{R}\right)^{-1} =: c > 0, \quad t \in (a,b).$$

Wegen der Stetigkeit von $g$ auf $[0,1]$ muss dann $a = 0$ und $b = 1$ gelten sowie $\dot{\gamma}(a) \neq 0$ und $\dot{\gamma}(b) \neq 0$. Dies beweist die Gültigkeit der Aussage über die beiden Alternativen.

Falls nun die zweite Alternative zutrifft, so ist $\gamma \in \mathscr{K}$ eine reguläre Kurve, deren Krümmung $\kappa_\gamma(t)$ für alle $t \in [0,1]$ definiert und wegen (2.98) und (2.100) durch $1/R$ beschränkt ist. Somit sind in der Tat die Krümmungen aller Kurven $\gamma \in \mathscr{K}$, deren Länge positiv ist, gleichmäßig durch $1/R$ beschränkt. □

Die Bedingung (2.100) beschränkt die Krümmung von Kurven in $\mathscr{K}$. Dies kommt einer Beschränkung der Nichtlinearität der Funktion $F$ gleich. Dies reicht aber nicht, um eine eindeutige Projektion auf die Fläche $F(\mathcal{U})$ zu garantieren. Beispielsweise gilt für die Funktion

$$F : \mathcal{U} := [0,T] \to \mathbb{R}^2, \quad t \mapsto \begin{pmatrix} r\cos(t) \\ r\sin(t) \end{pmatrix},$$

bei festem $r > 0$, dass die Krümmung jeder Kurve $\gamma \in \mathscr{K}$ positiver Länge überall identisch $r$ ist. Im Fall $T \geq 2\pi$ gibt es im Allgemeinen jedoch keine eindeutige Projektion auf die Fläche $F(\mathcal{U})$, die sich dann selbst durchdringt. Dem wird vorgebeugt durch eine Beschränkung der erlaubten Verbiegung der Fläche $F(\mathcal{U})$ – welche wiederum auf die Verbiegung von Kurven in $F(\mathcal{U})$ zurückgeführt wird. Für eine *reguläre* Kurve $\gamma \in \mathscr{K}$ definieren wir ihre **Verbiegung** durch

$$\Theta_\gamma := \sup\left\{\theta_\gamma(t_1,t_2);\ t_1,t_2 \in [0,1]\right\}, \tag{2.101}$$

wobei

$$\theta_\gamma(t_1,t_2) := \sphericalangle(\dot\gamma(t_1),\dot\gamma(t_2)) \in [0,\pi] \tag{2.102}$$

der Winkel zwischen den Tangentialvektoren von $\gamma$ an den Stellen $\gamma(t_1)$ und $\gamma(t_2)$ ist, der sich über

$$\cos\left(\sphericalangle(\dot\gamma(t_1),\dot\gamma(t_2))\right) = \frac{\langle\dot\gamma(t_1)|\dot\gamma(t_2)\rangle}{\|\dot\gamma(t_1)\|_2 \cdot \|\dot\gamma(t_2)\|_2}$$

berechnen lässt.[4] In Abb. 2.10 wird die Verbiegung $\theta_\gamma(t_1,t_2)$ illustriert. Im folgenden Lemma werden hinreichende Bedingungen dafür angegeben, dass $F(\mathcal{U})$ nur eine beschränkte Verbiegung hat. Es wird die Abkürzung

$$\mathrm{diam}(\mathcal{U}) := \sup\{\|u_1 - u_2\|_2;\ u_1,u_2 \in \mathcal{U}\}$$

benutzt.

**Lemma 2.16 (Flächen beschränkter Verbiegung, Chavent).** *Die Voraussetzungen (2.90) und (2.100) seien erfüllt, $R > 0$ sei die Konstante aus Lemma 2.15. Weiterhin gebe es eine Konstante $\alpha > 0$ so, dass*

$$\|\dot\gamma(t)\|_2 \leq \alpha\|u_1 - u_2\|_2 \quad \textit{für} \quad \gamma(t) = F((1-t)u_1 + tu_2),\ t \in [0,1]. \tag{2.103}$$

*Falls $\mathcal{U}$ beschränkt ist, dann gibt es ein $L > 0$ mit*

$$\sup\{L(\gamma);\ \gamma \in \mathscr{K}\} \leq L \leq \alpha \cdot \mathrm{diam}(\mathcal{U}) \tag{2.104}$$

---

[4] Durch die Festlegung (2.102) kann in (2.101) kein Wert größer als $\pi$ auftreten, obwohl als Maß für die Verbiegung einer genau einmal durchlaufenen Kreislinie der Wert $2\pi$ zu erwarten gewesen wäre. Da im späteren Verlauf nur noch Kurven mit einer Verbiegung von höchstens $\pi/2$ zugelassen werden, ist dies jedoch kein Schaden.

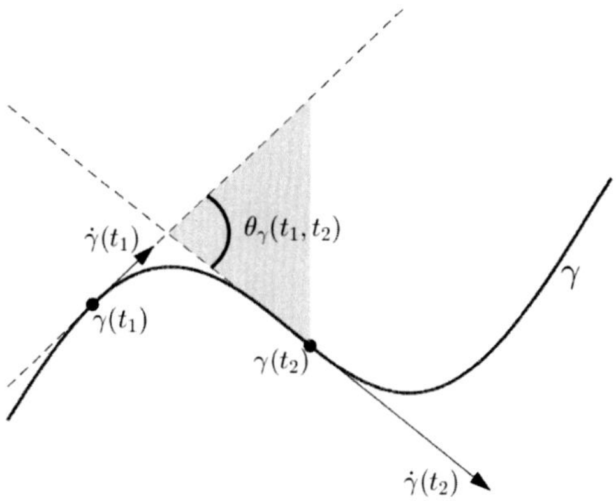


**Abb. 2.10** Verbiegung $\theta_\gamma(t_1,t_2)$ der Kurve $\gamma$.

*als eine gleichmäßige obere Schranke für die Längen der Kurven in $\mathscr{K}$. Dann existiert ferner eine Konstante $\Theta > 0$ mit der Eigenschaft*

$$\int_0^1 \frac{\|\ddot\gamma(t)\|_2}{\|\dot\gamma(t)\|_2}\,dt \le \Theta \le \frac{L}{R} \quad \textit{für alle} \quad \gamma \in \mathscr{K},\ L(\gamma) > 0. \tag{2.105}$$

*Für die in (2.101) definierten Größen $\Theta_\gamma$ gilt dann*

$$\sup\left\{\Theta_\gamma;\ \gamma \in \mathscr{K},\ L(\gamma) > 0\right\} \le \Theta, \tag{2.106}$$

*$\Theta$ ist dann also eine obere Schranke für die Verbiegungen der Kurven in $F(\mathcal{U})$.* ◁

*Beweis.* Die Länge einer Kurve $\gamma \in \mathscr{K}$ lässt sich unter Benutzung von (2.103) durch

$$L(\gamma) := \int_0^1 \|\dot\gamma(t)\|_2\,dt \le \alpha\|u_0 - u_1\|_2$$

abschätzen. Daraus folgt (2.104) unmittelbar.
Es sei nun $\gamma \in \mathscr{K}$ mit $\ell := L(\gamma) > 0$. Nach Lemma 2.15 ist $\gamma$ regulär, so dass der Integrand in (2.105) eine stetige Funktion ist. Außerdem kann nach der Bogenlänge umparametrisiert werden. Sei entsprechend $k : [0,\ell] \to \mathbb{R}^m$, $k(s) = \gamma(t)$, die nach der Bogenlänge umparametrisierte Kurve $\gamma$. Mit der Bezeichnung $k'(s)$ für die Ableitung von $k$ nach $s$ und der Festlegung

$$\omega(s_1,s_2) := \arccos\langle k'(s_1)|k'(s_2)\rangle, \quad s_1,s_2 \in [0,\ell],$$

ergibt sich folgende Übereinstimmung mit den Werten $\theta_\gamma(t_1,t_2)$ aus (2.102):

$$\omega(s_1,s_2) = \theta_\gamma(t_1,t_2) \quad \text{für} \quad s_1 = s(t_1),\ s_2 = s(t_2). \tag{2.107}$$

Die Funktion $\omega$ ist auf dem Intervall $[0,\ell]\times[0,\ell]$ stetig, also auch gleichmäßig stetig (Differenzierbarkeitsaussagen sind nicht unmittelbar möglich, da arccos an den Stellen 1 und $-1$ nicht differenzierbar ist). Zu jedem $\varepsilon \in (0,\pi/2)$ gibt es deswegen ein $\delta > 0$ so, dass

$$|s_1 - s_2| \le \delta \quad \Longrightarrow \quad \omega(s_1,s_2) \le \varepsilon, \tag{2.108}$$

da $\omega(s,s) = 0$ für alle $s \in [0,\ell]$. Gemäß Taylorentwicklung mit Lagrange-Restglied ist für $t \in [0,\pi]$

$$\cos(t) = 1 - \frac{t^2}{2}\cos(\zeta t) \quad \text{für ein} \quad \zeta \in [0,1].$$

Wegen der Monotonie des Cosinus folgt für $t \in [0,\pi]$

$$\cos(t) \le 1 - \frac{t^2}{2}\cos(t) \quad \Longrightarrow \quad t^2\cos(t) \le 2(1-\cos(t)).$$

In der letzten Ungleichung wird $t = \omega(s_1,s_2)$ gewählt für $s_1,s_2 \in [0,\ell]$ mit $|s_1 - s_2| \le \delta$. Dann ist mit $\cos(t) = \langle k'(s_1)|k'(s_2)\rangle$ und wegen $\cos(t) \ge \cos(\varepsilon)$ (auch dies eine Folgerung aus (2.108) und der Monotonie des Cosinus) ergibt sich

$$\omega(s_1,s_2)^2 \le \frac{2(1-\langle k'(s_1)|k'(s_2)\rangle)}{\cos(\varepsilon)}.$$

Da $\|k'(s)\|_2 = 1$ für alle $s \in [0,\ell]$, kann dies auch in der Form

$$\omega(s_1,s_2) \le \frac{\|k'(s_1)-k'(s_2)\|_2}{\sqrt{\cos(\varepsilon)}}, \quad s_1,s_2 \in [0,\ell],\ |s_1-s_2| \le \delta, \tag{2.109}$$

geschrieben werden. Nun sei $\tilde{s} \in [0,\ell]$ beliebig. Die Vektoren $k'(s_1)$, $k'(s_2)$ und $k'(s)$ liegen auf der $m$-dimensionalen Einheitssphäre und bilden die Ecken eines gekrümmten Dreiecks, dessen Seiten geodätische Kurven (Segmente von Großkreisen) auf der Sphäre sind und folgende Längen haben:

$$a = \omega(s_1,\tilde{s}), \quad b = \omega(s_2,\tilde{s}) \quad \text{und} \quad c = \omega(s_1,s_2).$$

Es gilt die Dreiecksungleichung $|a-b| \le c$, mit der sich aus (2.109)

$$|\omega(s_1,\tilde{s}) - \omega(s_2,\tilde{s})| \le \frac{\|k'(s_1)-k'(s_2)\|_2}{\sqrt{\cos(\varepsilon)}}, \quad s_1,s_2,\tilde{s} \in [0,\ell],\ |s_1-s_2| \le \delta, \tag{2.110}$$

folgern lässt. Nun wählen wir $s_2 = s$ und $s_1 = s + \delta s$ so, dass $s, s+\delta s, \tilde{s} \in [0,\ell]$ und $0 < |\delta s| \le \delta$ und erhalten aus (2.110) die Abschätzung

$$\left|\frac{\omega(s+\delta s,\tilde{s})-\omega(s,\tilde{s})}{\delta s}\right| \le \frac{1}{\sqrt{\cos(\varepsilon)}}\cdot\left\|\frac{k'(s+\delta s)-k'(s)}{\delta s}\right\|_2.$$

Da die Kurve $\gamma$ regulär und zweimal stetig differenzierbar ist, konvergiert der Differenzenquotient $(k'(s+\delta s)-k'(s))/\delta s \longrightarrow k''(s)$, so dass auch

$$\left\|\frac{k'(s+\delta s)-k'(s)}{\delta s}\right\|_2 \stackrel{\delta s\to 0}{\longrightarrow} \|k''(s)\|_2$$

konvergiert. Dann muss aber auch die linke Seite der letzten Ungleichung konvergieren und das bedeutet, dass $\omega(\bullet,\tilde{s})$ eine stetig differenzierbare Funktion ist, deren Ableitung gleichmäßig beschränkt ist:

$$\left|\frac{d}{ds}\omega(s,\tilde{s})\right| \le \frac{\|k''(s)\|_2}{\sqrt{\cos(\varepsilon)}} \quad \stackrel{\varepsilon>0 \text{ beliebig}}{\Longrightarrow} \quad \left|\frac{d}{ds}\omega(s,\tilde{s})\right| \le \|k''(s)\|_2 \tag{2.111}$$

Nach dem Hauptsatz der Differential- und Integralrechnung gilt demnach für beliebige $\hat{s},\tilde{s}\in[0,\ell]$:

$$\omega(\hat{s},\tilde{s}) = \int_{\tilde{s}}^{\hat{s}} \frac{d}{ds}\omega(s,\tilde{s})\,ds \le \int_0^{\ell} \|k''(s)\|_2\,ds.$$

Aus (2.96) ist bekannt, dass $\|k''(s)\|_2 = \|\dot{T}(t)\|_2/\|\dot{\gamma}(t)\|_2$. Durch Substitution $s = s(t)$ erhält man dann aus dem letzten Integral

$$\omega(\hat{s},\tilde{s}) \le \int_0^{\ell} \frac{\|\dot{T}(t)\|_2}{\|\dot{\gamma}(t)\|_2}\,ds = \int_0^1 \|\dot{T}(t)\|_2\,dt \stackrel{(2.97)}{\le} \int_0^1 \frac{\|\ddot{\gamma}(t)\|_2}{\|\dot{\gamma}(t)\|_2}\,dt.$$

Da $\hat{s},\tilde{s}\in[0,\ell]$ beliebig waren, folgt mit (2.107) die Schranke

$$\Theta_\gamma \le \int_0^1 \frac{\|\ddot{\gamma}(t)\|_2}{\|\dot{\gamma}(t)\|_2}\,dt = \int_0^1 \frac{\|\ddot{\gamma}(t)\|_2}{\|\dot{\gamma}(t)\|_2^2}\cdot\|\dot{\gamma}(t)\|_2\,dt \stackrel{(2.100)}{\le} \frac{1}{R}\int_0^1 \|\dot{\gamma}(t)\|_2\,dt = \frac{L(\gamma)}{R} \tag{2.112}$$

für die Verbiegung der Kurve $\gamma$. Wegen (2.104) ist damit auch (2.106) bewiesen. □

Nach der Formel (2.112) ist die Verbiegung einer Kurve $\gamma\in\mathscr{K}$ klein, wenn

- die Schranke $1/R$ für die Krümmung der Fläche $F(\mathcal{U})$ klein gewählt werden kann, wenn also $F$ „nicht zu sehr nichtlinear“ ist, oder wenn
- die Längen der Kurven $\gamma\in\mathscr{K}$ klein sind, was sich wegen (2.104) erreichen lässt, wenn $\mathcal{U}$ genügend klein gewählt werden kann.

Für Flächen, deren Verbiegung genügend stark beschränkt ist, lässt sich der oben genannte Projektionsschritt, eine Bestapproximation von $y\in Y$ in $F(\mathcal{U})$ zu finden, zufriedenstellend lösen. Zur Formulierung eines entsprechenden Satzes wird folgende Definition benötigt:

**Definition 2.17 (Strikt quasikonvexe Funktionen).** *Eine stetig differenzierbare Funktion $f : [0,L] \to \mathbb{R}$ heißt* ***strikt quasikonvex****, falls die Ungleichung*

$$f'(x) \cdot \lambda \geq 0 \quad \textit{für alle} \quad \lambda \in \mathbb{R} \textit{ mit } x, x+\lambda \in [0,L]$$

*eine eindeutige Lösung $x \in [0,L]$ hat. In den Randpunkten von $[0,L]$ ist mit $f'(x)$ die einseitige Ableitung gemeint.* ◁

Nach dem Charakterisierungssatz 1.64 der konvexen Optimierung ist

$$f'_+(x;\tilde{x}-x) = f'(x) \cdot (\tilde{x}-x) \geq 0 \quad \text{für alle} \quad \tilde{x} \in [0,L]$$

eine notwendige Bedingung für eine lokale Minimalstelle von $f$ in $x \in [0,L]$. Mit $\lambda := \tilde{x} - x$ ist dies genau die in der Definition angegebene Ungleichung. Wenn diese genau eine Lösung hat, dann hat (die stetige Funktion) $f$ auf $[0,L]$ also genau eine lokale Minimalstelle, welche dann notwendig eine globale Minimalstelle ist. Außerdem sind (weitere) stationäre Punkte $\hat{x}$ ausgeschlossen, denn in diesen wäre $f'(\hat{x}) = 0$ und die angegebene Ungleichung wäre erfüllt. *Eine strikt quasikonvexe Funktion hat also genau eine globale Minimalstelle, daneben keine lokalen Minimalstellen und wird höchstens an der globalen Minimalstelle stationär.*

Mit der **Abstandsfunktion** zu einer Teilmenge $D \subset Y$:

$$d(\bullet, D) : Y \to \mathbb{R}, \quad z \mapsto d(z,D) := \inf\{\|z-y\|_2;\ y \in D\} \tag{2.113}$$

gilt nun der folgende Sachverhalt.

**Satz 2.18 (Projektionsschritt beim nichtlinearen Ausgleichsproblem, Chavent).** *Die Voraussetzungen (2.90) seien erfüllt, ebenso die Voraussetzungen (2.100) und (2.103) mit entsprechenden Konstanten $R > 0$ und $\alpha > 0$. Weiterhin sei $\mathcal{U}$ beschränkt, so dass eine Konstante $L > 0$ wie in (2.104) existiert. Die Konstante $\Theta$ aus (2.105) sei durch*

$$\Theta \leq \frac{\pi}{2} \tag{2.114}$$

*beschränkt. Weiterhin sei*

$$D_R := \{y \in Y;\ d(y, F(\mathcal{U})) < R\} \tag{2.115}$$

*die Menge jener Punkte aus $Y$, deren Abstand zu $F(\mathcal{U})$ kleiner als $R$ ist. Dann:*

*(1)* ***Existenz und Eindeutigkeit*** *der Projektion: Jedes $z \in R_D$ besitzt eine eindeutig bestimmte Bestapproximation $\hat{y} \in F(\mathcal{U})$, charakterisiert durch*

$$\|z-\hat{y}\|_2 = d(z, F(\mathcal{U})) \quad \textit{und} \quad \|z-\hat{y}\|_2 < \|z-y\|_2 \textit{ für alle } y \in F(\mathcal{U}) \setminus \{\hat{y}\}.$$

*(2)* ***Lokale Stabilität*** *der Projektion: Sind $\hat{y}_1$ und $\hat{y}_2$ die jeweiligen Bestapproximationen von $z_1 \in D_R$ und $z_2 \in D_R$ und existiert ein $d \geq 0$ so, dass*

$$\|z_1 - z_2\|_2 + \max\{d(z_j, F(\mathcal{U}));\ j = 1,2\} \leq d < R, \tag{2.116}$$

*dann folgt*

$$\|\hat{y}_1 - \hat{y}_2\|_2 \leq L(\gamma) \leq (1 - d/R)^{-1} \|z_1 - z_2\|_2, \tag{2.117}$$

*wobei* $\gamma \in \mathscr{K}$ *irgendeine von* $\hat{y}_1$ *nach* $\hat{y}_2$ *verlaufende Kurve ist.*

*(3)* ***Strikte Quasikonvexität*** *der Abstandsfunktion: Hat* $z \in D_R$ *die Bestapproximation* $\hat{y} \in F(\mathcal{U})$ *und ist* $\gamma \in \mathscr{K}$, $L(\gamma) > 0$, *eine Kurve durch* $\hat{y}$, *dann ist die Funktion*

$$\varphi : [0,1] \to \mathbb{R}, \quad t \mapsto \|z - \gamma(t)\|_2^2,$$

*strikt quasikonvex.* ◁

*Beweis.* Die Existenz der Bestapproximation folgt aus der Kompaktheit von $\mathcal{U}$ und der Stetigkeit von $F$, die die Kompaktheit von $F(\mathcal{U})$ nach sich zieht. Die Bedingungen (2.90), (2.100), (2.103), (2.104) und (2.114) für die Konstanten $R$, $L$ und $\Theta$ sind hinreichend dafür, dass die Menge $F(\mathcal{U})$ **strikt quasikonvex** ist – vergleiche Definition 7.1.2 und Theorem 8.1.6 in [Cha09]. Die Aussagen (1)-(3) zur Bestapproximation von $y \in D_R$ folgen dann aus Theorem 7.2.11 in [Cha09]. □

Zur Lösung der Minimierungsaufgabe (2.9) muss nicht nur der Projektionsschritt auf $F(\mathcal{U})$, sondern auch noch der Inversionsschritt durchgeführt werden. Dazu ist eine Injektivitätsbedingung an $F$ zu stellen.

**Definition 2.19 (Lineare Identifizierbarkeit von Parametern).** *Die Voraussetzung (2.90) sei erfüllt. Der gesuchte Parameter heißt* ***linear identifizierbar****, wenn*

$$Rg(DF(u)) = n \quad \textit{für alle} \quad u \in \mathcal{U}$$

*mit der Jacobimatrix* $DF(u) = F'(u)$ *von* $F$ *in* $u$. ◁

Da $DF(u) \in \mathbb{R}^{m,n}$, ist die lineare Identifizierbarkeit gleichbedeutend mit der Injektivität der linearisierten Funktion $F$ in allen Punkten $u \in \mathcal{U}$. Sind $u_1, u_2 \in \mathcal{U}$ mit $u_1 \neq u_2$ und ist $\gamma : [0,1] \to \mathbb{R}^m$ mit $\gamma(t) = F((1-t)u_1 + tu_2)$ die in $F(\mathcal{U})$ von $F(u_1)$ nach $F(u_2)$ verlaufende Kurve, dann folgt aus der linearen Identifizierbarkeit $\dot{\gamma}(t) = DF((1-t)u_1 + tu_2)(u_2 - u_1) \neq 0$ für alle $t \in [0,1]$. Folglich ist dann auch $L(\gamma) > 0$. Identifizierbarkeit im Sinn der Definition 2.14 impliziert im Allgemeinen *nicht* lineare Identifizierbarkeit gemäß Definition 2.19 – ein Gegenbeispiel wäre durch die auf $\mathcal{U} = [-1,1]$ definierte reelle Funktion $F(u) = u^3$ gegeben. Das nachfolgende Lemma 2.21 sagt aus, dass umgekehrt die Identifizierbarkeit aus der linearen Identifizierbarkeit folgt, wenn die Verbiegung der Fläche $F(\mathcal{U})$ genügend beschränkt werden kann. In Lemma 2.20 wird vorab gezeigt, dass die in Satz 2.18 aufgestellten Bedingungen zu einem großen Teil aus der Beschränktheit von $\mathcal{U}$ und der Voraussetzung der linearen Identifizierbarkeit folgen.

**Lemma 2.20.** *Die Voraussetzungen (2.90) seien erfüllt und* $\mathcal{U}$ *sei beschränkt. Dann ist immer auch die Bedingung (2.103) erfüllt. Wenn zudem die Bedingung der linearen Identifizierbarkeit gemäß Definition 2.19 erfüllt ist, dann ist immer auch die Bedingung (2.100) erfüllt.* ◁

*Beweis.* Es sei $C$ die konvexe Menge gemäß (2.90) und $S$ die Einheitssphäre im $\mathbb{R}^m$. Für beliebige $u_1, u_2 \in C$ definiert $\gamma(t) = F(p(t))$ mit $p(t) = (1-t)u_1 + tu_2 \in C$ eine zweimal stetig differenzierbare Kurve $\gamma$. Für deren Ableitung gilt nach (2.92) im Fall $u_1 \neq u_2$

$$\dot{\gamma}(t) = DF(p(t)) \cdot (u_2 - u_1) = DF(p(t)) \cdot \frac{u_2 - u_1}{\|u_2 - u_1\|_2} \cdot \|u_2 - u_1\|_2$$

Ist $\mathcal{U}$ beschränkt, dann auch kompakt, ebenso wie $\mathcal{U} \times S$. Da die Abbildung

$$\mu : C \times S \mapsto \mathbb{R}_0^+, \quad (u,e) \mapsto \|DF(u) \cdot e\|_2,$$

stetig ist, nimmt sie auf der kompakten Menge $\mathcal{U} \times S$ sowohl ihr Maximum $M$ als auch ihr Minimum $m$ an und es folgt

$$m \cdot \|u_2 - u_1\|_2 \leq \|\dot{\gamma}(t)\|_2 \leq M \cdot \|u_2 - u_1\|_2 \tag{2.118}$$

für alle $u_1, u_2 \in \mathcal{U}$ und $\gamma(t) = F(p(t))$ mit $p(t) = (1-t)u_1 + tu_2 \in C$. Für $\alpha := M$ ist dann offenbar (2.103) erfüllt.
Wenn die lineare Identifizierbarkeit gegeben ist, dann muss $m > 0$ gelten. Weiter haben wir dann für $u_1 \neq u_2$ und $\gamma(t) = F(p(t))$ wie oben nach (2.92)

$$\ddot{\gamma}(t) = \begin{pmatrix} (u_2 - u_1)^\top \nabla^2 F_1(p(t))\,(u_2 - u_1) \\ \vdots \\ (u_2 - u_1)^\top \nabla^2 F_m(p(t))\,(u_2 - u_1) \end{pmatrix} = \begin{pmatrix} h^\top \nabla^2 F_1(p(t))\,h \\ \vdots \\ h^\top \nabla^2 F_m(p(t))\,h \end{pmatrix} \cdot \|u_2 - u_1\|_2^2$$

mit $h := (u_2 - u_1)/\|u_2 - u_1\|_2$. Die Abbildung

$$\tilde{\mu} : C \times S \to \mathbb{R}_0^+, \quad (u,e) \mapsto \left\| \begin{pmatrix} e^\top \nabla^2 F_1(u)\,e \\ \vdots \\ e^\top \nabla^2 F_m(u)\,e \end{pmatrix} \right\|_2$$

ist stetig und nimmt deswegen auf der kompakten Menge $\mathcal{U} \times S$ ihr Maximum $\tilde{M}$ an. Somit gilt für beliebig gewählte $u_1, u_2 \in \mathcal{U}$ mit $u_1 \neq u_2$ und $\gamma(t) = F(p(t))$ wie oben:

$$\frac{\|\ddot{\gamma}(t)\|_2}{\|\dot{\gamma}(t)\|_2^2} \leq \frac{\tilde{M} \cdot \|u_2 - u_1\|_2^2}{m^2 \|u_2 - u_1\|_2^2} = \frac{\tilde{M}}{m^2}.$$

Folglich ist (2.100) erfüllt mit $R = m^2/\tilde{M}$. Dies gilt auch im Fall von Kurven $\gamma(t) = F((1-t)u_1 + tu_2)$ mit $u_1 = u_2$, weil dann beide Seiten von (2.100) null sind. □

Wenn zusätzlich noch die Verbiegung der Fläche $F(\mathcal{U})$ beschränkt wird, folgt die Identifizierbarkeit aus der linearen Identifizierbarkeit.

**Lemma 2.21.** *Die Voraussetzungen (2.90) seien erfüllt, $\mathcal{U}$ sei beschränkt und die Bedingung der linearen Identifizierbarkeit gemäß Definition 2.19 sei erfüllt. Zusätzlich gelte (2.114), also die Beschränkung $\Theta \leq \pi/2$ für die Konstante $\Theta$ aus (2.105). Dann ist die Identifizierbarkeit der Parameter gemäß Definition 2.14 gegeben.* ◁

*Beweis.* Lemma 2.20 zeigt, dass die hier gemachten Voraussetzungen hinreichen zur Anwendung des Satzes 2.18. Seien nun $u_1, u_2 \in \mathcal{U}$ mit $F(u_1) = F(u_2)$. Der Punkt $F(u_1)$ liegt für jedes $R > 0$ in $D_R$ und ist Projektion seiner selbst. Wäre $u_1 \neq u_2$, dann wäre $\gamma : [0,1] \to \mathbb{R}^m$, $\gamma(t) = F((1-t)u_1 + tu_2)$, wegen der linearen Identifizierbarkeit eine Kurve mit $L(\gamma) = \int_0^1 \|\dot{\gamma}(t)\|_2 \, dt > 0$, welche durch $F(u_1)$ geht. Nach Aussage (3) des Satzes 2.18 ist die Funktion $\varphi$ mit $\varphi(t) = \|F(u_1) - \gamma(t)\|_2^2$ strikt quasikonvex, im Widerspruch zu $\varphi(0) = 0 = \varphi(1)$ (zwei globale Minimalstellen). Also muss $u_1 = u_2$ gelten. □

Wir können nun wichtige Aussagen zur Lösung des Problems (2.9) formulieren.

**Satz 2.22 (Lösung des nichtlinearen Ausgleichsproblems, Chavent).** *Die Voraussetzung (2.90) sei erfüllt. Außerdem werde vorausgesetzt*

- *die Beschränktheit von $\mathcal{U}$,*
- *die lineare Identifizierbarkeit des Parameters gemäß Definition 2.19 und*
- *die Beschränktheit $\Theta \leq \pi/2$ der Konstanten $\Theta$ aus (2.105).*

*Weiterhin sei*

$$D_R := \{y \in Y;\ d(y, F(\mathcal{U})) < R\}$$

*Bezüglich des nichtlinearen Ausgleichsproblems (2.9) gilt dann*

*(1)* ***Existenz und Eindeutigkeit**: Für jedes $y \in D_R$ existiert eine eindeutige Lösung.*

*(2)* ***Lokale Stabilität**: Liegen $y_1, y_2 \in D_R$ so dicht beieinander, dass eine Konstante $d \geq 0$ mit*

$$\|y_1 - y_2\|_2 + \max\left\{d(y_j, F(\mathcal{U}));\ j = 1,2\right\} \leq d < R$$

*existiert, dann gilt für die entsprechenden Lösungen $u_1$ und $u_2$ von (2.9)*

$$m\|u_1 - u_2\|_2 \leq (1 - d/R)^{-1} \|y_1 - y_2\|_2$$

*mit der Konstanten $m > 0$ aus (2.118).*

*(3)* ***Unimodalität der Zielfunktion**: Für $y \in D_R$ hat die Zielfunktion $J$ genau eine globale Minimalstelle. Daneben existieren weder lokale Minimalstellen noch stationäre Stellen.* ◁

*Beweis.* Klar ist die Existenz einer Lösung von (2.9), da $\mathcal{U}$ wegen der vorausgesetzten Beschränktheit kompakt und $J$ stetig ist. Die gemachten Voraussetzungen erlauben die Anwendung von Lemma 2.21 – insbesondere ist also $F : \mathcal{U} \to \mathbb{R}^m$ injektiv – und damit von Satz 2.18. Nach Aussage (1) von Satz 2.18 existiert zu $y \in D_R$ ein eindeutiges $\hat{y} \in F(\mathcal{U})$ mit $\|\hat{y} - y\|_2 = \min\{\|z - y\|_2;\ z \in F(\mathcal{U})\}$. Wegen der Injektivität von $F$ existiert ein eindeutiges $\hat{u} \in \mathcal{U}$ mit $F(\hat{u}) = \hat{y}$ und deswegen

$$J(\hat{u}) = \frac{1}{2}\|\hat{y} - y\|_2^2 = \min\left\{\frac{1}{2}\|z - y\|_2^2;\ z \in F(\mathcal{U})\right\} = \min\{J(u);\ u \in \mathcal{U}\}.$$

Damit ist die erste Aussage gezeigt. Bezüglich der zweiten Aussage seien $y_1$ und $y_2$ wie angenommen und $\hat{y}_1$ und $\hat{y}_2$ die jeweils eindeutig bestimmten Projektionen auf $F(\mathcal{U})$. Dann sind $u_1 = F^{-1}(\hat{y}_1)$ und $u_2 = F^{-1}(\hat{y}_2)$ die zu $y_1$ und $y_2$ gehörigen Lösungen von (2.9). Für die Kurve $\gamma\colon [0,1] \to \mathbb{R}^m$ mit $\gamma(t) = F((1-t)u_1 + tu_2)$ gilt die Abschätzung (2.118) aus dem Beweis von Lemma 2.20, so dass für ein $m > 0$

$$L(\gamma) = \int_0^1 \|\dot{\gamma}(t)\|_2 \, dt \geq m\|u_1 - u_2\|_2.$$

Außerdem gilt nach (2.117)

$$L(\gamma) \leq (1 - d/R)^{-1} \|y_1 - y_2\|_2$$

und dies beweist die zweite Aussage. Bezüglich der dritten Aussage ist die Existenz einer eindeutigen globalen Minimalstelle $\hat{u}$ zu $y \in D_R$ bereits gesichert. Angenommen, es gäbe eine ein $\tilde{u} \in \mathcal{U}$ mit $\tilde{u} \neq \hat{u}$, wo $J$ ein lokales Minimum annimmt oder stationär wird. Dann läuft die Kurve $\gamma\colon [0,1] \to \mathbb{R}^m$, $\gamma(t) := F((1-t)\hat{u} + t\tilde{u})$ von der Bestapproximation $\hat{y} \in F(\mathcal{U})$ von $y$ nach $F(\tilde{u})$ und hat Länge $L(\gamma) > 0$. Die in Teil (3) von Satz 2.18 definierte Abstandsfunktion $\varphi : [0,1] \to \mathbb{R}$, $t \mapsto \|y - \gamma(t)\|_2^2$, ist strikt quasikonvex, entspricht aber (bis auf den Faktor $1/2$) der Einschränkung von $J$ auf das Segment $[\hat{u}, \tilde{u}]$ und hat infolgedessen ein globales Minimum an der Stelle $t = 0$ und ein lokales Minimum oder eine stationäre Stelle für $t = 1$ (vergleiche auch die Ableitungen von $\varphi$ und von $J$ aus (2.87)) – im Widerspruch zur strikten Quasikonvexität. Auch die dritte Aussage ist damit bewiesen. □

Abschließend sollen die Voraussetzungen und Aussagen des Satzes 2.22 diskutiert werden.

Es genügt nicht, wenn das Problem (2.9) gut gestellt ist im Sinn von Hadamard, also eine eindeutige Lösung hat, die sich stetig berechnen lässt. Zusätzlich ist zu fordern:

- Die Minimalstelle von $J$ muss Lipschitz-stetig von den Daten $y \in Y$ abhängen. Nur dann lässt sich von einem *finiten* Fehler in den Daten – beliebig klein werdende Datenfehler treten in der Praxis nicht auf – auf einen *finiten* Fehler in der Lösung schließen. Die Forderung der Lipschitz-Stetigkeit entspricht der Aussage (2) des Satzes 2.22, zumindest lokal. Die Größe der Lipschitz-Konstanten kann als Gradmesser der Schlechtgestelltheit des Ausgleichsproblems (2.9) angesehen werden.
- Die Berechnung der globalen Minimalstelle von $J$ mit numerischen Verfahren wird sehr erschwert, wenn es zusätzlich lokale Minima und stationäre Stellen von $J$ gibt. Demgegenüber garantiert die Aussage (3) des Satzes 2.22, dass die Minimalstelle von $J$ mit Standardverfahren der Numerik, wie etwa dem Gauß-Newton-Verfahren, gefunden werden kann.

Hinreichende Voraussetzungen für die Gültigkeit dieser Aussagen sind neben den allgemeinen Bedingungen (2.90) und der Beschränktheit von $\mathcal{U}$:

- Das Datum $y$ muss nahe genug an der Menge $F(\mathcal{U})$ liegen. Die Bedingung $d(y, F(\mathcal{U})) < R$ steht im Einklang mit Wedins Ergebnis [Wed74]. Diese Bedingung gibt eine Schranke für den Daten- und Modellierungsfehler (und Diskretisierungsfehler) an, der in $y$ enthalten sein darf.
- Der gesuchte Parameter muss linear identifizierbar sein. Diese Forderung geht über die „natürliche" Forderung der Identifizierbarkeit hinaus. Singularität der Jacobi-Matrix von $F$ würde jedoch auch bei numerischen Verfahren zur Lösung von (2.9) zu Schwierigkeiten führen.
- Die Beschränkungsbedingung $\Theta \leq \pi/2$ verhindert eine zu starke Verbiegung der Fläche $F(\mathcal{U})$. Aus Lemma 2.16 ist bekannt, dass stets $\Theta \leq L/R$ und $L \leq \alpha \cdot \mathrm{diam}(\mathcal{U})$ gilt (Formeln (2.103), (2.104) und (2.105)). Die Bedingung $\Theta \leq \pi/2$ lässt sich also stets dann erfüllen, wenn $\mathcal{U}$ klein genug gewählt werden kann. Dies setzt eine hinreichend genaue Vorabinformation über die Lage des gesuchten Parameters voraus.

In [Cha09] wird eine Erweiterung der obigen Theorie besprochen. Die Bedingung $\Theta \leq \pi/2$ kann zu einer Bedingung $\Theta < \pi$ abgeschwächt werden, allerdings um den Preis, dass dann die Aussagen von Satz 2.22 nur gültig bleiben, wenn $y$ noch dichter an $F(\mathcal{U})$ rückt.

## 2.4 Regularisierung

Inverse Probleme in Form von Identifikationsproblemen hatten wir als Operatorgleichungen formuliert: Für normierte lineare Räume $(X, \|\bullet\|_X)$ und $(Y, \|\bullet\|_Y)$ und eine Funktion (einen Operator)

$$F : \mathcal{U} \subseteq X \to \mathcal{W} \subseteq Y$$

ist die Gleichung

$$F(u) = w, \quad u \in \mathcal{U}, \quad w \in \mathcal{W}, \tag{2.1}$$

für gegebenes $w$ nach $u$ aufzulösen. Wir hatten $X$ als **Parameterraum**, $\mathcal{U}$ als **zulässigen Parameterbereich**, die Elemente $u \in \mathcal{U}$ als **Parameter**, $Y$ als **Datenraum** und $w \in \mathcal{W}$ als durch $u$ verursachte **Wirkung** bezeichnet. Wir unterstellen weiterhin, dass $X$ und $Y$ Funktionenräume unendlicher Dimension sind. Folgendes wurde festgestellt:

- Von einer Wirkung liegen nur endlich viele, durch Messabweichungen verfälschte Beobachtungswerte vor, denen bestenfalls eine hypothetische Wirkung $w^\delta \in Y$ zugeordnet werden kann. Im Allgemeinen muss damit gerechnet werden, dass $w^\delta \notin F(\mathcal{U})$. Dann hat die Operatorgleichung $F(u) = w^\delta$ keine Lösung, die Existenzbedingung aus Definition 2.1 ist verletzt. Dagegen setzt man sich zur Wehr, indem man die Operatorgleichung $F(u) = w^\delta$ durch das Ausgleichsproblem (2.9) der Minimierung von $\|F(u) - w^\delta\|_Y^2$ ersetzt.
- Die Injektivität der Funktion $F$ (Eindeutigkeitsbedingung aus Definition 2.1) ist unabdingbar, andernfalls wäre es nicht möglich, Parameter $u$ zu identifizieren und es wäre sinnlos, von einem Parameteridentifikationsproblem zu sprechen.
- Damit kleine Abweichungen (in der Beobachtung) einer Wirkung nicht zu beliebig großen Abweichungen im zu bestimmenden Parameter führen können, müssen Parameter $u \in \mathcal{U}$ nicht nur identifizierbar sein (das entspräche der Injektivität von $F$), sondern *stabil identifizierbar* im Sinn von Definition 2.14, das heißt es muss eine Konstante $L > 0$ so geben, dass

$$\|u_0 - u_1\|_X \leq L\|F(u_0) - F(u_1)\|_Y \quad \text{für alle} \quad u_0, u_1 \in \mathcal{U} \tag{2.89}$$

  erfüllt ist. Diese Bedingung verschärft die Stabilitätsbedingung aus Definition 2.1 und stellt bei vielen inversen Problemen die gravierendste Schwierigkeit dar.
- Häufig gibt es kein analytisches Verfahren zur Lösung der Gleichung $F(u) = w$ (beziehungsweise für das zugeordnete Ausgleichsproblem), etwa bei Identifikationsproblemen für Koeffizienten einer Differentialgleichung. Dann müssen Näherungen numerisch auf Basis von Diskretisierungen bestimmt werden. Wie in Abschnitt 2.2 beschrieben, ist ein Ansatzraum $X_n \subset X$ von Funktionen mit Basis $\{\varphi_1, \ldots, \varphi_n\}$ zu wählen und eine Menge $D \subseteq \mathbb{R}^n$ so zu bestimmen, dass mit

$$K_n : D \to X_n, \quad x \mapsto \sum_{j=1}^{n} x_j \varphi_j$$

die Bedingung $K_n(D) \subset \mathcal{U}$ erfüllt ist. Das Ausgleichsproblem der Minimierung von $\|F(u)-w\|_Y^2$ wird in ein endlichdimensionales Ausgleichsproblem

$$\text{Minimiere} \quad \|F_n(x)-y^\delta\|_2^2, \quad x \in D \subseteq \mathbb{R}^n, \tag{2.119}$$

überführt mit einer Funktion $F_n : D \to \mathbb{R}^m$, wobei $y^\delta \approx \Psi(w) = y$ für die durch Messabweichungen verfälschten, endlich vielen Beobachtungswerte von $w$ steht. Aus der Lösung $x$ von (2.119) wird durch $u_n := K_n x$ eine Näherung der gesuchten Lösung von (2.9) gewonnen.

- Die Wohlgestelltheit des endlichdimensionalen Ausgleichsproblems (2.119) wurde in Abschnitt 2.3 untersucht. Die Existenzbedingung ist erfüllt, wenn $y^\delta$ nahe genug bei $F_n(D)$ liegt (Messabweichungen dürfen nicht zu groß sein). Die stabile Identifizierbarkeit ist gegeben, wenn einerseits $D$ eine konvexe, kompakte, genügend kleine Menge ist und wenn andererseits

$$\text{Rg}(DF_n(x)) = n \quad \text{für alle} \quad x \in D \tag{2.120}$$

für die Funktionalmatrix $DF_n(x)$ von $F_n$ in $x$ (letztere Eigenschaft wurde in Definition 2.19 **lineare Identizierbarkeit** genannt). Im Fall einer *linearen* Abbildung $F_n : \mathbb{R}^n \to \mathbb{R}^m$ wird einzig die lineare Identifizierbarkeit benötigt, alle anderen Bedingungen sind hinfällig. Lineare Identifizierbarkeit ist im linearen, endlichdimensionalen Fall jedoch gleichbedeutend mit der Identifizierbarkeit. Also sind für das diskretisierte lineare Problem identifizierbare Parameter automatisch stabil identizierbar („Regularisierung durch Diskretisierung").

- Bezeichnet man mit $u^*$ die exakte Lösung der Gleichung $F(u) = w^*$ für eine exakte Wirkung $w^* \in F(\mathcal{U})$ und mit $u_n^\delta = R_n(y^\delta)$ die aus (2.119) gewonnene Näherungslösung (hier steht $R_n$ für einen „Rekonstruktionsoperator", der das Auflösen von (2.119) und das anschließende Umrechnen auf eine Funktion $u_n \in X_n$ mittels der Abbildung $K_n$ beschreibt) dann wurde in Abschnitt 2.2.3 eine Abschätzung der Form

$$\|u_n^\delta - u^*\|_X \le a_n L \|y-y^\delta\|_2 + \|R_n(\Psi(F(u^*))) - u^*\|_X \tag{2.55}$$

gewonnen. Der zweite Term rechts steht für den Diskretisierungsfehler, der mit wachsendem $n$ gegen null geht (bei brauchbaren Diskretisierungsverfahren). Der erste Term beschreibt die Verstärkung der additiven Messabweichungen $y^\delta - y$ in $y = \Psi(w)$, bemisst also die Stabilität der Rekonstruktion. Die Größe $a_n$ ist charakteristisch für die gewählte Basis $\{\varphi_1,\ldots,\varphi_n\}$ von $X_n$, siehe (2.48). Die Konstante $L$ hängt zusammen mit der Konstante $L$ aus (2.89) in der Definition der stabilen Identifizierbarkeit. Sie wird wesentlich bestimmt durch den kleinsten singulären Wert der Funktionalmatrizen $DF_n(x)$, $x \in D$, und steht damit für die Kondition dieser Matrizen – vergleiche (1.56) in Verbindung mit Satz 1.4.

- In der Praxis treten stets Beobachtungen (Daten) mit *finiten* Fehlern auf, das heißt der Term $\|y-y^\delta\|_2$ in (2.55) hat eine *finite Größe und wird nicht beliebig klein.* Dann ist es offenbar unmöglich, eine beliebig genaue Näherung $u_n^\delta$ von $u^*$ erzielen zu wollen. In Abschnitt 2.2.3 wurde festgestellt, dass die Ziele, beide Terme auf der rechten Seite von (2.55) möglichst klein zu halten, miteinander in Konflikt stehen. Ein kleiner Diskretisierungsfehler erfordert einen hochdimensionalen Ansatzraum $X_n$, aber dann verschlechtert sich die Kondition der Funktionalmatrizen $DF_n(x)$. Gesucht ist ein pragmatischer Weg, ein Rekonstrukt $u_n^\delta$ mit einen möglichst kleinen Gesamtfehler $\|u_n^\delta - u^*\|_X$ zu erzielen.

Unter **Regularisierung** wollen wir Maßnahmen verstehen, die Stabilität eines Identifikationsproblems zu verbessern. Ziel ist es also, den Term $a_n L\|y - y^\delta\|_2$ in der Abschätzung (2.55) zu verkleinern. Auf die abstrakte Formulierung von Regularisierungsmethoden, wie sie etwa in den Büchern [Lou89], [Kir11], [Rie03] oder [Hof99] verwendet wird, gehen wir nicht ein, da wir uns auf den Fall finiter Fehler beschränken und keine Konvergenzuntersuchungen für den Fall $y^\delta \to y$ anstellen wollen. Zur Verkleinerung des besagten Terms $a_n L\|y - y^\delta\|_2$ haben wir drei Möglichkeiten. *Erstens* kann man mit möglichst gut geeigneten Basen der Räume $X_n$ arbeiten, um $a_n$ klein zu halten. Die Definition (2.48) zeigt, dass Orthonormalbasen ideal sind, denn dann gilt $a_n = 1$. Wavelets und Fourierpolynome, wie in Abschnitt 1.5 eingeführt, sind Orthormalbasen. *Zweitens* kann man versuchen, zu einem kleinen Faktor $\|y - y^\delta\|_2$ zu gelangen, indem man Messdaten „vorbehandelt“, das heißt indem man versucht, aus den gegebenen Messdaten solche mit kleinerem Fehler zu gewinnen. Diese Herangehensweise wird als „data denoising“ bezeichnet. Wir betrachten vornehmlich die *dritte Möglichkeit*, zu einer möglichst kleinen Konstanten $L$, also zu möglichst gut konditionierten Funktionalmatrizen $DF_n(x)$, $x \in D$, zu gelangen. Um dies zu erreichen, gibt es wiederum mehrere Möglichkeiten, nämlich die Verkleinerung von $D$ oder die verbesserte Wahl von $F_n$, etwa durch verbesserte Auswahl des Ansatzraums $X_n$. Wir besprechen Maßnahmen hierzu in den nachfolgenden Unterabschnitten.

### 2.4.1 Regularisierung durch Einschränkung des zulässigen Bereichs

Es ist ein glücklicher Umstand, wenn über die gesuchte Lösung $u$ der Operatorgleichung noch eine einschränkende **Zusatzinformation** vorliegt, die dahingehend ausgenutzt werden kann, dass wir statt (2.119) ein Ausgleichsproblem erhalten, bei dem die Minimierung nur auf einem eingeschränkten zulässigen Bereich $E \subset D$ auszuführen ist. Dann sind auch nur noch die Konditionszahlen der Matrizen $DF_n(x)$ für $x \in E \subset D$ in (2.55) relevant, so dass eine kleinere Konstante $L$ die Folge sein kann.

Wir betrachten eine spezielle Form von Zusatzinformation, die Grundidee übernehmen wir aus [Kir11]. Es sei $X_0 \subset X$ ein linearer Teilraum und es sei $\|\bullet\|_0$ eine

Seminorm. Über die (eindeutige) Lösung $u^* \in \mathcal{U}$ der Gleichung $F(u) = w^*$ liege die Zusatzinformation

$$u^* \in X_0 \quad \text{und} \quad \|u^*\|_0 \leq S \tag{2.121}$$

mit einer Konstanten $S$ vor. Das folgende Beispiel stammt aus [Ric20].

*Beispiel 2.23 (Zusatzinformation beim Differenzieren).* Gegeben sei eine Funktion $w \in C^1[a,b]$ mit der Eigenschaft $w(a) = 0$. Deren Ableitung $u^* = w'$ lässt sich charakterisieren als eindeutige Lösung der **Volterraschen Integralgleichung** $Tu = w$ mit dem Operator

$$T : C[a,b] \to C^1[a,b], \quad u \mapsto Tu = w, \quad w(t) = \int_a^t u(s)\,ds, \quad a \leq t \leq b.$$

Wir setzen hier $\mathcal{U} = X = C[a,b]$ mit Norm $\|\bullet\|_X = \|\bullet\|_{C[a,b]}$ sowie $\mathcal{W} = Y = C^1[a,b]$, ebenfalls mit Norm $\|\bullet\|_Y = \|\bullet\|_{C[a,b]}$. Es liege die Zusatzinformation vor, dass $w \in H^2(a,b)$ und dass $\|w''\|_{L_2(a,b)} \leq S$ mit einer Konstanten $S > 0$. Folglich muss dann $u^* \in H^1(a,b)$ und $\|(u^*)'\|_{L_2(a,b)} \leq S$ gelten. Der Raum $X$ enthält den Raum $X_0 := H^1(a,b)$ als linearen Teilraum. Auf $X_0$ ist durch

$$\|\bullet\|_0 : X_0 \to \mathbb{R}, \quad x \mapsto \|x\|_0 := \|x'\|_{L_2(a,b)}$$

eine Seminorm gegeben – dies ist keine Norm, da $\|x\|_0 = 0$ für alle konstanten Funktionen $x \in X_0$ gilt. Folglich liegt über die gesuchte Lösung $u^*$ der Operatorgleichung $Tu = w$ die Zusatzinformation

$$u^* \in X_0 \quad \text{und} \quad \|u^*\|_0 = \|(u^*)'\|_{L_2(a,b)} \leq S$$

vor, in genauer Entsprechung zu (2.121). ◁

Beim Übergang zur diskretisierten, endlichdimensionalen Version der Operatorgleichung $F(u) = w^*$ ist es günstig, einen Ansatzraum $X_n \subset X_0$ zu wählen. Die Beschränkungsbedingung $\|u^*\|_0 \leq S$ aus (2.121) wird dann auf alle Näherungslösungen übertragen, das heißt das Optimierungsproblem (2.119) wird abgewandelt zu

$$\text{Minimiere} \quad \|F_n(x) - y^\delta\|_2^2, \quad x \in E := \left\{ x \in D;\ \left\| \sum_{j=1}^n x_j \varphi_j \right\|_0 \leq S \right\} \subset D. \tag{2.122}$$

*Beispiel 2.24 (Zusatzinformation beim Differenzieren, Fortführung).* Die Volterrasche Integralgleichung aus Beisspiel 2.23 wird mit der Kollokationsmethode diskretisiert, ähnlich wie schon in Beispiel 2.7 vorgeführt. Wir wählen $n \in \mathbb{N}$, $n \geq 2$, setzen $h := (b-a)/(n-1)$ und $t_i := a + (i-1)h$, $i = 1, \ldots, n$ und benutzen den $n$-dimensionalen Ansatzraum

$$X_n = \mathcal{S}_2(t_1, \ldots, t_n) \quad \text{mit Basisvektoren} \quad \varphi_j = N_{2,j}, \quad j = 1, \ldots, n,$$

mit den linearen B-Splines $N_{2,j}$, die in Beispiel 2.5 eingeführt wurden. Alle Basisfunktionen $N_{2,j}$ liegen in $X_0 = H^1(a,b)$, also gilt $X_n \subset X_0$, wie erwünscht. Für eine Spline $u_n \in X_n = \mathscr{S}_2(t_1,\ldots,t_n)$ gilt

$$u_n = \sum_{j=1}^{n} x_j \varphi_j \quad \Longrightarrow \quad \|u_n\|_0^2 = \sum_{j=1}^{n-1} h \left( \frac{x_{j+1} - x_j}{h} \right)^2 = \frac{1}{h} \|Lx\|_2^2. \tag{2.123}$$

Hierbei wird eine Matrix $L$ benutzt, die durch

$$L = \begin{pmatrix} -1 & 1 & 0 & 0 & 0 & 0 & 0 & \cdots & 0 \\ 0 & -1 & 1 & 0 & 0 & 0 & 0 & \cdots & 0 \\ \vdots & & & & \ddots & & & & \vdots \\ 0 & \cdots & 0 & 0 & 0 & 0 & -1 & 1 & 0 \\ 0 & \cdots & 0 & 0 & 0 & 0 & 0 & -1 & 1 \end{pmatrix} \in \mathbb{R}^{n-1,n} \tag{2.124}$$

gegeben ist. Wegen (2.123) lässt sich die Bedingung $\|u_n\|_0 \le S$ hier höchst einfach in eine Bedingung $\|Lx\|_2 \le \sqrt{h}S$ für den Koeffizientenvektor $x$ übersetzen. Wir nehmen nun an, eine (detaillierte) Beobachtung $\Psi(w)$ einer Wirkung $w \in Y = C^1[a,b]$ liege in Form einer Abtastung an den Stellen $t_i$, $i = 2,\ldots,n$ und zusätzlich an den Stellen $t_{i-1/2} := t_i - h/2$, $i = 2,\ldots,n$, vor, so dass sich die folgenden Beobachtungswerte ergeben:

$$\begin{aligned} w(t_i) &= h\left(\frac{x_1}{2} + x_2 + \ldots + x_{i-1} + \frac{x_i}{2}\right), \quad i = 2,\ldots,n, \\ w(t_{1.5}) &= \frac{3}{8}x_1 + \frac{1}{8}x_2, \quad \text{und} \\ w(t_{i-1/2}) &= h\left(\frac{x_1}{2} + x_2 + \ldots + x_{i-2} + \frac{7x_{i-1}}{8} + \frac{x_i}{8}\right), \quad i = 3,\ldots,n. \end{aligned}$$

Wir setzen abkürzend

$$y := \begin{pmatrix} w(t_{1.5}) \\ w(t_2) \\ w(t_{2.5}) \\ w(t_3) \\ \vdots \\ w(t_{n-0.5}) \\ w(t_n) \end{pmatrix} \quad \text{und } A := h \begin{pmatrix} 0.375 & 0.125 & & & & \\ 0.5 & 0.5 & & & & \\ 0.5 & 0.875 & 0.125 & & & \\ 0.5 & 1 & 0.5 & & & \\ \vdots & \vdots & \ddots & \ddots & & \\ 0.5 & 1 & \cdots & 1 & 0.875 & 0.125 \\ 0.5 & 1 & \cdots & 1 & 1 & 0.5 \end{pmatrix} \in \mathbb{R}^{2n-2,n}$$

und erhalten dann die (2.21) entsprechenden Kollokationsgleichungen $Ax = y$. Statt der exakten Beobachtungswerte $y$ stehen nur verfälschte Werte $y^\delta$ zur Verfügung. Das Minimierungsproblem (2.122) tritt nun in der Form

$$\text{Minimiere } \|y^\delta - Ax\|_2 \text{ unter der Nebenbedingung } \|Lx\|_2 \le \sqrt{h}S \tag{2.125}$$

auf. Für ein konkretes Zahlenbeispiel wählen wir $a = 0$, $b = 1$ und $u^*(t) = t(1-t) -$

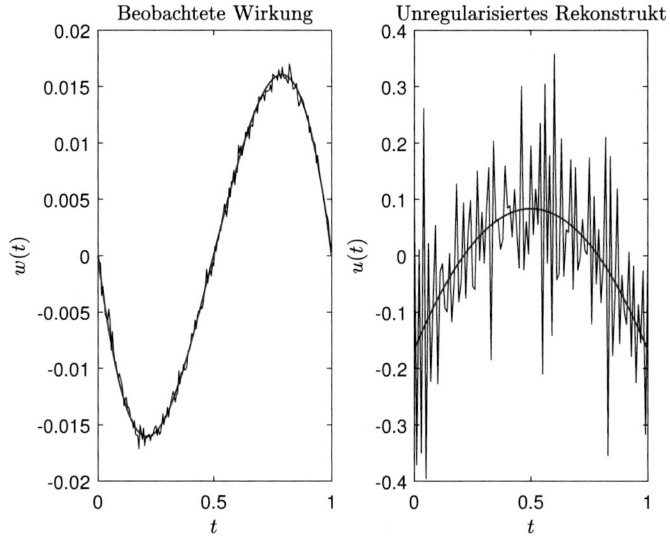


**Abb. 2.11** Unregularisierte Lösung der Volterraschen Integralgleichung

$1/6$, in welchem Fall wir $\|(u^*)'\|_{L_2(a,b)} = 1/\sqrt{3} =: S$ erhalten. Wir wählen $n = 101$. In Abb. 2.11 werden links die exakten Beobachtungswerte $y$ der exakten Wirkung $w = Tu^*$ in rot gezeigt und ebenso in schwarz die verfälschten Werte

$$y_i^\delta = y_i + \sigma e_i, \ldots, i = 1, \ldots, m,$$

die sich durch Addition von zufälligen Störungen ergeben. Die Werte $e_i$ sind Realisierungen stochastisch unabhängiger, standardnormalverteilter Zufallsvariablen und $\sigma = 5 \cdot 10^{-4}$. Auf der rechten Seite von Abb. 2.11 ist in rot die exakte Lösung $u^*$ zu sehen und daneben in schwarz die Rekonstruktion $u_n^\delta = \sum_{j=1}^n x_j^\delta N_{2,j}$, welche man erhält, wenn man das Ausgleichsproblem der Minimierung von $\|y^\delta - Ax\|_2$ ohne weitere Nebenbedingungen löst. In Abb. 2.12 sieht man links, schwarz gezeichnet, die Rekonstruktion $u_n^\delta$, welche man aus der Minimierung von $\|y^\delta - Ax\|_2$ unter der Nebenbedingung $\|Lx\|_2 \leq \sqrt{h}S$ erhält, also gerade entsprechend (2.122). Zum Vergleich ist die exakte Lösung in rot eingetragen. Rechts in Abb. 2.12 wird jene Rekonstruktion $u_n^\delta$ gezeigt, welche man erhält, wenn man das Ausgleichsproblem unter der ungenauen Zusatzinformation $\|(u_n^\delta)'\|_2 \leq 1 \cdot \sqrt{h}$ löst. Offenbar leidet die Rekonstruktionsqualität. Auf die technischen Details der Berechnung der Lösungen (Lagrange-Ansatz, Bestimmung des Lagrange-Mulltiplikators mit Newton-Iteration) gehen wir an dieser Stelle nicht ein – dies wird in [Ric20] dargelegt. $\triangleleft$

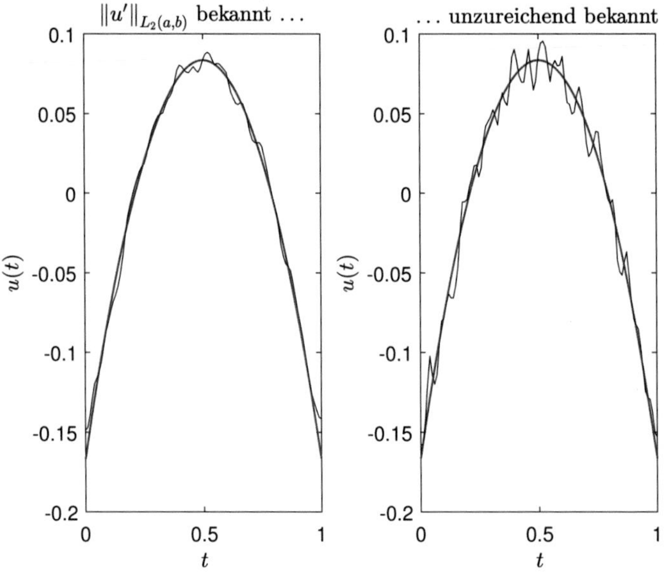


**Abb. 2.12** Lösung der Volterraschen Integralgleichung unter Benutzung von Zusatzinformation

## *2.4.2 Regularisierung durch Dimensionsreduktion*

Wie in Abschnitt 2.2.3 festgestellt und durch die Beispiele in diesem Abschnitt bestätigt, kommt der Wahl des Ansatzraums $X_n \subset X$ einer Näherung $u_n$ der exakten Lösung $u^*$ von $F(u) = w$ eine entscheidende Bedeutung zu. Der Raum $X_n$ muss einerseits reichhaltig genug sein, um eine gute Approximation von $u^*$ gewährleisten zu können, andererseits darf er nicht *zu reichhaltig* sein (zu hochdimensional), da sonst die Robustheit der Konstruktion von $u_n$ gegenüber Fehlern in den Messdaten leidet. Die problemadäquate, adaptive Wahl des Raums $X_n$ wird in Abschnitt 2.5 besprochen werden.

## *2.4.3 Regularisierung nach Tikhonov*

Wenn trotz Sorgfalt bei der Wahl einer Diskretisierung, insbesondere bei der Wahl eines Ansatzraums $X_n \subset X$, das resultierende endlichdimensionale Ausgleichsproblem

$$\text{Minimiere} \quad \|F_n(x) - y^\delta\|_2^2, \quad x \in D \subseteq \mathbb{R}^n, \tag{2.119}$$

nicht genügend gut gestellt ist, um eine befriedigend gute Näherung der Lösung $u^*$ der Operatorgleichung $F(u) = w$ zu erhalten, kann die Regularisierung nach Tikhonov als weitere Maßnahme in Betracht gezogen werden. Es handelt sich um ein mit großer Vorsicht anzuwendendes Verfahren. Wir präsentieren die Ideen, die Vor- und

Nachteile zunächst im einfachsten Fall:

$$F_n \text{ linear und injektiv, } D = \mathbb{R}^n.$$

Dann tritt (2.119) in der Form

$$\text{Minimiere} \quad \|Ax - y^\delta\|_2^2, \quad x \in \mathbb{R}^n, \tag{2.126}$$

auf, wobei $A \in \mathbb{R}^{m,n}$ den Rang $n \leq m$ hat. Nach Satz 1.3 lässt sich die Lösung von (2.126) explizit angeben:

$$x^* = A^+ y^\delta = \sum_{i=1}^{n} \frac{1}{\sigma_i} \cdot (u_i^\top y^\delta) \cdot v_i, \tag{2.127}$$

wobei $\sigma_1 \geq \ldots \geq \sigma_n > 0$ die singulären Werte von $A$ sind und $u_i$ und $v_i$ die Spalten der orthogonalen Matrizen $U$ und $V$ der SVD $A = U\Sigma V^\top$ von $A$. Durch (2.127) ist nachgewiesen, dass das Problem (2.126) formal gut gestellt ist: Es existiert eine eindeutig bestimmte, stabil identifizierbare Lösung. Dennoch kann es sei, dass die mögliche Verstärkung von Fehlern in den Komponenten von $y^\delta$ um den Faktor $1/\sigma_n$ unerträglich groß ist. Nach Tikhonov kann dann statt (2.126) für einen zu wählenden Parameter $t > 0$ das modizfierte Ausgleichsproblem

$$\text{Minimiere} \quad \|Ax - y^\delta\|_2^2 \; + \; t\,\|x\|_2^2, \quad x \in \mathbb{R}^n, \tag{2.128}$$

betrachtet werden, welches sich auch in der Form

$$\text{Minimiere} \quad \|B_t x - c^\delta\|_2^2, \quad x \in \mathbb{R}^n,$$

mit

$$B_t := \begin{pmatrix} A \\ \sqrt{t} I_n \end{pmatrix} \in \mathbb{R}^{m+n,n} \quad \text{und} \quad c^\delta := \begin{pmatrix} y^\delta \\ 0 \end{pmatrix} \in \mathbb{R}^{m+n}$$

schreiben lässt. Wiederholt man die Analyse des Satzes 1.3 für *dieses* Ausgleichsproblem mit der gleichen SVD $S = U\Sigma V^\top$ von $A$, dann ergibt sich folgende bekannte Formel für die Lösung $x_t$ von (2.128):

$$x_t = \sum_{i=1}^{n} \frac{\sigma_i}{\sigma_i^2 + t} \cdot (u_i^\top y^\delta) \cdot v_i = \sum_{i=1}^{n} \frac{\sigma_i^2}{\sigma_i^2 + t} \cdot \frac{1}{\sigma_i} \cdot (u_i^\top y^\delta) \cdot v_i. \tag{2.129}$$

Im Grenzfall $t = 0$ stimmt dies mit (2.127) überein. Die **Filterfaktoren** $\sigma_i^2/(\sigma_i^2 + t)$ liegen für große singuläre Werte $\sigma_i \gg \sqrt{t}$ in der Nähe von 1, gegenüber (2.127) verändern sich die entsprechenden Komponenten einer Lösung kaum. Für $\sigma_i \leq \sqrt{t}$ ist $\sigma_i^2/(\sigma_i^2 + t) \leq \sigma_i^2/(2t)$, die Filterfaktoren liegen also für kleine singuläre Werte $\sigma_i \ll \sqrt{t}$ in der Nähe von 0, gegenüber (2.127) werden die entsprechenden Komponenten einer Lösung, welche besonders anfällig gegenüber Datenfehlern sind, „herausgefiltert".

Die Regularisierung nach Tikhonov führt also auf ein gegenüber (2.126) besser gestelltes Problem (2.128) – welches übrigens auch dann eine eindeutige Lösung hat, wenn $\text{Rang}(A) < n$. Allerdings ist zu beachten, dass es ein *anderes Problem* als das ursprüngliche ist. Die Länge $\|x\|_2$ einer Lösung wird zusätzlich zum Optimierungsziel erhoben. Dies erscheint mutwillig, weil man zwar an Stabilität gewinnt, aber eine Lösung erhält, die man womöglich gar nicht wollte. Aus diesem Grund wird die Tikhonov-Regularisierung meist nur im Kontext einer Untersuchung für den Grenzfall $y^\delta \to y$ betrachtet. Dann können Kriterien für die Wahl der Parameter $t \to 0$ angegeben werden, so dass $x_t \to x^*$. Wir beschäftigen uns nicht mit dem Grenzfall $y^\delta \to y$, wollen aber die Tikhonov-Regularisierung so modifizieren, dass tatsächlich vorhandene Zusatzinformationen berücksichtigt werden können – ähnlich wie in Abschnitt 2.4.1.

### Tikhonov-Regularisierung im linearen Fall

Das Ausgleichsproblem (2.119) tritt für lineares $F_n$ in der Form

$$\text{Minimiere} \quad \|Ax - y^\delta\|_2^2, \quad x \in D \subseteq \mathbb{R}^n, \tag{2.130}$$

mit einer Matrix $A \in \mathbb{R}^{m,n}$ auf. Wir setzen voraus, dass

$$\text{Rang}(A) = n \quad \text{und} \quad D \neq \varnothing \text{ abgeschlossen und konvex.} \tag{2.131}$$

Unter diesen Voraussetzungen besitzt (2.130) eine eindeutig bestimmte, stabil identifizierbare Lösung (Satz 2.13), ist also gut gestellt. Die Lipschitzkonstante $\alpha$ aus der Ungleichung (2.84) von Satz 2.13 ist identisch mit dem kleinsten singulären Wert $\sigma_n$ von $A$, so dass (2.130) zwar formal gut, für die Praxis aber immer noch zu schlecht gestellt sein kann. Weiter sei nun eine Matrix

$$L \in \mathbb{R}^{p,n} \tag{2.132}$$

gegeben. Wir betrachten das modifizierte Problem

$$\text{Minimiere} \quad Z_t(x) := \|Ax - y^\delta\|_2^2 \; + \; t \cdot \|Lx\|_2^2, \quad x \in D \subseteq \mathbb{R}^n, \tag{2.133}$$

für einen Parameter $t \geq 0$, welches sich äquivalent als lineares Ausgleichsproblem

$$\text{Minimiere} \quad \|M_t x - d^\delta\|_2^2, \quad x \in D,$$

mit

$$M_t := \begin{pmatrix} A \\ \sqrt{t}L \end{pmatrix} \in \mathbb{R}^{m+n,n} \quad \text{und} \quad d^\delta := \begin{pmatrix} y^\delta \\ 0 \end{pmatrix} \in \mathbb{R}^{m+n}$$

schreiben lässt. Die zu minimierende Zielfunktion hat die konstante Hessematrix

$$\nabla^2 Z_t(x) = A^\top A + tL^\top L,$$

ist also streng konvex. Die Analyse in [Han92] zeigt, dass beim Übergang von (2.130) zu (2.133) auf ähnliche Weise wie in (2.129) die fehlerverstärkende Wirkung kleiner singulärer Werte von $A$ gedämpft und dadurch die Robustheit der Rekonstruktion verbessert wird.

Beim Optimierungsproblem (2.133) werden zwei Ziele aneinander gekoppelt: Zum einen soll $\|Ax - y^\delta\|_2$ klein werden – dies kann als das Ziel der **Datentreue** interpretiert werden. Zum anderen soll $\|Lx\|_2$ möglichst klein werden. Im Fall der Matrix $L$ aus (2.124) entsprach $\|Lx\|_2$ der $L_2$-Norm der ersten Ableitung der (Spline-) Funktion $u_n = \sum_j x_j \varphi_j$, $\varphi_j = N_{2,j}$, so dass man vom Optimierungsziel der **Glattheit** sprechen kann. Wählt man

$$L = \begin{pmatrix} -1 & 2 & -1 & 0 & 0 & 0 & 0 & \cdots & 0 \\ 0 & -1 & 2 & -1 & 0 & 0 & 0 & \cdots & 0 \\ \vdots & & & \ddots & & & & & \vdots \\ 0 & \cdots & 0 & 0 & 0 & -1 & 2 & -1 & 0 \\ 0 & \cdots & 0 & 0 & 0 & 0 & -1 & 2 & -1 \end{pmatrix} \in \mathbb{R}^{n-2,n}, \qquad (2.134)$$

dann enstpricht $\|Lx\|_2$ der $L_2$-Norm der zweiten Ableitung von $u_n = \sum_j x_j \varphi_j$. Durch Wahl des Parameters $t$ werden die beiden Optimierungsziele gegeneinander gewichtet: Im Grenzfall $t = 0$ kommt es nur auf die Datentreue an und im anderen Grenzfall $t \to \infty$ nur auf die Glattheit (mit $L$ aus (2.134) ergäbe sich die Ausgleichsgerade als Lösung). Da $D$ als abgeschlossen und konvex vorausgesetzt wurde, gibt es eine eindeutig bestimmte Lösung $x_t \in D$ von (2.133). Dies folgt erneut aus Satz 2.13, da wegen (2.131) auch $\mathrm{Rang}(M_t) = n$ für alle $t \geq 0$.

Es können dann zwei stetige Funktionen $J, E : [0,\infty) \to [0,\infty)$ durch

$$J(t) := \|Ax_t - y^\delta\|_2^2 \quad \text{und} \quad E(t) := \|Lx_t\|_2^2$$

definiert werden. Es gilt $Z_t(x_t) = J(t) + tE(t)$. Für $0 < t_1 < t_2$ folgt aus der Optimalität von $x_{t_1}$ beziehungsweise $x_{t_2}$, dass

$$J(t_1) + t_1 E(t_1) \quad < \quad J(t_2) + t_1 E(t_2)$$

ebenso gilt wie

$$J(t_2) + t_2 E(t_2) \quad < \quad J(t_1) + t_2 E(t_1).$$

Die Addition beider Ungleichungen führt auf die Ungleichung

$$(t_1 - t_2)(E(t_1) - E(t_2)) < 0.$$

Ebenso führt die Division der ersten Ungleichung durch $t_1$, der zweiten Ungleichung durch $t_2$ und anschließende Addition auf

$$\frac{t_2 - t_1}{t_1 t_2}(J(t_1) - J(t_2)) < 0.$$

Die Folgerung ist, dass $E$ eine streng monoton fallende und dass $J$ eine streng monoton wachsende Funktion ist. Wir können nun folgende Vorgehensweise ins Auge fassen: Liegt uns die Information

$$\|y - y^\delta\|_2 \approx S \tag{2.135}$$

mit einem $S > 0$ vor – etwa in Form einer Schätzung des Fehlers in den Daten $y^\delta$ – dann erscheint es nicht sinnvoll, nach einer Lösung $x \in D$ mit

$$\|Ax - y^\delta\|_2 < S$$

zu suchen, denn ein solches $x$ würde eine „genaue Erklärung falscher Daten" liefern. Stattdessen bestimmen wir nach Möglichkeit $t > 0$ so, dass für die Lösung $x_t$ von (2.133)

$$J(t) = \|Ax_t - y^\delta\|_2^2 = S^2 \tag{2.136}$$

gilt. Dies ist wegen der strengen Monotonie und Stetigkeit von $J$ eindeutig möglich, wenn die beiden Bedingungen

$$J(0) < S^2 \quad \text{und} \quad \lim_{t \to \infty} J(t) > S^2$$

erfüllt sind.[5] Diese Vorgehensweise zur Bestimmung von $t$ und damit $x_t$ heißt das **Diskrepanzprinzip von Morozov**. Nach dem Diskrepanzprinzip wird also die im Sinn des Funktionals $\|L \bullet\|_2$ glatteste Lösung $x_t$ ausgewählt, welche die Bedingung der Datentreue $\|Ax_t - y^\delta\|_2 \leq S$ gerade noch erfüllt.

Der Übergang von (2.130) zu (2.133) mit Wahl des Parameters $t$ nach dem Diskrepanzprinzip ist mit zwei Warnhinweisen zu versehen. *Erstens* favorisiert die Wahl eines im Rahmen der geforderten Datentreue maximal großen Parameters $t$ solche Lösungen $x$ des Ausgleichsproblems, welche auf (im durch $\|Lx\|_2$ definierten Sinn) *glatte* Näherungen $u_n = \sum_j x_j \varphi_j$ der gesuchten Lösung $u^*$ der Operatorgleichung $F(u) = w^*$ führen. Das ist nur dann sinnvoll, wenn bekannt ist, dass $u^*$ ebenfalls diese Glattheitseigenschaft hat und steuert ansonsten die Rekonstruktion $u_n$ in eine falsche Richtung. Beispielsweise wäre es nicht sinnvoll, die Matrix $L$ aus (2.134) zu verwenden, wenn bekannt ist, dass die Funktion $u^*$ stark gekrümmt ist. *Zweitens* könnte es sein, dass ein „optimaler" Approximant $u_n^* = \sum x_j^* \varphi_j \in X_n$ von $u^*$ die Eigenschaft

[5] Gilt hingegen $J(0) \geq S^2$, so ist $x_0$ zu wählen und gilt $\lim_{t \to \infty} J(t) \leq S^2$, so ist die Lösung $x_\infty$ zu wählen.

$\|b^\delta - Ax^*\|_2 < S$ hat. In diesem Fall würde durch das Diskrepanzprinzip ein zu großer Parameter $t$ gewählt, das heißt es würde „überregularisiert".

(Der zweite Einwand ist im Grunde bereits im ersten enthalten. Entspräche nämlich der Extremfall $\|Lx\|_2 = 0$ einer tatsächlichen Eigenschaft von $u^*$, dann wäre ein perfektes Erfüllen dieser Eigenschaft kein Schaden.) Die technischen Details der Minimierung (2.133) und der Lösung von (2.136) mithilfe der Newton-Iteration werden im Fall $D = \mathbb{R}^n$ in [Ric20] besprochen.

### Tikhonov-Regularisierung im nichtlinearen Fall

Wir haben das endlichdimensionalen Ausgleichsproblem

$$\text{Minimiere} \quad \|F_n(x) - y^\delta\|_2^2, \quad x \in D \subseteq \mathbb{R}^n, \tag{2.119}$$

zu lösen. Dieses Problem ist unter den in Satz 2.22 genannten Bedingungen gut gestellt. Es kann jedoch durchaus der Fall eintreten, dass diese Bedingungen *nicht* erfüllt sind – zum Beispiel weil $y^\delta$ zu weit von einer stark gekrümmten Fläche $F_n(D)$ entfernt liegt oder weil keine genügend beschränkte kompakte Menge $D$ (in Satz 2.22 $\mathcal{U}$ genannt) bekannt ist – oder dass sie zwar formal erfüllt sind und insbesondere

$$\text{Rg}(DF_n(x)) = n \quad \text{für alle} \quad x \in D \tag{2.120}$$

gilt, dass aber die Funktionalmatrizen $DF_n(x)$ so kleine minimale singuläre Werte $\sigma_n$ aufweisen, dass die Identifikation des Parameters $x$ in (2.119) nicht genügend stabil möglich ist.

In dieser Situation kann man versuchen, den Ansatz der Tikhonov-Regularisierung auf den nichtlinearen Fall (2.119) zu übertragen. Die Grundlagen der nichtlinearen Tikhonov-Regularisierung wurden in der Arbeit [EKN89] gelegt, in der das Problem

$$\text{Minimiere} \quad T_t(x) := \|F_n(x) - y^\delta\|_2^2 \ + \ t \cdot \|x - x^*\|_2^2, \quad x \in D \subseteq \mathbb{R}^n, \tag{2.137}$$

betrachtet wird. Die Menge $D$ wird als nichtleer, konvex und abgeschlossen vorausgesetzt, $t > 0$ ist ein fest gewählter Parameter und $x^* \in D$ ein fest gewählter Vektor. Das **Penalty-Funktional** $t\|\bullet\|_2^2$ aus (2.128), das dazu führte, dass Lösungen kurzer Länge favorisiert werden, wird durch das Penalty-Funktional $t\|\bullet - x^*\|_2^2$ ersetzt. Es kommt jetzt also auf die Entfernung von $x^*$ an, die nach Möglichkeit klein werden soll. Dies ist dann (und nur dann) sinnvoll, wenn $x^*$ eine (gute) Näherung der gesuchten Lösung ist. Wir verallgemeinern die Aufgabenstellung und betrachten stattdessen das Problem

$$\text{Minimiere} \quad S_t(x) := \|F_n(x) - y^\delta\|_2^2 + t \cdot G(x), \quad x \in D \subseteq \mathbb{R}^n. \tag{2.138}$$

Um einige der Resultate aus [EKN89] auf diesen verallgemeinerten Fall übertragen zu können, setzen wir Folgendes von $G$ voraus

| | |
|---|---|
| **Stetigkeit:** | $G : D \to [0, \infty)$ ist stetig |
| **Konvexität:** | $G(\lambda x_1 + (1-\lambda)x_2) \le \lambda G(x_1) + (1-\lambda)G(x_2)$ für alle $x_1, x_2 \in D$ und $\lambda \in [0,1]$ (2.139) |
| **Definitheit:** | Es gibt genau ein $x_0 \in D$ mit $G(x_0) = 0$ |
| **Koerzitivität:** | $\|x\|_2 \to \infty \implies G(x) \to \infty$ |

Die Problemstellung (2.138) beinhaltet (2.137) als Spezialfall, denn die durch

$$G(x) := \|x - x^*\|_2^2$$

definierte Funktion $G$ besitzt die Eigenschaften (2.139) mit $x_0 = x^*$ (sofern $x^* \in D$). Auch die Wahl

$$G(x) := \sum_{i=1}^{n-1} |x_{i+1} - x_i| + \alpha \|x\|_2^2 \tag{2.140}$$

mit einem festen (kleinen) $\alpha > 0$ ist möglich. Der erste Summand entspricht der totalen Variation der durch $x$ dargestellten Spline $u_n = \sum_j x_j N_{2,j}$ – bei multivariaten Funktionen ist dies zu modifizieren. Die Regularisierung unter Benutzung der totalen Variation einer Funktion geht auf [ROF92] zurück, wo sie als geeignete Methode zur Rekonstruktion von durch Rauschen gestörten Bilder eingeführt wurde. Im Grenzfall $\alpha = 0$ geht für die in (2.140) definierte Funktion $G$ die Koerzitivität verloren und die nachfolgenden Aussagen gelten dann nur, wenn die Menge $D$ zusätzlich beschränkt ist.

*Für den Rest des Abschnitts schreiben wir $F$ statt $F_n$, damit keine Verwechslung mit der Indizierung von Folgen entsteht.*

Zuerst wird festgestellt, dass das Problem (2.138) stets eine Lösung besitzt. Für kompaktes $D$ ist das aufgrund der Stetigkeit von $F$ und $G$ klar, für unbeschränktes $D$ wird die Koerzitivität des Penalty-Funktionals benötigt.

**Satz 2.25 (Existenz eines Minimierers).** *Es sei $t > 0$, $D \subseteq \mathbb{R}^n$ nicht leer und abgeschlossen und $F : D \to \mathbb{R}^m$ sei stetig. Dann hat die in (2.138) definierte Funktion $S_t$ einen Minimierer $x_t \in D$.*

*Beweis.* Das Infimum $\mu := \inf\{S_t(x);\ x \in D\}$ existiert, da $S_t(x) \ge 0$ für alle $x \in D$. Dann gibt es für jedes $n \in \mathbb{N}$ ein $x_n \in D$ mit der Eigenschaft $S_t(x_n) \le \mu + 1/n$, so dass die Folgen $(F(x_n))_{n\in\mathbb{N}}$ and $(G(x_n))_{n\in\mathbb{N}}$ beschränkt sind. Wegen der Koerzitivitätsbedingung an $G$ muss dann auch die Folge $(x_n)_{n\in\mathbb{N}}$ beschränkt sein. Nach dem Satz von Bolzano-Weierstraß existiert eine konvergente Teilfolge $(x_{n_k})_{k\in\mathbb{N}}$ von $(x_n)_{n\in\mathbb{N}}$, so dass $x_{n_k} \to \bar{x} \in D$ (denn $D$ ist abgeschlossen) und $F(x_{n_k}) \to \bar{y} = F(\bar{x})$

(denn $F$ ist stetig). Wegen der Stetigkeit von $G$ ist auch $S_t$ stetig und es folgt $S_t(\bar{x}) = \lim_{k\to\infty} S_t(x_{n_k}) = \mu$, das heißt $x_t := \bar{x}$ ist ein Minimierer. □

Ohne weitere Voraussetzungen an die Funktion $F$ ist der Minimierer jedoch selbst dann nicht eindeutig bestimmt, wenn die Gleichung $F(x) = y$ für jedes $y \in F(D)$ eindeutig lösbar ist, wie wir es im Sinn der Identifizierbarkeit von Parametern stets gefordert hatten.

*Beispiel 2.26.* Gegeben seien $D = [\pi/4, 7\pi/4]$ und

$$F : D \to \mathbb{R}^2, \quad t \mapsto \begin{pmatrix} \cos(t) \\ \sin(t) \end{pmatrix}.$$

Die Funktion $F$ ist injektiv, also sind die Parameter $t \in D$ identifizierbar. Ebenso hat

$$DF(t) = \dot{F}(t) = \begin{pmatrix} -\sin(t) \\ \cos(t) \end{pmatrix}$$

für jedes $t \in D$ den Rang $n = 1$, somit ist auch die lineare Identifizierbarkeit gegeben. Weiterhin sei nun $y^\delta = (1,0)^\top \notin F(D)$ gegeben. Wir betrachten das nichtlineare Tikhonov-Funktional der speziellen Bauart (2.137)

$$T_\lambda(t) := \|F(t) - y^\delta\|_2^2 + \lambda \cdot (t - \pi)^2$$

(hier wird der Regularisierungsparameter $\lambda$ genannt). In Abbildung 2.13 wird

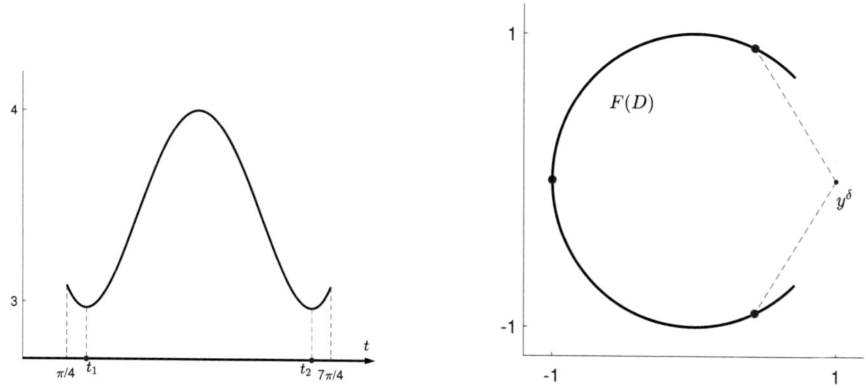


**Abb. 2.13** Tikhonov-Funktional $T_\lambda$, Fläche $F(D)$ und Datum $y^\delta$

(links) der Graph dieses Tikhonov-Funktionals für den speziellen Parameter $\lambda = \sqrt{2}/\pi$ gezeichnet. Es gibt zwei globale Minimalstellen bei $t_1$ und $t_2$. Rechts in Abbildung 2.13 sind neben der Fläche $F(D)$ und dem Datum $y^\delta$ in rot die beiden $t_1$ und $t_2$ entsprechenden Punkte auf der Fläche $F(D)$ eingezeichnet. Mit wachsendem $\lambda$ bewegen sich diese beiden Punkte symmetrisch zueinander auf den blauen Punkt zu: Je größer nämlich $\lambda$, umso mehr entscheidet die Nähe von $t$ zum Wert $\pi$ über die Minimalstelle des Tikhonov-Funktionals. Im anderen Grenzfall $\lambda = 0$ lägen die roten Punkte an den Enden des Kreissegments $F(D)$, durch Minimierung von $T_0$ würde dann die beiden $y^\delta$ nächstgelegenen Punkte aus $F(D)$ ausgewählt. ◁

Die Tatsache, dass es für festes $t > 0$ mehrere Minimierer von $S_t$ geben kann, erschwert die Wahl des Regularisierungsparameters. Liegt wie im linearen Fall die Information

$$\|y - y^\delta\|_2 \approx S \tag{2.135}$$

vor, dann würde man gerne wieder das Diskrepanzprinzip von Morozov anwenden und $t$ so wählen, dass $\|F(x_t) - y^\delta\|_2^2 = S^2$. Im Allgemeinen ist dies nicht möglich, weil für festes $t > 0$ die Menge

$$\mathcal{M}_t := \{\hat{x} \in D;\ S_t(\hat{x}) \le S_t(x) \text{ für alle } x \in D\}$$

der Minimierer von $S_t$ mehr als ein Element hat und $\|F(x_t) - y^\delta\|_2^2$ deswegen *keine Funktion von t ist*. Immerhin gilt noch

$$0 < t_1 < t_2 \implies \|F(x_{t_1}) - y^\delta\|_2 \le \|F(x_{t_2}) - y^\delta\|_2 \text{ für alle } x_{t_1} \in \mathcal{M}_{t_1},\ x_{t_2} \in \mathcal{M}_{t_2},$$

was sich genauso zeigen lässt wie im linearen Fall. Genauere Untersuchungen zum Diskrepanzprinzip findet man in der Arbeit [AR10], in der Folgendes festgestellt wird.

**Satz 2.27 (Diskrepanzprinzip im nichtlinearen Fall).** *Die Voraussetzungen des Satzes 2.25 seien erfüllt, ebenso seien für G die Voraussetzungen (2.139) erfüllt. Es sei* $1 < \tau_1 \le \tau_2$ *und es gelte*

$$\|y - y^\delta\|_2 \le S < \tau_2 S < \|F(x_0) - y^\delta\|_2$$

*für* $x_0 \in D$ *wie in (2.139). Ferner gebe es für kein* $t > 0$ *zwei Minimierer* $x_1, x_2 \in \mathcal{M}_t$ *mit der Eigenschaft*

$$\|F(x_1) - y^\delta\|_2 < \tau_1 S \le \tau_2 S < \|F(x_2) - y^\delta\|_2. \tag{2.141}$$

*Dann gibt es ein* $t > 0$ *und ein* $x_t \in \mathcal{M}_t$ *so, dass*

$$\tau_1 S \le \|F(x_t) - y^\delta\|_2 \le \tau_2 S \tag{2.142}$$

*gilt.* ◁

Die Wahl von $t$ gemäß (2.142) wird ebenfalls als Diskrepanzprinzip von Morozov bezeichnet.

Die folgenden Aussage zum Fehler der durch die Minimierung des Tikhonov-Funktionals bestimmten Näherungslösung, die wir aus [EKN89] entnehmen, ist nur noch für den Spezialfall des „klassischen" Tikhonov-Funktionals (2.137) formuliert.

Aussagen zu (2.138) existieren ebenfalls, sind jedoch schwieriger zu formulieren (siehe beispielsweise [AR10]).

Es seien $y \in \mathbb{R}^m$ *exakte* Messwerte. Im Sinn der Identifizierbarkeit von Parametern wird angenommen, dass die Gleichung $F(x) = y$ eine Lösung hat. Die Menge $\{x \in D;\ F(x) = y\}$ ist dann nicht leer und, da $F$ stetig ist, abgeschlossen. Mit Argumenten wie im Beweis von Satz 2.25 lässt sich zeigen, dass ein

$$\hat{x} \in D \text{ mit } F(\hat{x}) = y \text{ und } \|\hat{x} - x^*\|_2 = \min\{\|x - x^*\|_2;\ x \in D,\ F(x) = y\} \tag{2.143}$$

existiert. Jedes $\hat{x}$ mit der Eigenschaft (2.143) wird **$x^*$-Minimum-Norm-Lösung** der Gleichung $F(x) = y$ genannt. Aus [Heu08], S. 284, entnehmen wir den folgenden Sachverhalt. Es sei $U \subseteq \mathbb{R}^n$ eine offene Menge und $F : U \to \mathbb{R}^m$ sei zweimal stetig differenzierbar. Ferner seien $x_0, h \in \mathbb{R}^n$ so gewählt, dass das Geradensegment von $x_0$ nach $x_0 + h$ vollständig in $U$ enthalten ist. Dann gilt

$$F(x_0 + h) = F(x_0) + DF(x_0)h + r(x_0, h),$$

mit einem vektorwertigen Fehlerterm $r(x_0, h)$, dessen Komponenten

$$r_i(x_0, h) = \sum_{j,k=1}^{n} \left( \int_0^1 \frac{\partial^2 F_i}{\partial x_j \partial x_k}(x_0 + th)(1 - t)\, dt \right) h_j h_k, \quad i = 1, \ldots, m \tag{2.144}$$

lauten. Hier sind $h_j, h_k$ die Komponenten des Vektors $h$.

**Satz 2.28 (Fehlerabschätzung der nichtlinearen Tikhonov-Regularisierung).** *Es sei $t > 0$, es sei $D \subseteq U \subseteq \mathbb{R}^n$ mit einer offenen Menge $U$ und einer nichtleeren, abgeschlossenen und konvexen Menge $D$, es sei $F : U \to \mathbb{R}^m$ zweimal stetig differenzierbar und es sei $x_0$ eine $x^*$-Minimum-Norm-Lösung der Gleichung $F(x) = y$. Gegeben sei ferner $y^\delta \in \mathbb{R}^m$ mit $\|y - y^\delta\|_2 \leq S$ für ein $S > 0$. Es sei $x_t$ ein Minimierer von (2.137). Es existiere ein $w \in \mathbb{R}^m$ mit der Eigenschaft*

$$x_0 - x^* = DF(x_0)^\top w. \tag{2.145}$$

*Für $h := x_t - x_0$ werde $r(x_0, h)$ wie in (2.144) definiert und für den Vektor $w$ aus (2.145) gelte*

$$2|w^\top r(x_0, h)| \leq \rho \|h\|_2^2, \quad \rho < 1. \tag{2.146}$$

*Für Konstanten $1 < \tau_1 \leq \tau_2$ seien $t$ und $x_t$ so gewählt, dass*

$$\tau_1 S \leq \|F(x_t) - y^\delta\|_2 \leq \tau_2 S. \tag{2.147}$$

*Dann gilt die Abschätzung*

$$\|x_t - x_0\|_2 \leq C\sqrt{S} \tag{2.148}$$

*mit einer Konstanten $C$. Ist $S$ klein genug, dann kann nur eine einzige $x^*$-Minimum-Norm-Lösung $x_0$ die Bedingungen (2.145) und (2.146) gleichzeitig erfüllen.* ◁

*Beweis.* Nach Satz 2.25 existiert ein Minimierer $x_t$ von $T_t$. Für diesen gilt

$$T_t(x_t) = \|F(x_t) - y^\delta\|_2^2 + t\|x_t - x^*\|_2^2 \le T_t(x_0) \le S^2 + t\|x_0 - x^*\|_2^2,$$

denn es gilt ja $F(x_0) = y$ und $\|y - y^\delta\|_2 \le S$. Folglich erhalten wir

$$\begin{aligned}
&\|F(x_t) - y^\delta\|_2^2 + t\|x_t - x_0\|_2^2 \\
&= \|F(x_t) - y^\delta\|_2^2 + t\left(\|x_t - x^*\|_2^2 + \|x_t - x_0\|_2^2 - \|x_t - x^*\|_2^2\right) \\
&\le S^2 + t\left(\|x_0 - x^*\|_2^2 + \|x_t - x_0\|_2^2 - \|x_t - x^*\|_2^2\right) \\
&= S^2 + 2t\,(x_0 - x^*)^\top (x_0 - x_t) = S^2 + 2tw^\top (DF(x_0)(x_0 - x_t)),
\end{aligned}$$

wobei zur Herleitung der letzten Gleichung (2.145) benutzt wurde. Wegen $F(x_0) = y$ ist

$$DF(x_0)(x_0 - x_t) = \left(y - y^\delta\right) + \left(y^\delta - F(x_t)\right) + (F(x_t) - F(x_0) - DF(x_0)(x_t - x_0))$$

und da außerdem $F(x_t) - F(x_0) - DF(x_0)(x_t - x_0) = r(x_0, h)$ gilt, lässt sich wegen (2.146) aus der obigen Ungleichung

$$\|F(x_t) - y^\delta\|_2^2 + t\|x_t - x_0\|_2^2 \le S^2 + 2tS\|w\|_2 + 2t\|w\|_2\|F(x_t) - y^\delta\|_2 + t\rho\|x_t - x_0\|_2^2$$

herleiten. Dies zeigt die Ungleichung

$$\|F(x_t) - y^\delta\|_2^2 + t(1-\rho)\|x_t - x_0\|_2^2 \le S^2 + 2tS\|w\|_2 + 2t\|w\|_2\|F(x_t) - y^\delta\|_2,$$

aus der man mit $\tau_1 S \le \|F(x_t) - y^\delta\|_2 \le \tau_2 S$

$$\tau_1^2 S^2 + t(1-\rho)\|x_t - x_0\|_2^2 \le S^2 + 2tS\|w\|_2 + 2t\|w\|_2 \tau_2 S$$

ableitet. Da $(1 - \tau_1^2) \le 0$ gilt, zeigt dies

$$t(1-\rho)\|x_t - x_0\|_2^2 \le 2t\|w\|_2(1 + \tau_2)S$$

und dies bestätigt die Abschätzung (2.148). Wären $x_0 \ne x_1$ zwei $x^*$-Minimum-Norm-Lösungen mit (2.145) und (2.146), dann wäre nach dem gerade Gezeigrten $\|x_t - x_0\|_2 \le C_1\sqrt{S}$ und gleichzeitig $\|x_t - x_1\|_2 \le C_2\sqrt{S}$. Dann wäre aber $\|x_0 - x_1\|_2 \le (C_1 + C_2)\sqrt{S}$. Dies führt zu einem Widerspruch, wenn $S \to 0$. □

Die Bedingung (2.145) heißt **Quelldarstellungs-Bedingung**. Unter der Voraussetzung des Abschnitts 2.3, dass $DF(x_0)$ vollen Spaltenrang $n$ hat, ist diese Bedingung stets erfüllt. Die Bedingung (2.145) wird in Sect. 1.3 von [Kir11] und in Sect. 3.2 von [EHN96] als eine „abstrakte Glattheitsbedingung“ an die Lösung $x_0$ interpretiert und stellt damit eine Information dar, die a priori über $x_0$ bekannt ist. Die Bedingung (2.146) ist erfüllt, wenn entweder die zweiten Ableitungen von $F$ genügend stark beschränkt sind, was als eine Beschränkung der erlaubten Nichtlinearität von $F$ aufgefasst werden kann, oder wenn $x^*$ dicht genug bei $x_0$ liegt. Letzteres bedeutet, dass $x^*$ dicht genug an der (gewünschten) Lösung von $F(x) = y$ liegen muss – wie auch schon bei der Definition des Funktionals $T_t$ bemerkt. Auch dies stellt wiederum eine Information a priori dar. *Wie ebenfalls schon des öfteren bemerkt, sind Zusatzinformationen essentiell, wenn Regularisierung funktionieren soll.*

## 2.5 Regularisierung mit stochastischen Daten

Inverse Probleme in Form von Identifikationsproblemen hatten wir als Gleichungen formuliert: Für eine Abbildung

$$F : \mathcal{U} \to \mathcal{W}$$

ist die Gleichung

$$F(u) = w$$

für gegebenes $w \in \mathcal{W}$ nach $u \in \mathcal{U}$ aufzulösen. In diesem Abschnitt wird unterstellt, dass

*$\mathcal{U}$ ein linearer Raum und $F$ eine lineare Abbildung*

ist. Möglichkeiten einer Umsetzung der zu besprechenden stochastischen Regularisierung auch im nichtlinearen Fall werden dann für konkrete Anwendungsfälle im Kapitel 3 besprochen.

Ausgehend von der Abbildung

$$F : \mathcal{U} \to \mathcal{W}, \quad u \mapsto F(u) =: w$$

und der Einführung des Beobachtungsoperators

$$\Psi : \mathcal{W} \to \mathcal{M},$$

der jeder möglichen Wirkung $w$ eine entsprechende Beobachtung/Messung

$$\Psi(w) \in \mathcal{M}$$

zuordnet, ergibt sich die Beobachtungsgleichung

$$\Psi(F(u)) = \Psi(w)$$

mit der Aufgabe, aus einem gemessenen Wert $\Psi(w)$ eine entsprechende Wirkung $\hat{u}$ zu berechnen.
Diese Vorgehensweise ist nicht mehr adäquat, falls die Messungen zufälligen Störungen unterworfen sind. Um diese Effekte zu modellieren, verwendet man in einem ersten Schritt eine $\sigma$-Algebra $\mathscr{M}$ über $\mathcal{M}$, einen Wahrscheinlichkeitsraum $(\Omega, \mathscr{S}, P)$ und einen stochastischen Beobachtungsoperator

$$\Psi_S : \mathcal{W} \times \Omega \to \mathcal{M}$$

derart, dass

$$\Psi_S(w, \bullet) : \Omega \to \mathcal{M}, \quad \omega \mapsto \Psi_S(w, \omega)$$

für jedes $w \in \mathcal{W}$ $\mathscr{S}$-$\mathscr{M}$-messbar ist. Aus der Beobachtungsgleichung

$$\Psi(F(u)) = \Psi(w)$$

wird dann

$$\Psi_S(F(u), \omega) = \Psi_S(w, \omega) \quad \text{für alle} \quad \omega \in \Omega.$$

Entscheidend ist nun, dass die rechte Seite $\Psi_S(w, \omega)$ nicht mit frei wählbaren Variablen $(w, \omega)$ ausgewertet werden kann, sondern dass zu jedem festen $w$ durch den Beobachtungsvorgang selbst (also nicht von außen beeinflussbar) stets eine Realisierung der Zufallsvariablen

$$\Psi_S(w, \bullet) : \Omega \to \mathcal{M}, \quad \omega \mapsto \Psi_S(w, \omega)$$

notiert durch $\Psi_S(w, \hat{\omega})$ sichtbar wird. Die nicht beeinflussbare Wahl von $\hat{\omega} \in \Omega$ repräsentiert den Zufall. Die prinzipielle Aufgabe besteht nun darin, aus der Gleichung

$$\Psi_S(F(u), \hat{\omega}) = \Psi_S(w, \hat{\omega})$$

ein geeignetes $\hat{u} \in \mathcal{U}$ ohne explizite Kenntnis von $\hat{\omega} \in \Omega$ zu berechnen.
Betrachtet man zum Beispiel $\mathcal{M} = \mathbb{R}^n$, $\mathscr{M} = \mathscr{B}^n$ und einen stochastischen Beobachtungsoperator mit additivem Fehler, so ergibt sich:

$$\Psi_S : \mathcal{W} \times \Omega \to \mathbb{R}^n, \quad (w, \omega) = \Psi(w) + e(\omega)$$

mit einem deterministischen Beobachtungsoperator $\Psi$ und einer $n$-dim. reellen Zufallsvariablen $e : \Omega \to \mathbb{R}^n$. Aus

$$\Psi_S(F(u), \omega) = \Psi_S(w, \omega) \quad \text{für alle} \quad \omega \in \Omega$$

wird dann

$$\Psi(F(u)) + e(\omega) = \Psi(w) + e(\omega) \quad \text{für alle} \quad \omega \in \Omega.$$

Aus der obigen Bemerkung folgt, dass die Summanden $\Psi(w)$ und $e(\omega)$ nicht einzeln beobachtet werden können, sondern dass für $w$ stets ein Ergebnis der Form $\Psi(w) + e(\hat{\omega})$ mit $\hat{\omega} \in \Omega$ sichtbar wird. Es stellt sich also in diesem Falle die Aufgabe, ohne explizite Kenntnis von $\hat{\omega} \in \Omega$ aus der Gleichung

$$\Psi(F(u)) + e(\hat{\omega}) = y \quad (:= \Psi(w) + e(\hat{\omega}))$$

ein geeignetes $\hat{u} \in \mathcal{U}$ zu berechnen, wobei $y \in \mathbb{R}^n$ die gemessene Wirkung repräsentiert. Zu diesem Zweck geht man dazu über, endlichdimensionale Unterräume $\mathcal{U}_m \subset \mathcal{U}$ mit $\dim(\mathcal{U}_m) = m < n$ zu betrachten. Ist nun $\{u_1, \ldots, u_m\}$ eine Basis von $\mathcal{U}_m$, so erhält man mit der Darstellung

$$u = \sum_{j=1}^{m} \beta_j u_j$$

aus der Linearität von $F$:

$$\Psi\left(\sum_{j=1}^{m}\beta_j F(u_j)\right)+e(\hat{\omega})=y.$$

Setzt man auch die Linearität des deterministischen Beobachtungsoperators $\Psi$ voraus, so erhält man

$$\sum_{j=1}^{m}\beta_j\Psi(F(u_j))+e(\hat{\omega})=y.$$

Mit der Matrix

$$\mathbf{X}:=(\Psi(F(u_1)),\ldots,\Psi(F(u_m)))\in\mathbb{R}^{n,m}\quad\text{(in Spaltenform)}$$

und dem Vektor

$$\beta=\begin{pmatrix}\beta_1\\ \vdots\\ \beta_m\end{pmatrix}$$

ergibt sich aus

$$\sum_{j=1}^{m}\beta_j\Psi(F(u_j))+e(\hat{\omega})=y$$

das lineare Gleichungssystem in $\beta$:

$$\mathbf{X}\beta+e(\hat{\omega})=y.$$

Um nun einen Weg zu finden, dieses Gleichungssystem in $\beta$ zu lösen und damit $\hat{u}$ berechnen zu können, müssen über die Zufallsvariable $e$ noch gewisse Annahmen getroffen werden, da - wie bereits erwähnt - $e$ nicht einfach an einer Stelle $\hat{\omega}$ ausgewertet werden kann. Da $e$ einen Messfehler repräsentiert, geht man von folgenden Annahmen aus:

- Erwartungswert von $e$ gleich dem Nullvektor:

$$E(e)=\mathbf{0}.$$

  Diese Annahme bedeutet, dass in der Zufallsvariable $e$, die den Messfehler repräsentiert, keine systematische Verzerrung der Messung vorliegt; diese würde man durch einen deterministischen Term modellieren.
- Kovarianzmatrix von $e$ gleich dem Vielfachen der Einheitsmatrix:

$$K(e)=\sigma^2\mathbf{I},\quad \sigma^2\in\mathbb{R}^+.$$

  Diese Annahme bedeutet, dass sich die einzelnen Messfehler nicht gegenseitig beeinflussen.

Nun betrachten wir die Zufallsvariable

$$\|e\|_2^2:\Omega\to\mathbb{R},\quad \omega\mapsto\|e(\omega)\|_2^2.$$

Aufgrund der obigen Annahmen ergibt sich:

- $E\left(\|e\|_2^2\right) = 0.$
- $V\left(\|e\|_2^2\right) = n\sigma^2 \quad \left(\text{Varianz von } \|e\|_2^2\right).$

Es macht also Sinn zu versuchen, den Vektor $\beta$ durch

$$\tilde{\beta} = \underset{\beta \in \mathbb{R}^m}{\operatorname{argmin}} \left\{ \|e(\hat{\omega})\|_2^2 \right\} = \underset{\beta \in \mathbb{R}^m}{\operatorname{argmin}} \left\{ \|y - \mathbf{X}\beta\|_2^2 \right\}$$

zu berechnen. Unter der Voraussetzung, dass die Matrix $\mathbf{X}$ vollen Rang hat, erhalten wir:

$$\tilde{\beta} = \left(\mathbf{X}^\top \mathbf{X}\right)^{-1} \mathbf{X}^\top y.$$

Unter Verwendung der Zufallsvariablen

$$\mathbf{y} : \Omega \to \mathbb{R}^n, \quad \omega \mapsto \Psi(w) + e(\omega)$$

ist die Funktion

$$B : \Omega \to \mathbb{R}^m, \quad \omega \mapsto \left(\mathbf{X}^\top \mathbf{X}\right)^{-1} \mathbf{X}^\top \mathbf{y}(\omega)$$

die zu $\tilde{\beta}$ gehörige Schätzfunktion, denn es gilt:

$$\tilde{\beta} = B(\hat{\omega}).$$

Ein wichtiges Kriterium der mathematischen Statistik zur Bewertung von Schätzfunktionen ist die Erwartungstreue: Der Erwartungswert einer Schätzfunktion sollte gleich dem zu schätzenden Parameter sein. In unserem Fall gilt:

$$E(B) = \left(\mathbf{X}^\top \mathbf{X}\right)^{-1} \mathbf{X}^\top \mathbf{X}\beta = \beta;$$

somit ist $B$ erwartungstreu.
Da wir von einem schlecht gestellten Problem

$$F(u) = w$$

ausgegangen sind, ist zu erwarten, dass die Lösung des Optimierungsproblems

$$\underset{\beta \in \mathbb{R}^m}{\operatorname{argmin}} \left\{ \|y - \mathbf{X}\beta\|_2^2 \right\}$$

zu Schwierigkeiten führt, entweder dadurch, dass $\mathbf{X}$ nicht vollen Rang besitzt oder dadurch, dass der kleinste Singulärwert von $\mathbf{X}$ sehr klein ist. Daher könnte man zur regularisierten Variante

$$\tilde{\beta}_T = \underset{\beta \in \mathbb{R}^m}{\operatorname{argmin}} \left\{ \|e(\hat{\omega})\|_2^2 + t\,\|\beta\|_2^2 \right\} = \underset{\beta \in \mathbb{R}^m}{\operatorname{argmin}} \left\{ \|y - \mathbf{X}\beta\|_2^2 + t\,\|\beta\|_2^2 \right\}, \quad t > 0$$

mit der eindeutigen Lösung

$$\tilde{\beta}_T = \left(\mathbf{X}^\top \mathbf{X} + t\mathbf{I}\right)^{-1} \mathbf{X}^\top y$$

übergehen.

Aus Sicht der numerischen Mathematik wäre die Aufgabe erfüllt; es stellt sich aber die Frage, ob die nun erhaltene Schätzfunktion

$$\begin{aligned} B_T : \Omega \to \mathbb{R}^m, \quad \omega \mapsto & \operatorname*{argmin}_{\beta \in \mathbb{R}^m} \left\{ \|e(\omega)\|_2^2 + t \|\beta\|_2^2 \right\} \\ &= \left(\mathbf{X}^\top \mathbf{X} + t\mathbf{I}\right)^{-1} \mathbf{X}^\top \mathbf{y}(\omega) \end{aligned}$$

erwartungstreu ist. Es gilt

$$\begin{aligned} E(B_T) &= \left(\mathbf{X}^\top \mathbf{X} + t\mathbf{I}_m\right)^{-1} \mathbf{X}^\top \mathbf{X}\beta \\ &= \beta - t\left(\mathbf{X}^\top \mathbf{X} + t\mathbf{I}\right)^{-1} \beta \end{aligned}$$

Für $t = 0$ ist $B_T$ erwartungstreu; die Tikhonov-Regularisierung ($t > 0$) wird durch die Verzerrung (Bias)

$$-t\left(\mathbf{X}^\top \mathbf{X} + t\mathbf{I}\right)^{-1} \beta$$

erkauft. Dies ist aus stochastischer Sicht nicht akzeptabel; daher wählt man eine Regularisierung, die sich aus der mathematischen Statistik ergibt. Entscheidend ist dabei die Frage, wie der endlichdimensionale Unterraum $\mathcal{U}_m \subset \mathcal{U}$ zu wählen ist. Man benötigt also eine Regularisierungsstrategie zur Reduktion der Dimension des Vektorraums der in Frage kommenden Ursachen. Dabei verwendet man für einen fest gewählten Unterraum $\mathcal{U}_m$, $m < n$, die erwartungstreue Schätzfunktion

$$S^2 : \Omega \to [0, \infty), \quad \omega \mapsto \frac{1}{n-m} \|\mathbf{y}(\omega) - \mathbf{X}B(\omega)\|_2^2$$

für die unbekannte Varianz $\sigma^2$ der Messfehlerkomponenten. Die Regularisierung ergibt sich nun aus der Minimierung der Größe

$$S^2(\hat{\omega}) = \frac{1}{n-m} \left\| y - \mathbf{X}\tilde{\beta} \right\|_2^2$$

über alle in Frage kommenden endlich dimensionalen Unterräume $\mathcal{U}_m$ mit

$$\dim(\mathcal{U}_m) = m, \quad m = 1, \ldots, n-1,$$

wobei nach der Wahl einer Basis

$$u_1, \ldots, u_m$$

von $\mathcal{U}_m$ die Matrix **X** gegeben ist durch

$$\mathbf{X} := (\Psi(F(u_1)), \ldots, \Psi(F(u_m))) \in \mathbb{R}^{n,m} \quad \text{(in Spaltenform)}$$

und

$$y = \Psi(w) + e(\hat{\omega})$$

die gemessene Wirkung repräsentiert.
Man kann nun versuchen, diese Regularisierung durch Methoden der kombinatorischen Optimierung zu realisieren.
Eine Alternative besteht darin, die Regularisierung durch statistische Tests der Form

$$H_0 : \beta_i = 0 \quad \text{und} \quad H_1 : \beta_i \neq 0$$

durchzuführen. Diese Vorgehensweise wird im Grundlagenkapitel über Stochastik vorgestellt und an einem Beispiel erläutert.

# Kapitel 3
# Numerische Realisierung in Anwendungsfällen

Wir besprechen im Detail die Lösung einiger inverser Probleme, beginnend bei der Aufgabenstellung und der Untersuchung der Schlechtgestelltheit über Diskretisierung und Regularisierung bis zur Lösung des linearen oder nichtlinearen Ausgleichsproblems.

## 3.1 Signalrekonstruktion

Um diesen Anwendungsfall ging es bereits in der Einleitung: Bei der Übertragung eines analogen Signals

$$u : [t_1, t_2] \to \mathbb{R}$$

von einem Sender zu einem Empfänger kommt es dort abhängig von den Eigenschaften des Übertragungskanals zu Interferenzen, bedingt durch den Empfang zeitlich verzögerter Kopien des Signals $u$ zum Beispiel durch Reflexion an Gebäuden. Verwendet man eine Funktion $g : \mathbb{R} \to \mathbb{R}$ als Modell für den Übertragungskanal, so wird das empfangene Signal $w$ durch

$$w : \mathbb{R} \to \mathbb{R}, \quad s \mapsto \int_{t_1}^{t_2} g(s-t)u(t)dt$$

beschrieben. Das Signal $u$ spielt hier die Rolle einer Ursache, die die Wirkung $w$ hervorruft.

**Formulierung und Analyse des inversen Problems.** Für festes $g \in L_1(\mathbb{R}) \cap L_2(\mathbb{R})$ wird der Operator

$$T : L_2(\mathbb{R}) \to L_2(\mathbb{R}), \quad u \mapsto Tu = \int_{\mathbb{R}} g(\bullet - t)u(t)\,dt$$

definiert. $T$ ist offenbar linear und außerdem beschränkt, denn es gilt



M. Richter und S. Schäffler, *Inverse Probleme mit stochastisch modellierten Messdaten*, https://doi.org/10.1007/978-3-662-66343-1_3

$$\|Tu\|_{L_2(\mathbb{R})} \leq \|g\|_{L_1(\mathbb{R})} \cdot \|u\|_{L_2(\mathbb{R})},$$

siehe etwa [Wer10], S. 339. Es seien nun speziell $t_1 = -\frac{1}{2}$, $t_2 = \frac{1}{2}$,

$$\mathcal{U} := \{u \in L_2(\mathbb{R});\ \ \mathrm{supp}(u) \subseteq [t_1, t_2]\}$$

(ein linearer Teilraum von $L_2(\mathbb{R})$) und

$$g : \mathbb{R} \to \mathbb{R}, \quad t \mapsto \mathrm{e}^{-10t^2},$$

gewählt. In diesem Fall ist

$$\mathcal{W} := T(\mathcal{U}) \subseteq L_2(\mathbb{R}) \cap C(\mathbb{R}),$$

insbesondere kann jede Wirkung $w = Tu$, $u \in \mathcal{U}$, abgetastet werden. Die Fouriertransformierte der Funktion $g$ ist gemäß (1.35) durch

$$\hat{g}(\nu) := \int_{\mathbb{R}} g(t)\mathrm{e}^{-2\pi i \nu t}\, dt = \sqrt{\frac{\pi}{10}} \cdot \mathrm{e}^{-\pi^2\nu^2/10}$$

gegeben und hat keine Nullstelle. Daraus folgt wegen

$$Tu = w \quad \Longrightarrow \quad \hat{u} \cdot \hat{g} = \hat{w}$$

(mit den Fouriertransformierten $\hat{u}$ von $u$ und $\hat{w}$ von $w$ – dieser Sachverhalt ist als das „Faltungslemma" bekannt), dass $T : \mathcal{U} \to \mathcal{W}$ bijektiv ist. Somit ist die Ursache $u$ einer Wirkung $w \in \mathcal{W}$ identifizierbar. Im Folgenden seien

$$w^* \in \mathcal{W} \text{ eine bestimmte Wirkung und } u^* \text{ die Lösung von } Tu = w^*. \tag{3.1}$$

Die Identifikationsaufgabe besteht darin, $u^*$ zu finden. Dieses inverse Problem ist schlecht gestellt, da der inverse Operator $T^{-1} : \mathcal{W} \to \mathcal{U}$ unstetig ist. Um dies einzusehen, kann man die Folge der Funktionen

$$u_n : \mathbb{R} \to \mathbb{R}, \quad t \mapsto \sqrt{n}\mathbf{1}_{[1/n, 2/n]}, \quad n \in \mathbb{N},$$

betrachten. Es ist $u_n \in \mathcal{U}$ und $\|u_n\|_{L_1(\mathbb{R})} = 1$ für alle $n \in \mathbb{N}$, $n \geq 4$. Weiter ist

$$Tu_n(x) = \sqrt{n} \int\limits_{1/n}^{2/n} \mathrm{e}^{-10(x-t)^2}\, dt \leq \begin{cases} \frac{1}{\sqrt{n}}\mathrm{e}^{-10(x-\frac{2}{n})^2}, & x \geq \frac{2}{n} \\ \frac{1}{\sqrt{n}}, & \frac{1}{n} < x < \frac{2}{n} \\ \frac{1}{\sqrt{n}}\mathrm{e}^{-10(x-\frac{1}{n})^2}, & x \leq \frac{1}{n} \end{cases}$$

und daraus ergibt sich

$$\|Tu_n\|_{L_2(\mathbb{R})} \longrightarrow 0 \quad \text{für} \quad n \to \infty.$$

Nach Satz 1.24 hat $T$ also keine stetige Inverse.

**Diskretisierung.** Im Datenraum ist die Diskretisierung durch einen Beobachtungsoperator $\Psi : \mathcal{W} \to \mathbb{R}^m$ vorgegeben. Wie schon in der Einleitung unterstellen wir eine Beobachtung in Form einer äquidistanten Abtastung der Wirkung $w \in \mathcal{W} \subset C(\mathbb{R})$ auf dem Intervall $[-3/2, 3/2]$. Wir setzen also für ein $m \in \mathbb{N}$, $m \geq 2$,

$$h := 3/(m-1) \quad \text{und} \quad t_i := -\frac{3}{2} + (i-1)h, \quad i = 1, \ldots, m. \tag{3.2}$$

Der Beobachtungsoperator wird durch

$$\Psi : \mathcal{W} \to \mathbb{R}^m, \quad w \mapsto \Psi(w) := (w(t_1), \ldots, w(t_m))^\top,$$

definiert. Wir bezeichnen mit

$$y := \Psi(w^*) \tag{3.3}$$

die zur Wirkung $w^*$ aus (3.1) gehörigen exakten Messwerte. Durch Messabweichungen verfälschte Beobachtungswerte modellieren wir durch

$$y_i^\delta := y_i + \sigma \cdot e_i, \quad i = 1, \ldots, m, \tag{3.4}$$

wobei $e_1, \ldots, e_m$ Realisierungen stochastisch unabhängiger, standardnormalverteilter Zufallsvariablen sind und $\sigma > 0$. Folglich können die Werte $\sigma \cdot e_i$ als Realisierungen normalverteilter Zufallsvariablen mit Erwartungswert 0 und Varianz $\sigma^2$ interpretiert werden.

Auf der Parameterseite kommen verschiedene Ansatzräume zur Diskretisierung in Frage. Eine Möglichkeit besteht darin, eine Näherung der gesuchten Funktion $u$ als ein Fourierpolynom vom Grad $n \in \mathbb{N}$ anzusetzen:

$$u_n : \mathbb{R} \to \mathbb{R}, \quad t \mapsto \frac{a_0}{2} + \sum_{j=1}^{n} \left( a_j \cos\left(\frac{2\pi j}{T} t\right) + b_j \sin\left(\frac{2\pi j}{T} t\right)\right) \tag{3.5}$$

Gegenüber (1.115) treten hier nur reellwertige Fourierpolynome auf, entsprechende der reellwertigen Funktion $u^*$. Wir wählen Periodenlänge $T = 3$ entsprechend der Länge des Beobachtungsintervalls, da die tatsächliche Signaldauer auf der Empfangsseite nicht als bekannt unterstellt werden soll. Wir erhalten so einen Ansatzraum $X_{2n+1}$ der Dimension $2n+1$, der von den Basisfunktionen

$$\varphi_1 := \frac{1}{2}, \quad \varphi_{2j} := \cos\left(\frac{2\pi j}{T} \cdot \bullet\right), \; \varphi_{2j+1} := \sin\left(\frac{2\pi j}{T} \cdot \bullet\right), \quad j = 1, \ldots, n,$$

aufgespannt wird (die Normierung ist gegenüber (1.115) geändert), also

$$X_{2n+1} = \operatorname{span}\{\varphi_1, \ldots \varphi_{2n+1}\}. \tag{3.6}$$

Die Komponenten der Kollokationsmatrix $A$ gemäß (2.21),

$$a_{i,j} := \int_{\mathbb{R}} g(t_i - s)\varphi_j(s)\,ds, \quad i = 1,\ldots,m,\ j = 1,\ldots,2n+1,$$

werden für die in (3.2) definierten Abtaststellen $t_i$ durch numerische Integration berechnet (in Matlab: Funktion `quadgk` mit Integrationsgrenzen $-10$ und 10 wegen des schnellen Abfalls der Funktion $g$). Man erhält das lineare Gleichungssystem

$$Ax = y \quad \text{(exakte Messwerte)} \quad \text{oder} \quad Ax = y^\delta \quad \text{(verfälschte Messwerte).}$$

Die Koeffizienten $x_k$ des Vektors $x$ entsprechen den Koeffizienten $a_j$ beziehungsweise $b_j$ aus (3.5) in der Reihenfolge der Nummerierung der Basisfunktionen $\varphi_j$. Vom linearen Gleichungssystem geht man zum Minimierungsproblem

$$\text{Minimiere} \quad \|Ax - y^\delta\|_2^2, \quad x \in \mathbb{R}^n, \tag{3.7}$$

über (bei verfälschten Messwerten; bei exakten Messwerten wäre $y^\delta$ durch $y$ zu ersetzen). Für das Folgende wählen wir die Parameterwerte

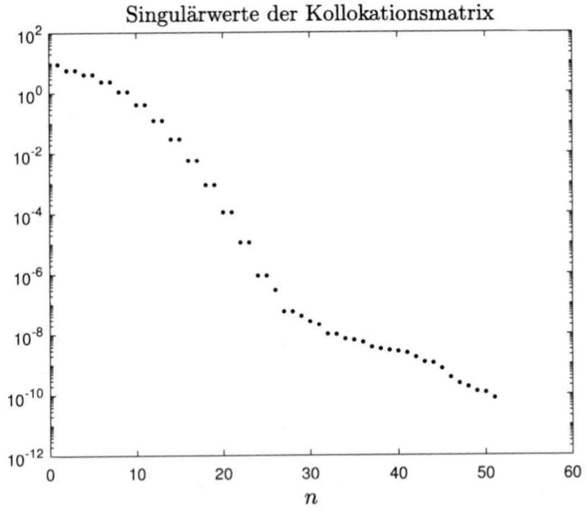


**Abb. 3.1** Singulärwerte der Kollokationsmatrix bei Signalrekonstruktion

$$m = 257 \quad \text{und} \quad n = 25.$$

In Abb. 3.1 zeigen wir die Singulärwerte der Matrix $A$ der Kollokationsgleichungen. Der Abfall der Singulärwerte und die daraus resultierenden schlechte Kondition der Matrix $A$ infolge der Schlechtgestelltheit der Faltungsgleichung $Tu = w$ sind erkennbar.

**Auswahl eines geeigneten Teilraums zur Rekonstruktion.** Wie aus Abb. 3.1 ersichtlich, kann nicht der gesamte Ansatzraum (3.6) von Fourierpolynomen des Grads $n = 25$ zur Rekonstruktion von $u^*$ verwendet werden, da sich Datenfehler um den Faktor $10^{10}$ verstärken würden. Es ist ein geeigneter Teilraum möglichst niedriger Dimension auszuwählen. Wie in Abschnitt 2.5 ausgeführt, liefe es auf ein kombinatorisches Optimierungsproblem hinaus, die Dimension $k$ und Basisvektoren $\varphi_{i_1}, \ldots, \varphi_{i_k}$ eines optimalen Teilraums von $X_{2n+1}$ bestimmen zu wollen. Wir verfolgen – vor allem auch angesichts der in späteren Beispielen sehr hohen Dimension von Ansatzräumen – eine wesentlich weniger aufwändige Herangehensweise, bei der wir alle Basisfunktionen $\varphi_j$ in der Reihenfolge aufsteigender Indizes daraufhin untersuchen, ob diese „für die Simulation der beobachteten Messdaten $y^\delta$ signifikant sind".

Für einen festen Index $j$ sei die Signifikanz von $\varphi_j$ zu untersuchen. Von den vorher bereits begutachteten Basisfunktionen $\varphi_1, \ldots, \varphi_{j-1}$ seien $r \leq j$ Basisvektoren $\varphi_{j_1}, \ldots, \varphi_{j_r}$ als „signifikant" ausgewählt. Diese spannen im Beobachtungsraum $\mathbb{R}^m$ den $r$-dimensionalen Teilraum

$$H_j := \operatorname{span}\left\{A_j x;\ x \in \mathbb{R}^r\right\}$$

auf, wobei $A_j \in \mathbb{R}^{m,r}$ durch Auswahl der Spalten mit Indizes $j_1, \ldots, j_r$ aus $A$ entsteht. Nähme man zu $\varphi_{j_1}, \ldots, \varphi_{j_r}$ noch den Basisvektor $\varphi_j$ hinzu, dann würde im Beobachtungsraum der Teilraum

$$S_j = \operatorname{span}\left\{\tilde{A}_j x;\ x \in \mathbb{R}^s\right\}$$

der Dimension $s = r + 1$ aufgespannt, wobei $\tilde{A}_j \in \mathbb{R}^{m,s}$ jene Matrix ist, die aus der Erweiterung von $A_j$ um die Spalte $j$ von $A$ entsteht. Weiter sei $P_{H_j}$ der orthogonale Projektor von $\mathbb{R}^m$ auf $H_j$ und $P_{S_j}$ der orthogonale Projektor von $\mathbb{R}^m$ auf $S_j$. Entsprechend Abschnitt 2.5 wird angenommen, dass $y^\delta$ Realisierung einer Zufallsvariable

$$Y \sim \mathcal{N}_m(y, \sigma^2 \mathbf{I})$$

ist, also einer Zufallsvariable, die $m$-dimensional normalverteilt ist mit Erwartungswert $y$ und Kovarianzmatrix $\sigma^2 \mathbf{I}$.

Wir definieren nun die Zufallsvariable

$$F = \frac{m-s}{s-r} \cdot \frac{\|P_{S_j} Y \ - \ P_{H_j} Y\|_2^2}{\|Y \ - \ P_{S_j} Y\|_2^2}.$$

*Unter der Annahme, dass* $y \in H_j$, lässt sich zeigen, dass $F$ eine **Fisher-Verteilung** mit Parametern $(s-r, m-s)$ hat, in Zeichen

$$F \sim \mathcal{F}_{(s-r, m-s)},$$

siehe etwa [Geo15], Satz 12.17. Wir berechnen nun für die vorliegende Realisierung $y^\delta$ von $Y$ den Wert

$$f := \frac{m-s}{s-r} \cdot \frac{\|P_{S_j}y^\delta - P_{H_j}y^\delta\|_2^2}{\|y^\delta - P_{S_j}y^\delta\|_2^2}$$

als Realisierung der (unter der Annahme $y \in H_j$) Fisher-verteilten Zufallsvariable $F$. Wir wählen weiterhin ein Signifikanzniveau $\alpha \in (0,1)$, etwa $\alpha = 0.01$. Dazu bestimmen wir das $(1-\alpha)$-Quantil $f_{1-\alpha}$ mit

$$P(F \leq f_{1-\alpha}) = 1 - \alpha.$$

Wäre die Hypothese $y \in H_j$ richtig, dann würde $F$ nur mit einer Wahrscheinlichkeit $\alpha$ einen Wert größer als $f_{1-\alpha}$ annehmen, also der Fall $f > f_{1-\alpha}$ eintreten. Geschieht dies, dann wird die Hypothese $y \in H_j$ verworfen. Wir erwarten dann, dass auch die Basisfunktion $\varphi_j$ einen signifikanten Beitrag zur Simulation der Daten $y$ liefern kann und erweitern unseren bereits gefundenen Satz von Basisfunktionen $\varphi_{j_1}, \ldots, \varphi_{j_r}$ um das Element $\varphi_j$. In diesem Fall wird $r$ um 1 erhöht, ansonsten bleibt $r$ gleich. Anschließend setzen wir das Verfahren mit dem Index $j+1$ fort.

Das beschriebene Verfahren ist eine rudimentäre Form der sogenannten „schrittweisen Anpassung eines linearen Modells“, wie es beispielsweise in der Funktion `stepwiselm` in Matlab implementiert ist.

**Numerische Tests.** Zum Test wurden verfälschte Messdaten wie in (3.4) simuliert mit $\sigma = 5 \cdot 10^{-3}$. Das Signifikanzniveau wurde auf den Wert $\alpha = 0.01$ festgelegt. Das Verfahren führte zur Auswahl des von den vier Funktionen $\varphi_1, \varphi_2, \varphi_4$ und $\varphi_6$ aufgespannten Teilraum des Raums $X_{51}$ (der Dimension 51). In Abb. 3.2 sind die

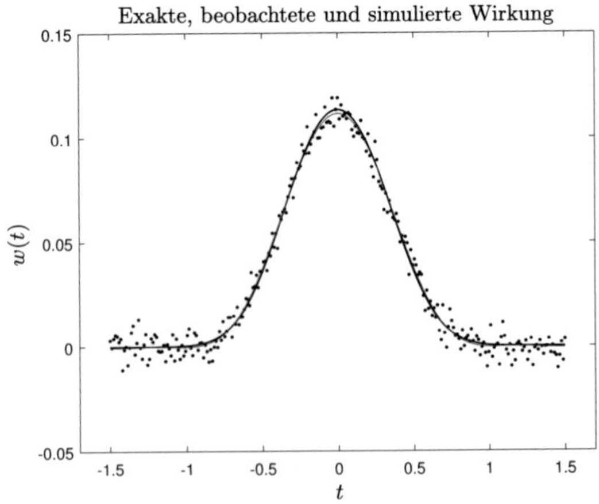


**Abb. 3.2** Exakte Wirkung, Beobachtungswerte, simulierte Wirkung

exakte Wirkung (schwarze Linie) und deren Beobachtungswerte (schwarze Punkte) angegeben. Die unter Verwendung der Basisfunktionen $\varphi_1, \varphi_2, \varphi_4$ und $\varphi_6$ resultierende Rekonstruktion ist in Abb. 3.3 rot eingezeichnet neben der exakten Funktion

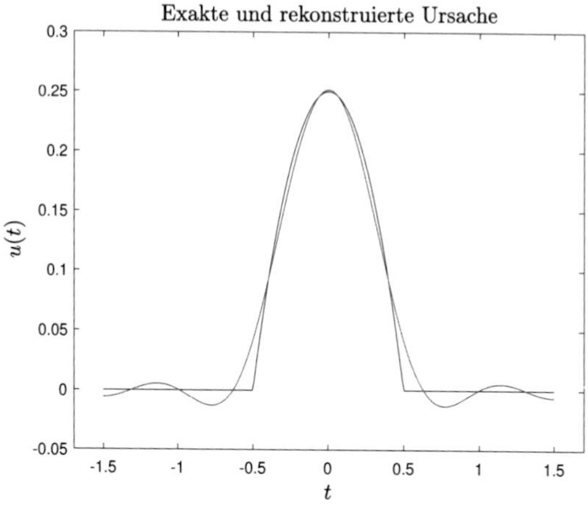


**Abb. 3.3** Exakte und rekonstruierte Ursache

$u^*$ (in schwarz). Mit der rekonstruierten Ursache $\tilde{u}$ wurde eine Wirkung simuliert, die in Abb. 3.2 rot eingezeichnet ist.

Nicht in jedem Fall funktioniert die Rekonstruktion so gut wie oben. Bei anderen Testläufen mit den gleichen Parametern $m$, $n$ und $\sigma$ wurden andere zufällige Beobachtungswerte $y^\delta$ produziert, zu denen kein geeigneter Unterraum von $X_{51}$ gefunden werden konnte. So trat auch der Fall auf, dass neben $\varphi_1, \varphi_2, \varphi_4$ und $\varphi_6$ noch zusätzlich die Funktionen $\varphi_{22}$ und $\varphi_{32}$ ausgewählt wurden. Dann resultierte das völlig unbrauchbare Rekonstrukt, das in Abb. 3.4 gezeigt wird. Bei Herabsetzen von $\alpha$ auf den Wert $\alpha = 0.001$ zeigte sich jedoch durchgängig in allen Testläufen ein Ergebnis vergleichbarer Qualität wie in Abb. 3.3.

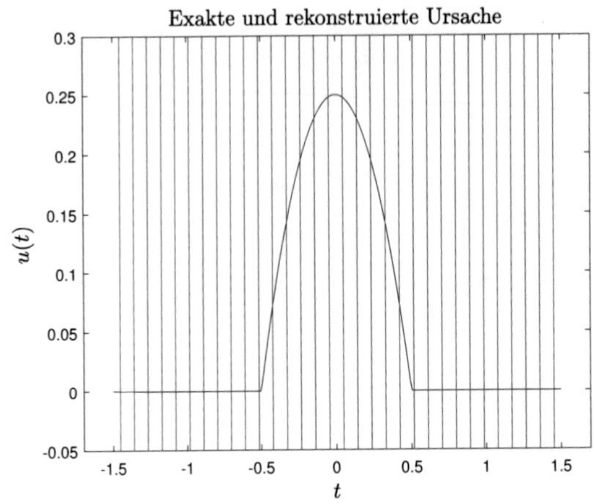


**Abb. 3.4** Exakte Ursache und unbrauchbare Rekonstruktion

## 3.2 Computertomographie

In der Computertomographie (CT) wird versucht, das Innere eines Objekts durch Messung der Abschwächung von Röntgenstrahlen zu rekonstruieren, die in verschiedenen Richtungen und Abständen durch das Objekt gesendet werden. Wir betrachten den zweidimensionalen Fall, das heißt einen ebenen Schnitt durch das zu untersuchende Objekt. Die Dichteverteilung im Schnitt werde durch eine Funktion

$$f : \mathbb{R}^2 \to \mathbb{R}, \quad x \mapsto f(x), \quad \operatorname{supp}(f) \subseteq D := \left\{x \in \mathbb{R}^2;\ \|x\|_2 < 1\right\} \subset \mathbb{R}^2$$

beschrieben, es wird also unterstellt, dass der Schnitt in der Einheitskreisscheibe enthalten ist – dies ist lediglich eine Frage der Skalierung. Speziell betrachten wir im Folgenden das Beispiel des sogenannten **Phantombilds von Shepp**, siehe Abb. 3.5, das im Buch von Kak und Slaney [KS99] beschrieben wird. Die Farbgebung im Bild entspricht der Dichte, je heller, desto dichter. Rechts in Abb. 3.5 ist der Graph

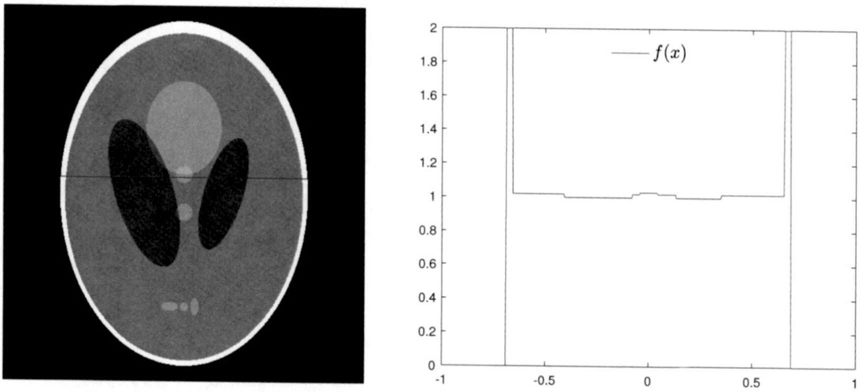


**Abb. 3.5** Phantombild von Shepp und Dichte längs Schnittlinie

der Funktion $f$ längs der rot eingezeichneten Schnittlinie gezeichnet. Die Funktion $f$ ist unstetig, nimmt im „weißen Bereich“ den Wert 2 an und innerhalb der weißen Ellipsen relativ dicht beieinander liegende Werte zwischen 1.00 und 1.04. Damit das Innere überhaupt erkennbar wird, sind im linken Bild alle Werte von $f$ kleiner als 0.98 schwarz und alle Werte größer als 1.06 weiß gezeichnet.

Der messbare Intensitätsverlust eines Röntgenstrahls wird durch ein Kurvenintegral 1. Art

$$\int_L f(x)\, ds$$

ausgedrückt, wobei $L$ die Gerade ist, längs der der Röntgenstrahl unter Vernachlässigung von Streuungen das Objekt durchdringt. Jeder $D$ durchdringende Strahl kann durch einen Winkel $\varphi \in [0, \pi)$ und ein $s \in (-1, 1)$ beschrieben werden in der Form

$$L = \left\{ s\theta + t\theta^{\perp};\, t \in \mathbb{R} \right\}, \quad \varphi \in [0,\pi),\, s \in (-1,1),$$

wobei die abkürzenden Schreibweisen

$$\theta := \begin{pmatrix} \cos\varphi \\ \sin\varphi \end{pmatrix} \quad \text{sowie} \quad \theta^{\perp} := \begin{pmatrix} -\sin\varphi \\ \cos\varphi \end{pmatrix} \tag{3.8}$$

verwendet werden. Die Gesamtheit aller Linienintegrale ergibt die **Radontransformierte**

$$Rf : [0,\pi) \times (-1,1) \to \mathbb{R}, \quad (\varphi,s) \mapsto Rf(\varphi,s),$$

der Funktion $f$, definiert durch

$$Rf(\varphi,s) := R_{\varphi}f(s) := \int_{-\infty}^{\infty} f(s\theta + t\theta^{\perp})\,dt. \tag{3.9}$$

Da $\operatorname{supp}(f) \subseteq D$, handelt es sich hier um ein eigentliches Integral. In Abb. 3.6 ist

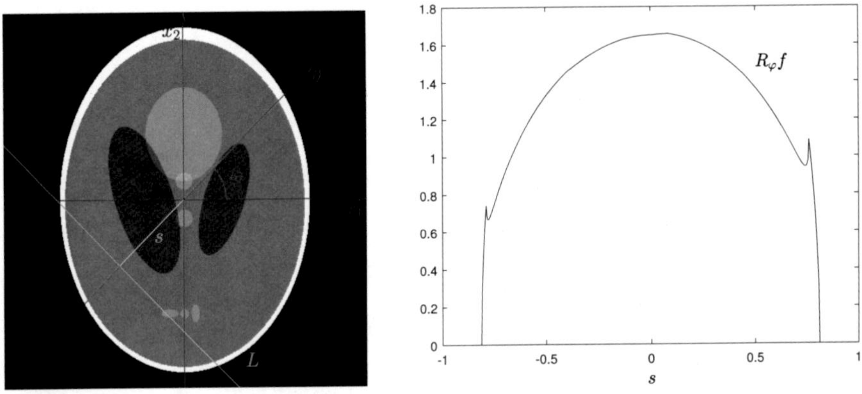


**Abb. 3.6** Eine durch $(\varphi,s)$ charakterisierte Gerade $L$ und $R_{\varphi}f$

links die zu einem festen Tupel $(\varphi,s)$ gehörige Gerade $L$ in grüner Farbe gezeichnet. Rechts in Abb. 3.6 ist der Graph der zu demselben Winkel $\varphi$ gehörigen Radontransformierten $R_{\varphi}f$ gezeichnet. Die Funktion $R_{\varphi}f$ ist stetig, ihr Graph weist lokale Maxima auf, wo der Röntgenstrahl besonders viel dichtes Gewebe durchdringt und entsprechend viel Intensität verliert. Beachtenswert sind auch „Knicke" im Graphen von $R_{\varphi}f$, die von der Unstetigkeit von $f$ herrühren. Unter Berücksichtigung von (3.8) und $\operatorname{supp}(f) \subset D$ dürfen die Variablen $\varphi$ und $s$ in (3.9) sogar beliebig in $\mathbb{R}$ gewählt werden. Es gilt dann die Symmetriebeziehung

$$Rf(\varphi + \pi, -s) = Rf(\varphi,s).$$

**Formulierung und Analyse des inversen Problems der Radontransformation.** Die folgenden Aussagen finden sich in [Nat86] und ebenso in [Lou89]. Abkürzend seien mit

$$S^1 := \{x \in \mathbb{R}^2;\ \|x\|_2 = 1\} \quad \text{und} \quad Z := S^1 \times (-1,1)$$

die Einheitsspäre in $\mathbb{R}^2$ und die Mantelfläche des Einheitszylinders in $\mathbb{R}^3$ bezeichnet. Mit der in (3.8) eingeführten Beziehung zwischen $\varphi$ und $\theta$ lässt sich anstelle von (3.9) auch

$$Rf(\theta,s) := R_\theta f(s) := \int_{-\infty}^{\infty} f(s\theta + t\theta^\perp)\,dt, \quad \theta \in S^1,\ s \in (-1,1) \tag{3.10}$$

schreiben, das heißt die Radontransformierte $Rf$ von $f$ kann als eine auf $Z$ definierte Funktion aufgefasst werden. Es gilt dann die Symmetriebeziehung

$$Rf(-\theta,-s) = Rf(\theta,s) \quad \text{für alle} \quad \theta \in S^1,\ s \in (-1,1).$$

Nach der Hölderschen Ungleichung ist für $f \in C_0^\infty(D)$

$$|Rf(\theta,s)|^2 = \left| \int_{-\sqrt{1-s^2}}^{\sqrt{1-s^2}} f(s\theta + t\theta^\perp)\,dt \right|^2 \le 2\sqrt{1-s^2} \int_{\mathbb{R}} |f(s\theta + t\theta^\perp)|^2\,dt.$$

Daraus ergibt sich die nachfolgende Integralbschätzung (Oberflächenintegral über die durch $\Psi(\varphi,s) = (\cos\varphi, \sin\varphi, s)^\top$ parametrisierte Fläche $Z$):

$$\begin{aligned}\int_Z \frac{1}{\sqrt{1-s^2}} |Rf(\theta,s)|^2\,dS &= \int_0^{2\pi} \int_{-1}^{1} \frac{1}{\sqrt{1-s^2}} |Rf(\theta,s)|^2\,ds\,d\varphi \\ &\le 2\int_0^{2\pi} \int_{-1}^{1} \int_{\mathbb{R}} |f(s\theta + t\theta^\perp)|^2\,dt\,ds\,d\varphi = 4\pi \|f\|_{L_2(D)}^2,\end{aligned}$$

wobei für die letzte Identität die Transformationsformel ausgenutzt wurde. Man bezeichnet den Raum der auf $Z$ definierten und bezüglich der Gewichtsfunktion

$$w : (-1,1) \to \mathbb{R}, \quad s \mapsto \frac{1}{\sqrt{1-s^2}}$$

quadratintegrierbaren Funktionen mit

$$L_2(Z,w) \quad \text{mit Norm} \quad \|g\|_{L_2(Z,w)} := \left( \int_Z w(s) |g(\theta,s)|^2\,dS \right)^{1/2},$$

so dass die letzte Ungleichung in der Form

$$\|Rf\|_{L_2(Z,w)} \le 2\sqrt{\pi} \cdot \|f\|_{L_2(D)}$$

geschrieben werden kann. Dies zeigt, dass $R$ eine lineare, beschränkte Abbildung von $C_0^\infty(D)$ nach $L_2(Z,w)$ ist. Da $C_0^\infty(D)$ dicht in $L_2(D)$ liegt und $L_2(Z,w)$ vollständig ist, lässt sich $R : C_0^\infty(D) \to L_2(Z,w)$ zu einem auf ganz $L_2(D)$ definierten Operator fortsetzen (siehe etwa [Wer10], Satz II.1.5). Weiterhin ist $w(s) \geq 1$ für alle $s \in (-1,1)$, so dass $\|g\|_{L_2(D)} \leq \|g\|_{L_2(Z,w)}$ für $g \in L_2(Z,w)$, das heißt $L_2(Z,w)$ lässt sich stetig in $L_2(D)$ einbetten. Damit ist der folgende Satz gezeigt, der dem Auftreten unstetiger Dichtefunktionen wie beim Phantombild von Shepp Rechnung trägt.

**Satz 3.1 (Stetigkeit des Radonoperators).** *Der durch (3.10) auf $C_0^\infty(D)$ definierte lineare Radonoperator besitzt lineare, stetige Fortsetzungen*

$$R : L_2(D) \to L_2(Z,w)$$

*und*

$$R : L_2(D) \to L_2(Z),$$

*die ebenfalls mit R bezeichnet werden.* ◁

*Computertomographie ist das inverse Problem der Radontransformation*, das heißt zu gegebenem $g \in R(L_2(D)) =: \mathcal{W}$ ist die Gleichung

$$Rf = g, \quad f \in L_2(D) =: \mathcal{U}, \tag{3.11}$$

zu lösen. Der nächste Satz zeigt die eindeutige Lösbarkeit dieser Aufgabe und mithin die Injektivität des Operators $R$. Er ist außerdem Ausgangspunkt für numerische Lösungsverfahren. Für die hier auftretenden Fouriertransformationen gilt die Definition aus Abschnitt 1.2.

**Satz 3.2 (Projektionssatz).** *Für $f \in L_2(D)$ und ihre Radontransformierte $Rf$ gilt die Beziehung*

$$\hat{f}(\sigma\theta) = \widehat{R_\theta f}(\sigma), \quad \theta \in S^1,\ \sigma \in \mathbb{R}.$$

*Hier ist $\hat{f}$ die zweidimensionale Fouriertransformierte von $f$ und $\widehat{R_\theta f}$ ist die eindimensionale Fouriertransformierte der Funktion $R_\theta f$.* ◁

*Beweis.* Für $f \in C_0^\infty(D)$ ist

$$\widehat{R_\theta f}(\sigma) = \int_{\mathbb{R}} R_\theta f(s) \cdot \mathrm{e}^{-2\pi i \sigma s}\, ds = \int_{\mathbb{R}} \int_{\mathbb{R}} f(s\theta + t\theta^\perp) \cdot \mathrm{e}^{-2\pi i \sigma s}\, dt\, ds.$$

Mit der Transformation $x = x(s,t) = s\theta + t\theta^\perp$, die die Funktionaldeterminante 1 hat, ergibt sich wegen $s = \theta \cdot x$ (Skalarprodukt) die Identität

$$\widehat{R_\theta f}(\sigma) = \int_{\mathbb{R}^2} f(x) \cdot \mathrm{e}^{-2\pi i \sigma\, \theta \cdot x}\, d^2x = \hat{f}(\sigma\theta),$$

also die gewünschte Aussage. Die voranstehende Rechnung bleibt gültig, wenn von $f : D \to \mathbb{R}$ nur die Integrierbarkeit vorausgesetzt wird. Wegen der Beschränktheit von $D$ folgt aber die Integrierbarkeit aus der Quadratintegrierbarkeit. □

Aus [Lou89] entnehmen wir:

**Satz 3.3 (Singulärwerte des Radonoperators).** *Der Operator* $R : L_2(D) \to L_2(Z,w)$ *besitzt ein singuläres System gemäß Satz 1.56 mit singulären Werte*

$$\sigma_m = 2\sqrt{\frac{\pi}{m+1}}, \quad m = 0,1,2,\ldots,$$

*der jeweiligen Vielfachheit* $m+1$. ◁

Aus der Konvergenz $\sigma_m \to 0$ für $m \to \infty$ folgt mit (1.44) die Existenz einer Folge $(v_j)_{j\in\mathbb{N}} \subset L_2(D)$ mit $\|v_j\|_{L_2(D)} = 1$ und $\|Rv_j\|_{L_2(Z,w)} \to 0$. Dies bedeutet nach Satz 1.24, dass $R$ keine stetige Inverse hat. Das inverse Problem (3.11) ist also schlecht gestellt, weil die Stabilitätsbedingung verletzt ist. Jedoch konvergiert die Folge der Singulärwerte nur wie $1/\sqrt{m+1}$ gegen null, also recht langsam, und dies bedeutet, dass zur Konstruktion einer approximativen Lösung $f_n$ von (3.11) von hoher Genauigkeit, wie sie im Fall des Phantombilds von Shepp erforderlich ist – siehe Abb. 3.5 – ein Teilraum $X_n \subset L_2(D)$ hoher Dimension erforderlich ist. Deswegen weichen wir im Folgenden von den in Abschnitt 2.2 vorgestellten Projektionsmethoden ab und wählen eine Diskretisierung auf Basis des Satzes 3.2.

**Diskretisierung.** Im Datenraum $\mathcal{W} = L_2(Z,w)$ wird die Diskretisierung durch einen Beobachtungsoperator $\Psi : \mathcal{W} \to \mathbb{R}^m$ vorgegeben, der die Radontransformierte abtastet. Die Abtaststellen werden bei einem CT-Scanner durch die sogenannte „Abtastgeometrie" bestimmt. Wir unterstellen im Folgenden die „parallele Geometrie", welche aus Effizienzgründen in der Praxis überholt ist. Für theoretische Untersuchungen kann sie jedoch nach wie vor verwendet werden, da andere Abtastwerte (näherungsweise) in die der parallelen Geometrie umgerechnet werden können. Letztere sind durch

$$Rf(\varphi_j, s_\ell), \quad \varphi_j = j/\pi,\ j = 0,\ldots,p-1, \quad s_\ell = \ell/q,\ \ell = -q,\ldots,q-1, \tag{3.12}$$

gegeben, wobei $p,q \in \mathbb{N}$ feste Parameter sind, welche die Auflösung des Scanners definieren und $m := 2pq$ Beobachtungswerte definieren. In (3.12) wurde wieder auf die Definition (3.9) anstatt auf die gleichwertige Festlegung (3.10) zurückgegriffen. Die Abtastung (3.12) bedeutet, dass für $p$ äquidistante Winkel („views") jeweils $2q$ parallele Röntgenstrahlen in äquidistantem Abstand durch das Objekt gesendet werden.

Untersuchungen unter Verwendung des Abtasttheorems von Shannon und Nyquist legen nahe, dass $p$ und $q$ im Verhältnis

$$p \approx \pi q \tag{3.13}$$

stehen sollten, siehe zum Beispiel [Nat86] oder [Lou89]. Dort wird auch festgestellt, dass die exakte Lösung von (3.11) durch die Werte $Rf(\varphi_j, s_\ell)$ *nicht* eindeutig bestimmt ist. Dies wäre selbst dann nicht der Fall, wenn die *Funktionen* $Rf(\varphi_j, \bullet)$ für $j = 0,\ldots,p-1$ exakt bekannt wären. Im Sinn des Abschnitts 2.2 wäre nun ein Teilraum $X_n \subset L_2(D)$ zu bestimmen und eine diskretisierte Version $R_n$ des Operators

$R$, so dass das lineare Gleichungssystem

$$R_n f_n(\varphi_j, s_\ell) = g(\varphi_j, s_\ell), \quad j = 0, \ldots, p-1, \quad \ell = -q, \ldots q-1,$$

beziehungsweise das zugehörige lineare Ausgleichsproblem eine eindeutige Lösung $f_n \in X_n$ besitzt. Diese Vorgehensweise ist in der Computertomographie unter dem Name der **Algebraic Reconstruction Technique (ART)** bekannt, siehe etwa Abschnitt V.4 in [Nat86]. Wir verfolgen einen anderen Ansatz der Diskretisierung auf Basis des Projektionssatzes 3.2. Das grundsätzliche Vorgehen liegt auf der Hand, es besteht in der Ausführung der folgenden drei Schritte (wobei mit $\theta_j \in S^1$ die Entsprechung von $\varphi_j$ gemäß (3.8) gemeint ist):

(1) Berechne durch diskrete Fouriertransformationen die Näherungen der Fouriertransformierten $\widehat{R_{\theta_j} f}$ für $j = 0, \ldots, p-1$, ausgehend von den Werten (3.12).
(2) Rechne die Näherungswerte für $\widehat{R_{\theta_j} f}$ in solche für $\hat{f}$ um.
(3) Berechne durch eine zweidimensionale diskrete Fouriertransformation eine Näherung für $f$ aus der für $\hat{f}$.

**Schritt (1)** ließe sich wie folgt bewerkstelligen. Setze $g := Rf$, setze

$$g_\ell^j := g(\varphi_j, s_\ell) = Rf(\varphi_j, s_\ell), \quad \ell = -q, \ldots, q-1, \quad j = 0, \ldots, p-1,$$

und berechne Näherungswerte

$$\widehat{R_{\theta_j} f}\left(\frac{k}{2}\right) = \int_{\mathbb{R}} g(\varphi_j, s) \mathrm{e}^{-2\pi \mathrm{i} sk/2}\, ds \approx 2 \cdot G_k^j, \quad k = -q, \ldots, q-1, \tag{3.14}$$

durch numerische Berechnung der Fourierintegrale mithilfe der Rechtecksregel, also mit

$$G_k^j = \frac{1}{2q} \sum_{\ell=-q}^{q-1} g_\ell^j \cdot \mathrm{e}^{-2\pi \mathrm{i} k\ell/(2q)}, \quad k = -q, \ldots, q-1, \quad j = 0, \ldots, p-1. \tag{3.15}$$

Die Berechnung aller Werte $G_k^j$ ist bei festem $j$ mit dem Algorithmus der **Fast Fourier Transform (FFT)** mit $\mathcal{O}(q \log_2(q))$ arithmetischen Operationen möglich, wenn $q$ eine Potenz von 2 ist. Für eine Beschreibung dieses Algorithmus wie auch seiner sogleich benötigten Erweiterung auf den zweidimensionalen Fall sei das Buch [PTVF92] empfohlen. Unter Berücksichtigung von (3.13) verursacht der Schritt (1) einen Gesamtaufwand von $\mathcal{O}(q^2 \log_2(q))$ arithmetischen Operationen. Zu Schritt (1) sei noch bemerkt, dass die Funktionen $R_{\theta_j} f$ ihren Träger im Intervall $[-1, 1]$ haben, deswegen ist $\widehat{R_{\theta_j} f}$ bandbeschränkt mit Bandbreite 1. Nach dem Abtasttheorem von Shannon und Nyquist kann deswegen $\widehat{R_{\theta_j} f}(\sigma)$ an jeder Stelle $\sigma$ berechnet werden, wenn die Abtastwerte $\widehat{R_{\theta_j} f}(k/2)$, $k \in \mathbb{Z}$, bekannt sind. Durch (3.14) werden diese Werte (näherungsweise) wenigstens für $k = -q, \ldots, q-1$ berechnet.

**Schritt (3)** erfordert die näherungsweise Berechnung einer zweidimensionalen inversen Fouriertransformation

$$f(x) = \int_{\mathbb{R}^2} \hat{f}(y) e^{+2\pi i \langle x|y \rangle} \, dy.$$

Es seien

$$h := \frac{1}{q} \quad \text{und} \quad G := \left\{ \alpha = (\alpha_1, \alpha_2) \in \mathbb{Z}^2;\ -q \le \alpha_j < q,\ j = 1,2 \right\}. \tag{3.16}$$

Man erhält die Werte von $f$ auf dem Gitter $hG$

$$f_\alpha := f(\alpha \cdot h) = \int_{\mathbb{R}^2} \hat{f}(y) e^{+2\pi i (\alpha_1 y_1 + \alpha_2 y_2)/q} \, dy, \quad \alpha \in G, \tag{3.17}$$

näherungsweise aus den Werten $\hat{f}(\beta/2)$, $\beta \in G$, durch numerische Berechnung der Fourierintegrale mittels der zweidimensionalen Rechtecksregel:

$$f_\alpha \approx \frac{1}{4} \cdot \sum_{\beta_1=-q}^{q-1} \sum_{\beta_2=-q}^{q-1} \hat{f}\left(\frac{\beta}{2}\right) \cdot e^{+2\pi i (\alpha_1 \beta_1 + \alpha_2 \beta_2)/(2q)}.$$

Um diese Summen mit einer FFT berechnen zu können, wird dies umgestellt zu

$$f_\alpha \approx (2q)^2 \cdot F_\alpha, \quad F_\alpha := \frac{1}{(2q)^2} \sum_{\beta_1=-q}^{q-1} \sum_{\beta_2=-q}^{q-1} \frac{1}{4} \cdot \hat{f}\left(\frac{\beta}{2}\right) \cdot e^{+2\pi i (\alpha_1 \beta_1 + \alpha_2 \beta_2)/(2q)} \tag{3.18}$$

Die Berechnung aller Werte $F_\alpha$, $\alpha \in G$, in (3.18) und damit die näherungsweise Berechnung aller Werte $f_\alpha$, $\alpha \in G$, ist mit der zweidimensionalen FFT und einem arithmetischen Aufwand von $\mathcal{O}(q^2 \log_2(q))$, das heißt gleicher Größenordnung wie bei Schritt (1), möglich.

Schritt (3) benötigt die Werte $\hat{f}(\beta/2)$, $\beta \in G$, während Schritt (1) gemäß Satz 3.2 die Werte $\hat{f}(k\theta_j/2)$ für $k = -q, \ldots, q-1$ und $j = 0, \ldots, p-1$ (näherungsweise) bereitstellt. In der Abb. 3.7 sind durch schwarze Kreisscheiben die Stellen $k\theta_j/2$ des **polaren Gitters** gekennzeichnet, an denen die Fouriertransformierte $\hat{f}$ nach Schritt (1) ausgewertet vorliegt und als weiße Kreisscheiben die Punkte des **kartesisches Gitters** $G$, an denen $\hat{f}$ bekannt sein muss, damit Schritt (3) durchgeführt werden kann.

**Schritt (2)** besteht in der „Umrechnung" der Werte von $\hat{f}$ vom polaren auf das kartesische Gitter. Naheliegend ist eine Interpolation. In [Nat86] wird jedoch festgestellt, dass insbesondere die durch Interpolation in radialer Richtung entstehenden Fehler zu großen Fehlern in den berechneten Werten $f_\alpha$ führen. Um Interpolation in radialer Richtung zu vermeiden und nur in Winkelrichtung durchzuführen, müssten für jeden Punkt $\alpha \in G \setminus \{0\}$ des kartesischen Gitters Auswertungen von $\hat{f}$ an den Stellen $\|\alpha\|_2 \theta_j$ und $\|\alpha\|_2 \theta_{j+1}$ zur Verfügung stehen, wobei $\{t\theta_j;\ t \in \mathbb{R}\}$

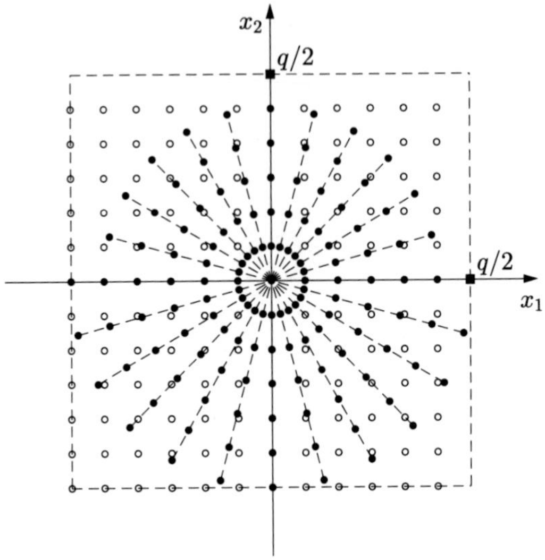


**Abb. 3.7** Kartesisches und polares Gitter, auf dem Fouriertransformierte ausgwertet werden

und $\{t\theta_{j+1};\, t \in \mathbb{R}\}$ jene beiden zum Polargitter gehörigen Geraden sind, die $\alpha$ am nächsten liegen (ein Sonderfall liegt vor, wenn $\alpha$ genau auf einer Geraden $\{t\theta_j;\, t \in \mathbb{R}\}$ liegt). Dies würde bedeuten, dass $\hat{f}$ für *nicht äquidistante* Frequenzen ausgewertet werden muss. Die Situation ist in Abb. 3.8 illustriert. Die kartesi-

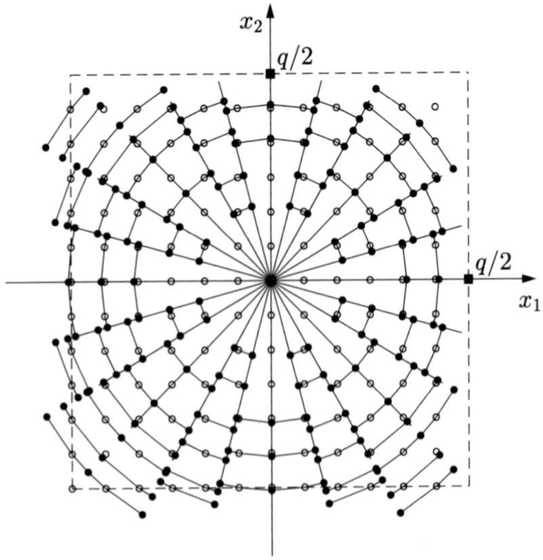


**Abb. 3.8** Kartesisches und nicht äquidistantes polares Gitter mit Interpolation in Winkelrichtung.

schen Gitterpunkte sind durch weiße Kreisscheiben markiert. Schwarze Kreisscheiben markieren die Punkte auf dem polaren Gitter, welche benötigt werden, die Punkte des kartesischen Gitters in Winkelrichtung linear zu interpolieren. Die lineare Interpolation ist durch schwarze Linien angedeutet. Wenn Punkte des kartesischen bereits auf dem polaren Gitter liegen, ist natürlich keine Interpolation notwendig.

**Berechnung der diskreten Fouriertransformation.** Wir geben einen von Fourmont ([Fou99]) stammenden Algorithmus an, die diskrete Fouriertransformation effizient für nicht äquidistante Frequenzen zu berechnen. Dies betrifft den Schritt (1) des voranstehenden Paragraphen. Zur Vereinfachung der Schreibweise sei ein Index $j \in \{0,\ldots,p-1\}$ fest gewählt und für diesen liegen die äquidistanten Abtastwerte

$$g_\ell := Rf(\theta_j, s_\ell) \quad \text{mit} \quad s_\ell = \ell \cdot h, \quad h := 1/q, \quad \ell = -q,\ldots,q-1, \tag{3.19}$$

vor. Zu berechnen sei die Fouriertransformierte $\hat{g}$ von $g$ nicht wie in (3.14) an den äquidistanten Stellen $k/2$, $k = -q,\ldots,q-1$, sondern an den $M$ Stellen $\xi_0 < \xi_1 < \ldots < \xi_{M-1}$, das heißt die Werte

$$\hat{g}(\xi_k) = \int_{\mathbb{R}} g(s) \mathrm{e}^{-2\pi\mathrm{i}\xi_k s}\, ds, \quad k = 0,\ldots,M-1, \tag{3.20}$$

sind gesucht. Durch numerische Berechnung der Fourierintegrale mit der Rechtecksregel erhält man die Näherungen

$$\hat{g}(\xi_k) \approx \hat{g}_k, \quad \hat{g}_k := \frac{1}{q} \sum_{\ell=-q}^{q-1} g_\ell \mathrm{e}^{-2\pi\mathrm{i}\ell(2\xi_k)/(2q)}, \quad k = 0,\ldots,M-1. \tag{3.21}$$

Die Werte $\hat{g}_k$ sind zu berechnen. Fourmonts Algorithmus hierfür basiert auf dem

**Lemma 3.4.** *Es sei $r > 1$ so, dass $2qr \in \mathbb{N}$ und es sei $a$ so, dass $1 \le a < 2 - 1/r$. Weiterhin sei $\Phi : \mathbb{R} \to \mathbb{R}$ eine gerade, stückweise stetig differenzierbare Funktion, welche auf dem Intervall $[-q,q]$ stetig differenzierbar ist und die beiden Eigenschaften*

$$\mathit{supp}(\Phi) \subset [-aqr, aqr] \quad \mathit{und} \quad \Phi(x) > 0 \mathit{\ für\ } |x| \le q$$

*hat. Dann gilt*

$$\mathrm{e}^{-2\pi\mathrm{i}\ell\xi/(2q)} = \frac{1}{2qr} \frac{1}{\Phi(\ell)} \sum_{\kappa\in\mathbb{Z}} \widehat{\Phi}\left(\frac{\xi - \kappa/r}{2q}\right) \mathrm{e}^{-2\pi\mathrm{i}\ell\kappa/(2qr)} \tag{3.22}$$

*für alle $\ell \in \mathbb{Z}$ mit $|\ell| \le q$.* ◁

*Beweis.* Betrachte für festes $\xi \in \mathbb{R}$ die Funktion

$$h : \mathbb{R} \to \mathbb{C}, \quad x \mapsto h(x) := \sum_{\kappa\in\mathbb{Z}} \Phi(x + 2qr\kappa) \mathrm{e}^{+2\pi\mathrm{i}(x+2qr\kappa)\xi/(2q)}.$$

Wegen der Voraussetzungen an $\Phi$ ist die Summe für jedes $x \in \mathbb{R}$ endlich. Wegen der Voraussetzung an $a$ gilt überdies

$$h(\ell) = \Phi(\ell)\mathrm{e}^{+2\pi\mathrm{i}\ell\xi/(2q)} \quad \text{für} \quad |\ell| \le q. \tag{3.23}$$

Wegen ihrer $2qr$-Periodizität kann die Funktion $h$ in eine Fourierreihe entwickelt werden:

$$h(x) = \sum_{\kappa\in\mathbb{Z}} c_\kappa \mathrm{e}^{+2\pi\mathrm{i}x\kappa/(2qr)},$$

wobei das Gleichheitszeichen für $|x| \le q$ gilt, die Reihe jedoch überall konvergiert. (Wegen der Voraussetzungen an $\Phi$ ist $h$ für $|x| \le q$ stückweise stetig differenzierbar, so dass die Fourierreihe dort punktweise gegen $h$ konvergiert.) Die Fourierkoeffizienten sind

$$\begin{aligned}
c_\kappa &= \frac{1}{2qr}\int_{-qr}^{qr} h(s)\mathrm{e}^{-2\pi\mathrm{i}\kappa s/(2qr)}\,ds \\
&= \frac{1}{2qr}\int_{-qr}^{qr}\left(\sum_{k\in\mathbb{Z}}\Phi(s+2qrk)\mathrm{e}^{+2\pi\mathrm{i}(s+2qrk)\xi/(2q)}\right)\mathrm{e}^{-2\pi\mathrm{i}\kappa s/(2qr)}\,ds \\
&= \frac{1}{2qr}\int_{\mathbb{R}}\Phi(s)\mathrm{e}^{+2\pi\mathrm{i}s\xi/(2q)}\mathrm{e}^{-2\pi\mathrm{i}\kappa s/(2qr)}\,ds \\
&\overset{(*)}{=} \frac{1}{2qr}\int_{\mathbb{R}}\Phi(s)\mathrm{e}^{-2\pi\mathrm{i}s(\xi-\kappa/r)/(2q)}\,ds = \frac{1}{2qr}\widehat{\Phi}\left(\frac{\xi-\kappa/r}{2q}\right), \quad \kappa\in\mathbb{Z},
\end{aligned}$$

wobei für die mit $(*)$ bezeichnete Identität eine Substitution $s \rightsquigarrow -s$ durchgeführt und dabei berücksichtigt wurde, dass $\Phi$ eine gerade Funktion ist. Wir erhalten für die Auswertung Fourierreihe von $h$ an der Stelle $-\ell$ für $|\ell| \le q$:

$$h(-\ell) = \sum_{\kappa\in\mathbb{Z}} c_\kappa \mathrm{e}^{-2\pi\mathrm{i}\ell\kappa/(2qr)}.$$

Die Aussage folgt aus (3.23) unter Berücksichtigung von $\Phi(-\ell) = \Phi(\ell)$. □

Setzt man (3.22) in (3.21) ein, dann erhält man

$$\hat{g}_k = \frac{1}{q}\sum_{\kappa\in\mathbb{Z}}\widehat{\Phi}\left(\frac{2\xi_k-\kappa/r}{2q}\right)\cdot\frac{1}{2qr}\sum_{\ell=-q}^{q-1}\frac{g_\ell}{\Phi(\ell)}\mathrm{e}^{-2\pi\mathrm{i}\ell\kappa/(2qr)}. \tag{3.24}$$

Diese Doppelsumme wird nun näherungsweise in drei Schritten ausgewertet

**(1)** Setze

$$\tilde{g}_\ell := \begin{cases} g_\ell/\Phi(\ell), & |\ell| \le q \\ 0, & q < |\ell| \le qr \end{cases}. \tag{3.25}$$

**(2)** Berechne

$$\tilde{G}_\kappa = \frac{1}{2qr}\sum_{\ell=-qr}^{qr-1}\tilde{g}_\ell \mathrm{e}^{-2\pi\mathrm{i}\ell\kappa/(2qr)}, \quad \kappa\in\mathbb{Z}. \tag{3.26}$$

Da die Folge $(\tilde{G}_\kappa)_{\kappa\in\mathbb{Z}}$ periodisch ist, müssen lediglich $2qr$ Werte berechnet werden. Dies lässt sich effizient mit einer FFT der Länge $2qr$ bewerkstelligen.

**(3)** Berechne $\hat{g}_k$ (für $k = 0,\dots,M-1$) näherungsweise durch

$$\hat{g}_k \approx \frac{1}{q} \cdot \sum_{\kappa=\kappa_0-K+1}^{\kappa_0+K} \widehat{\Phi}\left(\frac{2\xi_k - \kappa/r}{2q}\right) \tilde{G}_\kappa, \tag{3.27}$$

wobei $\kappa_0$ die größte ganze Zahl kleiner oder gleich $2r\xi_k$ und wobei $K \in \mathbb{N}$ eine Konstante ist.

Damit der dritte Schritt nicht zu aufwändig wird, muss $K$ eine kleine Zahl sein. Für ein kleines $K$ kann die erzielte Approximation jedoch nur dann gut sein, wenn $\Phi$ so gewählt wird, dass $|\widehat{\Phi}(\nu)|$ für wachsende Werte $|\nu|$ schnell gegen null abfällt. Bekannt ist folgendes gegensätzliche Verhalten: Je „breiter" $\Phi$, desto „schmaler" (schneller gegen null abfallend) wird $\widehat{\Phi}$. Dies ist der Grund, warum Lemma 3.4 nicht für eine Funktion $\Phi$ mit $\mathrm{supp}(\Phi) \subset [-q,q]$ formuliert wurde, sondern der Faktor $r > 1$ eingeführt wurde. Wenn Funktionen $\Phi$ so gewählt werden dürfen, dass sie den vergrößerten Träger $\mathrm{supp}(\Phi) \subset [-aqr, aqr]$ haben, dann besteht größeres Potential für einen schnellen Abfall von $\widehat{\Phi}$. Die Bedingung $1 \le a < 2 - 1/r$ ist so gewählt, dass es zwar zu einem Überlapp der $2qr$-Translate von $\Phi$ kommt, dieser allerdings nicht in das Intervall $[-q,q]$ hineinreicht. In [Fou99] wird der Vorschlag gemacht, $r = 2$, $a = 1.49$, $K$ zwischen 3 und 6 und

$$\Phi(x) := \begin{cases} I_0\left(\frac{\pi K}{\gamma}\sqrt{\gamma^2 - x^2}\right), & |x| \le \gamma := aqr \\ 0, & |x| > \gamma \end{cases} \tag{3.28}$$

zu wählen, wobei $I_0$ die modifizierte Besselfunktion der Ordnung 0 ist:

$$I_0(x) = \sum_{k=0}^{\infty} \frac{(x^2/4)^k}{k!(k+1)!}.$$

Die Fouriertransformierte von $\Phi$ lautet dann

$$\widehat{\Phi}(y) = \frac{2\gamma}{\pi} \frac{\sinh(\pi\sqrt{K^2 - (2\gamma y)^2})}{\sqrt{K^2 - (2\gamma y)^2}}. \tag{3.29}$$

Aus Lemma 3.4 lässt sich auch eine Berechnungsmethode für die Fouriertransformierte an äquidistanten Stellen ableiten, wenn die Funktion $g$ nicht äquidistant abgetastet wird (siehe [Fou99]), doch benötigen wir dies für unsere Anwendung nicht. Fourmont gibt auch Fehlerabschätzungen für seine Näherungsformeln an.

**Zwei Ergänzungen zur Fourierrekonstruktion.** Es sei $N \in \mathbb{N}$. Die Menge der für ein festes $j$ nach (3.19) vorliegenden Beobachtungswerte $g_\ell = Rf(\theta_j, s_\ell)$ werde künstlich ergänzt zu

$$g_\ell := \begin{cases} g_\ell, & \ell = -q, \ldots, q-1 \text{ [bekannte Werte]} \\ 0, & \ell = -Nq, \ldots, -q-1, q, \ldots, Nq-1 \end{cases} \tag{3.30}$$

Wegen $\operatorname{supp}(f) \subseteq D = \{x \in \mathbb{R}^2;\ \|x\|_2 < 1\}$ handelt es sich bei dieser Ergänzung um *exakte* Messwerte von $Rf$, welche allerdings keine tatsächliche Messung erfordern. Unter Benutzung von (3.30) erhalten wir aus (3.21)

$$\hat{g}_k = \frac{1}{q} \cdot \sum_{\ell=-qN}^{qN-1} g_\ell e^{-2\pi i \ell (2N\xi_k)/(2qN)}$$

und daraus

$$\hat{g}\left(\frac{\xi_k}{N}\right) \approx \tilde{g}_k, \quad \tilde{g}_k := \frac{1}{q} \cdot \sum_{\ell=-qN}^{qN-1} g_\ell e^{-2\pi i \ell (2\xi_k)/(2qN)}. \tag{3.31}$$

Die Berechnung der Werte $\tilde{g}_k$ geschieht dann völlig analog zur Berechnung von $\hat{g}_k$ in (3.24), indem man die Formeln (3.25), (3.26), (3.27), (3.28) und (3.29) jeweils mit $qN$ anstelle von $q$ benutzt – lediglich die Multiplikation mit dem Vorfaktor $\frac{1}{q}$ in (3.27) bleibt als solche erhalten, weil auch in (3.31) mit diesem Vorfaktor multipliziert wird (und nicht mit $\frac{1}{qN}$). Im vorletzten Paragraphen wurde beschrieben, wie die Werte $\xi_k$ pro $j$ zu wählen sind, damit daraus durch lineare Interpolation in Winkelrichtung die Werte $\hat{f}(\beta/2N)$ für

$$\beta \in G_N := \left\{\alpha/N;\ \alpha = (\alpha_1, \alpha_2) \in \mathbb{Z}^2,\ -qN \le \alpha_j < qN,\ j = 1,2\right\}$$

bestimmt werden können, also die Werte der Fouriertransformierten von $f$ *in $N$-fach verbesserter Auflösung*. Der arithmetische Aufwand gegenüber der Berechnung der Näherungswerte für $\hat{f}(\beta/2)$, $\beta \in G$, steigt um (etwas mehr als) den Faktor $N^2$. Schließlich werden die Werte $f_\alpha = f(\alpha h)$ für $h = 1/q$ und $\alpha \in G_N$ berechnet. Dazu wird das Integral in (3.17) numerisch mit der Rechtecksregel berechnet, wobei die verbesserte Auflösung der Werte von $\hat{f}$ ausgenutzt wird. So bekommt man

$$f_\alpha \approx \frac{1}{4N^2} \cdot \sum_{\beta_1=-qN}^{qN-1} \sum_{\beta_2=-qN}^{qN-1} \hat{f}\left(\frac{\beta}{2N}\right) \cdot e^{+2\pi i (\alpha_1\beta_1 + \alpha_2\beta_2)/(2qN)}.$$

Für die Berechnung mit einer FFT wird umgestellt zu

$$f_\alpha \approx (2q)^2 \cdot F_\alpha, \quad \alpha \in G_N,$$

wobei nun

$$F_\alpha := \frac{1}{(2qN)^2} \sum_{\beta_1=-qN}^{qN-1} \sum_{\beta_2=-q}^{q-1} \frac{1}{4} \cdot \hat{f}\left(\frac{\beta}{2N}\right) \cdot e^{+2\pi i (\alpha_1\beta_1 + \alpha_2\beta_2)/(2qN)}, \quad \alpha \in G_N. \tag{3.32}$$

Nur die Werte $f_\alpha$ für $\alpha \in G$ sind letztlich von Interesse und werden aufgehoben.

In allen nachfolgenden Beispielen wurden die Parameter aus Lemma 3.4 sowie der Skalierungsfaktor $N$ wie folgt gewählt:

$$r = 2, \quad a = 1.49, \quad K = 6, \quad \Phi \text{ wie in (3.28)}, \quad N = 4. \tag{3.33}$$

Die zweite Ergänzung ist eine Regularisierungsmaßnahme. Mit der Identität (1.39) von Plancherel und der Polarkoordinatentransformation $x = \sigma\theta$ erhält man

$$\int_{\mathbb{R}^2} |f(x)|^2\,dx = \int_{\mathbb{R}^2} |\hat{f}(x)|^2\,dx = \int_0^{2\pi} \int_{-\infty}^{\infty} |\hat{f}(\sigma\theta)|^2 |\sigma|\,d\sigma\,d\varphi$$

und daraus mit dem Projektionssatz 3.2

$$\int_{\mathbb{R}^2} |f(x)|^2\,dx = \int_0^{2\pi} \int_{-\infty}^{\infty} |\widehat{R_\theta f}(\sigma)|^2 |\sigma|\,d\sigma\,d\varphi \tag{3.34}$$

Formel (3.34) zeigt, dass die hochfrequenten Anteile (große Werte $|\sigma|$) von $R_\theta f$ verstärkt in die gesamte Signalenergie von $f$ eingehen. Läge $R_\theta f$ *exakt* vor, wäre dies unproblematisch, da $|\widehat{R_\theta f}(\sigma)| \to 0$ für $|\sigma| \to \infty$. Messabweichungen haben jedoch hochfrequente Anteile, welche dann die durch Rekonstruktion gemäß (3.34) besonders verstärkt werden. Dem versucht man entgegenzuwirken, indem man die hochfrequenten Anteile von $R_\theta f$ herausfiltert. Natterer ([Nat86], S. 127) empfiehlt, nach der Interpolation auf das kartesische Gitter, die in (3.32) benötigten (Näherungen der) Werte $\hat{f}(\beta/2N)$ mit $H(\|\beta\|_2)$ zu multiplizieren, wobei

$$H(\sigma) := \begin{cases} \cos^2(\pi\sigma/2qN), & |\sigma| \le qN, \\ 0, & |\sigma| > qN. \end{cases} \tag{3.35}$$

definiert wird.

**Numerischer Test.** Die Fourier-Rekonstruktion wird mit den Parametern (3.33) und der Filterfunktion (3.35) am Beispiel des Sheppschen Phantombilds getestet. Gemäß der expliziten Beschreibung des Phantombild in [KS99] wurden Abtastwerte (3.12) der Radontransformierten für

$$p = 800 \quad \text{und} \quad q = 256$$

exakt berechnet. In Abb. 3.9 wird das Resultat der Rekonstruktion gezeigt, das sich optisch nicht vom Original unterscheidet. Der rot umrandete Ausschnitt wird in der folgenden Abb. 3.10 noch einmal genauer dargestellt als Graph der rekonstruierten Funktion $f$. Der besseren Sichtbarkeit wegen ist das Bild gegenüber Abb. 3.9 gespiegelt. Auch im Detail ist die sehr gute Qualität der Rekonstruktion zu erkennen.

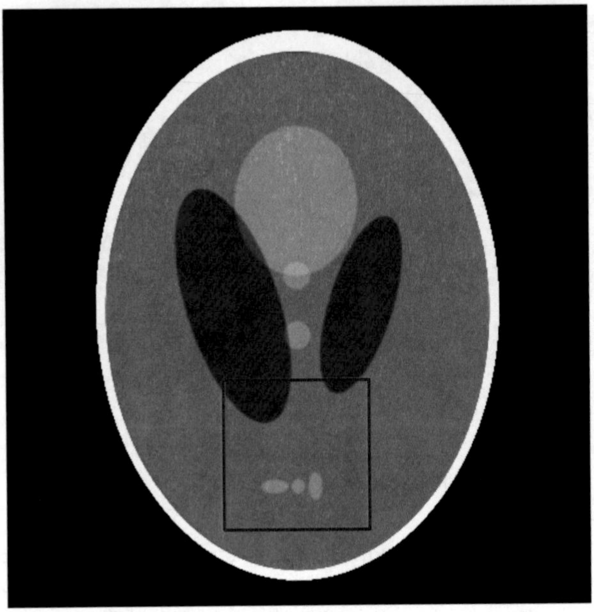

**Abb. 3.9** Fourier-Rekonstruktion von Shepps Phantombild für $p = 800$ und $q = 256$.

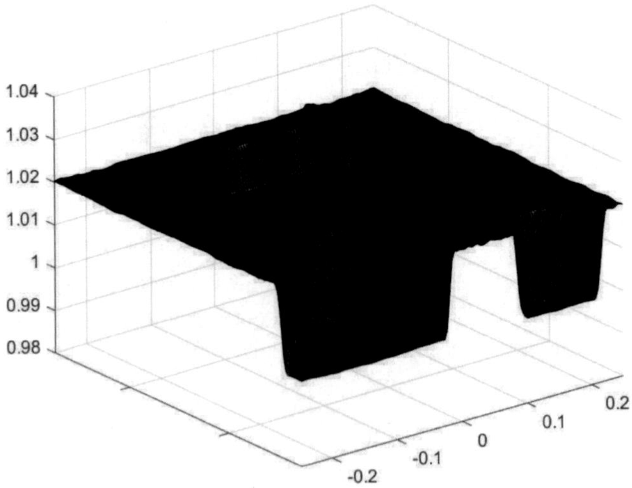


**Abb. 3.10** Detailausschnitt zur Fourier-Rekonstruktion.

**Datenrauschen.** Ist $I_0$ die Intensität eines emittierten Röntgenstrahls, der längs der Geraden

$$L = \left\{ s\theta + t\theta^{\perp};\, t \in \mathbb{R} \right\}, \quad \varphi \in [0, \pi),\, s \in (-1, 1),$$

durch das zu untersuchende Objekt gesendet wird und ist $I_1$ die danach im Detektor gemessene Intensität, so ergibt sich das Verhältnis

$$\frac{I_1}{I_0} = \exp\left( - \int_L f(x)\, ds \right) = \mathrm{e}^{-R_\theta f(s)},$$

siehe etwa [Nat86]. Somit ist

$$R_\theta f(s) = \ln I_0 - \ln I_1 \tag{3.36}$$

die Beziehung zwischen der Radontransformierten von $f$ und den gemessenen Röntgenintensitäten.

Die Intensität $I_0$ eines emittierten Röntgenstrahls entspricht der Anzahl $N_0$ entsendeter Photonen. Es wird angenommen, dass pro Strahl die gleiche, konstante Anzahl von $N_0$ Photonen emittiert wird. Die Anzahl der vom Detektor registrierten Photonen wird nach Kak und Slaney ([KS99], Abschnitt 5.2.2) durch eine diskrete, poissonverteilte Zufallsvariable $X$ modelliert. Für feste Werte $\varphi \in [0, \pi)$ beziehungsweise $\theta \in S^1$ und $s \in (-1, 1)$ setzt man

$$\lambda = \lambda(\theta, s) := N_0 \cdot \mathrm{e}^{-R_\theta f(s)} \tag{3.37}$$

und modelliert die Wahrscheinlichkeitsverteilung von $X$ durch

$$P(X = k) = \frac{\lambda^k}{k!} \mathrm{e}^{-\lambda}, \quad k \in \mathbb{N}_0. \tag{3.38}$$

Zum Testen haben wir im Folgenden den Wert

$$N_0 = 400\,000$$

gewählt. In Abb. 3.11 wird ein Beispiel gezeigt, nämlich die Werte

$$R_{\theta_j} f(s_\ell) \quad \text{für} \quad j = 200 \quad \text{und} \quad \ell = -112, \ldots, 48$$

für das Phantombild von Shepp mit $p = 800$ und $q = 256$. Die exakten Werte der Radontransformierten sind in roter Farbe angegeben, die gemäß (3.38) und (3.36) simulierten Werte in schwarzer Farbe. Es ist erkennbar, dass das Rauschen die Knicke im Graphen von $R_{\theta_j} f$ unkenntlich macht. Bezeichnet man die mit zufälligen Abweichungen behafteten Messwerte mit $\tilde{R}_{\theta_j}(s_\ell)$, dann ergibt sich mit

$$N := \left( \frac{1}{2pq} \sum_{j=0}^{p-1} \sum_{\ell=-q}^{q-1} \left| R_{\theta_j} f(s_\ell) - \tilde{R}_{\theta_j}(s_\ell) \right|^2 \right)^{1/2}$$

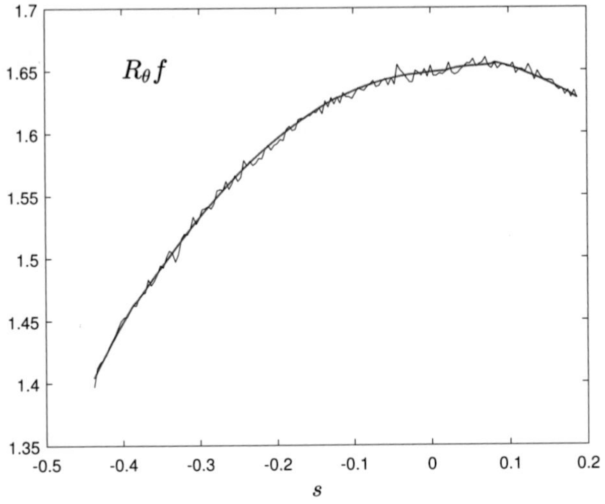


**Abb. 3.11** Detailausschnitt $R_\theta f$ für exakte und gestörte Daten.

und einer mittleren Signalamplitude

$$A := \frac{1}{2pq} \sum_{j=0}^{p-1} \sum_{\ell=-q}^{q-1} \left| R_{\theta_j} f(s_\ell) \right|$$

ein Signal-Rauschverhältnis

$$SNR = 10 \cdot \log_{10} \left( \frac{A}{N} \right) = 25.7 \text{ [dB]}.$$

Mit denselben Parameterwerten wie beim obigen numerischen Test wurde nun eine Fourier-Rekonstruktion unternommen. Abb. 3.12 zeigt, dass das Rauschen in den Daten zu einer erheblichen Verschlechterung in der Rekonstruktionsqualität führt. (Die Zeichnung des Graphen der rekonstruierten Funktion $f$ zum rot umrandeten Detailausschnitt ist wie schon in Abb. 3.10 gespiegelt.)

**Verbesserung der Rekonstruktionsqualität.** Es wird der Versuch unternommen, die Qualität der rekonstruierten Dichteverteilung $f$ zu verbessern. Dazu sei

$$f^* : \mathbb{R}^2 \to \mathbb{R}$$

die exakte Dichteverteilung (des Phantombilds von Shepp), die auf dem in (3.16) definierten Gitter $G$ die Werte

$$f^*_\alpha := f^*(h\alpha), \quad \alpha \in G,$$

annimmt. Demgegenüber werden mit

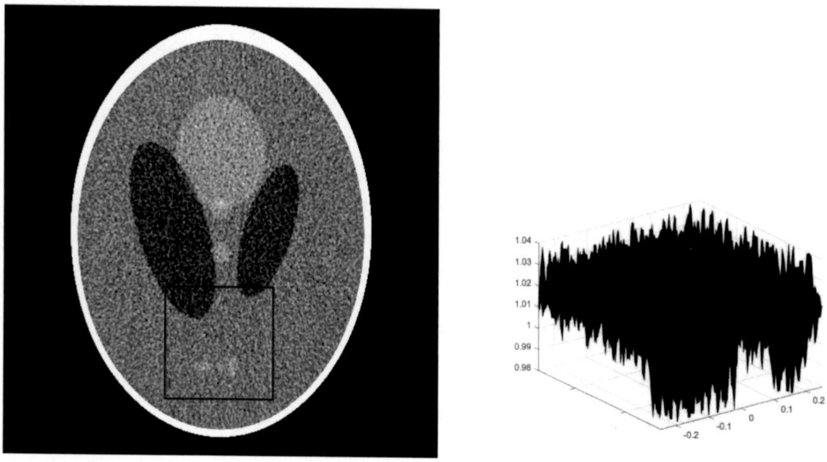


**Abb. 3.12** Fourier-Rekonstruktion zu gestörten Daten und Detailausschnitt.

$$\tilde{f}_\alpha, \quad \alpha \in G,$$

die mit dem Verfahren der Fourierrekonstruktion aus den verfälschten Daten berechneten Näherungen für die exakten Werte $f_\alpha^*$ bezeichnet. Für die Fehler

$$f_\alpha^* - \tilde{f}_\alpha, \quad \alpha \in G,$$

liegen nicht die Voraussetzungen vor, wie sie in Abschnitt 2.5 unterstellt wurden: Es handelt sich nicht um die Realisierung stochastisch unabhängiger, normalverteilter Zufallsvariablen. In diesem Fall wird deswegen eine Regularisierung gewählt, die keine stochastische Modellierung des Fehlers benötigt, die sogenannte „TV-Regularisierung".

Mit der univariaten linearen B-Spline

$$\phi : \mathbb{R} \to \mathbb{R}, \quad x \mapsto \begin{cases} 1+x, & -1 \le x < 0, \\ 1-x, & 0 \le x \le 1, \\ 0, & \text{sonst}, \end{cases}$$

der bivariaten linearen B-Spline

$$M : \mathbb{R}^2 \to \mathbb{R}, \quad x = (x_1, x_2) \mapsto \phi(x_1) \cdot \phi(x_2),$$

sowie deren Skalierung

$$M_h := M(\bullet/h), \quad h := 1/q, \tag{3.39}$$

wird eine Näherung

$$\tilde{f}: \mathbb{R}^2 \to \mathbb{R}, \quad x \mapsto \sum_{\alpha \in G} c_\alpha M_h(x - \alpha h) \tag{3.40}$$

für $f^*$ angesetzt. Die Wahl $c_\alpha = \tilde{f}_\alpha$ würde zu $\tilde{f}(h\alpha) = \tilde{f}_\alpha$ führen. Gesucht sind Koeffizienten $c_\alpha$ so, dass $\tilde{f}$ eine „gute“ Approximation von $f^*$ ist. Von $f^*$ ist vorab bekannt, dass es sich um eine Treppenfunktion handelt. Für diese Situation haben Rudin, Osher und Fatemi in [ROF92] das Verfahren der **Total Variation Diminishing Regularization** („TV-Regularisierung“) vorgeschlagen. Die **totale Variation** einer Funktion $f : \mathbb{R}^s \to \mathbb{R}$ ist durch

$$V(f) = \int_{\mathbb{R}^s} \|\nabla f(x)\|_2 \, dx \tag{3.41}$$

definiert, sofern dieses Integral existiert. Dies ist für alle Funktionen $\tilde{f}$ in (3.40) der Fall, da diese kompakten Träger haben und fast überall stetig differenzierbar sind. Die **TV-Regularisierung** besteht darin, für einen zu bestimmenden Parameter $\lambda \geq 0$ die Koeffizienten $c_\alpha$ in (3.40) so zu wählen, dass

$$E(c) := \sum_{\alpha \in G} \left|\tilde{f}_\alpha - \tilde{f}(h\alpha)\right|^2 + \lambda \, V(\tilde{f}) \tag{3.42}$$

minimal wird. Hier ist mit $c$ der Vektor der Werte $c_\alpha$, angeordnet in irgendeiner Reihenfolge, gemeint. Aus (3.40) ergibt sich direkt, dass $\tilde{f}(h\alpha) = c_\alpha$, der erste Summand in (3.42) ist also unmittelbar eine Funktion der gesuchten Koeffizienten $c_\alpha$. Ebenso ist $V(\tilde{f})$ nach (3.40) eine Funktion von $c$, deren Wert näherungsweise nach der Rechtecksregel berechnet werden kann. Dazu sei für $\alpha \in G$ das Quadrat

$$Q = ([\alpha_1, \alpha_1 + 1] \times [\alpha_2, \alpha_2 + 1]) \cdot h$$

betrachtet. Für die Ableitungen von $\tilde{f}$ im Punkt $\alpha \cdot h$ ergibt sich

$$h \cdot \tilde{f}_x(\alpha h) = d_{x,\alpha} := c_{(\alpha_1+1,\alpha_2)} - c_{(\alpha_1,\alpha_2)},$$

$$h \cdot \tilde{f}_y(\alpha h) = d_{y,\alpha} := c_{(\alpha_1,\alpha_2+1)} - c_{(\alpha_1,\alpha_2)},$$

wobei $c_\alpha := 0$ gesetzt wird für alle auftretenden Multiindizes $\alpha \notin G$. Damit ist

$$\|\nabla f(\alpha h)\|_2 = \frac{1}{h} \cdot \sqrt{(d_{x,\alpha})^2 + (d_{y,\alpha})^2}$$

und mit der Rechtecksregel erhält man

$$\int_Q \|\nabla f(x)\|_2 \, dx \approx h \cdot \sqrt{(d_{x,\alpha})^2 + (d_{y,\alpha})^2}.$$

Somit ergibt sich

$$E(c) \approx J(c) := \sum_{\alpha \in G} \left|\tilde{f}_\alpha - c_\alpha\right|^2 + \lambda \cdot \sum_{\alpha \in G} h \cdot \sqrt{(d_{x,\alpha})^2 + (d_{y,\alpha})^2}. \tag{3.43}$$

Die Minimierung der nichtlinearen Funktion $J$, etwa mit dem Newton-Verfahren, stößt auf die Schwierigkeit, dass bei $c = 0$ eine Singularität vorliegt. Ein einfacher Ausweg ist es, einen „kleinen" Parameter $\eta > 0$ zu wählen und $J(c)$ zu ersetzen durch

$$J_\eta(c) := \sum_{\alpha\in G} \left|\tilde{f}_\alpha - c_\alpha\right|^2 + \lambda \cdot \sum_{\alpha\in G} h \cdot \sqrt{(d_{x,\alpha})^2 + (d_{y,\alpha})^2 + \eta}. \tag{3.44}$$

Die Minimierung von $J_\eta$ kann in die Form eines gewöhnlichen nichtlinearen Ausgleichsproblems gebracht werden. Dazu wird definiert:

$$y := (\tilde{f}_\alpha)_{\alpha\in G}, \quad W(c) := \left(\sqrt{h} \cdot \left[(d_{x,\alpha})^2 + (d_{y,\alpha})^2 + \eta\right]^{\frac{1}{4}}\right)_{\alpha\in G} \tag{3.45}$$

(basierend auf ein und derselben linearen Anordnung der Indizes $\alpha \in G$ wie schon bei $c = (c_\alpha)_{\alpha\in G}$) und man erhält

$$J_\eta(c) := \|y - c\|_2^2 + \lambda \cdot \|W(c)\|_2^2 = \left\| \begin{pmatrix} c \\ \sqrt{\lambda} \cdot W(c) \end{pmatrix} - \begin{pmatrix} y \\ 0 \end{pmatrix} \right\|_2^2. \tag{3.46}$$

Die Minimierung kann mit einem Gradientenverfahren erfolgen, die nötige Ableitung von

$$\begin{pmatrix} c \\ \sqrt{\lambda} \cdot W(c) \end{pmatrix}$$

nach $c$ ist leicht direkt zu berechnen. Zur Minimierung von $J_\eta$ kann das in Matlab zur Verfügung stehende Programm `lsqnonlin` benutzt werden.

Für einen numerischen Test der TV-Regularisierung am Phantombild von Shepp wurden alle Parameter so belassen, wie oben gewählt, also $p = 800$ und $q = 256$ für die Geometrie des Scanners, Parameter der Fourierrekonstruktion wie in (3.33), Regularisierungsfilter (3.35) und Photonenzahl $N_0 = 400\,000$ zur Simulation von Poisson-Rauschen in den Daten. Mit den Parametern

$$\lambda = 0.3 \quad \text{und} \quad \eta = 10^{-12}$$

erhielten wir die Näherung $\tilde{f}$, die in Abb. 3.13 gezeigt ist. Das Ergebnis wurde durch Minimierung von $J_\eta$ aus (3.46) mittels der Matlab-Funktion `lsqnonlin` erzielt. Für den rot umrandeten Bereich wird der Graph von $\tilde{f}$ in Abb. 3.14 unter zwei verschiedenen Blickwinkeln gezeigt.

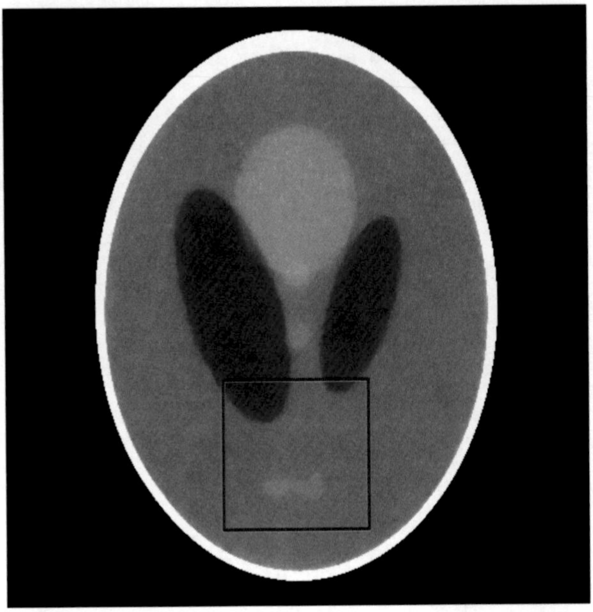

Abb. 3.13 Fourier-Rekonstruktion zu gestörten Daten mit TV-Regularisierung.

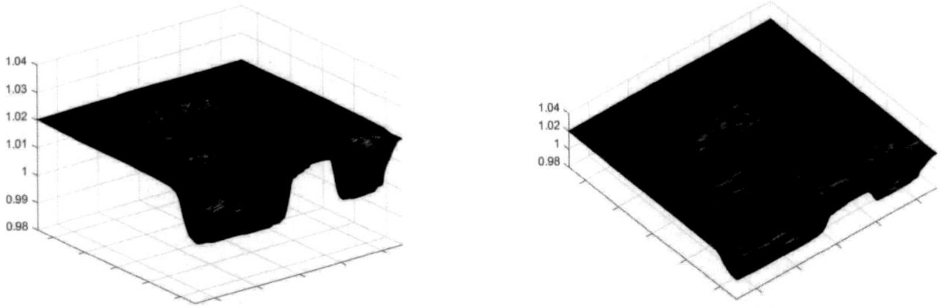


**Abb. 3.14** Detailausschnitt zur TV-Regularisierung.

## 3.3 Positionsbestimmung

Für $k \in \mathbb{N}$ seien $P_i \in \mathbb{R}^2$, $i = 1, \ldots, k$, Referenzpunkte in der Ebene, deren Positionen $(x_i, y_i)$, $i = 1, \ldots, k$, bekannt seien und die nicht alle kollinear sind. Von einem weiteren Punkt $P \in \mathbb{R}^2$ seien die Abstände

$$d_i = \|P - P_i\|_2, \quad i = 1, \ldots, k$$

bekannt und daraus sei die Position $(x, y)$ von $P$ zu bestimmen. Die analoge Problemstellung liegt bei der GPS-Positionsbestimmung vor. Der besseren Veranschaulichkeit wegen wird nachfolgend jedoch nur die Positionsbestimmung in der Ebene betrachtet.

**Formulierung und Analyse des inversen Problems.** Die nichtlineare Funktion

$$F : \mathbb{R}^2 \to \mathbb{R}^k, \quad (x, y) \mapsto \begin{pmatrix} \sqrt{(x - x_1)^2 + (y - y_1)^2} \\ \vdots \\ \sqrt{(x - x_k)^2 + (y - y_k)^2} \end{pmatrix} \tag{3.47}$$

wertet die Abstände von $P$ mit Position $(x, y)$ zu den $P_i$ mit Positionen $(x_i, y_i)$ aus. Es liegt das inverse Problem vor, für gegebene Abstände $d_1, \ldots, d_k$ die Gleichung

$$F(x, y) = d := \begin{pmatrix} d_1 \\ \vdots \\ d_k \end{pmatrix} \tag{3.48}$$

zu lösen. Da ein bekannter Abstand $d_i$ die möglichen Positionen von $P$ auf eine Kreislinie um $P_i$ mit Radius $d_i$ festlegt, ist klar, dass für $k \geq 3$ (wenn nicht alle $P_i$ in kollinearer Position sind) eine eindeutige Lösung des Problems existiert. Somit ist $P$ identifizierbar.

Aus praktischen Gründen braucht $F$ nur für $(x, y) \in D := \mathbb{R}^2 \setminus \{(x_i, y_i);\ i = 1, \ldots, k\}$ betrachtet zu werden – wäre $d_i = 0$ für ein $i$, dann wäre die Position $P$ unmittelbar bekannt. Für $(x, y) \in D$ ergibt sich die Funktionalmatrix

$$DF(x, y) = \begin{pmatrix} (x - x_1)/\sqrt{(x - x_1)^2 + (y - y_1)^2} & (y - y_1)/\sqrt{(x - x_1)^2 + (y - y_1)^2} \\ \vdots & \vdots \\ (x - x_k)/\sqrt{(x - x_k)^2 + (y - y_k)^2} & (y - y_k)/\sqrt{(x - x_k)^2 + (y - y_k)^2} \end{pmatrix}.$$

Die Determinante der Submatrix von $DF(x, y)$ aus Zeile $i$ und Zeile $j$ lautet

$$\frac{(x - x_i)(y - y_j) - (x - x_j)(y - y_i)}{\sqrt{(x - x_i)^2 + (y - y_i)^2} \cdot \sqrt{(x - x_j)^2 + (y - y_j)^2}}$$

und ist ungleich null, wenn $(x,y)$, $(x_i,y_i)$ und $(x_j,y_j)$ nicht kollinear sind. Da nicht alle $P_\ell$ kollinear sind, ist dies für mindestens ein Indexpaar $(i,j)$ der Fall. Somit hat $DF(x,y)$ für alle $(x,y) \in D$ vollen Rang, das heißt $P$ ist nicht nur identifizierbar, sondern auch linear identifizierbar im Sinn von Definition 2.19. Aus dieser Argumentation geht auch hervor, dass die Funktionalmatrix $DF(x,y)$ nur dann schlecht konditioniert sein kann, wenn *alle* Vektoren $(x-x_i, y-y_i)$, $i=1,\ldots,k$, nahezu kollinear sind. Dies wäre der Fall, wenn $P$ sehr weit von den Positionen $P_i$ entfernt wäre. Kann dies ausgeschlossen werden, dann ist das inverse Problem (3.48) (nicht nur nach Hadamard, sondern auch im numerischen Sinn) gut gestellt.

**Übergang zum Ausgleichsproblem.** Es ist davon auszugehen, dass die Abstandsmessungen $d_i$ mit Messabweichungen behaftet sind. Dazu wird unterstellt, dass Messwerte

$$\tilde{d}_i = d_i + e_i, \quad i=1,\ldots,k, \tag{3.49}$$

vorliegen mit Realisierungen $e_i$ stochastischer unabhängiger, normalverteilter Zufallsvariablen

$$E_i \sim \mathcal{N}(0,\sigma^2), \quad i=1,\ldots,k.$$

Das Gleichungssystem

$$F(x,y) = \tilde{d} := \begin{pmatrix} \tilde{d}_1 \\ \vdots \\ \tilde{d}_k \end{pmatrix}$$

ist dann (fast sicher) inkonsistent und wird ersetzt durch das Ausgleichsproblem

$$\text{Minimiere} \quad J(x,y) := \frac{1}{2}\|F(x,y)-\tilde{d}\|_2^2, \quad (x,y) \in K, \tag{3.50}$$

wobei $K$ eine geeignet zu wählende konvexe, kompakte Menge ist, etwa ein mehrdimensionales Intervall. Wie schon festgestellt ist dieses Problem gut gestellt. Außerdem liegt es bereits in diskretisierter Form vor, es tritt also keine der bisherigen Schwierigkeiten mit inversen Problemen auf. Problematisch ist es jedoch, dass die zu minimierende Funktion $J$ neben einem globalen auch noch lokale Minima aufweisen kann. Zur Ilustration wird in Abb. 3.15 die Fläche der Funktion $F(\bullet)-d$ (also $\tilde{d}=d$, das heißt vorerst ohne Berücksichtigung von Messabweichungen) gezeichnet für $k=5$ und die Daten:

$$\begin{aligned}
(x_1,y_1) &= (1.5,1.5) \quad & d_1 &= \sqrt{(x_1-1)^2+(y_1-1)^2},\\
(x_2,y_2) &= (1.5,2.0) \quad & d_2 &= \sqrt{(x_2-1)^2+(y_2-1)^2},\\
(x_3,y_3) &= (1.8,2.5) \quad & d_3 &= \sqrt{(x_3-1)^2+(y_3-1)^2},\\
(x_4,y_4) &= (2.0,1.7) \quad & d_4 &= \sqrt{(x_4-1)^2+(y_4-1)^2},\\
(x_5,y_5) &= (2.5,1.5) \quad & d_5 &= \sqrt{(x_5-1)^2+(y_5-1)^2}
\end{aligned} \tag{3.51}$$

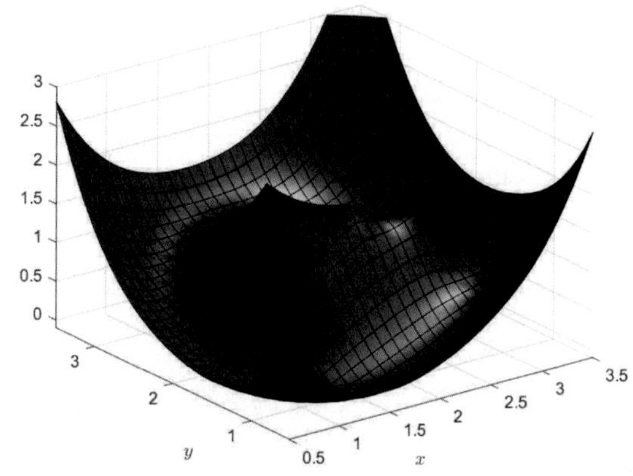


**Abb. 3.15** Graph der zu minimierenden Funktion $J$.

die so gewählt sind, dass $P_G = (1,1)$ die gesuchte Position ist. Die fünf zu erkennenden „Spitzen" im Funktionsgraphen liegen an den Stellen $(x_i, y_i)$, $i = 1, \ldots, 5$. Dort hat $F$ und damit auch $J$ Singularitäten. In Abb. 3.16 sind die Höhenlinien

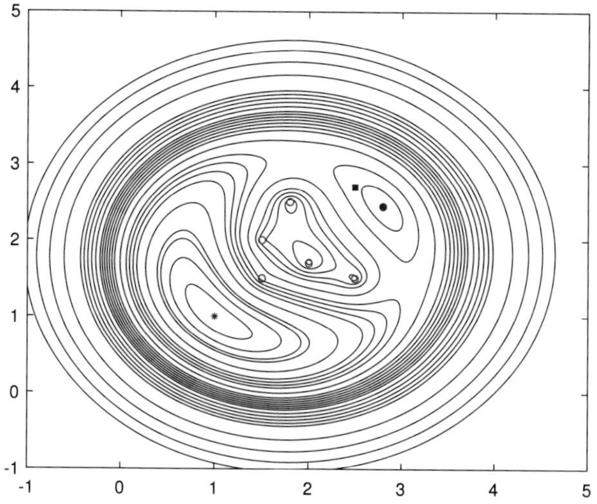


**Abb. 3.16** Höhenlinien der zu minimierenden Funktion $J$.

von $J$ gezeichnet. Mit einem roten Stern ist die Position $P_G$ des globalen Minimums gekennzeichnet, an der mit einer roten ausgefüllten Kreisscheibe bezeichneten Position $P_M \approx (2.8002, 2.4438)$ liegt ein lokales Minimum. Die Positionen $P_i$ sind durch nicht ausgefüllte rote Kreisscheiben markiert. Mit einem blauen Quadrat ist die Position $P_S = (2.7, 2.4)$ markiert. Startet man ein Quasi-Newton-Verfahren (wie etwa in der Funktion `lsqnonlin` von Matlab implementiert) zur Minimierung von (3.50) an dieser Stelle $P_S$, so konvergiert das Verfahren gegen die lokale Minimalstelle $P_M$, die globale Minimalstelle $P_G$ wird nicht gefunden. Deswegen wird das in Abschnitt 1.6 beschriebene semi-implizite Eulerverfahren zur globalen Minimierung von $f = J$ benutzt, um $P_G$ zu finden. Wir passen dieses Verfahren den speziellen Bedürfnissen bei der Lösung nichtlinearer Ausgleichsprobleme an.

Es wird der allgemeine $k$-dimensionale Fall der Minimierung von $J$ aus (3.50) betrachtet. Zur Übertragung des semi-impliziten Eulerverfahrens auf diese Zielfunktion sind die Ableitungen zu bestimmen. Der Gradient lautet

$$\nabla J(x) = DF(x)^\top (F(x) - \tilde{d}) \tag{3.52}$$

und die Hessematrix lautet

$$\nabla^2 J(x) = DF(x)^\top DF(x) + \sum_{i=1}^{k} \nabla^2 F_i(x)(F_i(x) - \tilde{d}_i), \tag{3.53}$$

wobei $F_i$ die $i$-te Komponente der Funktion $F$ ist. Im Folgenden wird $\nabla^2 J(x)$ durch die Approximation

$$\nabla^2 J(x) \approx DF(x)^\top DF(x)$$

ersetzt, die an der Minimalstelle $x^*$ mit $F(x^*) = d$ im Fall $\tilde{d} = d$ (keine Messabweichungen) exakt ist und ansonsten desto besser ist, je kleiner die Messabweichungen $\|d - \tilde{d}\|_2$ sind. Unter vorübergehender Vernachlässigung des stochastischen Anteils wird auf Basis dieser Approximation nach Abschnitt 1.6 ein Schritt $p := x_{j+1} - x_j$ des semi-impliziten Eulerverfahrens durch Lösung der Gleichung

$$\left( DF(x_j)^\top DF(x_j) + \frac{1}{h} I \right) p = -DF(x_j)^\top (F(x_j) - \tilde{d}) \tag{3.54}$$

berechnet. Da $DF(x)$ vollen Spaltenrang hat, ist $DF(x)^\top DF(x)$ stets positiv definit. Dies hat zur Folge, dass

$$\langle \nabla J(x_j) | p \rangle \overset{(3.54)}{=}$$
$$-\left( DF(x_j)^\top (F(x_j) - \tilde{d}) \right)^\top \left( DF(x_j)^\top DF(x_j) + \frac{1}{h} I \right)^{-1} \left( DF(x_j)^\top (F(x_j) - \tilde{d}) \right)$$

negativ ist: Der Schritt in Richtung $p$ geht stets in Richtung abnehmender Funktionswerte von $J$. Die Gleichungen (3.54) können als Normalengleichungen zum linearen Ausgleichsproblem

$$\min_{p \in \mathbb{R}^k} \left\{ \|DF(x_j)p - (\tilde{d} - F(x_j))\|_2^2 + \lambda \|p\|_2^2 \right\}, \quad \lambda = \frac{1}{h}, \tag{3.55}$$

interpretiert werden. Dies wiederum ist äquivalent zur **Trust-Region-Methode** von **Levenberg-Marquardt**, $p$ als Lösung des quadratischen Minimierungsproblems mit Nebenbedingung

$$\min_{p\in\mathbb{R}^k}\left\{\|DF(x_j)p-(\tilde{d}-F(x_j))\|_2^2;\ \|p\|_2\leq\Delta\right\} \tag{3.56}$$

zu bestimmen. Bei der Methode von Levenberg-Marquardt ist der Parameter $\Delta$ aus der Erwägung heraus zu wählen, in welcher Umgebung von $x_j$ eine Linearisierung von $F$ hinreichend genau ist und $\lambda$ ist dann der zu $\Delta$ gehörige Lagrange-Parameter. Beim semi-impliziten Euler-Verfahren ergibt sich $\lambda = 1/h$ hingegen aus der Schrittweitensteuerung – ansonsten sind die Verfahren (ohne den stochastischen Anteil) identisch. Um unterschiedliche Skalierungen in unterschiedlichen Koordinatenrichtungen berücksichtigen zu können, wird beim Levenberg-Marquardt-Verfahren das Minimierungsproblem (3.56) ersetzt durch

$$\min_{p\in\mathbb{R}^k}\left\{\|DF(x_j)p-(\tilde{d}-F(x_j))\|_2^2;\ \|Vp\|_2\leq\Delta\right\}, \tag{3.57}$$

wobei $V\in\mathbb{R}^{k,k}$ eine invertierbare Matrix ist, zumeist eine Diagonalmatrix. Moré empfiehlt in ([Mor78]) für den Schritt $x_j \rightsquigarrow x_{j+1}$ die Wahl

$$V=\operatorname{diag}\left(d_1^{(j)},\dots,d_k^{(j)}\right),\quad d_\ell^{(j)}=\max\left\{d_\ell^{(j-1)},\|\partial_\ell F(x_j)\|_2\right\},\quad \ell=1,\dots,k, \tag{3.58}$$

mit der Initialisierung $d_\ell^{(0)}=\|\partial_\ell F(x_0)\|_2$. Hierbei ist $\partial_\ell F(x)\in\mathbb{R}^k$ der Vektor der Ableitung von $F$ nach der $\ell$-ten Komponente $x_\ell$. Mit dazugehörigem Lagrange-Parameter $\lambda$ und $h:=1/\lambda$ berechnet sich die Lösung von (3.57) nicht mehr aus (3.54), sondern aus

$$\left([DF(x_j)V^{-1}]^\top[DF(x_j)V^{-1}]+\frac{1}{h}I\right)Vp=-[DF(x_j)V^{-1}]^\top(F(x_j)-\tilde{d}) \tag{3.59}$$

Diese Gleichungen erhält man ebenfalls aus dem semi-impliziten Eulerverfahren, wenn man dieses nach einer Koordinatentransformation

$$Vx=z,\quad V\in\mathbb{R}^{k,k}\text{ invertierbar} \tag{3.60}$$

auf die Zielfunktion

$$H(z):=J(x)=J(V^{-1}z)\quad\text{mit Gradient}\quad \nabla H(z)=(DF(x)V^{-1})^\top(F(x)-d) \tag{3.61}$$

anwendet. Nun kann die rechte Seite von (3.59) um den stochastischen Anteil aus Abschnitt 1.6 ergänzt werden, der für die globale Optimierung essentiell ist.

Eine weitere Modifikation des semi-impliziten Eulerverfahrens betrifft die Hinzunahme von Nebenbedingungen bei der Optimierung. Die folgenden Ausführungen bschränken sich auf den einfachen Fall der sogenannten **box constraints**. Dies bedeutet, dass ein globales Minimum von $J$ innerhalb eines mehrdimensionalen Intervalls $B := [a_1, b_1] \times \ldots \times [a_k, b_k]$ gesucht wird. Dies kann technisch durch Reflexion des Optimierungspfads an den Intervallgrenzen bewerkstelligt werden: In jeder Dimension $i \in \{1, \ldots, k\}$ wird $J$ durch Spiegelung an der oberen Intervallgrenze $b_i$ auf das doppelt so lange Intervall $[a_i, 2b_i - a_i]$ fortgesetzt und anschließend mit Periode $2(b_i - a_i)$ periodisch auf ganz $\mathbb{R}$ fortgesetzt. Die (eventuell mehrfache) Reflexion einer Suchrichtung $p$ an den Intervallgrenzen der Box $B$ entspricht einer unrestringierten Minimierung von $J$ mit permanenter Rücksetzung des Iterationspunkts in das Ausgangsintervall $B$. Allgemeine Gleichungs- und Ungleichungsnebenbedingungen können bei der globalen Optimierung ebenfalls berücksichtigt werden, wie in [Sch12] beschrieben, werden hier jedoch nicht benötigt.

Schließlich wurde noch die Schrittweitensteuerung (Schritt 10 des Algorithmus in Abschnitt 1.6) etwas abgeändert gemäß den Empfehlungen für die Lösung gewöhnlicher Differentialgleichungen. Mit $\mathbf{x}_{j+1}^2$ und $\mathbf{x}_{j+1}^*$ wie in Schritt 10 wird

$$\eta := \frac{\|\mathbf{x}_{j+1}^2 - \mathbf{x}_{j+1}^*\|_\infty}{\|\mathbf{x}_{j+1}^*\|_\infty}$$

berechnet. Ist $\eta < \zeta$, so wird $\mathbf{x}_{j+1}^2$ akzeptiert, andernfalls verworfen. Aus der bekannten Konsistenzordnung 1 des Eulerverfahrens lässt sich die Vermutung ableiten, dass im nächsten Schritt eine Schrittweite $h \cdot (\zeta/\eta)$ akzeptiert werden dürfte ([Rei95]) und $h$ wird dementsprechend auf diesen neuen Wert gesetzt. Dies betrifft sowohl den Fall eines nicht akzeptierten Schritts (Verkleinerung von $h$) als auch den eines akzeptierten Schritts (Vergrößerung von $h$). Zur Sicherheit werden Verkleinerung und Vergrößerungen beschränkt: Schrittweiten werden höchstens verdoppelt und höchstens halbiert und höchstens auf einen Maximalwert $h_{\max}$ gesetzt. Außerdem wird die neue Schrittweite letztlich nicht gleich $h \cdot (\zeta/\eta)$, sondern gleich $h \cdot (\zeta/\eta) \cdot 0.9$ gesetzt, auch dies eine Empfehlung beim Lösen von Differentialgleichungen.

Das semi-implizite Eulerverfahren gemäß Abschnitt 1.6 mit abgeänderter Schrittweitenwahl und den beiden Erweiterungen

- Reskalierungen durch Koordinatentransformation gemäß (3.60) und (3.61) sowie
- Berücksichtigung von box constraints durch Reflexion des Suchpfads

wurde auf obiges Testbeispiel der Positionsbestimmung mit Daten (3.51) (zunächst ohne Messabweichungen) angewandt. Folgende Parameter wurden bei der Initialisierung (Schritt 0 in Abschnitt 1.6) gewählt:

$$\mathbf{x}_0 = P_S = (2.7, 2.4), \quad \varepsilon = 0.9, \quad \zeta = 0.1. \tag{3.62}$$

Dazu wurde der maximale Wert für $h$ auf

$$h_{\max} = 10\,000$$

festgelegt. Die Suche nach dem globalen Minimum wurde auf die Box $[-100, 100] \times [-100, 100]$ eingeschränkt, obwohl dort die Voraussetzungen des semi-impliziten Eulerverfahrens wegen der Singularitäten in den Punkten $P_i$, $i = 1, \ldots, 5$, nicht erfüllt sind. Es wurden 150 Schritte des semi-impliziten Eulerverfahrens ausgeführt. In Abb. 3.17 wird der Suchpfad des Verfahrens gezeigt. Von den 150 Punkten auf dem

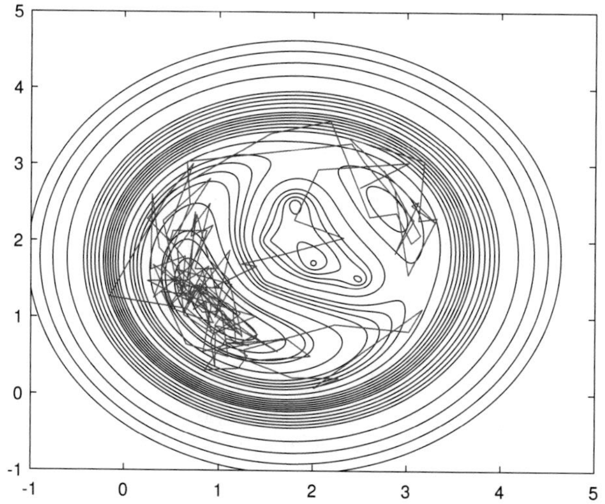


**Abb. 3.17** Pfad des semi-impliziten Eulerverfahrens.

Pfad wies $P_O \approx (1.014, 0.9965)$ den niedrigsten Funktionswert auf. Der Start eines lokalen Verfahrens (`lsqnonlin`) in $P_O$ ergab die korrekte Minimalstelle $P_G$.

Als nächstes wurde das Verfahren unter dem Einfluss von Messabweichungen erprobt. Dazu wurden die exakten Abstandswerte $d_i$ aus (3.51) zu Werten $\tilde{d_i}$ wie in (3.49) abgeändert mit $\sigma = 0.1$. Das in $P_S = (2.7, 2.4)$ gestartete lokale Minimierungsverfahren `lsqnonlin` konvergierte im Punkt $P_L \approx (2.749, 2.583)$ – wieder nur eine lokale Minimalstelle mit Funktionswert $J(P_L) \approx 1.6$. Das semi-implizite Eulerverfahren lieferte als besten Punkt nach 150 Schritten $P_{150} \approx (0.8786, 1.074)$. Bei Start in $P_{150}$ konvergierte `lsqnonlin` nach $P_E \approx (0.8794, 1.084)$ mit Funktionswert $J(P_E) \approx 0.033$.

## 3.4 Parameteridentifikation bei einem Randwertproblem

Die Identifikation der Koeffizientenfunktion für die Differentialgleichung (DGL) des Randwertproblems (RWP) aus Beispiel 2.8 ist ein häufig betrachtetes, repräsentatives Standardbeispiel eines nichtlinearen inversen Problems.

**Formulierung und Analyse des inversen Problems.** Gegeben sei für $S_0 > s_0 > 0$ die Teilmenge

$$\mathcal{U} := \left\{ g \in C^1[0,1];\ 0 < s_0 \le g(x) \le S_0 \text{ für alle } x \in [0,1] \right\}$$

von $C^1[0,1]$. Für $a \in \mathcal{U}$ und $f \in C[0,1]$, $f \neq 0$, wird das RWP

$$\begin{aligned} -(a(x)u'(x))' &= f(x), \quad x \in (0,1), \\ u(0) &= 0, \quad u(1) = 0. \end{aligned} \tag{3.63}$$

für eine gesuchte Funktion $u : [0,1] \to \mathbb{R}$ betrachtet. Es wird zuerst angenommen, dass eine Lösung $u \in C^2[0,1]$ von (3.63) existiert. Dann gilt auch

$$a(x)u'(x) = -\int_0^x f(t)\,dt + \eta =: -G(x) + C \tag{3.64}$$

mit $G(x) = \int_0^x f(t)\,dt$ und mit einer geeigneten Integrationskonstanten $C$. Zu deren Berechnung wird die letzte Gleichung umgestellt zu $u'(x) = -G(x)/a(x) + C/a(x)$. Daraus erhält man wegen der Randbedingungen in (3.63)

$$0 = u(1) - u(0) = \int_0^1 u'(x)\,dx = C \cdot \int_0^1 a^{-1}(x)\,dx - \int_0^1 a^{-1}(x)G(x)\,dx.$$

Somit ergibt sich die Konstante in (3.64) zu

$$C = \left( \int_0^1 a^{-1}(x)G(x)\,dx \right) \Big/ \int_0^1 a^{-1}(x)\,dx. \tag{3.65}$$

Schließlich erhält man für $u$ die Formel

$$u(x) = \int_0^x a^{-1}(t)\,[C - G(t)]\,dt. \tag{3.66}$$

Es ist umgekehrt leicht zu überprüfen, dass eine durch (3.66) definierte Funktion $u : [0,1] \to \mathbb{R}$ zweimal stetig differenzierbar ist und (3.63) erfüllt. Somit ist die eindeutige Lösbarkeit von (3.63) durch eine explizite Lösungsformel nachgewiesen. Es gibt also einen Operator

$$F : \mathcal{U} \to \mathcal{W}, \quad a \mapsto u,$$

mit

$$\mathcal{W} := \left\{ u \in C^2[0,1];\ u(0) = 0,\ u(1) = 0 \right\},$$

der jedem $a \in \mathcal{U}$ die eindeutig bestimmte Lösung $u$ von (3.63) zuordnet.[1] Der Operator $F$ ist *nichtlinear*: Ist $u_1 = F(a)$ und $u_2 = F(2a)$, dann kann nicht $u_2 = 2F(a) = 2u_1$ gelten, denn die Funktion $2u_1$ erfüllt nicht die DGL in (3.63), da $f \neq 0$ vorausgesetzt wurde. Der Operator $F$ ist *nicht injektiv*, das heißt $a$ ist nicht identifizierbar. Da nämlich $f \neq 0$, gibt es ein $x_0 \in (0,1)$ mit $u'(x_0) \neq 0$ und dann gibt es auch eine Umgebung $U \subseteq (0,1)$ von $x_0$ mit $u'(x) \neq 0$ für alle $x \in U$. Auf dieser Umgebung lässt sich die Differentialgleichung in (3.63) bei bekannter Lösung $u$ als eine explizite lineare Differentialgleichung 1. Ordnung für $a$ formulieren:

$$a'(x) + \frac{u''(x)}{u'(x)} \cdot a(x) = -\frac{f(x)}{u'(x)}, \quad x \in U.$$

Die Lösung ist durch (3.64) gegeben, wobei $C$ nun eine *freie* Integrationskonstante ist (es gibt keinen Anfangswert für $a$, der sie eindeutig festlegen würde). Folglich ist $a$ auf $(0,1)$ und damit auf $[0,1]$ nicht eindeutig bestimmt. Wäre $u'(x) \neq 0$ für alle $x \in (0,1)$, dann wäre $a \in \mathcal{U}$ durch die *zusätzliche* Vorgabe eines Anfangswerts, etwa $a(0) = \alpha_0$, auf ganz $[0,1]$ eindeutig durch $u \in \mathcal{W}$ bestimmt. Dieser Fall kann jedoch nicht eintreten, denn aufgrund der Randbedingungen muss es nach dem Satz von Rolle mindestens ein $\xi \in [0,1]$ mit $u'(\xi) = 0$ geben und an dieser Stelle $\xi$ ist $a(\xi)$ durch (3.64) überhaupt nicht bestimmt – ein Extremfall schlechter Kondition.

Um Identifizierbarkeit zu gewährleisten, wird die Kandidatenmenge für die gesuchte Funktion $a$ stark eingeschränkt. Speziell sollen stückweise konstante Koeffizientenfunktionen betrachtet werden, die allerdings nicht mehr stetig differenzierbar sind. Deswegen geht man zur schwachen Formulierung des RWP (3.63) über, welche bereits in Beispiel 2.8, Gleichung (2.31) hergeleitet wurde:

$$\int_0^1 a(x)u'(x)\varphi'(x)\,dx = \int_0^1 f(x)\varphi(x)\,dx \quad \text{für alle} \quad \varphi \in H_0^1(0,1). \tag{3.67}$$

Hier ist

$$H_0^1(0,1) := \left\{u \in H^1(0,1);\ u(0) = 0 = u(1)\right\}.$$

Die Gleichung (3.67) ist bereits dann sinnvoll, wenn $f \in L_2(0,1)$ sowie

$$a \in \overline{\mathcal{U}} \tag{3.68}$$

für die (neu definierte) Menge

$$\overline{\mathcal{U}} := \{g : [0,1] \to \mathbb{R};\ s_0 \leq g(x) \leq S_0,\ \exists\ 0 = t_0 < t_1 < \ldots < t_k = 1 \text{ so, dass } g_{|(t_{i-1},t_i)} \text{ stetig ist und die einseitigen Grenzwerte in } t_i \text{ existieren, je für alle } i\}$$

[1] Die Bezeichnungen wurden wie bei Differentialgleichungen üblich gewählt, wo die unbekannte, gesuchte Lösung der DGL $u$ genannt wird. Beim inversen Problem spielt diese Funktion die Rolle der beobachteten Wirkung und wäre dementsprechend gemäß der bisherigen Konvention mit $w$ zu bezeichnen.

vorausgesetzt werden. Unter diesen Voraussetzungen existiert eine eindeutige Lösung

$$u \in \overline{\mathcal{W}} := H_0^1(0,1)$$

von (3.67) und somit gibt es erneut einen (gleich wie den obigen bezeichneten) Operator

$$F : \overline{\mathcal{U}} \to \overline{\mathcal{W}},$$

der jedem $a \in \overline{\mathcal{U}}$ die eindeutig bestimmte Lösung $u \in \overline{\mathcal{W}} = H_0^1(0,1)$ der Gleichung (3.67) zuordnet. Es seien nun

$$0 = t_0 < t_1 < \ldots < t_n = 1 \tag{3.69}$$

fest gewählt und es sei

$$C := \left\{ g \in \overline{\mathcal{U}};\ g_{|(t_{i-1},t_i)} \text{ konstant für } i = 1,\ldots,n \right\} \tag{3.70}$$

eine konvexe Teilmenge von $\overline{\mathcal{U}}$ aus stückweise konstanten Funktionen. *Setzt man voraus, dass die rechte Seite $f$ der schwachen DGL (3.67) auf keinem Teilintervall $(t_{i-1},t_i)$ identisch null ist,* dann gibt es ein $\varphi \in H_0^1(0,1)$ mit Träger in $(t_{i-1},t_i)$ so, dass

$$0 < \int\limits_{t_{i-1}}^{t_i} f(x)\varphi(x)\,dx \overset{(3.67)}{=} a_{i-1} \int\limits_{t_{i-1}}^{t_i} u'(x)\varphi'(x)\,dx, \quad i = 1,\ldots,n, \tag{3.71}$$

mit dem Funktionswert $a_{i-1} > 0$ von $a$ auf $(t_{i-1},t_i)$, der demnach bei bekanntem $u$ eindeutig bestimmt ist. Das heißt, dass ein $a \in C$ bei bekanntem $F(a)$ auf jedem Teilintervall $(t_{i-1},t_i)$ identifizierbar ist – nur an den Ausnahmestellen $t_i$ bleibt $a$ unbestimmt. Identifiziert man alle fast überall identischen Funktionen miteinander (wie beim Lebesgue-Integral in Beispiel 1.20), dann lässt sich in diesem Sinn sagen, dass $a$ eindeutig durch $F(a)$ bestimmt und damit der Operator $F$ auf $C$ injektiv ist.

Problematisch bleibt die Stabilitätsbedingung. Bezüglich der Norm $\|\bullet\|_{L_2(0,1)}$ kleine Änderungen in $u$ können zu bezüglich der Norm $\|\bullet\|_{L_2(0,1)}$ großen Änderungen in $u'$ führen (vergleiche Beispiel 1.26) und damit zu großen Änderungen in den Werten $a_{i-1}$, wie aus (3.71) erkennbar. Insbesondere wenn $u'$ in einem Intervall $(t_{i-1},t_i)$ nahe bei null liegt, kann bei Division der Identität (3.71) durch einen kleinen, fehlerbehafteten Wert $\int_{t_{i-1}}^{t_i} u'(x)\varphi'(x)\,dx$ ein sehr großer Fehler im Wert $a_{i-1}$ resultieren.

**Diskretisierung.** Im Datenraum sei die Diskretisierung durch einen Beobachtungsoperator $\Psi : \overline{\mathcal{W}} \to \mathbb{R}^{m+1}$, $m \in \mathbb{N}$, vorgegeben. Wir unterstellen eine Beobachtung in Form einer äquidistanten Abtastung der Lösung $u \in \overline{\mathcal{W}} \subset C[0,1]$ des RWP auf dem Intervall $[0,1]$ und setzen dafür

$$h := 1/m \quad \text{und} \quad \tau_i := ih, \quad i = 0,1,\ldots,m. \tag{3.72}$$

Der Beobachtungsoperator wird somit durch

$$\Psi : \overline{\mathcal{W}} \to \mathbb{R}^{m+1}, \quad u \mapsto \Psi(w) := (u(\tau_0), \ldots, u(\tau_m))^\top,$$

definiert.

Auf der Parameterseite ist die Diskretisierung durch die Einschränkung auf Funktionen $a \in C$ mit der in (3.70) definierten Menge $C$ bereits vorweggenommen, denn jedes $a \in C$ wird durch einen Vektor $\mathbf{a} \in \mathbb{R}^n$ mit Komponenten $s_0 \leq a_i \leq S_0$ beschrieben:

$$a \in C \quad \Rightarrow \quad a(x) = \sum_{i=0}^{n-1} a_i \cdot \mathbf{1}_{[t_i, t_{i+1})}(x), \quad x \in [0,1], \tag{3.73}$$

wobei hier benutzt wird, dass $a$ nur fast überall festgelegt ist und die Werte von $a$ an den Stellen $t_i$, $i = 0, \ldots, n$, deswegen willkürlich festgelegt werden können.

Eine Auswertung der Funktion

$$\Psi \circ F : C \to \mathbb{R}^{m+1} \tag{3.74}$$

($a \in C$ wird abgebildet auf die Lösung des RWP, welche dann an den Stellen $\tau_i$ beobachtet wird) geschieht näherungsweise durch die numerische Lösung des RWP (3.67). Dazu muss die Gleichung (3.67) ebenfalls diskretisiert werden, wie bereits in Beispiel 2.8. Der Einfachheit halber wird das Gitter $0 = \tau_0 < \ldots < \tau_m = 1$ für eine Diskretisierung verwendet, weil dann die numerische Lösung von (3.67) direkt die Abtastwerte $u(\tau_i)$ von $u$ (beziehungsweise deren numerisch berechnete Näherungen) liefert. Analog zu (2.33) wird die Funktion $f$ durch den Polygonzug

$$f(x) \approx f_m(x) := \sum_{j=0}^{m} f(\tau_j) N_{2,j}(x), \tag{3.75}$$

mit den Basisfunktionen $N_{2,j}$, $j = 0, \ldots, m$, des Raums $\mathscr{S}_2(\tau_0, \ldots, \tau_m)$ approximiert, wie in Beispiel 2.5. Ebenso wird eine Näherung $u_m$ der Lösung $u \in H_0^1(0,1)$ des RWP analog zu (2.34) als Polygonzug der Form

$$u(x) \approx u_m(x) := \sum_{j=1}^{m-1} \gamma_j N_{2,j}(x), \quad \gamma_j \in \mathbb{R}, \ j = 1, \ldots, m-1 \tag{3.76}$$

angesetzt. In (3.76) wird berücksichtigt, dass $u(0) = 0 = u(1)$ und dass dies dann ebenso für $u_m$ gelten soll. Auch die Funktionen $\varphi \in H_0^1(0,1)$ werden näherungsweise wie in (3.76) angesetzt, woraus sich die folgende diskretisierte Version von (3.67) ergibt:

$$\sum_{j=1}^{m-1} \gamma_j \left( \int_0^1 a(x) N'_{j,2}(x) N'_{i,2}(x)\, dx \right) = \underbrace{\int_0^1 f_m(x) N_{i,2}(x)\, dx}_{=:\, \beta_i}, \quad i = 1, \ldots, m-1. \quad (3.77)$$

Im Unterschied zu (2.35) muss hier wegen der Einschränkung $a \in C$ keine Approximation von $a$ durch einen Polygonzug angesetzt werden. Aus den Gleichungen (3.77) sind bei gegebenem $a \in C$, also in Abhängigkeit der Koeffizienten $a_1, \ldots, a_{n-1}$ von $a$, die Werte $\gamma_1, \ldots, \gamma_{m-1}$ zu bestimmen – dies sind wegen (3.76) die gesuchten Näherungen der Abtastwerte $u(\tau_1), \ldots, u(\tau_{m-1})$ (während $u(0) = u(\tau_0) = 0$ und $u(1) = u(\tau_m) = 0$ ohne Rechnung feststehen). *Wie schon in Beispiel 2.8 unterstellen wir zur Vereinfachung nun weiter, dass das Gitter* $0 = t_0 < t_1 < \ldots < t_n = 1$ *aus (3.69) eine Verfeinerung des Gitters* $0 = \tau_0 < \tau_1 < \ldots < \tau_m$ *darstellt.* In diesem Fall besitzt $a \in C$ nicht nur die Darstellung (3.73), sondern kann auch in der Form

$$a \in C \quad \Rightarrow \quad a(x) = \sum_{i=0}^{m-1} \alpha_i \cdot \mathbf{1}_{[\tau_i, \tau_{i+1})}(x), \quad x \in [0,1], \quad (3.78)$$

geschrieben werden. Es gilt $s_0 \le \alpha_i \le S_0$ für $i = 0, \ldots, m-1$. Das lineare Gleichungssystem (3.77) schreibt man kompakt in der Form

$$A\gamma = \beta, \quad \gamma := (\gamma_1, \ldots, \gamma_{m-1})^T \in \mathbb{R}^{m-1}, \quad \beta := (\beta_1, \ldots, \beta_{m-1})^T \in \mathbb{R}^{m-1}, \quad (3.79)$$

mit der von $\alpha := (\alpha_0, \ldots, \alpha_{m-1})^T \in \mathbb{R}^n$ abhängigen Matrix

$$A = \begin{pmatrix} (\alpha_0 + \alpha_1)/h & -\alpha_1/h & 0 & \cdots & 0 \\ -\alpha_1/h & (\alpha_1 + \alpha_2)/h & -\alpha_2/h & & \vdots \\ 0 & \ddots & \ddots & \ddots & 0 \\ \vdots & & \ddots & \ddots & -\alpha_{m-2}/h \\ 0 & \cdots & 0 & -\alpha_{m-2}/h & (\alpha_{m-2} + \alpha_{m-1})/h \end{pmatrix}. \quad (3.80)$$

$A$ ist symmetrisch, tridiagonal und positiv definit, so dass (3.79) für jedes $\beta \in \mathbb{R}^{m-1}$ eine eindeutige Lösung $\gamma$ besitzt, welche die Näherung $u_m$ von $u$ gemäß (3.76) definiert. (Die Matrix $A$ unterscheidet sich von der Matrix in (2.38) in Beispiel 2.8, weil $a \in C$ jetzt nicht mehr durch einen Polygonzug approximiert wird.)

Mit dem mehrdimensionalen Intervall

$$B := [s_0, S_0]^m \subset \mathbb{R}^m \quad (3.81)$$

können wir die nichtlineare Funktion

$$F_m : B \to \mathbb{R}^{m-1}, \quad \alpha \mapsto \gamma \quad \text{mit} \quad A\gamma = \beta \quad (3.82)$$

definieren, welche jedem Vektor $\alpha = (\alpha_0, \ldots, \alpha_{m-1}) \in B$ (interpretiert als Koeffizienten in (3.78)) die Lösung $\gamma$ von (3.79) zuordnet. Die Werte $\alpha_0, \ldots, \alpha_{m-1}$ gehen in die Matrix $A$ aus (3.80) ein – zur Verdeutlichung soll im Folgenden $A = A(\alpha)$ geschrieben werden, ebenso auch $\gamma = \gamma(\alpha)$. Die Abbildung $F_m$ ist die diskrete Version von $\Psi \circ F$ aus (3.74), wobei sich die Dimensionsreduktion im Bildraum dadurch ergibt, dass die beiden festen und dadurch uninteressanten Werte $u(0)$ und $u(1)$ ausgeblendet wurden. Auch wenn die Berechnung von $\gamma$ in der Praxis durch Lösung des linearen Gleichungssystems $A\gamma = \beta$ bewerkstelligt wird, kann man formal

$$F_m : B \to \mathbb{R}^{m-1}, \quad \alpha \mapsto A(\alpha)^{-1}\beta \tag{3.83}$$

schreiben. Das inverse Problem besteht darin, aus bekannten Werten $\gamma \in F_n(B) \in \mathbb{R}^{m-1}$ auf den Vektor $\alpha \in B \subset \mathbb{R}^m$ zu schließen. Offenbar ist dies nicht möglich, denn es gibt weniger Gleichungen als Unbekannte, die Abbildung $F_m$ ist nicht injektiv (siehe hierzu auch die Gleichungen (3.86) unten). Deswegen wird die Aufgabenstellung erneut modifiziert und zusätzlich angenommen, dass der Wert $\alpha_0 = \alpha_0^*$ fest vorgegeben ist. In gewissem Sinn ist dies eine „natürliche" Annahme, denn wie schon oben festgestellt, lässt sich die DGL des gegebenen RWP auch als eine DGL für $a$ interpretieren. Zur eindeutigen Bestimmung von $a$ fehlt dann noch ein Anfangswert – in der diskreten Version entspricht dies der Vorgabe $\alpha_0 = \alpha_0^*$. Entsprechend gehen wir von $F_m$ zur Funktion

$$\Phi_m : B \to \mathbb{R}^m, \quad \alpha \mapsto \begin{pmatrix} \alpha_0 \\ F_m(\alpha) \end{pmatrix} = \begin{pmatrix} \alpha_0 \\ A(\alpha)^{-1}\beta \end{pmatrix} \tag{3.84}$$

über. Das inverse Problem besteht darin, das nichtlineare Gleichungssystem

$$\Phi_m(\alpha) = \begin{pmatrix} \alpha_0^* \\ \gamma^* \end{pmatrix} =: y \tag{3.85}$$

zu lösen. Hier ist $\alpha_0^*$ der vorgegebene Anfangswert von $a$ und $\gamma^*$ steht für den Vektor der hypothetischen, exakten Beobachtungswerte $(u(\tau_1), \ldots, u(\tau_{m-1}))^\top$. Man kann (3.85) unter Benutzung von (3.80) als gestaffeltes Gleichungssystem zur Berechnung von $\alpha$ bei gegebenem $y$ schreiben, nämlich (mit $\gamma_m^* := 0$)

$$\begin{aligned}
\alpha_0 &= \alpha_0^* \\
\alpha_1(\gamma_1^* - \gamma_2^*) &= h\beta_1 - \alpha_0\gamma_1^* \\
\alpha_2(\gamma_2^* - \gamma_3^*) &= h\beta_2 + \alpha_1(\gamma_1^* - \gamma_2^*) \\
\vdots \qquad & \qquad \vdots \\
\alpha_{m-2}(\gamma_{m-2}^* - \gamma_{m-1}^*) &= h\beta_{m-1} + \alpha_{m-3}(\gamma_{m-3}^* - \gamma_{m-2}^*) \\
\alpha_{m-1}(\gamma_{m-1}^* - \gamma_m^*) &= h\beta_{m-1} + \alpha_{m-2}(\gamma_{m-2}^* - \gamma_{m-1}^*)\,.
\end{aligned} \tag{3.86}$$

Eine Lösung dieses Gleichungssystems existiert für $\gamma^* \in F_m(B)$ (es kann nicht garantiert werden, dass dies gilt, da $\gamma^*$ den exakten Abtastwerten der Lösung $u$ von (3.67) entspricht, während $F_m$ nur Näherungen berechnet durch Lösung der diskretisierten Variante (3.77) des RWP), jedoch bleibt ein Wert $\alpha_j$ unbestimmt, wenn

$\gamma_j^* - \gamma_{j+1}^* = 0$. Dies entspricht der im kontinuierlichen Fall bei $u'(x) = 0$ auftretenden Schwierigkeit. Eindeutigkeit kann dann erst durch eine zusätzliche Regularisierungsmaßnahme erreicht werden, siehe unten.

Zur Modellierung von Messabweichungen bei der Abtastung von $u$ gehen wir von $y \in \mathbb{R}^m$ zu einem Vektor $y^\delta \in \mathbb{R}^m$ über mit

$$\begin{aligned} y_1^\delta &:= y_1 = \alpha_0^* \quad \text{(stets exakt)} \\ y_i^\delta &:= \gamma_{i-1}^\delta := \gamma_{i-1}^* + \sigma \cdot e_{i-1}, \quad i = 2, \ldots, m, \end{aligned} \tag{3.87}$$

wobei $e_2, \ldots, e_m$ Realisierungen stochastisch unabhängiger, standardnormalverteilter Zufallsvariablen sind und $\sigma > 0$. Folglich können die Werte $\sigma \cdot e_{i-1}$ als Realisierungen normalverteilter Zufallsvariablen mit Erwartungswert 0 und Varianz $\sigma^2$ interpretiert werden. Liegen statt $y$ nur die Werte $y^\delta$ vor, dann ersetzen wir (3.85) durch das nichtlineare Ausgleichsproblem

$$\text{Minimiere} \quad \frac{1}{2} \| \Phi_m(\alpha) - y^\delta \|_2^2, \quad \alpha \in B. \tag{3.88}$$

Wir haben ein sehr ähnliches Minimierungsproblem bereits in den Beispielen 2.8 und 2.10 betrachtet in der etwas anderen Situation, dass ein $a \in \overline{\mathcal{U}}$ durch einen Polygonzug approximiert wurde.

**Stabilitätsuntersuchung an einem Datenbeispiel** In Abb. 3.18 wird eine Koeffizientenfunktion $a \in C$ (eine Treppenfunktion) gezeigt. Weiterhin geben wir uns wie

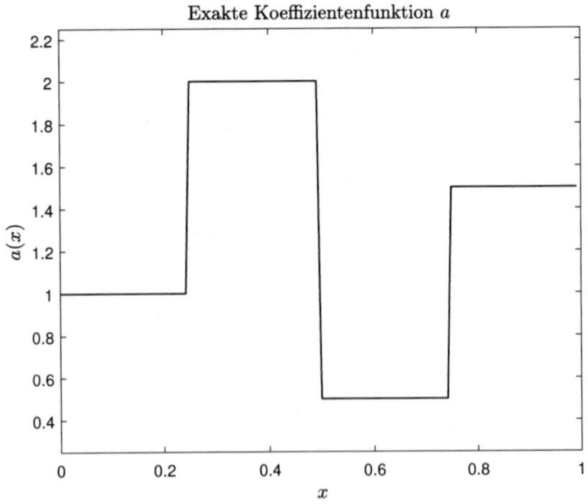


**Abb. 3.18** Exakte, zu rekonstruierende Koeffizientenfunktion $a$

schon in Beispiel 2.10 zuerst eine Lösung

$$u : [0, 1] \to \mathbb{R}, \quad x \mapsto \sin(\pi x),$$

des Randwertproblems vor und bestimmen dann die Näherung $f_m$ der rechten Seite $f$ so, dass (3.77) exakt erfüllt ist. Wir setzen

$$m = 128 \quad \text{und} \quad \alpha^* = (a(\tau_0), \ldots, a(\tau_{m-1}))^\top,$$

letzterer ist der Vektor der Koeffizienten von $a$ in der Darstellung (3.78). Zur näherungsweisen Abschätzung der Stabilität des nichtlinearen Ausgleichsproblems nähern wir dieses durch ein lineares Ausgleichsproblem an, basierend auf der Linearisierung

$$\Phi_m(\alpha) \doteq \Phi_m(\alpha^*) + D\Phi_m(\alpha^*)(\alpha - \alpha^*)$$

von $\Phi_m$ in $\alpha^*$. Es sei $y = \Phi_m(\alpha^*)$ der zu $\alpha^*$ gehörige exakte Datenvektor. Weiterhin sei $\Delta y > 0$ eine Schranke für die absolute Unsicherheit in den Daten, etwa in dem Sinn, dass $\|y^\delta - y\|_2 \leq \Delta y$. Wir setzen $\delta y = y^\delta - y$ und $\alpha = \alpha^* + \delta\alpha$ mit der Lösung $\delta\alpha$ des linearisierten Ausgleichsproblems

$$\text{Minimiere} \quad \frac{1}{2}\|y + D\Phi_m(\alpha^*)\delta\alpha - y^\delta\|_2^2 = \frac{1}{2}\|D\Phi_m(\alpha^*)\delta\alpha - \delta y\|_2^2.$$

Entscheidend für die Stabilität in $\alpha^*$ ist die Funktionalmatrix $D\Phi_m(\alpha^*)$. Deren Singulärwertzerlegung sei durch $D\Phi_m(\alpha^*) = U\Sigma V^T$ gegeben, die Bezeichnungen sind hier wie in Satz und Definition 1.1 gewählt (mit $\mathbb{K} = \mathbb{R}$ und $m = n$). Die Lösung $\delta\alpha$ des linearisierten Ausgleichsproblems lautet

$$\delta\alpha = \sum_{j=1}^{m} \frac{\langle \delta y | u_j \rangle}{\sigma_j} v_j =: \delta\alpha_j \cdot v_j$$

mit den Spalten $u_j$ von $U$ beziehungsweise $v_j$ von $V$ und den nach abfallender Größe angeordneten singulären Werten $\sigma_j$. Die absoluten Fehler in den Koeffizienten von $\delta\alpha$ lassen sich also durch

$$|\delta\alpha_j| \leq \frac{\Delta y}{\sigma_j}$$

abschätzen. Für den relativen Fehler gilt dann

$$\frac{|\delta\alpha_j|}{\|\alpha^*\|_2} \leq \frac{\|y\|_2}{\|\alpha^*\|_2} \cdot \frac{1}{\sigma_j} \cdot \frac{\Delta y}{\|y\|_2} = \frac{\|\Phi_m(\alpha^*)\|_2}{\|\alpha^*\|_2} \cdot \frac{1}{\sigma_j} \cdot \frac{\Delta y}{\|y\|_2},$$

das heißt, dass relative Fehler in den Daten um den Faktor $(\|\Phi_m(\alpha^*)\|_2 \,/\, \|\alpha^*\|_2) \cdot (1/\sigma_j)$ verstärkt in den relativen Fehler der $j$-ten Resultatkomponente eingehen. Der relative Fehler $|\delta\alpha_j| \,/\, \|\alpha^*\|_2$ muss kleiner 1 sein, damit die Komponente von $\delta\alpha$ in Richtung des singulären Vektors $v_j$ Signifikanz hat. Da in unserem Fall $\|\Phi_m(\alpha^*)\|_2 \,/\, \|\alpha^*\|_2$ ungefähr von der Größenordnung 1 ist, bedeutet dies, dass

$$\sigma_j \geq \frac{\Delta y}{\|y\|_2}$$

gelten muss. Wenn diese Ungleichung für $j = 1, \ldots, k$ erfüllt ist, aber für größere $j$ nicht mehr, dann ist zu erwarten, dass höchstens $k$ Parameter aus den verfälschten Daten rekonstruiert werden können. In Abb. 3.19 werden die Singulärwerte

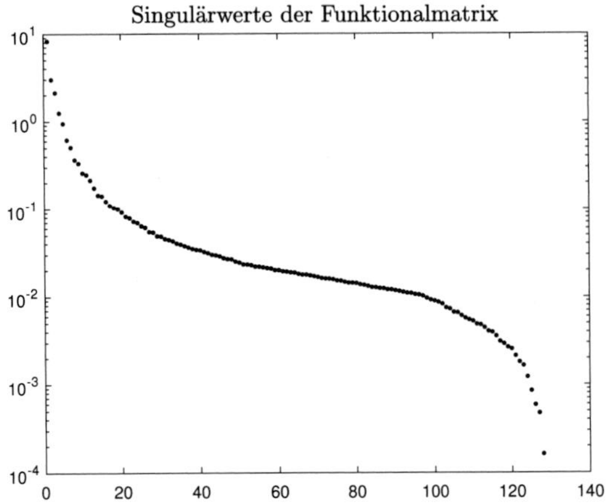


**Abb. 3.19** Singulärwerte der Funktionalmatrix $D\Phi_m(\alpha^*)$

$D\Phi_m(\alpha^*)$ gezeigt. Liegen relative Datenfehlern der Größe $10^{-2}$ vor und möchte man wenigstens eine korrekte Dezimalstelle im Ergebnis erzielen (relativer Fehler circa $10^{-1}$) dann sollte ein höchstens 20-dimensionaler Ansatzraum gewählt werden.

**Wahl eines Ansatzraums.** Wegen $a \in C$ wird die gesuchte Funktion mittels einer Basis aus univariaten Haar-Wavelets angesetzt, wie in Abschnitt 1.5.1 beschrieben. Deswegen wird nun vorausgesetzt, dass der Parameter $m$ aus (3.72) von der Form $m = 2^N$ ist mit $N \in \mathbb{N}$. Dann sind $N+1$ Gitter $G_k$, $k = 0, \ldots, N$, gemäß (1.62) zum Ansatz einer Treppenfunktion (3.78) zu betrachten und die entsprechenden Teilräume $X_k$, $k = 0, \ldots, N$, gemäß (1.63).

Wie aus dem vorigen Paragraphen ersichtlich, kommt es nicht in Frage, bei großem $N$ den kompletten Raum $X_N$ zur Approximation heranzuziehen, da dies zu gravierender Instabilität bei der Rekonstruktion führt. Andererseits kann für die Auswahl signifikanter Basisfunktionen aus $X_N$ die in Abschnitt 2.5 dargelegte Vorgehensweise nicht ohne weiteres benutzt werden, da es sich nun um ein nichtlineares Problem handelt. Möglich wäre es, die Auswahl signifikanter Basisvektoren anhand einer Linearisierung des Ausgleichsproblems vorzunehmen, doch ist diese nur aussagekräftig, wenn man sich bereits in der Nähe des gesuchten Rekonstrukts befindet. Aus diesem Grund wird der Versuch einer Mehrskalenoptimierung unternommen, wie sie in Abschnitt 2.2.4 vorgestellt wurde, das heißt man löst das nichtlineare Ausgleichsproblem sukzessive auf den Räumen $X_k$, $k = 0, \ldots, N$. Für kleines $k$ haben die Räume niedrige Dimension und sind robust, für großes $k$ sollte man sich bereits in der Nähe des Optimums befinden, so dass eine Linearisierung und die darauf fußende Auswahl signifikanter Basisfunktionen wie in Abschnitt 2.5 sinnvoll ist. Es ist allerdings noch zu klären, ob eine Mehrskalenoptimierung im vorliegenden Fall erfolgreich sein kann. Dies wurde von Liu untersucht, analog zur Untersuchung in Abschnitt 2.2.4. In [Liu93] wird folgendes Resultat hergeleitet. Für die Referenzfunktion $a(x) = 1, x \in [0,1]$, die rechte Seite $f(x) = 1, x \in [0,1]$, das Haar-Wavelet $\phi_{j,k}$ aus (1.64) und die Kurve $\gamma : I \to \overline{W}, t \mapsto F(a + t\phi_{j,k})$ (mit einem kleinen Intervall $I$, das den Nullpunkt enthält; hierfür ist vorauszusetzen, dass $s_0 < 1 < S_0$) erhält man folgende Abschätzungen für die Sensitivität und die Krümmung von $F$ in $a$ in Richtung $\phi_{j,k} \in X_k$

$$S = \mathcal{O}(h_k^{3/2}), \quad \Gamma = \mathcal{O}(h_k^{-2}) \quad (h_k = 2^{-k}).$$

Dies lässt den gleichen Schluss zu wie (2.77) und (2.78): In Richtung der Basisfunktionen $\phi_{k,j}$ mit kleinem Parameter $k$ ist die Funktion $F$ wenig gekrümmt („schwach nichtlinear"), reagiert jedoch sensitiv auf Änderungen ihres Arguments. Wächst $k$, verhält es sich genau umgekehrt. Wie im Beispiel der inversen Gravimetrie in Abschnitt 2.2.4 besteht deswegen die Aussicht, dass eine Mehrskalenoptimierung erfolgreich ist.

*Beispiel 3.5 (Mehrskalenoptimierung mit Auswahl von Basisfunktionen).* Wir greifen obiges Datenbeispiel auf, das heißt wir wählen $a$ wie in Abb. 3.18, $u$ wie in Beispiel 2.10 und $f$ entsprechend. Wir setzen $m = 128$, somit ist $N = 7$. Die Minimierung startet in $X_2$ mit Anfangswert $\alpha_0^* = 1$ und Startvektor entsprechend $a = 1$, das heißt der Koeffizient der Skalierungsfunktion $\phi$ wird mit 1 initialisiert, die Koeffizienten aller anderen Wavelets aus $X_2$ mit 0. Wir verwenden zur Minimierung das globale Optimierungsverfahren aus Abschnitt 1.6 mit den in Abschnitt 3.3 beschriebenen Modifikationen, da nicht untersucht wurde, ob eventuell lokale Minima auftreten könnten. Obwohl (3.88) ein Problem mit Nebenbedingungen („box constraints") ist, beachten wir bei der Minimierung keine Nebenbedingungen, denn diese müssten auf die Koeffizienten der Haar-Basis umgerechnet werden. Auch in den folgenden Optimierungsstufen werden keine Nebenbedingungen berücksichtigt. Auf die Berechnung der zur Minimierung benötigten Ableitungsinformation gehen wir am Ende dieses Abschnitts noch ein. Die gefundene $X_2$-Minimalstelle liegt automatisch in $X_3$, die Koeffizienten der restlichen Wavelets in $X_3$ werden mit 0 initialisiert und dann wird auf $X_3$ wird mit einem lokalen Verfahren (Funktion `lsqnonlin` von Matlab) minimiert. Genauso verfährt man beim Übergang zu $X_4$ und $X_5$. Beim Übergang zu $X_6$ wird am aktuellen Iterationspunkt (an der $X_5$-Minimalstelle) zunächst linearisiert und eine Auswahl signifikanter Basisfunktionen aus $X_6$ vorgenommen. Dabei gehen wir wie in Abschnitt 2.5 vor, benutzen aber die in Abschnitt 3.1 auf Seite 223 beschriebene vereinfachte Vorgehensweise (schrittweiser Aufbau der Designmatrix; Signifikanz der Basisfunktionen $\phi_{j,k}$ wird in einer Reihenfolge aufsteigender Werte $k$ getestet). Es wird nicht nur die Signifikanz der in $X_6$ neu hinzugekommenen Basiselemente überprüft, sondern auch die der niedrigeren Skalenstufen aus $X_3, \ldots, X_5$. Lediglich die Basisfunktionen aus $X_2$ verbleiben in jedem Fall. Die (weiterhin nichtlineare – nur die Auswahl der Regressoren benutzt die Linearisierung) Minimierung wird nur noch bezüglich der ausgewählten Basisfunktionen vorgenommen. Beim Übergang von $X_6$ zu $X_7$ geht man wie beim Übergang von $X_5$ zu $X_6$ vor.

*Das in $X_2$ berechnete Optimum ist eine bereits nahezu perfekte Rekonstruktion, die sich optisch nicht von der exakten Funktion aus Abb. 3.18 unterscheidet.* Das gilt selbst dann, wenn mit $\sigma = 0.1$ eine große Störung der exakten Beobachtungswerte vorliegt, siehe Abb. 3.20 Allerdings liegt hier der einfache Fall $a \in X_2$ vor, das

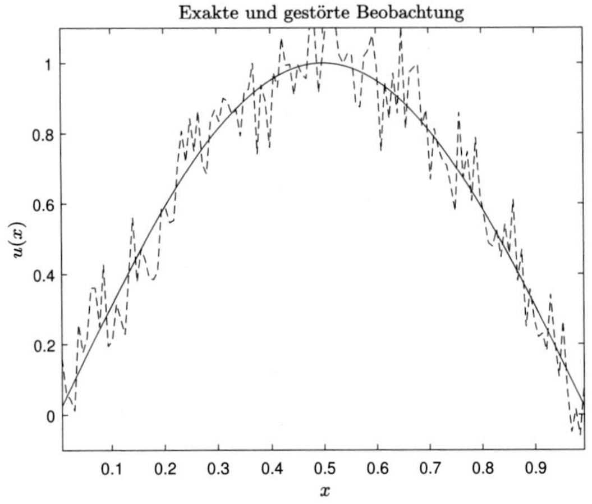


**Abb. 3.20** Exakte Funktion $u$ und verfälschte Beobachtung, $\sigma = 10^{-1}$ (ohne Randwerte)

heißt, dass eine exakte Rekonstruktion mit einem niedrigdimensionalen Ansatzraum möglich ist. Setzt man die Mehrskalenoptimierung wie oben beschrieben bis zu $X_7$ fort, *verschlechtert sich das Ergebnis,* auch bei kleineren Störungen in den Messdaten. Unter Benutzung eines $(1-\alpha)$-Quantils, $\alpha = 0.01$, erhält man das links in Abb. 3.21 gezeigte Rekonstrukt für nur wenig gestörte Daten ($\sigma = 10^{-4}$) und das rechts gezeigte Rekonstrukt für stärker gestörte Daten ($\sigma = 10^{-2}$). Im ersten Fall wurden 26 signifikante Regressoren ausgewählt, im zweiten Fall 19. Das Ergebnis ließe sich verbessern, wenn man bei der automatischen Wahl von Regressoren durch Reduktion von $\alpha$ eine Reduktion der Anzahl ausgewählter Regressoren erzwingt. Dies scheint jedoch nicht ganz legitim, da dann implizit das Wissen ausgenutzt wird, dass $a$ in einem niedrigdimensionalen Raum liegt. Dieses Wissen kann im Allgemeinen nicht vorausgesetzt werden. ◁

**Tikhonov-Regularisierung.** Das vorangegangene Beispiel hat gezeigt, dass die Wahl eines Ansatzraums auf Basis von $F$-Tests noch nicht ganz ausreichend ist für eine befriedigende Rekonstruktion. Deswegen wird jetzt eine zusätzliche regularisierende Maßnahme ergriffen und das nichtlineare Minimierungsproblem (3.88) ersetzt durch das Minimierungsproblem

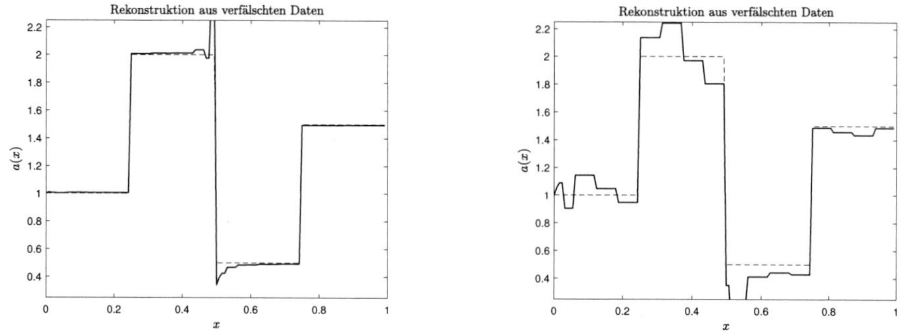


**Abb. 3.21** Rekonstruktionen in $X_7$ für $\sigma = 10^{-4}$ und $\sigma = 10^{-2}$

$$\text{Minimiere} \quad \|\Phi_m(\alpha) - y^\delta\|_2^2 + t \cdot \sum_{i=1}^{m-1} |\alpha_i - \alpha_{i-1}|, \quad x \in B, \tag{3.89}$$

wie es schon in Abschnitt 2.4, (2.138), (2.140) betrachtet wurde. Die hier getroffene Wahl des Penalty-Terms zielt darauf ab, Rekonstrukte mit möglichst geringer totaler Variation zu erzielen. Dieser Vorschlag aus [ROF92] hat sich bewährt, wenn unstetige, aber nicht oszillierende Funktionen rekonstruiert werden sollen, wie zum Beispiel Treppenfunktionen. Weiter fahren wir fort wie in Abschnitt 3.2. Zunächst wird der Penalty-Term, der eine Singularität bei $\alpha = 0$ aufweist, angenähert durch

$$G(\alpha) = \sum_{i=1}^{m-1} \sqrt{(\alpha_i - \alpha_{i-1})^2 + \eta}$$

mit einem „kleinen" Wert $\eta > 0$. Mit

$$W(\alpha) := \begin{pmatrix} \left[(\alpha_1 - \alpha_0)^2 + \eta\right]^{\frac{1}{4}} \\ \vdots \\ \left[(\alpha_{m-1} - \alpha_{m-2})^2 + \eta\right]^{\frac{1}{4}} \end{pmatrix}$$

wird dann die Minimierungsaufgabe

$$\text{Minimiere} \quad \|\Phi_m(\alpha) - y^\delta\|_2^2 + t \cdot \|W(\alpha)\|_2^2 = \left\| \begin{pmatrix} \Phi_m(\alpha) \\ \sqrt{t}W(\alpha) \end{pmatrix} - \begin{pmatrix} y^\delta \\ 0 \end{pmatrix} \right\|_2^2, \quad x \in B, \tag{3.90}$$

gelöst. Auch bei dieser Minimierung benutzen wir den Mehrskalenansatz mit Linearisierung zur Auswahl von Basisfunktionen. Es wird $\eta = 10^{-12}$ gesetzt und $t$ nach dem Diskrepanzprinzip von Morozov gewählt.

*Beispiel 3.6 (Mehrskalenoptimierung mit Auswahl von Basisfunktionen und Regularisierung nach Tikhonov).* Wir wiederholen Beispiel 3.5, minimieren jedoch (3.90). Bei leicht gestörten Daten ($\sigma = 10^{-4}$) werden 26 Regressoren in $X_7$ ausgewählt. Das Rekonstrukt ist links in Abb. 3.22 zu sehen – die Verbesserung gegenüber Abb.

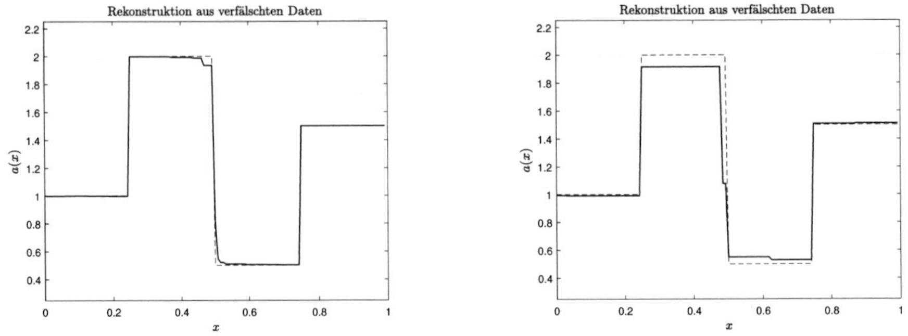


**Abb. 3.22** Rekonstruktionen in $X_7$ mit Tikhonov-Regularsierung für $\sigma = 10^{-4}$ und $\sigma = 10^{-2}$

3.21 ist offenkundig. Der Datenfehler $\|y - y^\delta\|_2$ hat die Größe $10^{-3}$, für das rekonstruierte $\alpha$ ergibt sich bei der Wahl $t = 10^{-5}$ der Wert $\|\Phi_m(\alpha) - y^\delta\|_2 = 9 \cdot 10^{-4}$, gut dem Diskrepanzprinzip entsprechend. Bei stärker gestörten Daten ($\sigma = 10^{-2}$) werden 23 Regressoren in $X_7$ ausgewählt. Auch hier verbessert sich das Rekonstrukt, dieses ist rechts in Abb. 3.22 zu sehen. Der Datenfehler $\|y - y^\delta\|_2$ hat dann die Größe $10^{-1}$, für das rekonstruierte $\alpha$ ergibt sich bei der Wahl $t = 5 \cdot 10^{-5}$ der Wert $\|\Phi_m(\alpha) - y^\delta\|_2 = 10^{-1}$, dem Diskrepanzprinzip entsprechend. *Es ist noch festzuhalten, dass die Rekonstruktionen vom Zufall beeinflusst sind, so wie die Messdaten.* Es ist also durchaus möglich, dass sich trotz gleichbleibender Parameter des Rekonstruktionsverfahrens bei unterschiedlichen Messdatensätzen eine unterschiedliche Rekonstruktionsqualität zeigt. Die Variabilität der Rekonstruktionsqualität steigt mit zunehmendem $\sigma$. ◁

*Beispiel 3.7 (Mehrskalenoptimierung mit Auswahl von Basisfunktionen und Regularisierung nach Tikhonov, glatte Funktion).* Es soll noch versucht werden, das Rekonstruktionsverfahren aus Beispiel 3.6 zur Rekonstruktion einer glatten Koeffizientenfunktion zu verwenden. Dazu setzen wir wie in Beispiel 2.10

$$a(x) = x(1-x) + 1 \quad \text{und} \quad u(x) = \sin(\pi x), \quad 0 \leq x \leq 1,$$

und die rechte Seite $f$ entsprechend. Der Ansatz des Rekonstrukts mit Haar-Wavelets wie in Beispiel 3.6 bei Wahl des Regularisierungsparameters $t$ nach dem Diskrepanzprinzip ergab für $\sigma = 10^{-4}$ und $\sigma = 10^{-2}$ die beiden in Abb. 3.23 gezeigten Rekonstrukte. Hier zeigt sich, dass Haar-Wavelets glatte Funktion nicht sonderlich gut approximieren können. Mehr noch wirkt sich aus, dass der Penalty-Term in (3.90) zur Rekonstruktion glatter Funktionen nicht optimal ist. Ersetzt man die Haar-Basis durch eine dünne Basis aus stückweise linearen, stetigen Funktionen wie in Abschnitt 1.5.2 (gesucht sind dann Koeffizienten $\alpha_i$, $i = 0, \ldots, m$, die Funktionswerte von $a$ an den Knoten $\tau_0, \ldots, \tau_m$) und ersetzt man $W(\alpha)$ in (3.90) durch $L\alpha$ mit der Matrix

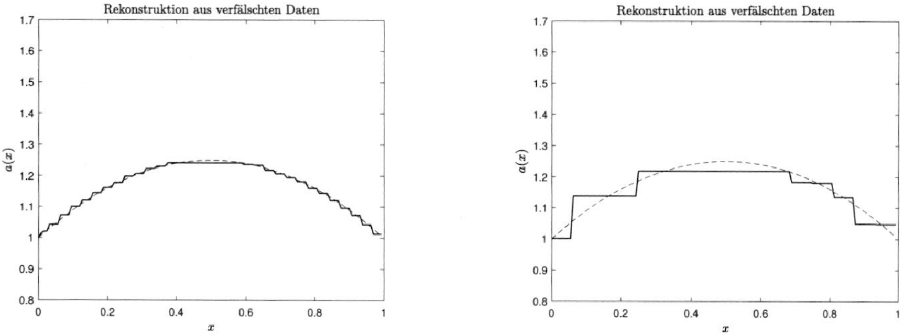


**Abb. 3.23** Rekonstruktionen in $X_7$ mit Tikhonov-Regularsierung für $\sigma = 10^{-4}$ und $\sigma = 10^{-2}$

$$L = \begin{pmatrix} -1 & 2 & -1 & 0 & 0 & 0 & 0 & \cdots & 0 \\ 0 & -1 & 2 & -1 & 0 & 0 & 0 & \cdots & 0 \\ \vdots & & & & \ddots & & & & \vdots \\ 0 & \cdots & 0 & 0 & 0 & -1 & 2 & -1 & 0 \\ 0 & \cdots & 0 & 0 & 0 & 0 & -1 & 2 & -1 \end{pmatrix} \in \mathbb{R}^{m-1,m+1}, \qquad (3.91)$$

(alles andere bleibt gleich: Mehrskalenoptimierung, Auswahl von Basisfunktionen mit $F$-Test und Linearisierung, Parameter $t$ nach dem Diskrepanzprinzip) dann erhält man Rekonstrukte, wie sie in Abb. 3.24 gezeigt werden. Dies führt das Poten-

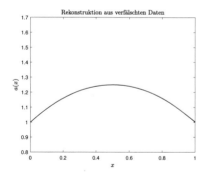

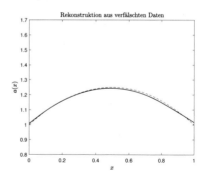


**Abb. 3.24** Rekonstruktionen in $X_7$ mit Tikhonov-Regularsierung für $\sigma = 10^{-4}$ und $\sigma = 10^{-2}$

tial der Regularisierung vor Augen. *Man muss sich jedoch darüber im Klaren sein, dass Regularisierung keine Wunder bewirken kann. Sie bringt einen dorthin, wohin man gehen möchte, aber in welcher Richtung das Ziel liegt (Treppenfunktion, glatte Funktion, ...) muss man selbst wissen und über die geeignete Wahl eines Penalty-Terms in diese Richtung steuern.* ◁

**Berechnung von Ableitungen.** Abschließend gehen wir noch auf ein technisches Problem ein, die effiziente Berechnung der Funktionalmatrix

$$J = D\begin{pmatrix} \Phi_m(\alpha) \\ \sqrt{t}W(\alpha) \end{pmatrix} = \begin{pmatrix} (1,0,\ldots,0) \\ DF_m(\alpha) \\ \sqrt{t}DW(\alpha) \end{pmatrix}. \tag{3.92}$$

Hier lässt sich $DW(\alpha)$ leicht explizit berechnen. Zur Berechnung von $DF_m(\alpha)$ kann die $F_m$ definierende Gleichung $A(\alpha)F_m(\alpha) = \beta$ aus (3.82) implizit differenziert werden. Implizites Differenzieren dieser Identität nach $\alpha_j$, $j = 0,\ldots,m-1$, zeigt

$$\frac{\partial A(\alpha)}{\partial \alpha_j} F_m(\alpha) + A\frac{\partial F_m(\alpha)}{\partial \alpha_j} = 0, \quad j = 0,\ldots,m-1. \tag{3.93}$$

Hier ist $\partial F_m(\alpha)/\partial\alpha_j$ die $(j+1)$-te Spalte der Matrix $DF_m(\alpha)$. Die Matrix $\partial A(\alpha)/\partial\alpha_j$ ist konstant und kann mit (3.80) berechnet werden. Es ist

$$\left(\frac{\partial A(\alpha)}{\partial \alpha_0} F_m(\alpha) \quad \cdots \quad \frac{\partial A(\alpha)}{\partial \alpha_{m-1}} F_m(\alpha)\right) =: M \in \mathbb{R}^{m-1,m} \tag{3.94}$$

und die Spalten von $M = M(\alpha)$ lauten (mit den Komponenten $F_{m,i}$ von $F_m$):

$$\begin{aligned}
Me_1 &= (F_{m,1}(\alpha)/h, 0,\ldots,0)^\top \\
Me_2 &= ((F_{m,1}(\alpha) - F_{m,2}(\alpha))/h, (-F_{m,1}(\alpha) + F_{m,2}(\alpha))/h, 0,\ldots,0)^\top \\
&\vdots \\
Me_{m-1} &= (0,\ldots,0,(F_{m,m-2}(\alpha) - F_{m,m-1}(\alpha))/h, (-F_{m,m-2}(\alpha) + F_{m,m-1}(\alpha))/h)^\top \\
Me_m &= ((0,\ldots,0,F_{m,m-1}(\alpha)/h)^\top.
\end{aligned}$$

Lediglich eine kompakte Schreibweise für (3.93) ist

$$A \cdot DF_m(\alpha) = -M \tag{3.95}$$

Die Funktionalmatrix $DF_m(\alpha)$ lässt sich Spalte für Spalte aus (3.95) berechnen durch Lösen von insgesamt $m$ linearen Gleichungssystemen. Häufig jedoch wird die Matrix $J$ gar nicht explizit gebraucht. Möchte man beispielsweise die bei der Anwendung von `lsqnonlin` zu lösenden Gleichungssysteme durch das iterative CG-Verfahren lösen (siehe etwa [Dem97], S. 307 ff.), so benötigt dieses in jedem seiner Iterationsschritte lediglich ein Produkt $Jv$ (beziehungsweise $J^\top Jv$) für einen vorgegebenen Vektor $v$, nicht aber explizit die Matrix $J$. Nun kann man wegen (3.95)

$$DF_m(\alpha)v = A^{-1}A \cdot DF_m(\alpha)v = -A^{-1}Mv =: w \tag{3.96}$$

durch Lösen des Gleichungssystems $Aw = -Mv$ berechnen, daraus ergibt sich auch $Jv$. Die Anzahl zu lösender Gleichungssysteme ist dann nur proportional zur Anzahl der Schritte, die das CG-Verfahren zu seiner Konvergenz benötigt und damit in der Regel sehr viel kleiner als $m$.

## 3.5 Inverse Gravimetrie

In der Darstellung dieses inversen Problems orientieren wir uns sehr an [Ric20].

**Formulierung und Analyse des inversen Problems.** Ein dreidimensionaler Körper $K$ nehme einen abgeschlossenen, beschränkten Bereich $S \subset \mathbb{R}^3$ ein, dessen Inneres $D \subset \mathbb{R}^3$ sei ein beschränktes Gebiet. Die Massendichte im Körper $K$ wird durch eine Funktion $\rho : S \to \mathbb{R}, x \mapsto \rho(x) \geq 0$ beschrieben. Das Gravitationspotential von $K$ in einem Punkt $x \in \mathbb{R}^3 \setminus S$ ist dann durch das Volumenintegral

$$V(x) = -G \int_S \frac{\rho(y)}{\|x-y\|_2} dy \tag{3.97}$$

gegeben. Hier steht $G$ für die Gravitationskonstante; von $S$ und $\rho$ wird angenommen, sie seien ausreichend regulär, um die Existenz des Lebesgue-Integrals (3.97) zu sichern. Bei (3.97) handelt es sich um eine Faltungsgleichung in drei unabhängigen Variablen. Die von $K$ auf eine Einheitsmasse im Punkt $x \in \mathbb{R}^3 \setminus S$ ausgeübte Gravitationskraft ist durch $F(x) = -\nabla V(x)$ gegeben, den negativen Gradienten von $V$ in $x$.

Die Aufgabe wird sein, aus der Beobachtung von $F$ auf $\rho$ zu schließen. Dabei nehmen wir an, es gebe eine konvexe Menge $\Omega \subset \mathbb{R}^3$ mit $S \subset \Omega \subset \mathbb{R}^3$. Von $\Omega$ wird weiter vorausgesetzt, sein Rand $\partial\Omega$ sei „glatt“. Diese Voraussetzung ist für Halbräume und Kugeln erfüllt, andere Mengen $\Omega$ werden im Folgenden nicht betrachtet. Weiterhin wird vorausgesetzt, dass eine Menge $\Gamma \subset \partial\Omega$ gegeben ist, welche einen inneren Punkt relativ zu $\partial\Omega$ enthält. Die (exakte) Beobachtung bestehe nun darin, dass die Stärke der Gravitationskraft auf $\Gamma$ gemessen werden kann. Die Situation wird in Abb. 3.25 illustriert. Im Idealfall liegen somit die Beobachtungswerte $\|\nabla V(x)\|_2$, $x \in \Gamma$, vor und aus diesen soll auf $\rho$ geschlossen werden.

Zunächst lässt sich aussagen, dass unter geeigneten Regularitätsbedingungen an $S$, $\Omega, \Gamma$ und $\rho$ zwei Potentiale $V_1$ und $V_2$ auf ganz $\mathbb{R}^3 \setminus S$ übereinstimmen müssen, wenn $\|\nabla V_1(x)\|_2$ und $\|\nabla V_2(x)\|_2$ auf $\Gamma$ übereinstimmen (Lemma 2.1.1 in [Isa90]). Insofern ist die vorliegende Beobachtung ausreichend. Andererseits reicht die Kenntnis von $V$ auf ganz $\mathbb{R}^3 \setminus S$ *nicht* aus, eindeutig auf $\rho$ zu schließen. Zur Herstellung von Eindeutigkeit müssen Zusatzinformationen über $\rho$ vorliegen. Ein solcher Fall liegt etwa vor, wenn $K$ ein Körper konstanter Massendichte ist, welcher einen Einschluss $E$ ebenfalls konstanter Massendichte enthält. Sind beide Massendichten bekannt und ist der Einschluss „konvex in einer Richtung“, dann kann die exakte Form von $E$ und damit $\rho$ bestimmt werden Eine Menge $M \subset \mathbb{R}^3$ ist $x_j$-konvex für ein $j \in \{1,2,3\}$ und damit „konvex in einer Richtung“, wenn ihr Schnitt mit jeder Geraden parallel zur $x_j$-Achse ein Intervall ist. (Konvexe Mengen sind gleichzeitig $x_1$-, $x_2$- und $x_3$-konvex.) Dieses Eindeutigkeitsresultat wurde 1938 vom russischen Mathematiker Novikov gefunden. Eine exakte Formulierung findet sich in [Isa90], Theorem 3.1.4.

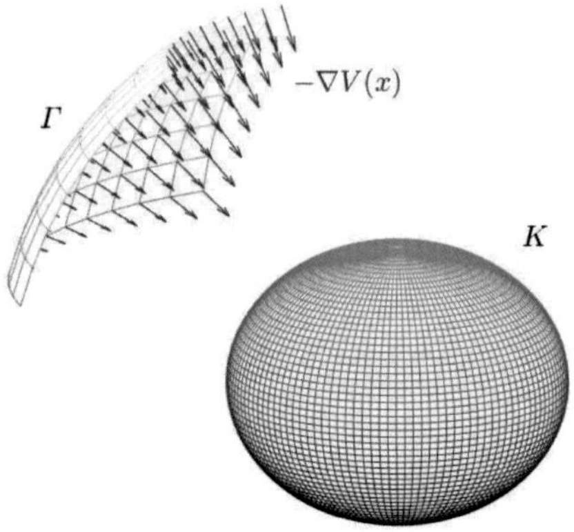


**Abb. 3.25** Von einem Körper $K$ ausgeübte Gravitationskraft $-\nabla V(x)$, beobachtet auf einem Flächenstück $\Gamma$

Im gegebenen Kontext des Resultats von Novikov formulieren wir nun ein konkretes inverses Problem, wie es in [Sam11] betrachtet wird. Die Situation ist in Abb. 3.26 illustriert – man beachte die Orientierung der $x_3$-Achse! Hier sind $a$ und $0 < c_1 < c_2$ gegebene Konstanten, der Körper $K$ befinde sich am Ort (Quader)

$$S = \{x \in \mathbb{R}^3;\ -a \leq x_1 \leq a,\ -a \leq x_2 \leq a,\ c_1 \leq x_3 \leq c_2\}$$

und habe eine konstante Massendichte $c_S$. Der Einschluss habe konstante Massendichte $c_E$ und befinde sich am Ort

$$E = \{x \in \mathbb{R}^3;\ -a \leq x_1 \leq a,\ -a \leq x_2 \leq a,\ c_1 \leq u(x_1,x_2) \leq x_3 \leq c_2\}.$$

Die Form von $E$ wird durch eine stetige Funktion

$$u : [-a,a]^2 \to \mathbb{R}, \quad (x_1,x_2) \mapsto u(x_1,x_2),$$

beschrieben, die unbekannt ist und gesucht wird. Diese Situation könnte auftreten, wenn man einen äußeren Abschnitt der Erde planar approximiert. Es wäre $E$ der entsprechende Abschnitt des Erdmantels und $S \setminus E$ der entsprechende Abschnitt der Erdkruste, die Funktion $u$ würde die sogenannte **Mohorovičić-Diskontinuität** beschreiben. Gemäß Abb. 3.26 wird angenommen, dass $E$ $x_3$-konvex ist. Dann besagt Theorem 3.1.4 in [Isa90] (das Resultat von Novikov), dass $u$ eindeutig durch die Werte

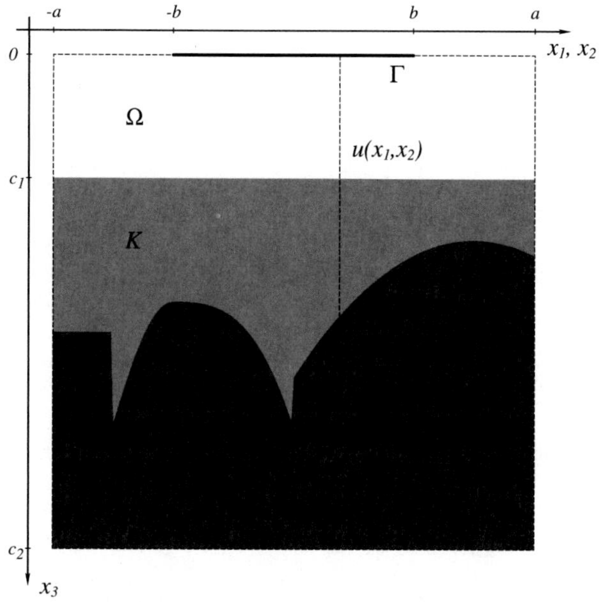


**Abb. 3.26** Ein Körper $K$ mit einem $x_3$-konvexen Einschluss $E$.

$$\|\nabla V(x)\|_2, \quad x \in \Gamma = \{x \in \mathbb{R}^3;\ -b \le x_1 \le b,\ -b \le x_2 \le b,\ x_3 = 0\},$$

bestimmt ist, wobei $0 < b \le a$ eine gegebene Konstante ist und wobei, unter Vernachlässigung von Konstanten,

$$V(x) = \int_{-a}^{a} \int_{-a}^{a} \int_{h}^{u(t_1,t_2)} \frac{1}{\sqrt{(x_1-t_1)^2+(x_2-t_2)^2+(x_3-t_3)^2}}\, dt_3\, dt_2\, dt_1 \quad (3.98)$$

das Potential von $S \setminus E$ ist. Wir unterstellen nun vereinfachend, dass die beiden ersten Komponenten von $\nabla V(x)$ vernachlässigbar sind, so dass $\|\nabla V(x)\|_2$, $x \in \Gamma$, näherungsweise durch $V_{x_3} = \partial V / \partial x_3$, gemessen in $x = (x_1, x_2, 0) \in \Gamma$, bestimmt ist. Mit dem Hauptsatz der Differential- und Integralrechnung erhält man durch Differentiation unter dem Integralzeichen

$$V_{x_3}(x_1,x_2,0) = -\int_{-a}^{a} \int_{-a}^{a} \frac{1}{\sqrt{(x_1-t_1)^2+(x_2-t_2)^2+u(t_1,t_2)^2}}\, dt_2\, dt_1 \quad (3.99)$$
$$+ \underbrace{\int_{-a}^{a} \int_{-a}^{a} \frac{1}{\sqrt{(x_1-t_1)^2+(x_2-t_2)^2+h^2}}\, dt_2\, dt_1}_{=:\, V_C(x_1,x_2)}.$$

Die Werte $V_{x_3}(x_1,x_2,0)$ stellen exakte Beobachtungen der Gravitationskraft dar, wie sie etwa von einem Satelliten erfasst werden könnte, wobei das Bezugssystem so gewählt ist, dass der Satellit die Höhe 0 hat. Tatsächlich würde man die vertikale Komponente $F_{x_3}$ der gemeinsamen Gravitationskraft von $S \setminus E$ und $E$ erfassen. Da sich diese Kräfte jedoch addieren und die konstanten Massendichten $c_E$ und $c_S$ bekannt sind, lässt sich $V_{x_3}(x_1,x_2,0)$, $(x_1,x_2) \in [-b,b]^2$, aus den Werten $F_{x_3}(x_1,x_2,0)$ erschließen. Somit kann (vorerst) die linke Seite von (3.99) als bekannte Funktion von $x_1$ und $x_2$ angenommen werden – wenngleich in der Praxis nur ein endlicher Satz fehlerbehafteter Messwerte zur Verfügung stehen wird. Die Funktion $V_C$ in (3.99) kann analytisch berechnet und deswegen ebenfalls als bekannt angenommen werden. Somit liegt das folgende inverse Problem vor. Die nichtlineare Fredolmsche Integralgleichung 1. Art

$$w(x_1,x_2) = \int_{-a}^{a}\int_{-a}^{a} k(x_1,x_2,t_1,t_2,u(t_1,t_2))\,dt_2\,dt_1 \tag{3.100}$$

ist nach der unbekannten, stetigen Funktion $u : [-a,a]^2 \to [c_1,c_2]$ aufzulösen. Hierbei ist

$$w(x_1,x_2) = V_C(x_1,x_2) - V_{x_3}(x_1,x_2,0), \quad (x_1,x_2) \in [-b,b]^2, \tag{3.101}$$

eine gegebene, bekannte Funktion. Der Integralkern ist durch

$$k(x_1,x_2,t_1,t_2,u) := \frac{1}{\sqrt{(x_1-t_1)^2+(x_2-t_2)^2+u^2}} \tag{3.102}$$

für $x_1,x_2,t_1,t_2 \in \mathbb{R}$ und $0 < c_1 \leq u \leq c_2$ definiert. Mit dem Banachraum $X = C([-a,a]^2)$ mit Norm $\|\bullet\|_X = \|\bullet\|_{C([-a,a]^2)}$ und dem Banachraum $Y = C([-b,b]^2)$ mit Norm $\|\bullet\|_Y = \|\bullet\|_{C([-b,b]^2)}$, weiterhin mit

$$\mathcal{U} := \{u \in C([-a,a]^2);\ 0 < c_1 \leq u(x_1,x_2) \leq c_2 \text{ für } (x_1,x_2) \in [-a,a]^2\} \subset X, \tag{3.103}$$

und mit $\mathcal{W} = Y = C([-b,b]^2)$ können wir den Operator

$$F : \mathcal{U} \to \mathcal{W}, \quad u \mapsto w, \quad w(x_1,x_2) = \int_{-a}^{a}\int_{-a}^{a} k(x_1,x_2,t_1,t_2,u(t_1,t_2))\,dt_2\,dt_1, \tag{3.104}$$

definieren, die Kernfunktion $k$ ist dabei durch (3.102) festgelegt. Das inverse Problem bekommt damit die übliche Form, eine Operatorgleichung

$$F(u) = w$$

bei gegebenem $w$ nach $u$ aufzulösen. Die Identifizierbarkeit des Parameters $u$ ergibt sich aus dem Theorem von Novikov. Die Schlechtgestelltheit des inversen Problems untersuchen wir nachfolgend für die diskretisierte Version.

**Diskretisierung.** Die Diskretisierung des inversen Problems der Gravimetrie wurde bereits in Abschnitt 2.2.4 beschrieben; sie führt auf ein nichtlineares Ausgleichsproblem

$$\text{Minimiere} \quad \frac{1}{2}\|F_n(c)-y\|_2^2, \quad c\in D=[c_1,c_2]^N, \tag{2.69}$$

wobei $c$ der linear angeordnete Vektor der Koeffizienten eines bilinearen B-Spline-Ansatzes für $u$ auf einem **Simulationsgitter**

$$x_\gamma := h\gamma, \quad h:=\frac{a}{n}, \quad \gamma\in G_n := \{(\gamma_1,\gamma_2)\in\mathbb{Z}^2;\ -n\le\gamma_j\le n,\ j=1,2\} \tag{2.57}$$

ist. Der Parameter $n$ bezeichnet die Diskretisierungsfeinheit im Parameterraum, je größer $n$, desto feiner wird diskretisiert, das Gitter beinhaltet $N=(2n+1)^2$ Punkte. Ebenfalls in Abschnitt 2.2.4 wurde die bei der inversen Gravimetrie erfolgversprechende Idee der Multiskalenoptimierung zur Lösung des nichtlinearen Ausgleichsproblems besprochen. Dazu führen wir nun eine Modifikation ein, indem wir für jede Skalenstufe $k$ gemäß (2.70) nicht mehr die volle bilineare B-Spline-Basis zum Simulationsgitter benutzen – diese wird im Folgenden als **nodale Basis** bezeichnet – sondern die Dünngitterbasis, wie in Abschnitt 1.5.2 beschrieben. Wir nehmen deswegen an, dass

$$2n=2^K \tag{3.105}$$

die Feinheit des Simulationsgitters bezeichnet und führen die Optimierung sukzessive für die Skalenstufen $k=0,\ldots,K$ durch. Der Faktor 2 auf der linken Seite von (3.105) tritt auf, weil $n$ nur die halbe Anzahl der durch das Simulationsgitter (2.57) definierten Intervalle auf $[-a,a]$ bezeichnet. Das Problem (2.69) auf Skalenstufe $k=0$ zu lösen bedeutet, einen Ansatz im Raum $T_{0,0}$ zu machen (vier Freiheitsgrade, siehe Seite 121). Der Vektor der Koeffizienten $c^{(0)}$ der entsprechenden $T_{0,0}$-Basisfunktionen kann durch eine lineare Transformation $I^{(0)}$ in die Koeffizienten einer nodalen Basis auf dem Simulationsgitter umgerechnet werden. Dies entspricht einer Umrechnung $c=I^{(0)}c^{(0)}$ wie in (2.73). Es ist

$$\frac{1}{2}\|F_n(I^{(0)}c^{(0)})-y\|_2^2, \quad c^{(0)}\in[c_1,c_2]^4$$

zu minimieren, für die Funktionalmatrix von $F_n$ in $c^{(0)}$ ergibt sich nach der Kettenregel:

$$DF_n(I^{(0)}c^{(0)})\cdot I^{(0)}.$$

Auf der Stufe $k=1$ werden dann die Basisfunktionen der Teilräume $T_{1,0}$ und $T_{0,1}$ hinzugenommen. Aufgrund der hierarchischen Struktur der dünnen Basis ist keine Interpolation von $c^{(0)}$ auf das nächst feinere Gitter nötig, vielmehr werden die Koeffizienten der $T_{0,0}$-Elemente direkt übernommen und die Koeffizienten der Basiselemente der Teilräume $T_{1,0}$ und $T_{0,1}$ mit 0 initialisiert. Wiederum ist eine lineare Umrechnung des Vektors der Koeffizienten der Basisfunktionen aus $T_{0,0}$, $T_{1,0}$ und $T_{0,1}$ in Koeffizienten der nodalen Basis einfach möglich. Bei der Optimierung ab Stufe $k=1$ werden Nebenbedingungen weggelassen, da die „box constraints“ aus (2.69) in kompliziertere Nebenbedingungen für die Koeffizienten der Dünngitterbasis umgerechnet werden müssten. Auf Stufe $k=2$ kommen die Teilräume $T_{2,0}$, $T_{1,1}$ und $T_{0,2}$ hinzu. Auf der Skalenstufe $k$ sind alle Teilräume $T_{i,j}$ mit $i+j=k$ neu zu berücksichtigen.

**Stabilitätsuntersuchung an einem Datenbeispiel.** In Abschnitt 3.4 wurde bereits festgestellt, dass die Singulärwertzerlegung der Funktionalmatrix $DF_n(c)$ Aufschluss über die Stabilität des inversen Problems gibt. Auch hier betrachten wir dies für ein konkretes Datenbeispiel. Wir geben uns die Werte $a=4$, $b=4$ und die exakte Funktion

$$u^*(x) = \left[1+\frac{1}{10}\cos\left(\frac{\pi x_1}{a}\right)\right]\left[1+\frac{1}{10}\sin\left(\frac{\pi x_2}{a}\right)\right], \quad x=(x_1,x_2)\in[-a,a]^2 \tag{3.106}$$

vor, die in Abb. 3.27 gezeigt wird. Wir wählen $2n = 2^5$ (also $K=5$) und berechnen

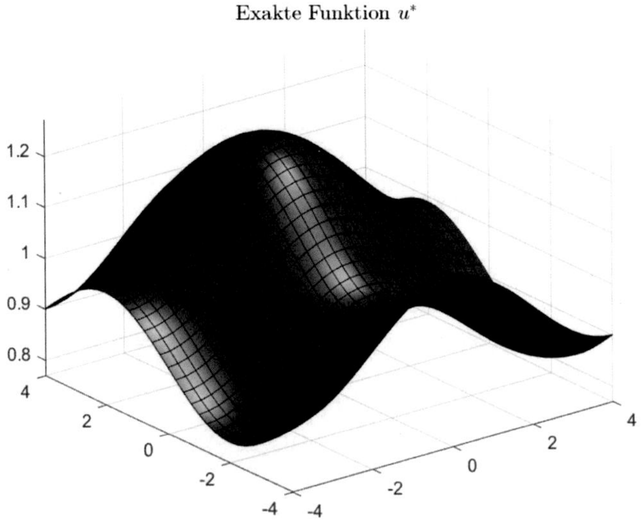


**Abb. 3.27** Exakte Funktion

$DF_n(c^*)$ für den Vektor $c^*$ der Koeffizienten des bilinearen B-Spline-Interpolanten von $u^*$ auf dem Simulationsgitter (2.57). Das Ergebnis ist in Abb. 3.28 zu sehen und ähnelt dem von Abschnitt 3.4: Je nach Größe des Fehlers in den Beobachtungswerten kann nur eine eingeschränkte Anzahl von Parametern verlässlich rekonstruiert werden.

**Wahl eines Ansatzraums.** Eine Approximation der gesuchten Lösung $u^*$ von $F(u) = w^*$ wird mittels einer dünnen Basis angesetzt, wie oben angegeben. Um nur signifikante Basiselemente auszuwählen, benutzen wir die Mehrskalenoptimierung und gehen wie in Abschnitt 3.4 vor. Auf niedrigen Skalenstufen (mit robusten Ansatzräumen niedriger Dimension) werden alle zur Verfügung stehenden Elemen-

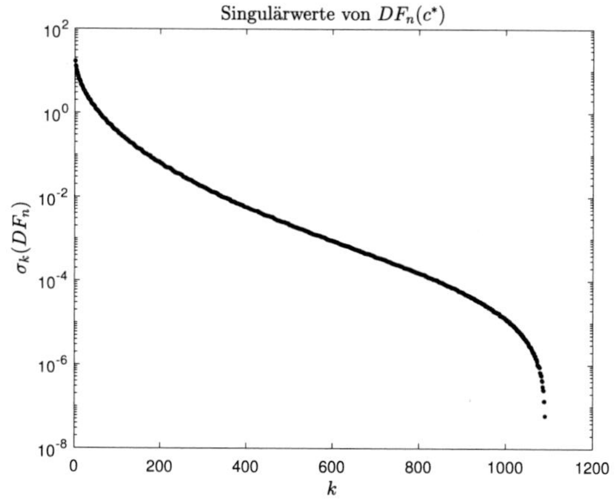


**Abb. 3.28** Singulärwerte der Funktionalmatrix $DF_n(c^*)$

te der Dünngitterbasis in die Optimierung einbezogen. Sind die Optimierungen der niedrigen Skalenstufen vollzogen, dann befindet man sich bereits in der Nähe der gesuchten Lösung des nichtlinearen Ausgleichsproblems. Beim Übergang zu höheren Skalenstufen wird das nichtlineare Problem am aktuellen Iterationspunkt linearisiert und auf Basis dieser Linearisierung werden mit der stochastischen Methode des Abschnitts 2.5 (modifiziert zu schrittweisem Aufbau der Designmatrix wie in Abschnitt 3.1) signifikante Basisfunktionen der neu hinzukommenden sowie der bereits einbezogenen Teilräume ausgewählt – mit Ausnahme der Elemente bis zur Skalenstufe $k = 2$ (inklusive), die stets im Ansatz verbleiben. Nur noch bezüglich dieser signifikanten Basisfunktionen wird die nichtlineare Optimierung fortgesetzt.

*Beispiel 3.8 (Rekonstruktion einer glatten Funktion, exakte Beobachtung).* Obiges Datenbeispiel wird aufgegriffen: $a = 4$, $b = 4$ und $u^*$ aus (3.106). Die zu $u^*$ gehörige Wirkung $w^* = F(u^*)$ werde auf dem regulären Gitter

$$\hat{x}_\beta := \hat{h}\beta, \quad \hat{h} := \frac{2b}{m}, \quad \beta \in B := \{(\beta_1, \beta_2) \in \mathbb{Z}^2;\ -m/2 \leq \beta_j < m/2\} \tag{3.107}$$

mit $m = 128$ abgetastet. Wir simulieren die exakten Beobachtungswerte $w^*(\hat{x}_\beta)$, indem wir $u^*$ durch einen bilinearen B-Spline-Interpolanten auf dem Simulationsgitter (2.57) approximieren und für diesen das Integral (3.100) durch numerische Integration mit der Trapezregel (zum Gitter (2.57)) auswerten. Die Optimierung wird auf der Skalenstufe $k = 2$ gestartet und durch Aufruf der Funktion `lsqnonlin` durchgeführt, Ableitungen werden exakt berechnet. Zum Start der Iteration wurden die Koeffizienten der 4 Basisfunktionen aus $T_{0,0}$ mit dem Wert 2 initialisiert, alle anderen Koeffizienten mit dem Wert 0. Nebenbedingungen wurden nicht berücksichtigt. Bis zur Stufe $k = 4$ wird die volle dünne Basis benutzt, erst auf der letzten Stufe $k = K = 5$ erfolgt eine Auswahl signifikanter Basiselemente mit $F$-Tests. Das in Abb. 3.29 gezeigte Resultat ist von guter Qualität. Für den abschließenden Optimierungsschritt wurden 51 Regressoren ausgewählt, die vollständige Dünngitterbasis

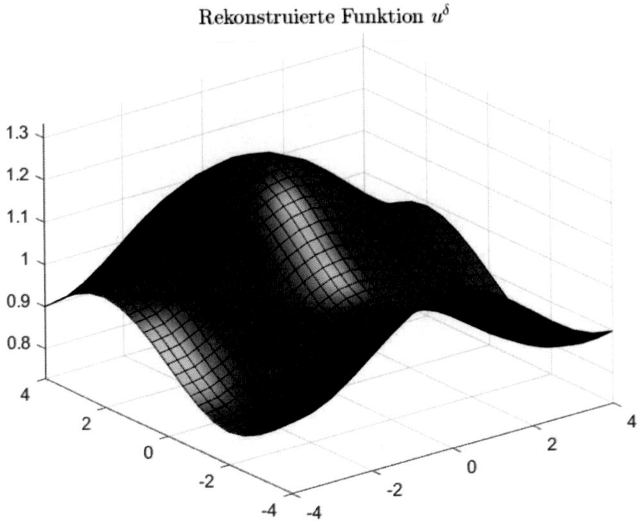


**Abb. 3.29** Rekonstruktion einer glatten Funktion aus exakten Beobachtungswerten

umfasst 257 Elemente. Für das $(1-\alpha)$-Quantil der $F$-Tests wurde $\alpha = 0.05$ angesetzt. ◁

**Tikhonov-Regularisierung.** Stehen nur fehlerbehaftete Messwerte zur Verfügung (der Normalfall), dann reicht die automatisierte Auswahl von Basisfunktionen nicht mehr für eine zufriedenstellende Rekonstruktionsqualität aus. Wie schon in Abschnitt 3.4 wird dann die Regularisierung nach Tikhonov als zusätzliche Maßnahme ergriffen. Wir betrachten zum einen die TV-Regularisierung, wie sie in Abschnitt 3.2, Seite 244 f. besprochen wurde, wenn eine unstetige Funktion rekonstruiert werden soll, und zum anderen die nachfolgend beschriebene Regularisierung zur Rekonstruktion glatter Funktionen, welche den Regularisierungsterm $\|L\alpha\|_2$ gemäß (3.91) für bivariate Funktionen erweitert. Für $2n = 2^K$ definieren wir die Matrizen $A_n, B_n \in \mathbb{R}^{2n+1,2n+1}$ durch

$$A_n := \begin{pmatrix} 2 & & & & \\ -1 & 4 & -1 & & \\ & \ddots & \ddots & \ddots & \\ & & -1 & 4 & -1 \\ & & & & 2 \end{pmatrix} \quad \text{und} \quad B_n := \begin{pmatrix} 1 & -1 & & & \\ -1 & 2 & -1 & & \\ & \ddots & \ddots & \ddots & \\ & & -1 & 2 & -1 \\ & & & -1 & 1 \end{pmatrix},$$

setzen $I = I_{2n+1} \in \mathbb{R}^{2n+1,2n+1}$ und

$$L := \begin{pmatrix} B_n & & & & \\ -I & A_n & -I & & \\ & \ddots & \ddots & \ddots & \\ & & -I & A_n & -I \\ & & & & B_n \end{pmatrix} \in \mathbb{R}^{(2n+1)^2,(2n+1)^2}, \tag{3.108}$$

Ist $u$ eine Funktion, die auf dem Simulationsgitter (2.57) die Gitterwerte $c_\alpha = u(x_\alpha)$, $\alpha \in G_n$, annimmt und ordnet man diese Gitterwerte in der Reihenfolge

$$c_{(-n,-n)}, \ldots, c_{(n,-n)}, \quad \ldots, \quad c_{(-n,n)}, \ldots, c_{(n,n)}$$

zu einem Vektor $c$ an, so entspricht $Lc$

- einer diskreten Version des negativen Laplace-Operators $-\Delta$, der in den inneren Punkten des Simulationsgitters auf $u$ angewendet wird
- einer diskreten Version der zweiten partiellen Ableitung $-\partial^2/\partial x^2$ in den oberen und unteren Randpunkten des Simulationsgitters (ohne Eckpunkte), die auf $u$ angewendet wird
- einer diskreten Version der zweiten partiellen Ableitung $-\partial^2/\partial y^2$ in den linken und rechten Randpunkten des Simulationsgitters (ohne Eckpunkte), die auf $u$ angewendet wird
- einer diskreten Version der ersten partiellen Ableitung $\partial/\partial x$ beziehungsweise $-\partial/\partial x$ in den vier Eckpunkten des Simulationsgitters, die auf $u$ angewendet wird.

Das nach Tikhonov regularisierte nichtlineare Ausgleichsproblem lässt sich in der Form

$$\text{Minimiere} \quad \left\| \begin{pmatrix} F_n(c) \\ \sqrt{t}Lc \end{pmatrix} - \begin{pmatrix} y \\ 0 \end{pmatrix} \right\|_2, \quad x \in D, \tag{3.109}$$

schreiben, $t > 0$ ist der Regularisierungsparameter. Bei fehlerbehafteten Beobachtungen ist $y$ durch $y^\delta$ zu ersetzen.

*Beispiel 3.9 (Rekonstruktion einer glatten Funktion, fehlerbehaftete Beobachtung).* Wir wiederholen Beispiel 3.8, simulieren diesmal aber Messabweichungen, indem auf die Beobachtungswerte komponentenweise Realisierungen stochastisch unabhängiger, normalverteiler Zufallsvariablen mit Erwartungswert $\mu = 0$ und Streuung

$$\sigma = 10^{-1}$$

addieren. Statt eines Vektors exakter Beobachtungswerte $y$ erhalten wir dann einen Vektor fehlerbehafteter Werte $y^\delta$. Der Datenfehler beträgt

$$\|y - y^\delta\|_2 \approx 12.8 \quad \text{beziehungsweise} \quad \frac{\|y - y^\delta\|_2}{\|y\|_2} \approx 5 \cdot 10^{-3}.$$

Die Optimierung mit Ansatz einer Dünngitterbasis, Mehrskalenoptimierung, Linearisierung beim Übergang zur letzten Stufe mit automatisierter Auswahl von Regressoren wurde genau wie in Beispiel 3.8 vollzogen, jedoch angewandt auf das nichtlineare Ausgleichsproblem (3.109). Es ergab sich das in Abb. 3.30 gezeigte, gute

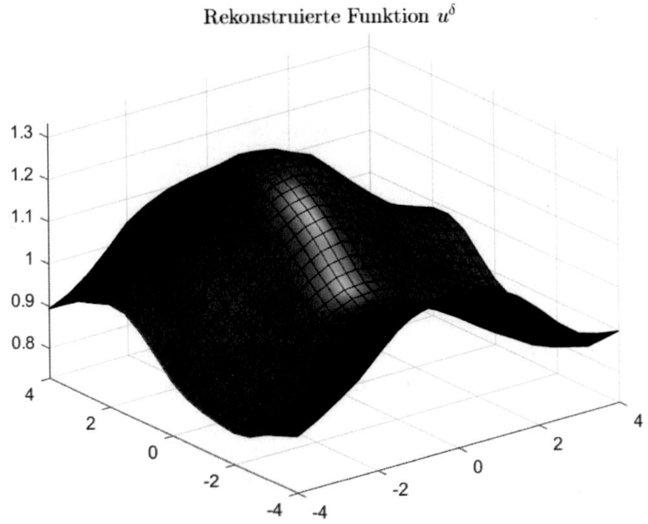


**Abb. 3.30** Rekonstruktion einer glatten Funktion aus fehlerbehaftetet Beobachtungswerten, $\sigma = 10^{-1}$

Resultat. Für die letzte Optimierungsstufe wurden 21 Regressoren ausgewählt. In Übereinstimmung mit dem Diskrepanzprinzip wurde der Regularisierungsparameter $t = 10$ gewählt. ◁

Abschließend betrachten wir noch die Rekonstruktion einer nicht glatten Funktion.

*Beispiel 3.10 (Rekonstruktion einer nicht glatten Funktion, fehlerbehaftete Beobachtung).* Entgegen den obigen Beispielen sei die exakte Funktion $u^*$ nun nicht mehr glatt, sondern eine Treppenfunktion, siehe Abb. 3.31. Weiterhin seien $a = 4 = b$, $2n = 2^K$, $K = 5$ und $m^2$ Beobachtungswerte, $m = 128$, analog zu Beispiel 3.10 gegeben, das heißt exakte Messwerte $y$ werden durch numerische Berechnung des Integrals (3.100) simuliert; durch komponentenweise Addition von Realisierungen stochastisch unabhängiger, $(0, \sigma^2)$-normalverteilter Zufallsvariablen werden fehlerbehaftete Messwere $y^\delta$ simuliert. Wieder wählen wir $\sigma = 10^{-1}$, dies führt zu Datenfehlern

$$\|y - y^\delta\|_2 \approx 12.8 \quad \text{beziehungsweise} \quad \frac{\|y - y^\delta\|_2}{\|y\|_2} \approx 7 \cdot 10^{-3}.$$

Anders als in Beispiel 3.9 wählen wir nun die TV-Regularisierung, da eine nicht mehr glatte Funktion rekonstruiert werden soll. Das regularisierte Problem lautet dann

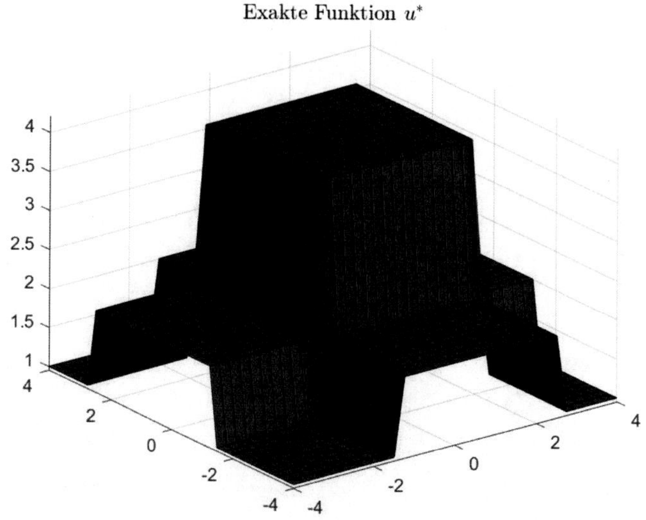


**Abb. 3.31** Eine zu rekonstruierende Treppenfunktion

$$\text{Minimiere} \quad \left\| \begin{pmatrix} F_n(c) \\ \sqrt{t} \cdot W(c) \end{pmatrix} - \begin{pmatrix} y \\ 0 \end{pmatrix} \right\|_2^2, \tag{3.110}$$

wobei $W(c)$ wie in (3.45) definiert ist (jetzt aber auf das Simulationsgitter (2.57) bezogen). Der „kleine" Parameter $\eta$ in (3.45) wird erneut gleich $10^{-12}$ gesetzt. Bei fehlerbafteten Messwerten ist $y$ durch $y^\delta$ zu ersetzen. In diesem Fall wurden in der letzten Optimierungsstufe 37 Regressoren ausgewählt und das in Abb. 3.32 gezeigte Ergebnis erzielt. Der Regularisierungsparameter $t = 1$ wurde nach dem Diskrepanzprinzip gewählt. Hier liegt eine schlechtere Kondition vor als bei der Rekonstruktion der glatten Funktion (3.106). Dies zeigt sich an den Singulärwerten der Funktionalmatrix $DF_n(c^*)$ ($c^*$ ist der Koeffizientenvektor des bilinearen B-Spline-Interpolanten der Treppenfunktion aus Abb. 3.31 auf dem Simulationsgitter), die in Abb. 3.33 gezeigt werden. ◁

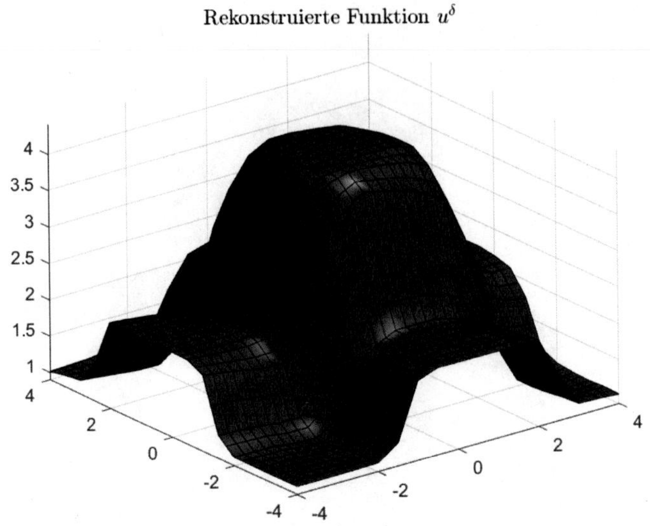


**Abb. 3.32** Aus verfälschten Messwerten rekonstruierte Treppenfunktion, $\sigma = 10^{-1}$

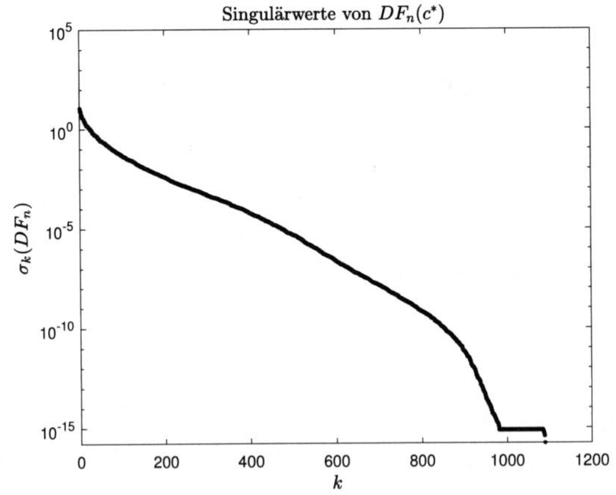


**Abb. 3.33** Singulärwerte der Funktionalmatrix $DF_n(c^*)$ im Fall einer Treppenfunktion

# Literaturverzeichnis


[Alt11] H. W. Alt. *Lineare Funktionalanalysis, 6. Auflage*. Springer, 2011.

[AR10] S. Anzengruber and R. Ramlau. Morozov's discrepancy principle for Tikhonov-type functionals with non-linear operators. *Inverse Problems*, 26:025001, 2010.

[Bjö90] Å. Björck. Least Squares Method. In P.G. Ciarlet and J.L. Lions, editors, *Handbook of Numerical Analysis*, volume 1. Elsevier, 1990.

[Bra07] D. Braess. *Finite Elements, Third Edition*. Cambridge University Press, 2007.

[Cha09] G. Chavent. *Nonlinear Least Squares for Inverse Problems*. Springer, 2009.

[Dem97] J. W. Demmel. *Applied Numerical Linear Algebra*. SIAM, 1997.

[DR06] W. Dahmen and A. Reusken. *Numerik für Ingenieure und Naturwissenschaftler*. Springer, 2006.

[EHN96] H. W. Engl, M. Hanke, and A. Neubauer. *Regularization of Inverse Problems*. Kluwer Academic Publishers, 1996.

[EKN89] H. W. Engl, K. Kunisch, and A. Neubauer. Convergence rates for Tikhonov regularisation of non-linear ill-posed problems. *Inverse Problems*, 5:523–540, 1989.

[Fou99] K. Fourmont. *Schnelle Fourier-Transformation bei nichtäquidistanten Gittern und tomographische Anwendungen*. Ph. D. Thesis, Universität Münster, Germany, 1999.

[Gau72] W. Gautschi. Attenuation Factors in Practical Fourier Analysis. *Numer. Math.*, 18:373–400, 1972.

[Geo15] H.-O. Georgii. *Stochastik, Einführung in die Wahrscheinlichkeitstheorie und Statistik, 5. Auflage*. de Gruyter, 2015.

[Gro77] C. W. Groetsch. *Generalized Inverses of Linear Operators*. Dekker, 1977.

[Han92] P. C. Hansen. Analysis of Discrete Ill-Posed Problems by Means of the L-Curve. *SIAM Rev.*, 34:561–580, 1992.

[HB09] M. Hanke-Bourgeois. *Grundlagen der numerischen Mathematik und des wissenschaftlichen Rechnens, 3. Auflage*. Vieweg und Teubner, 2009.







M. Richter und S. Schäffler, *Inverse Probleme mit stochastisch modellierten Messdaten*, https://doi.org/10.1007/978-3-662-66343-1

[Heu86] H. Heuser. *Funktionalanalysis*. Teubner, 1986.

[Heu08] H. Heuser. *Lehrbuch der Analysis, Teil 2. 14. Auflage*. Vieweg, Teubner, 2008.

[Hig02] N. J. Higham. *Accuracy and Stability of Numerical Algorithms*. SIAM, 2002.

[Hof99] B. Hofmann. *Mathematik inverser Probleme*. Teubner, 1999.

[Isa90] V. Isakov. *Inverse Source Problems*. AMS, 1990.

[Kir11] A. Kirsch. *An Introduction to the Mathematical Theory of Inverse Problems, 2nd edition*. Springer, 2011.

[Kle13] A. Klenke. *Wahrscheinlichkeitstheorie, 3. Auflage*. Springer, 2013.

[KS99] A. C. Kak and M. Slaney. *Principles of computerized tomographic imaging*. IEEE Press, 1999.

[Liu93] J. Liu. A Multiresolution Method for Distributed Parameter Estimation. *SIAM J. Sci. Comput.*, 14:389–405, 1993.

[Lou89] A. K. Louis. *Inverse und schlecht gestellte Probleme*. Teubner, 1989.

[LT03] S. Larsson and V. Thomée. *Partial Differential Equations with Numerical Methods*. Springer, 2003.

[Mor78] J. J. Moré. The Levenberg-Marquardt Algorithm: Implementation and Theory. In G. A. Watson, editor, *Numerical Analysis. Proceedings Biennial Conference Dundee 1977, Lecture Notes in Mathematics*, volume 630, pages 105–116. Springer, 1978.

[MS05] D. Meintrup and S. Schäffler. *Stochastik, Theorie und Anwendungen*. Springer, 2005.

[Nat77] F. Natterer. Regularisierung schlecht gestellter Probleme durch Projektionsverfahren. *Numer. Math.*, 28:329–341, 1977.

[Nat86] F. Natterer. *The Mathematics of Computerized Tomography*. Teubner and Wiley, 1986.

[PPST18] G. Plonka, S. Potts, G. Steidl, and M. Tasche. *Numerical Fourier analysis*. Birkhäuser, 2018.

[PTVF92] W. H. Press, S. A. Teukolsky, W. T. Vetterling, and B. B. Flannery. *Numerical Recipes in C, 2nd edition*. Cambridge University Press, 1992.

[Rei95] C. Reinsch. *Skriptum zur Vorlesung Numerische Mathematik 1 und 2, 3. Auflage*. Mathematisches Institut, Technische Universität München, 1995.

[Ric20] M. Richter. *Inverse Problems, Basics, Theory and Applications in Geophysics, 2nd Edition*. Birkhäuser, 2020.

[Rie03] A. Rieder. *Keine Probleme mit Inversen Problemen*. Vieweg, 2003.

[ROF92] L. I. Rudin, S. Osher, and E. Fatemi. Nonlinear total variation based noise removal algorithms. *Physica D*, 60:259–268, 1992.

[Sam11] D. Sampietro. GOCE Exploitation for Moho Modeling and Applications. In L. Ouwehand, editor, *Proc. of 4th International GOCE User Workshop, Munich, Germany*. ESA Communications, 2011.

[Sch12] S. Schäffler. *Global Optimization. A Stochastic Approach*. Springer, 2012.

[Sch14] S. Schäffler. *Globale Optimierung. Ein informationstheoretischer Zugang.* Springer, 2014.

[TB97] L. N. Trefethen and D. Bau. *Numerical Linear Algebra.* SIAM, 1997.

[UU12] M. Ulbrich and S. Ulbrich. *Nichtlineare Optimierung*. Birkhäuser, 2012.

[Wed74] P.-Å. Wedin. On the Gauss-Newton method for the non-linear least squares problem. *Technical Report 24 of the Swedish Institute for Applied Mathematics*, 1974.

[Wer10] D. Werner. *Funktionalanalysis, 7. Auflage*. Springer, 2010.

[Zen90] C. Zenger. Sparse Grids. *TU München, SFB-Bericht Nr. 342/18/90 A*, 1990.

# Sachverzeichnis




M. Richter und S. Schäffler, *Inverse Probleme mit stochastisch modellierten Messdaten*, https://doi.org/10.1007/978-3-662-66343-1

## S



## T



## U



## V

# W



# Z

Printed in the United States
by Baker & Taylor Publisher Services